北京理工大学"双一流"建设精品出版工程

Mathematical Transformation Methods in Signal Processing

信号处理中的数学变换方法

李炳照　孙艳楠　张艳娜　郭　勇　冯　强◎编著

北京理工大学出版社

BEIJING INSTITUTE OF TECHNOLOGY PRESS

内 容 简 介

本书从数学角度系统归纳了信号处理中常用的数学变换的概念、原理和方法. 全书共分为六章: 第 1 章是预备知识, 主要介绍一些泛函分析和信号处理中常用的基本理论; 第 2 章介绍函数空间中的逼近问题, 主要介绍经典信号处理中常用的基函数、最佳逼近理论等, 对于在不同基函数构成的函数空间中进行信号处理的优劣给予了比较分析, 给出了如何选择合适的处理工具的方法; 第 3 章介绍分数域信号变换和性质, 根据国内外所取得的最新科研成果, 介绍蕴含的数学理论; 第 4 章介绍分数域采样理论与方法, 主要包括分数域均匀、非均匀采样的特点及误差分析; 第 5 章介绍信号处理工具的离散化方法与快速算法, 主要介绍分数域数学变换方法的离散化方法和快算算法, 并对这些成果给予系统比较分析; 第 6 章介绍分数域数学变换方法在信号处理领域的典型应用案例, 结合国内外研究现状, 系统地归纳和总结作者在此领域的最新研究成果. 本书可供数学与信息科学等相关专业的学生、教师、科技工作者和工程技术人员参考使用.

图书在版编目 (CIP) 数据

信号处理中的数学变换方法/李炳照等编著. —北京: 北京理工大学出版社, 2020.11
(2022.6重印)

ISBN 978 - 7 - 5682 - 9277 - 1

Ⅰ. ①信… Ⅱ. ①李… Ⅲ. ①信号处理-数学-变换-研究 Ⅳ. ①TN911.7

中国版本图书馆 CIP 数据核字 (2020) 第 231206 号

出版发行/北京理工大学出版社有限责任公司
社　　址/北京市海淀区中关村南大街 5 号
邮　　编/100081
电　　话/(010) 68914775 (总编室)
　　　　　(010) 82562903 (教材售后服务热线)
　　　　　(010) 68944723 (其他图书服务热线)
网　　址/http://www.bitpress.com.cn
经　　销/全国各地新华书店
印　　刷/廊坊市印艺阁数字科技有限公司
开　　本/787 毫米×1092 毫米　1/16
印　　张/15.25
字　　数/359 千字
版　　次/2020 年 11 月第 1 版　　2022 年 6 月第 2 次印刷
定　　价/56.00 元

责任编辑/孟祥雪
文案编辑/孟祥雪
责任校对/周瑞红
责任印制/李志强

序言

随着时代的发展，通信技术的日益革新促进了传输手段的不断进步，这使得各式各样的新颖信号开始进入研究者的视野．与此同时，数学理论研究的逐渐深入，催生了大量新的理论模型与方法，这些理论与方法也越来越多地被应用于现代数字信号处理领域．以计算机为代表的专用设备性能的提升，更使得越来越多的算法可以被实现，因此数字信号处理已经成为理论日趋完善、应用日益广泛的热门交叉学科之一．本书基于应用数学和现代信息领域学科交叉融合中的热点问题和基础问题，从数学角度由浅入深地将信号处理中一些信号变换方法的数学概念、原理和方法予以归纳总结，进一步促进数学与信息科学的交叉与融合，为新一代信息技术的发展提供重要理论支撑．本书的主要特色表现在：

(1) 强调普适性．对于具有薄弱信号处理背景的应用数学专业学生可以很快接受本书的知识；对于信息专业的学生来说则能够更加深入了解数学方法的本质和内涵，将数学逻辑思维和信息专业的物理背景相结合，达到相辅相成、相得益彰的效果．

(2) 聚焦前沿性．本书内容聚集信号处理领域的前沿热点问题．特别关注数学与信号处理领域前沿交叉研究方向和发展动态，引入最新的分数域信号分析与处理方法研究成果．现代非平稳信号处理领域面临的调频信号的检测与估计问题是现代信号处理研究热点之一．本教材将从分数域非平稳信号的分析与处理角度出发，探讨相关的数学变换理论与方法，并对此方面所取得的研究成果进行系统归纳和总结．

(3) 遵循渐进性．在内容安排上循序渐进，涵盖了必要的基础知识，重点突出．为了推动信号处理和应用数学的交叉学科发展，作者在注重理论分析的同时，融入了自己的思考和取得的最新研究成果，便于加强学生对基础理论在具体应用中的理解，培养学生的基本科学素养．

北京理工大学数学学院信号处理中的数学方法课题组的历届学生针对信号处理中的数学变换方法做了大量有意义的研究工作，他们的研究成果对于本书的完成起到了非常重要的作用．江苏大学数学科学学院孙艳楠、河南师范大学计算机与信息工程学院张艳娜、内蒙古科技大学理学院郭勇、延安大学数学与计算机科学学院冯强参与了各章节的撰写．同时，本书的出版获得国家自然科学基金项目 (No.61671063)、北京理工大学研究生院规划教材、北京理工大学特立教材资助．

由于作者学识水平的限制，书中疏漏与不妥之处在所难免，敬请广大专家、读者批评指正．

编著者

目 录
CONTENTS

表格目录
CONTENTS

插图目录
CONTENTS

第 1 章
预 备 知 识

1.1 信号与信号处理

1.1.1 信号

信号是现代工程领域中重要的概念, 在日常生活中有着广泛的含义. 它可以代表一个实际的物理信号, 也可以是一个数学函数 [1~5]. 与数学上的函数不同的是, 信号具有一定的物理意义, 如函数 $x(t)$ 表示自变量 $t \in \mathbf{R}$ 的函数, 若此函数中自变量 t 表示物理上的时间, 则 $x(t)$ 表示时间信号.

1.1.1.1 信号的描述

信号作为信息的载体, 是信息的表现形式, 而实际信息的传送与表示一般需要借助某种物理量作为载体, 例如通过声、光、电等物理量的变化形式来表示和传送信息. 从这个意义上来说, 信号可以更加广义地定义为一些参数变化的某种物理量 [6~9]. 在可以作为信号的诸多物理量中, 电是应用最广的, 电信号通常是随时间变化的电压或者电流, 常用时间 t 的函数来表示. 在本书中, 信号定义为具有物理意义的一维或者二维函数, 在不引起歧义的情况下, "信号" 与 "函数" 常交替使用.

1.1.1.2 信号的分类

函数 $x(t)$ 所表示的信号可以是不同的物理信号, 如温度、压力、流量等. 自变量 t 可以是时间也可以是其他物理量. 若 t 代表距离, 那么 $x(t)$ 是一个空域信号; 若 t 代表时间, 则 $x(t)$ 为时间信号或者时域信号. 本书中无特别说明时都将 $x(t)$ 看作随时间变化的信号. 但以此为基础的相关基本原理、基本方法和分析结论也可以扩展到以其他物理量为自变量的信号. 实际工程应用中, 信号可按照不同的方式进行分类, 通常分为以下几类 [10,11]:

1) 离散时间信号和连续时间信号

若信号 $x(t)$ 的自变量 t 在时间轴上是连续的变量, 则称 $x(t)$ 为连续时间信号. 例如信号

$$f(t) = \cos(2t), \qquad -\infty < t < \infty$$

是一个在 $\mathbf{R}$ 上连续的信号.

若信号 $x(t)$ 的自变量 t 在时间轴上是离散的, 即时间变量 t 取离散值 t_k, 则称 $x(t)$ 为离散时间信号. 在这里所说的离散是时间的离散, 也就是说时间只能取一些特定的值. 例如:

$$x(t) = \begin{cases} 0, & t < -2, \\ 2, & t = -2, \\ 5, & t = 0, \\ 3, & t = 1, \end{cases} \tag{1.1}$$

式 (1.1) 表示了信号在不同时间点的值. 离散时间信号在现实生活中也有很多, 例如一年 365 天中每天的平均气温、每天不同时间点股票的浮动等.

当 $t_k < 0$ 时, 函数值 $x(t_k)$ 的值均为零, 这种离散时间信号也称为有始信号. 离散时间信号可以在均匀的时间间隔给出函数值, 也可以在不均匀的时间间隔给出函数值, 在大多数情况下, 采用均匀间隔.

2) 能量信号和功率信号

设 $x(t)$ 在实际应用中是电路网络输出的电流或者电压, 通常把研究信号在单位电阻上的能量或功率, 称为归一化能量或功率. 设信号 $f(t)$ 在单位电阻上的瞬时功率为 $|f(t)|^2$, 则其在区间 $(-a, a)$ 内的能量为

$$\int_{-a}^{a} |f(t)|^2 \mathrm{d}t,$$

在区间 $(-a, a)$ 内的平均功率为

$$\frac{1}{2a} \int_{-a}^{a} |f(t)|^2 \mathrm{d}t,$$

在区间 $(-\infty, \infty)$ 内信号 $f(t)$ 的能量 E 表示为

$$E = \lim_{a \to \infty} \int_{-a}^{a} |f(t)|^2 \mathrm{d}t,$$

在区间 $(-\infty, \infty)$ 内信号 $f(t)$ 的平均功率 P 表示为

$$P = \lim_{a \to \infty} \frac{1}{2a} \int_{-a}^{a} |f(t)|^2 \mathrm{d}t.$$

能量有界 $(0 < E < \infty, P = 0)$ 的信号称为能量信号. 功率有界 $(0 < P < \infty, E = \infty)$ 的信号称为功率信号. 一个信号不可能既是功率信号又是能量信号.

3) 周期信号和非周期信号

周期信号是信号处理中一类非常重要的信号. 如果存一个正值 T, 对全部的 t 来说, 有

$$x(t) = x(t + nT), \quad n = 0, \pm 1, \pm 2, \cdots,$$

那么信号 $x(t)$ 是周期信号, 满足以上关系式的最小正值 T 被称为信号的周期. 周期信号是信号处理中一类非常重要的信号, 不具有周期性的信号叫作非周期信号.

4) 实信号和复信号

函数值为实数的信号称为实信号, 如正弦信号. 函数值为复数的信号则为复信号. 在复信号中实部记作 $\mathrm{Re}(\cdot)$, 虚部记作 $\mathrm{Im}(\cdot)$. 例如复指数信号可表示为

$$x(t) = \mathrm{e}^{ut}, \quad -\infty < t < \infty,$$

其中, 复变量 $u = a + \mathrm{j}b$, a 是 u 的实部, 记作 $\mathrm{Re}(u)$; b 是 u 的虚部, 记作 $\mathrm{Im}(u)$.

1.1.2　信号处理

信号处理是通过适当的数学方法把记录在某种媒体上的信号进行处理, 以便抽取出有用信息的过程, 它是对信号进行提取、变换、分析、综合等处理过程的统称. 信号处理的范围非常广泛, 不仅包括传统的 DSP 课程的内容, 例如许多种变换 (Z 变换、拉普拉斯变换、傅里叶变换等) 和频率响应的概念, 脉冲响应, 卷积, 确定和随机信号, 还包括滤波和滤波器的设计. 这些概念是本书的背景和研究基础, 传统的信号处理包括 (摘自 IEEE 《信号处理分类汇刊》) 滤波器设计、快速滤波算法、时频分析、多速率滤波器、信号重构、自适应滤波器、非线性信号与系统、光谱分析, 以及将这些概念扩展到多维系统. 它还与通信理论有着密切的联系, 包含数字通信检测与估计理论, 例如, 如何在随机非线性的情况下从信号中获得最佳的信息, 而检测和估计理论又与模式识别有关, 因此也与信息论和编码理论领域相关.

信号处理同时涉及很多数学知识, 主要包括:

(1) 变换理论和信号与系统. 这些主题是许多本科和研究生课程的核心, 本书中也涉及连续时间系统和离散时间系统.

(2) 概率与随机过程. 在信号处理中, 噪声一般具有随机性, 这是一个非常重要的领域, 也是研究信号处理的背景, 熟悉概率, 把随机过程这门课程作为这本书的入门教材.

(3) 程序编制. 在大多数情况下, 信号处理最终归结为某种计算平台上的软件或硬件实现, 因此, 信号处理器必须掌握至少一种高级编程语言.

(4) 线性代数. 它不仅是各类数学学科的工具, 也是许多理工学科的重要工具. 范数、逆矩阵、特征值问题和广义逆矩阵是信号处理中最基本的数学工具. 本书第 2 章简要介绍了这些基本概念.

(5) 数值方法. 随着计算机对工程文化的渗透, 许多学生接触数值方法的机会越来越少. 但数值方法在信号处理却发挥着非常重要的作用. 由此, 本书第 5 章描述了许多数值方法.

(6) 最优化. 它是研究决策问题最优选择特性的一门学科, 它构造寻找最优解的计算方法并研究它们的理论性质和计算表现.

(7) 统计决策理论. 统计决策理论可以描述为一门在随机不确定性下进行决策的科学, 这种决策还描述于许多信号处理应用中, 如检测理论和估计理论. 本书第 6 章详尽介绍了其应用.

(8) 泛函分析. 在信号处理中, 信号是一个函数, 泛函分析作为一种工具为分析信号提供了一个框架. 使用泛函分析理论作为信号处理的工具能够使信号表示更加抽象与概括, 并使连续与离散、时域与频域、分析与综合达到统一.

随着自然科学、工程技术特别是计算机技术的快速发展, 泛函分析已经日益渗透到工程和数学的许多分支, 因而它在信号处理、力学和控制理论等许多学科中都起着日益重要的作用. 泛函分析主要研究各类抽象空间的属性和空间与空间之间的相互关系. 在数学中, 通常把赋予某些数学结构的集合称为空间, 例如引入线性运算 (加法和乘法), 称为线性空间; 若再引入元素的范数, 便构成了线性赋范空间; 若引入内积的概念, 则构成了内积空间. 而度量空间为数学和工程中各种不同问题统一处理提供了理论基础.

本文采用 **R** 表示实数集, **C** 表示复数集, **Z** 表示整数集, **N** 表示正整数集. 本节主要介绍泛函分析中的一些基本空间.

1.2 基本空间

1.2.1 度量空间

下面给出度量信号之间距离的一种定义, 其在数学和物理上都有重要的意义 [12~15].

定义 1.1 设 X 是一非空集. 对于任意 $\boldsymbol{x}, \boldsymbol{y} \in X$, 都对应有一个实数 $d(\boldsymbol{x}, \boldsymbol{y})$, 称之为 $\boldsymbol{x}$ 与 $\boldsymbol{y}$ 的度量, 满足以下条件:

(1) $d(\boldsymbol{x}, \boldsymbol{y}) = d(\boldsymbol{y}, \boldsymbol{x})$;

(2) $d(\boldsymbol{x}, \boldsymbol{y}) \geqslant 0$;

(3) $d(\boldsymbol{x}, \boldsymbol{y}) = 0$ 当且仅当 $\boldsymbol{x} = \boldsymbol{y}$;

(4) 对于任意点 $\boldsymbol{x}, \boldsymbol{y}, \boldsymbol{z} \in X$, 有

$$d(\boldsymbol{x}, \boldsymbol{z}) \leqslant d(\boldsymbol{x}, \boldsymbol{y}) + d(\boldsymbol{y}, \boldsymbol{z}), \tag{1.2}$$

则称函数 d 是 X 上的度量或称为距离.

定义 1.2 定义了度量的空间 X 称为依 d 为度量的度量空间, 记作 (X, d).

下面介绍几种不同度量的例子:

例 1.1 如果设 $X = \mathbf{R}^n$ 对于 $\boldsymbol{x}, \boldsymbol{y} \in \mathbf{R}^n$,

$$d_1(\boldsymbol{x}, \boldsymbol{y}) = \sum_{i=1}^{n} |x_i - y_i|,$$

$$d_2(\boldsymbol{x}, \boldsymbol{y}) = \left(\sum_{i=1}^{n} |x_i - y_i|^2 \right)^{\frac{1}{2}},$$

$$d_p(\boldsymbol{x}, \boldsymbol{y}) = \left(\sum_{i=1}^{n} |x_i - y_i|^p \right)^{\frac{1}{p}},$$

$$d_\infty(\boldsymbol{x}, \boldsymbol{y}) = \max_{i=1,2,\cdots,n} |x_i - y_i|,$$

那么根据定义 1.1, d_1, d_2, d_p, d_∞ 都是 X 上的度量.

例 1.2 设 $\boldsymbol{x}$ 是一个二进制序列, $\boldsymbol{x} = (x_0, x_1, \cdots, x_{n-1})$, 其中 x_i 为 0 或 1. 这个序列通过一个可能被噪声破坏的通道传输. 接收到的序列为 $\boldsymbol{y} = (y_0, y_1, \cdots, y_{n-1})$. 对于接收这些序列往往期望 $\boldsymbol{y}$ 中的信息应该与 $\boldsymbol{x}$ 中的信息匹配, 适合这个期望的一个度量是序列之间的 Hamming 距离, 即 x_i 和 y_i 不同位置的数量

$$d_{\mathrm{H}}(\boldsymbol{x}, \boldsymbol{y}) = \sum_{i=0}^{n-1} h(x_i, y_i),$$

其中

$$h(\boldsymbol{x} - \boldsymbol{y}) = \begin{cases} 1, & \boldsymbol{x} - \boldsymbol{y} \neq \boldsymbol{0}, \\ 0, & \boldsymbol{x} - \boldsymbol{y} = \boldsymbol{0}. \end{cases}$$

当 $\boldsymbol{x}$ 和 $\boldsymbol{y}$ 是二元序列时, 那么它们之间的 Hamming 距离可以写成

$$d_{\mathrm{H}}(\boldsymbol{x}, \boldsymbol{y}) = \sum_{i=0}^{n-1} x_i \oplus y_i,$$

其中, $\oplus$ 表示模 2 加法.

在数学和工程应用中有很多度量空间, 下面先介绍一些由序列定义的度量空间:

例 1.3　序列空间 (l_p, d_p) 是度量空间, 其中

$$l_p := \left\{ \boldsymbol{x} \Big| \boldsymbol{x} = (x_0, x_1, \cdots, x_k, \cdots), \sum_{k=0}^{\infty} |x_k|^p < +\infty \right\}, \tag{1.3}$$

对于任意 $\boldsymbol{x}, \boldsymbol{y} \in l_p$, l_p 上的度量定义为

$$d_p(\boldsymbol{x}, \boldsymbol{y}) = \left\{ \sum_{k=0}^{+\infty} |x_k - y_k|^p \right\}^{1/p}. \tag{1.4}$$

在离散时间信号处理的应用中, 经常处理 l_1 空间或者 l_2 空间, 前者因为是绝对值很容易计算, 后者因为是二次度量函数很容易微分导出.

例 1.4　有界序列空间 $l_\infty = l_\infty(0, \infty)$ 是由序列 $(x_0, x_1, x_2, \cdots)$ 组成的空间:

$$l_\infty = \{ \boldsymbol{x} | \boldsymbol{x} = (x_0, x_1, x_2, \cdots) \text{是有界点列} \}, \tag{1.5}$$

对于任意 $\boldsymbol{x}, \boldsymbol{y} \in l_\infty$, l_∞ 上的度量定义为

$$d_\infty(\boldsymbol{x}, \boldsymbol{y}) = \sup_n |x_n - y_n|. \tag{1.6}$$

此外, 在函数空间上还定义了许多有用的度量.

例 1.5　有限闭区间 $[a, b]$ 上的全体连续函数构成的空间为 $C([a, b])$. 在 $C([a, b])$ 上可以引入如下几种度量:

$$d_1[x(t), y(t)] = \int_a^b |x(t) - y(t)| \, \mathrm{d}t,$$

$$d_p[x(t), y(t)] = \left[\int_a^b |x(t) - y(t)|^p \, \mathrm{d}t \right]^{\frac{1}{p}}$$

分别形成度量空间 $(C[a, b], d_1)$, 　$(C[a, b], d_p)$.

定义 1.3　设 $\{x_n\}$ 是度量空间 (X, d) 中的序列, 若对于任意给定的 $\epsilon > 0$, 存在 $N > 0$, 使得当 $m, n > N$ 时, $d(x_n, x_m) < \epsilon$, 则称 $\{x_n\}$ 是柯西序列.

定义 1.4　设 $\{x_n\}$ 是度量空间 (X, d) 中的序列, 若 X 中的每个柯西序列都是收敛的, 则称 (X, d) 是完备的.

例 1.6 度量空间是否完备取决于它的度量. 考虑度量空间 $(C[-1, 1], d_\infty)$ 的完备性, 定义度量为

$$d_\infty(f, g) = \sup_{t \in [-1, 1]} |f(t) - g(t)|.$$

$x_n(t)$ 是 $(C[a, b], d_\infty)$ 的任意柯西序列, 根据所定义的度量. 设 $x_n(t) \in$ 对于任意的 $\epsilon > 0$, 任意 $t \in [-1, 1]$, 当 m, n 充分大时, 有

$$\sup_{t \in [-1, 1]} |x_m(t) - x_n(t)| < \epsilon,$$

$$|x_m(t) - x_n(t)| < \epsilon.$$

因此, 对于每一个固定的 $t_0 \in [-1, 1]$, $x_n(t_0)$ 收敛于 $x(t)$. 为了证明完备性, 需要证明 $x(t) \in C[a, b]$, 即它是连续的. 设 n 是充分大的, $|x_n(t) - x(t)| < \frac{\epsilon}{3}$. 又由于 $x_n(t)$ 是连续的, 因此存在 δ, 当 $|t - t_0| < \delta$ 时, 有 $|x_n(t) - x_n(t_0)| < \frac{\epsilon}{3}$, 那么

$$\begin{aligned} |x(t) - x(t_0)| &= |x(t) - x_n(t) + [x_n(t) - x_n(t_0)] + [x_n(t_0) - x(t_0)]| \\ &\leqslant |x(t) - x_n(t)| + |x_n(t) - x_n(t_0)| + |x_n(t_0) - x(t_0)| \\ &< \epsilon \end{aligned}$$

因此, 当 $|t - t_0| < \delta$ 时, 有 $|x(t) - x(t_0)| < \epsilon$, 所以 $x(t)$ 是连续的. 根据完备性定义可知, 度量空间 $([-1, 1], d_\infty)$ 是完备的.

1.2.2 赋范线性空间

有限维向量 $\boldsymbol{x}$ 可以写成

$$\boldsymbol{x} = (x_1, x_2, \cdots, x_n),$$

向量的元素是 x_i, $i = 1, 2, \cdots, n$, $x_i \in \mathbf{R}$, 或者 $x_i \in \mathbf{Z}$ 的集合. 有限维向量表示方法被广泛应用于离散时间信号, 其中离散时间信号分量构成向量中的元素. 对于表示和分析连续时间信号, 全面地理解矢量概念是有用的. 通常把函数 $x(t)$ 看成一个向量, 利用向量的知识来分析 $x(t)$. 因此, 将使用符号 x (或 $x(t)$) 来表示向量函数. 对于有限维的向量, 用符号 $\boldsymbol{x}$ 来表示, 以便将向量与标量区分开.

定义 1.5 设 S 是非空集合, 在 S 中定义元素的加法运算 " + " 和标量乘法运算 " · ", 满足以下条件:

(1) 在 S 上定义的加法运算, 满足以下性质:

(a) 对于任意 $\boldsymbol{x}, \boldsymbol{y} \in S$, 有 $\boldsymbol{x} + \boldsymbol{y} \in S$.

(b) 在 S 上存在一个恒等元, 定义为 $\mathbf{0}$, 使得对于任意的 $\boldsymbol{x} \in S$, 都有

$$\boldsymbol{x} + \mathbf{0} = \mathbf{0} + \boldsymbol{x} = \boldsymbol{x}.$$

(c) 对于任意 $\boldsymbol{x} \in S$, 都会存在另一个元素 $\boldsymbol{y} \in S$, 使得

$$\boldsymbol{x} + \boldsymbol{y} = \mathbf{0}.$$

元素 $\boldsymbol{y}$ 称为 $\boldsymbol{x}$ 的加法逆元, 记作 $-\boldsymbol{x}$.

(d) 加法运算满足结合律, 即对于任意的 $\boldsymbol{x}, \boldsymbol{y}, \boldsymbol{z} \in S$, 有

$$(\boldsymbol{x} + \boldsymbol{y}) + \boldsymbol{z} = \boldsymbol{x} + (\boldsymbol{y} + \boldsymbol{z}).$$

(2) 对于任意的 $a, b \in \mathbf{R}$ 以及 $\boldsymbol{x}, \boldsymbol{y} \in S$, 有

$$a\boldsymbol{x} \in S,$$
$$a(b\boldsymbol{x}) = (ab)\boldsymbol{x},$$
$$(a + b)\boldsymbol{x} = a\boldsymbol{x} + b\boldsymbol{x},$$
$$a(\boldsymbol{x} + \boldsymbol{y}) = a\boldsymbol{x} + a\boldsymbol{y}.$$

(3) 存在一个单位元素 $1 \in \mathbf{R}$, 使得 $1\boldsymbol{x} = \boldsymbol{x}$. 存在一个元素 $0 \in \mathbf{R}$, 使得 $0\boldsymbol{x} = \mathbf{0}$. 集合 $\mathbf{R}$ 是向量空间的标量集. 则称 S 按照上述加法和数乘运算构成向量空间或者线性空间, 其中 S 中的元素称为向量.

例 1.7 对于 $C[a, b]$ 中任意两个元素 x, y 和数 a 定义

$$(x + y)(t) = x(t) + y(t), \quad t \in [a, b],$$
$$(ax)(t) = ax(t), \quad t \in [a, b],$$

则 $C[a, b]$ 按照上述加法运算和数乘运算构成线性空间.

例 1.8 空间 $l_p(1 < p < \infty)$, 对于任意 $\boldsymbol{x} = (x_0, x_1, \cdots)$, $\boldsymbol{y} = (y_0, y_1, y_2, \cdots) \in l_p$ 和任意实数或者复数 α 定义标量加法和数乘运算

$$\boldsymbol{x} + \boldsymbol{y} = (x_0 + y_0, x_1 + y_1, \cdots),$$
$$\alpha\boldsymbol{x} = (\alpha x_0, \alpha x_1, \cdots).$$

则 l_p 按照上述加法运算和数乘运算构成线性空间.

在本章和本书的其余部分中, 将交替使用 "向量" 和 "信号" 这两个词. 对于一个离散时间信号, 可以把由函数样本组成的向量看成 $\mathbf{R}^n$ 或 $\mathbf{C}^n$ 中的向量. 对于一个连续时间信号 $s(t)$, 向量就是信号本身空间中的一个元素, 因此, 对向量空间的研究就是对信号的研究.

定义 1.6 设 S 是数域 $\mathbf{R}$ 上的向量空间, $\boldsymbol{p}_1, \boldsymbol{p}_2, \cdots, \boldsymbol{p}_m$ 是 S 中的向量, $c_1, c_2, \cdots, c_m$ 是 $\mathbf{R}$ 中的一组数, 那么向量 $\boldsymbol{x}$

$$\boldsymbol{x} = c_1\boldsymbol{p}_1 + c_2\boldsymbol{p}_2 + \cdots + c_m\boldsymbol{p}_m$$

为向量 $\boldsymbol{p}_1, \boldsymbol{p}_2, \cdots, \boldsymbol{p}_m$ 的线性组合, 或者说向量 $\boldsymbol{x}$ 可由向量组 $\boldsymbol{p}_1, \boldsymbol{p}_2, \cdots, \boldsymbol{p}_m$ 线性表出. 如果这组向量能表示线性空间 S 中的任意元素, 那么这组向量称为空间 S 的一组基.

在向量空间中处理问题时, 向量空间的元素可以相加或者数乘, 元素之间不仅有距离, 而且每个元素有类似于普通向量长度叫范数的量, 相关定义如下:

定义 1.7 设 X 是一线性空间, 若对于任意 $\boldsymbol{x} \in X$, 都对应一个实值函数 $\| \boldsymbol{x} \|$, 称之为 $\boldsymbol{x}$ 的范数, 满足:

(1) $\| \boldsymbol{x} \| \geqslant 0 (\boldsymbol{x} \in X)$;

(2) $\|\boldsymbol{x}\| = 0$ 当且仅当 $\boldsymbol{x} = \boldsymbol{0}$;

(3) $\|\alpha\boldsymbol{x}\| = |\alpha| \|\boldsymbol{x}\|$, 其中 α 是任意标量;

(4) $\|\boldsymbol{x} + \boldsymbol{y}\| \leqslant \|\boldsymbol{x}\| + \|\boldsymbol{y}\|$.

则称函数 $\|\boldsymbol{x}\|$ 为 $\boldsymbol{x}$ 的范数, 或 $\boldsymbol{x}$ 的长度. 称 X 按范数 $\|\boldsymbol{x}\|$ 为赋范线性空间.

定义 1.8 设 X 是一个赋范线性空间, $\{x_n\}_{n\in\mathbf{N}}$ 是 X 中的点列:

(1) 如果 $\lim\limits_{n\to\infty} \|x_n - x\| = 0$, 则称 $\{x_n\}_{n\in\mathbf{N}}$ 依范数收敛于 x;

(2) 如果 $\lim\limits_{m,n\to\infty} \|x_n - x_m\| = 0$, 则称 $\{x_n\}_{n\in\mathbf{N}}$ 是 X 中的基本列;

(3) 如果 X 中的每个基本列都是 X 中的收敛点列, 则称 X 是完备的.

定义 1.9 如果 X 是完备的赋范线性空间, 那么称 X 为 Banach 空间.

例 1.9 如果在空间 l_p $(1 \leqslant p \leqslant \infty)$ 中定义范数

$$\|\boldsymbol{x}\| = \left(\sum_{k=1}^{+\infty} |x_k|^p\right)^{1/p}, \tag{1.7}$$

那么按照通常的加法和数乘运算, l_p 是 Banach 空间.

例 1.10 在前述给出的连续函数空间 $C[a,b]$ 中定义范数

$$\|\boldsymbol{x}\|_\infty = \max_{a\leqslant t\leqslant b} |x(t)|,$$

那么 $C[a,b]$ 按照通常的加法和数乘运算是 Banach 空间.

$$\|\boldsymbol{x}\| = \left(\sum_{k=1}^{+\infty} |x_k|^p\right)^{1/p}, \tag{1.8}$$

那么按照通常的加法和数乘运算, l_p 是 Banach 空间.

例 1.11 设 $(\Omega, \mathscr{B}, \mu)$ 是一个测度空间, $\boldsymbol{x}$ 是 Ω 上的可测函数, 且 $|x(t)|^p$ 在 Ω 上是可积的. 这种函数的全体记作 $L^p(\Omega, \mu)(1 \leqslant p < \infty)$, 定义其范数为

$$\|\boldsymbol{x}\| = \left(\int_\Omega |x(t)|^p \, \mathrm{d}\mu\right)^{1/p}, \tag{1.9}$$

按照通常的加法和数乘规定运算, 并且把几乎处处相等的两个函数看成同一个元素, 那么 $L^p(\Omega, \mu)(1 \leqslant p < \infty)$ 是 Banach 空间.

例 1.12 设 $(\Omega, \mathscr{B}, \mu)$ 是一个测度空间, μ 对于 Ω 是 σ 有限的, $\boldsymbol{x}$ 是 Ω 上的可测函数. Ω 上的一切本性有界可测函数的全体记作 $L^\infty(\Omega, \mu)$, 定义其范数为

$$\|\boldsymbol{x}\| = \inf_{E\subset\Omega, \mu(E)=0} \left(\sup_{t\in\Omega\setminus E} |f(t)|\right), \tag{1.10}$$

按照通常的加法和数乘规定运算, 并且把几乎处处相等的两个函数看成同一个元素, 那么 $L^\infty(\Omega, \mu)$ 是 Banach 空间.

如果令 $d(\boldsymbol{x}, \boldsymbol{y}) = \|\boldsymbol{x} - \boldsymbol{y}\|(\boldsymbol{x}, \boldsymbol{y} \in X)$, 则 $d(\boldsymbol{x}, \boldsymbol{y})$ 是 X 上的距离, 且 $\{x_n\}_{n=1}^\infty$ 依范数收敛于 $\boldsymbol{x}$, 等价于 $\{x_n\}_{n=1}^\infty$ 按距离 $d(\boldsymbol{x}, \boldsymbol{y})$ 收敛于 $\boldsymbol{x}$, 称 $d(\boldsymbol{x}, \boldsymbol{y})$ 为由范数 $\|\boldsymbol{x}\|$ 导出的距

离. 如果 $d(\boldsymbol{x}, \boldsymbol{y})$ 是由 $\|\boldsymbol{x}\|$ 导出的距离, 那么这种距离和线性运算之间满足一定关系, 即对任何 α 和向量 $\boldsymbol{x}, \boldsymbol{y} \in X$, 有

$$d(\boldsymbol{x} - \boldsymbol{y}, \boldsymbol{0}) = d(\boldsymbol{x}, \boldsymbol{y}); \qquad d(\alpha \boldsymbol{x}, \boldsymbol{0}) = |\alpha| d(\boldsymbol{x}, \boldsymbol{0}).$$

由于范数和度量的性质相似, 因此它们可以彼此定义. 例如, 如果 $\|\boldsymbol{x}\|$ 表示范数, 那么 $d(\boldsymbol{x}, \boldsymbol{y}) = \|\boldsymbol{x} - \boldsymbol{y}\|$ 表示度量. 度量的三角不等式可表示为

$$\|\boldsymbol{x} - \boldsymbol{y}\| = \|\boldsymbol{x} - \boldsymbol{z} + \boldsymbol{z} - \boldsymbol{y}\| \leqslant \|\boldsymbol{x} - \boldsymbol{z}\| + \|\boldsymbol{y} - \boldsymbol{z}\|,$$

或者说, 在向量空间给予一个度量 d, 范数就可以表示成 $\|\boldsymbol{x}\| = d(\boldsymbol{x}, \boldsymbol{0})$. 当研究赋范线性空间的度量性质时, 度量可根据范数的定义, 表示为 $d(\boldsymbol{x}, \boldsymbol{y}) = \|\boldsymbol{x} - \boldsymbol{y}\|$.

定义 1.10 如果 $\|\boldsymbol{x}\| = 1$, 则向量 $\boldsymbol{x}$ 是标准化的. 除了零向量以外, 任意向量都可以标准化: 若 $\boldsymbol{y} = \dfrac{\boldsymbol{x}}{\|\boldsymbol{x}\|}$, 则 $\|\boldsymbol{y}\| = 1$. 标准化向量也是单位向量.

有多种范数可供选择, 因此很自然地要解决在特定情况下应该使用哪种范数的问题. l_2 与 L_2 是最常用的两个范数. 例如, 在高速信号处理算法中, 由于在现有的硬件中, 计算绝对值可能比计算平方更容易, 因此往往利用 l_1 范数. 或者, 在音频信息的数据表示 (量化) 问题中, 使用一种表示形式——由人类侦听器感知的范数最为合适. 理想情况下, 在这样的应用程序中需要一个精确测量人类耳朵能够感知到失真的范数 (这只能大致实现, 因为它依赖于如此多的心理声学效应, 而其中只有少数是可以理解的). 对于视频编码的范数也可以提出类似的方法. 简而言之, 应该选择最适合特定应用程序的范数.

向量 $\boldsymbol{x}$ 变化的精确范数值取决于所使用的特定范数. 但是一个向量相对于一个范数是小的, 相对于另一个范数也是小的. 因此, 在下面的定理描述的意义上, 范数是等价的.

定理 1.1 (范数等价定理) 如果 $\|\cdot\|$ 和 $\|\cdot\|'$ 是 $\mathbf{R}^n$ (或 $\mathbf{C}^n$) 上的两个范数等价, 那么 $\|\boldsymbol{x}_k\| \to 0 (k \to \infty)$ 当且仅当 $\|\boldsymbol{x}_k\|' \to 0 (k \to \infty)$.

证明 要想证明上述定理只需证明存在常数 $c_1, c_2 > 0$, 使得

$$c_1 \|\boldsymbol{x}\| \leqslant \|\boldsymbol{x}\|' \leqslant c_2 \|\boldsymbol{x}\|. \tag{1.11}$$

为了证明式 (1.11), 设 $\|\cdot\|'$ 是 l_2 范数. 观察到若 $d_1 \|\boldsymbol{x}\| \leqslant \|\boldsymbol{x}\|_2 \leqslant d_2 \|\boldsymbol{x}\|$ 并且 $d_1' \|\boldsymbol{x}\|' \leqslant \|\boldsymbol{x}\|_2 \leqslant d_2' \|\boldsymbol{x}\|'$, 那么 $d_1 \|\boldsymbol{x}\| \leqslant d_2' \|\boldsymbol{x}\|'$ 并且 $d_1' \|\boldsymbol{x}\|' \leqslant d_2 \|\boldsymbol{x}\|$. 因此, 若式 (1.11) 成立, 则 $c_1 = \dfrac{d_1}{d_2'}$ 并且 $c_2 = \dfrac{d_2}{d_1'}$.

设 $\boldsymbol{x}$ 可表示为一组基向量的线性组合, 即 $\boldsymbol{x} = \sum\limits_{i=1}^{n} x_i \boldsymbol{e}_i$. 那么, 由范数的性质可知,

$$\|\boldsymbol{x}\| = \left\| \sum_{i=1}^{n} x_i \boldsymbol{e}_i \right\| \leqslant \sum_{i=1}^{n} |x_i| \|\boldsymbol{e}_i\|.$$

不等式的右边表示由 x_i 的值组成的向量与由基向量的值组成的向量的内积. 写成内积的形式, 根据柯西—施瓦兹不等式, 可得

$$\|\boldsymbol{x}\| \leqslant \|\boldsymbol{x}\|_2 \left(\sum_{i=1}^{n} \|x_i\| \|\boldsymbol{e}_i\|^2 \right)^{\frac{1}{2}},$$

设 $\beta = \left(\sum\limits_{i=1}^{n} x_i \|\boldsymbol{e}_i\|^2\right)^{\frac{1}{2}}$, 令 $c_1 = \dfrac{1}{\beta}$, 则等式 (1.11) 的左边成立.

若点 $\boldsymbol{x}$ 在单位球 $S = \{\boldsymbol{x} : \|\boldsymbol{x}\|_2 = 1\}$ 上, 由范数的性质知, $\|\cdot\| > 0$, 因此当 $\boldsymbol{x} \in S$, $\alpha > 0$ 时, 则有 $\boldsymbol{x} \geqslant \alpha$. 所以,

$$\|\boldsymbol{x}\| = \left\|\frac{\boldsymbol{x}}{\|\boldsymbol{x}\|_2}\right\| \|\boldsymbol{x}\|_2 \geqslant \alpha \|\boldsymbol{x}\|_2.$$

此时, 令 $c_2 = \dfrac{1}{\alpha}$, 则等式 (1.11) 的右边成立.

例如,

$$\|\boldsymbol{x}\|_2 \leqslant \|\boldsymbol{x}\|_1 \leqslant \sqrt{n}\|\boldsymbol{x}\|_2, \tag{1.12}$$

$$\|\boldsymbol{x}\|_\infty \leqslant \|\boldsymbol{x}\|_2 \leqslant \sqrt{n}\|\boldsymbol{x}\|_\infty, \tag{1.13}$$

$$\|\boldsymbol{x}\|_\infty \leqslant \|\boldsymbol{x}\|_1 \leqslant n\|\boldsymbol{x}\|_\infty. \tag{1.14}$$

定义 1.11 对于一个序列 x_n, 如果存在一个数 $M < \infty$, 对于任意 n, 当 $n \to \infty$ 时, 有 $\|x_n\| < M$, 则这个序列是有界的.

1.2.3　内积与内积空间

这一节将引入一类特殊的线性赋范空间——内积空间. 在这类空间中可以引入正交的概念以及投影的概念, 从而可以在内积空间中建立相应的几何学.

内积是对两个向量的运算, 它是一个标量值, 可以用来提供任意向量空间中向量 "方向" 的几何解释. 它们还可以用来定义一个称为诱导范数的范数. 以下定义中, 向量空间 X 中的元素是复数.

定义 1.12 设 X 为向量空间, 其标量域为 $\boldsymbol{C}$. 若对任意 $\boldsymbol{x}, \boldsymbol{y} \in X$ 都对应有一个数 $\langle \boldsymbol{x}, \boldsymbol{y} \rangle \in \boldsymbol{C}$, 且满足以下条件:

(1) $\langle \boldsymbol{x}, \boldsymbol{y} \rangle = \overline{\langle \boldsymbol{y}, \boldsymbol{x} \rangle}$, 若 $\boldsymbol{x}, \boldsymbol{y}$ 是实向量, 则 $\langle \boldsymbol{x}, \boldsymbol{y} \rangle = \langle \boldsymbol{y}, \boldsymbol{x} \rangle$.

(2) $\langle \alpha \boldsymbol{x}, \boldsymbol{y} \rangle = \alpha \langle \boldsymbol{x}, \boldsymbol{y} \rangle$, 其中任意 $\alpha \in \mathbf{R}$.

(3) $\langle \boldsymbol{x} + \boldsymbol{y}, \boldsymbol{z} \rangle = \langle \boldsymbol{x}, \boldsymbol{z} \rangle + \langle \boldsymbol{y}, \boldsymbol{z} \rangle$.

(4) 如果 $\boldsymbol{x} \neq \boldsymbol{0}$, 则 $\langle \boldsymbol{x}, \boldsymbol{x} \rangle > 0$, 并且 $\langle \boldsymbol{x}, \boldsymbol{x} \rangle = 0$ 当且仅当 $\boldsymbol{x} = \boldsymbol{0}$.

则称 $\langle \boldsymbol{x}, \boldsymbol{y} \rangle$ 为 $\boldsymbol{x}$ 与 $\boldsymbol{y}$ 的内积, X 为内积空间.

定义内积的方法有很多种, 通过选择合适的内积, 可以获得符号的优势和算法的便利. 接下来给出一些内积的例子.

例 1.13 对于有限维向量 $\boldsymbol{x}, \boldsymbol{y} \in \mathbf{R}^n$, 向量 $\boldsymbol{x} = (x_1, x_2, \cdots, x_n)$ 与向量 $\boldsymbol{y} = (y_1, y_2, \cdots, y_n)$ 之间的内积为

$$\langle \boldsymbol{x}, \boldsymbol{y} \rangle = x_1 y_1 + x_2 y_2 + \cdots + x_n y_n = \sum_{i=1}^{n} x_i y_i = \boldsymbol{y}^{\mathrm{T}} \boldsymbol{x} = \boldsymbol{x}^{\mathrm{T}} \boldsymbol{y}.$$

这个内积叫作欧几里得内积. 这也是向量微积分中用到的点积. 有时会写成如下形式:

$$\langle \boldsymbol{x}, \boldsymbol{y} \rangle = \boldsymbol{x} \cdot \boldsymbol{y}.$$

若向量在 $\mathbf{C}^n$ 中, 那么欧几里得内积为

$$\langle \boldsymbol{x}, \boldsymbol{y} \rangle = \sum_{k=1}^{n} x_k \overline{y_k}$$

例 1.14 对于 $L_2[a,b]$ 中任意向量 $\boldsymbol{x}(t), \boldsymbol{y}(t)$ 的内积定义为

$$\langle \boldsymbol{x}(t), \boldsymbol{y}(t) \rangle = \int_a^b x(t)\overline{y(t)}\mathrm{d}t,$$

则 $L_2[a,b]$ 按照上述内积构成内积空间.

若 $x(t), y(t)$ 是定义在 $\mathbf{R}$ 上的函数, 则它们的内积可表示为

$$\langle \boldsymbol{x}(t), \boldsymbol{y}(t) \rangle = \int_{-\infty}^{+\infty} x(t)y(t)\mathrm{d}t.$$

例 1.15 考虑一通过带有脉冲响应 $h(t)$ 的滤波器的信号 $x(t)$, T 时刻的输出信号为

$$y(T) = x(t) * h(t)|_{t=T} = \int_0^T x(\tau)h(T-\tau)\mathrm{d}\tau,$$

设 $g(\tau) = h(T-\tau)$, 那么

$$y(T) = \int_0^T x(\tau)g(\tau)\mathrm{d}\tau = \langle \boldsymbol{x}, \boldsymbol{g} \rangle.$$

因此, 滤波的操作 (以及在固定时间内获取输出) 与计算内积是等价的.

知道一向量 $\boldsymbol{x} \in \mathbf{R}^n$ 的欧几里得范数定义为

$$\|\boldsymbol{x}\|_2^2 = x_1^2 + x_2^2 + \cdots + x_n^2,$$

$\boldsymbol{x}$ 与自身的内积为

$$\langle \boldsymbol{x}, \boldsymbol{x} \rangle = x_1^2 + x_2^2 + \cdots + x_n^2.$$

因此, 把这种由内积得到的特殊范数称为由内积导出的范数. 一般地, 在一向量空间 S 中给出一个内积 $\langle \cdot, \cdot \rangle$, 就可以得到由内积导出的范数, 定义为

$$\|\boldsymbol{x}\| = \langle \boldsymbol{x}, \boldsymbol{x} \rangle^{\frac{1}{2}},$$

其中, 每一个 $\boldsymbol{x} \in S$. 应该特别指出的是, 并不是每一个范数都是由内积导出的范数. 例如, l_p 和 L_p 范数只有当 $p=2$ 时才是由内积导出的范数.

例 1.16 另外一个由内积导出的范数的例子是在 $L_2[a,b]$ 上的函数,

$$\|\boldsymbol{x}(t)\|_2 = \langle \boldsymbol{x}(t), \boldsymbol{x}(t) \rangle^{\frac{1}{2}} = \left(\int_a^b |x(t)|^2 \mathrm{d}t \right)^{\frac{1}{2}}.$$

由内积导出的范数有以下重要性质 (内积为复向量空间的内积):

$$\|\boldsymbol{x} - \boldsymbol{y}\|^2 = \langle \boldsymbol{x} - \boldsymbol{y}, \boldsymbol{x} - \boldsymbol{y} \rangle = \langle \boldsymbol{x}, \boldsymbol{x} \rangle - \langle \boldsymbol{x}, \boldsymbol{y} \rangle - \langle \boldsymbol{y}, \boldsymbol{x} \rangle + \langle \boldsymbol{y}, \boldsymbol{y} \rangle = \|\boldsymbol{x}\|^2 - 2\mathrm{Re}\langle \boldsymbol{x}, \boldsymbol{y} \rangle + \|\boldsymbol{y}\|^2,$$

若向量在实向量空间内, 则

$$\|\boldsymbol{x} - \boldsymbol{y}\|^2 = \|\boldsymbol{x}\|^2 - 2\langle \boldsymbol{x}, \boldsymbol{y} \rangle + \|\boldsymbol{y}\|^2.$$

接下来介绍一个十分重要的不等式, 它就是柯西 – 施瓦兹不等式. 这个不等式是信号处理分析的基石之一. 它将为重要的投影定理提供基础, 是匹配滤波器推导的关键步骤. 它可以用来证明一个重要的几何事实, 即一个函数的梯度指向最急剧增长的方向, 这是梯度下降优化技术发展的关键.

定理 1.2 (柯西 – 施瓦兹不等式) 设 X 是内积空间, 对于任意的 $\boldsymbol{x}, \boldsymbol{y} \in X$, 有

$$|\langle \boldsymbol{x}, \boldsymbol{y} \rangle| \leqslant \|\boldsymbol{x}\| \|\boldsymbol{y}\|, \tag{1.15}$$

等式成立当且仅当对于一个标量 α, $\boldsymbol{y} = \alpha \boldsymbol{x}$.

证明 通过用内积的形式来表示的证明, 涵盖了有限维和无限维的情况.

首先, 当 $\boldsymbol{x} = \boldsymbol{0}$ 或 $\boldsymbol{y} = \boldsymbol{0}$ 时, 此定理易得, 因此忽略这种情况.

$$\|\boldsymbol{x} - \alpha \boldsymbol{y}\|^2 = \|\boldsymbol{x}\|^2 - 2\langle \boldsymbol{x}, \alpha \boldsymbol{y} \rangle + |\alpha^2| \|\boldsymbol{y}\|^2. \tag{1.16}$$

上式始终大于 0. 希望找到一个 α, 使上式尽可能小. 对于实向量来说, 这非常容易做到, 通过对 α 求导, 然后令导数等于零. 接下来用完全平方的方法来证明. 因为

$$0 \leqslant \|\boldsymbol{x} - \alpha \boldsymbol{y}\|^2 = \|\boldsymbol{y}\|^2 \left[\left(\alpha - \frac{\langle \boldsymbol{x}, \boldsymbol{y} \rangle}{\|\boldsymbol{y}\|^2} \right) \left(\overline{\alpha} - \frac{\overline{\langle \boldsymbol{x}, \boldsymbol{y} \rangle}}{\|\boldsymbol{y}\|^2} \right) \right] - \frac{|\langle \boldsymbol{x}, \boldsymbol{y} \rangle|^2}{\|\boldsymbol{y}\|^2} + \|\boldsymbol{x}\|^2.$$

那么当 $\alpha = \dfrac{\langle \boldsymbol{x}, \boldsymbol{y} \rangle}{\|\boldsymbol{y}\|^2}$ 时, $\|\boldsymbol{x} - \alpha \boldsymbol{y}\|^2$ 取得最小值. 在这种情况下, 上式就变为

$$-\frac{|\langle \boldsymbol{x}, \boldsymbol{y} \rangle|^2}{\|\boldsymbol{y}\|^2} + \|\boldsymbol{x}\|^2 \geqslant 0,$$

由此可得到想要的结果.

接下来, 验证等式成立的条件. 如果 $\boldsymbol{y} = \alpha \boldsymbol{x}$, 那么式 (1.15) 很容易得到. 另一方面, 假设式 (1.15) 的等式成立, 则由式 (1.16) 可得 $\|\boldsymbol{x} - \alpha \boldsymbol{y}\| = 0$. 再由范数的性质, 这就意味着对于数 α, 有 $\boldsymbol{x} = \alpha \boldsymbol{y}$.

对于定义在 $[a, b]$ 上的实函数向量空间, 柯西 – 施瓦兹不等式为

$$\left(\int_a^b f(t) g(t) \mathrm{d}t \right)^2 \leqslant \int_a^b f^2(t) \mathrm{d}t \int_a^b g^2(t) \mathrm{d}t.$$

根据度量空间和内积空间的定义, 在信号处理中应用十分广泛的空间是 Banach 空间和 Hilbert 空间, 定义分别如下:

定义 1.13 完备的内积空间叫作 Hilbert 空间.

常见的 Banach 空间与 Hilbert 空间主要有:

(1) 连续函数空间 $(C[a, b], d_\infty)$ 是 Banach 空间.

(2) L_p 范数 $(p < \infty)$ 的函数空间 $C[a, b]$ 不是 Banach 空间, 因为它不是完备的.

(3) 序列空间 $l_p(0, \infty)$ 是 Banach 空间, 当 $p = 2$ 时, 是 Hilbert 空间.

(4) 空间 $L_p[a, b]$ 是 Banach 空间, 当 $p = 2$ 时, 是 Hilbert 空间.

如果赋范向量空间是有限维的, 那么它就是完备的, 因此每一个有限维空间都是 Banach 空间. 如果范数是由内积导出的范数, 那么它就是 Hilbert 空间, 而且空间的每一个有限维子空间都是完备的.

1.3　直积与正交基

定义 1.14　向量空间 X 上的两个子空间 V 与 W 正交, 是指任意一个向量 $\boldsymbol{v} \in V$ 与任意一个向量 $\boldsymbol{w} \in W$ 有以下关系:

$$\langle \boldsymbol{v}, \boldsymbol{w} \rangle = 0.$$

定义 1.15　设 V 是内积空间 X 的一个子空间, 与 V 正交的所有向量组成的空间称为 V 的正交补, 记作 $V^\perp$.

关于正交补有以下性质:

定理 1.3　设 V 与 W 是内积空间 X 的子空间, 则

(1) $V^\perp$ 是 X 的一个闭子空间.

(2) $V \subset V^{\perp\perp}$.

(3) 若 $V \subset W$, 则 $W^\perp \subset V^\perp$.

(4) $V^{\perp\perp\perp} = V^\perp$.

(5) 若 $\boldsymbol{x} \in V \cap V^\perp$, 则 $\boldsymbol{x} = \boldsymbol{0}$.

(6) $\boldsymbol{0}^\perp = X$ 并且 $X^\perp = \boldsymbol{0}$.

定义 1.16　设 X 是一个内积空间, 而 $X' = \{e_\alpha | \alpha \in I\}$ 是 X 的一个子集. 称 X' 为正交集, 是指:

$$(\boldsymbol{e}_\alpha, \boldsymbol{e}_\beta) = 0,$$

其中, I 为指标集, $\alpha, \beta \in I$ 并且 $\alpha \neq \beta$. 如果还有 $\|\boldsymbol{e}_\alpha\| = 1$ $(\forall \alpha \in I)$, 则称 X' 是正交规范集.

定义 1.17　内积空间 X 中的正交规范集 $\{e_\alpha | \alpha \in I\}$ 称为一个基, 是指 $\forall \boldsymbol{x} \in X$, 有

$$\boldsymbol{x} = \sum_{\alpha \in I} (\boldsymbol{x}, \boldsymbol{e}_\alpha) \boldsymbol{e}_\alpha,$$

其中, $\{(\boldsymbol{x}, \boldsymbol{e}_\alpha) | \alpha \in I\}$ 称为 $\boldsymbol{x}$ 关于基 $\{e_\alpha | \alpha \in I\}$ 的傅里叶系数.

下面举一些关于正交规范基的例子.

例 1.17　在 $L_2[0, 2\pi]$ 上,

$$e_n(t) = \frac{1}{\sqrt{2\pi}} \mathrm{e}^{\mathrm{j}nt}, \quad n = 0, \pm 1, \pm 2, \cdots$$

是一组正交规范基. $\forall u \in L_2[0, 2\pi]$, 对应的傅里叶系数是

$$\langle u, \boldsymbol{e}_n \rangle = \frac{1}{\sqrt{2\pi}} \int_0^{2\pi} u(t) \mathrm{e}^{-\mathrm{j}nt} \mathrm{d}t, \quad n = 0, \pm 1, \pm 2, \cdots$$

例 1.18 在 l_2 空间上,

$$e_n = (0, 0, \cdots, 0, 1, 0, \cdots), \quad n = 1, 2, 3, \cdots$$

是一组正交规范基.

1.4 线性变换

定义 1.18 $L : X \to Y$ 是从向量空间 X 到向量空间 Y 的一个变换, 如果对于向量 $\boldsymbol{x}, \boldsymbol{x}_1, \boldsymbol{x}_2 \in X$ 满足:

(1) 对于任意的 $\boldsymbol{x} \in X$, 任意标量 $\alpha \in \mathbf{R}$, 有 $L(\alpha \boldsymbol{x}) = \alpha L(\boldsymbol{x})$.

(2) $L(\boldsymbol{x}_1 + \boldsymbol{x}_2) = L(\boldsymbol{x}_1) + L(\boldsymbol{x}_2)$.

接下来给出几个关于函数向量空间的例子.

例 1.19 (1) 设 X 是连续实值函数集, $L : X \to X$ 定义为

$$Lx(t) = \int_0^t h(\tau) x(t - \tau) \mathrm{d}\tau,$$

其中, $x(t) \in X$. 那么 L 是一个信号 x 与信号 h 之间卷积的线性变换.

(2) 设 X 是定义在 $[0, 1]$ 上的连续实值函数集, $L : X \to \mathbf{R}$ 定义为

$$Lx(t) = \int_0^t h(\tau) x(\tau) \mathrm{d}\tau,$$

则 L 是一个线性变换.

(3) 设 X 是连续实值函数集, 设 $T_{T_0} : X \to X$ 为

$$T_{T_0} x(t) = \begin{cases} x(t), & |t| < T_0, \\ 0, & \text{其他.} \end{cases}$$

其中, T_0 是变换的一个参数, 那么 T_{T_0} 就是一个线性变换.

(4) 设 X 是傅里叶变换函数集, Y 是 X 中元素的傅里叶变换集. 则定义 $F : X \to Y$

$$F[x(t)](\omega) = \int_{-\infty}^{\infty} x(t) \mathrm{e}^{-\mathrm{j}\omega t} \mathrm{d}t$$

为一个线性算子.

(5) 设 $B : X \to X$ 为

$$B_{B_0} x(t) = F^{-1} T_{B_0} X(\omega),$$

其中, $X(\omega)$ 为 $x(t)$ 的傅里叶变换; F^{-1} 为傅里叶变换的逆; $T_{B_0} X(\omega)$ 为截取傅里叶变换. $B_{B_0} x(t)$ 是带限信号.

定义 1.19 设 $L : X \to Y$ 是一个算子, 则像空间 $\mathbf{R}(L)$ 是

$$\mathbf{R}(L) = \{\boldsymbol{y} = L\boldsymbol{x} : \boldsymbol{x} \in X\};$$

也就是说, 像空间是通过 L 把 X 中的值变换到有 Y 上值的集合. 零空间 $N(L)$ 是

$$N(L) = \{\boldsymbol{x} \in X : L\boldsymbol{x} = \boldsymbol{0}\};$$

也就是说, 零空间是通过 L 把 X 中的值变换到 Y 变为 $\boldsymbol{0}$ 的所有 X 上值的集合. 算子的零空间也叫作算子的核.

例 1.20　(1) 设 $Lx(t) = \displaystyle\int_0^t x(\tau)h(t-\tau)\mathrm{d}\tau$. 那么 L 的零空间是与 $h(t)$ 作卷积结果为零的所有 $x(t)$ 的集合.

(2) 设 $Lx(t) = \displaystyle\int_0^t x(\tau)h(\tau)\mathrm{d}\tau$, 其中, X 是连续函数集, 则 $\mathbf{R}(L)$ 是实数集, 除非 $h(t) \equiv 0$.

1.5　投影与正交投影

引理 1.1　设 V 与 W 是向量空间 S 的子空间, 则对于每一个 $\boldsymbol{x} \in V + W$, 都有唯一的 $\boldsymbol{v} \in V$ 和 $\boldsymbol{w} \in W$, 使得 $\boldsymbol{x} = \boldsymbol{v} + \boldsymbol{w}$ 当且仅当 V 和 W 是不相交的.

由上述引理可以得到以下投影算子的定义:

定义 1.20　设 V 与 W 是线性空间 S 互不相交的子空间并且 $S = V + W$, 那么任意一个向量 $\boldsymbol{x} \in S$ 都可以唯一写成

$$\boldsymbol{x} = \boldsymbol{v} + \boldsymbol{w},$$

其中 $\boldsymbol{v} \in V$, $\boldsymbol{w} \in W$. 称映射

$$P : S \to V,$$

为 S 到 V 的投影算子, $\boldsymbol{v}$ 为 $\boldsymbol{x}$ 在 V 上的投影, 记为 $P_{\boldsymbol{x}}$, 即 $P_{\boldsymbol{x}} = \boldsymbol{v}$.

定理 1.4　一个从向量空间映射到它自身的线性变换 P 是投影 d 的充分必要条件为 $P^2 = P$.

若算子 P 满足 $P^2 = P$, 则称 P 是幂等的.

例 1.21　设信号 $x(t)$, 其傅里叶变换为 $X(\omega)$. 那么变换 $P_{w_0}(w_0 \geqslant 0)$ 定义为

$$P_{\omega_0}[X(\omega)] = \begin{cases} X(\omega), & -\omega_0 \leqslant \omega \leqslant \omega_0, \\ 0, & \text{其他}, \end{cases}$$

它对应于低通滤波器过滤信号, 是一个投影算子.

例 1.22　设 $P_T(T \geqslant 0)$ 是函数 $x(t)$ 的变换, 定义为

$$(P_T x)(t) = \begin{cases} x(t), & -T \leqslant t \leqslant T, \\ 0, & \text{其他}, \end{cases}$$

它是分段时间算子并且是唯一投影.

定理 1.5　设 P 是定义在线性空间 S 上的投影算子, 那么 P 的像空间 $R(P)$ 与零空间 $N(P)$ 是 S 的互不相交的子空间, 并且 $S = R(P) + N(P)$.

定理 1.6　设 P 是定义在内积空间 S 上的投影算子, P 是正交投影, 如果它的像空间与零空间是正交的, 则 $R(P) \perp N(P)$.

参考文献

[1] JEFFREYS H, JEFFREYS B, SWIRLES B. Methods of mathematical physics[M]. [S.l.]: Cambridge University Press, 1999.

[2] STRANG G,AARIKKAK. Introduction to applied mathematics[M]. [S.l.]:Wellesley-Cambridge Press Wellesley, MA, 1986.

[3] MOON T K, STIRLING W C. Mathematical methods and algorithms for signal processing[M]. [S.l.]: Prentice Hall Upper Saddle River, NJ, 2000.

[4] THEOCARIS P S. Number theory in science and communication[J]. Applied Optics, 1986, 25: 4000.

[5] WU C J, et al. On the convergence properties of the EM algorithm[J]. The Annals of Statistics, 1983, 11(1): 95-103.

[6] KWAKERNAAK H, SIVAN R. Linear optimal control systems[M]. New York: Wiley Interscience, 1972.

[7] DEGROOT M H. Optimal statistical decisions[M]. New York: John Wiley & Sons, 2005.

[8] KAY S M. Fundamentals of statistical signal processing[J]. Prentice Hall PTR, 1993.

[9] HEGLAND M. An implementation of multiple and multivariate Fourier transforms on vector processors[J]. SIAM Journal on Scientific Computing, 1995, 16(2): 271-288.

[10] 陈后金. 信号与系统 [M]. 北京: 清华大学出版社, 2003.

[11] 张贤达. 现代信号处理 [M]. 北京: 清华大学出版社, 2002.

[12] MOSHINSKY M, QUESNE C. Linear canonical transformations and their unitary representations[J]. Journal of Mathematical Physics, 1971, 12(8): 1772-1780.

[13] 张恭庆, 林源渠, 郭懋正. 泛函分析讲义 [M]. 北京: 北京大学出版社, 1990.

[14] 陈怀琛, 高淑萍, 杨威. 工程线性代数 [M]. 北京: 电子工业出版社, 2007.

[15] 许天周. 应用泛函分析 [M]. 北京: 科学出版社, 2002.

第 2 章
函数空间中的逼近问题

2.1　引言

为了更好地理解和处理信号, 可以将其分解成不同分量的组合, 如此就可以对其分而解之、分而治之了. 比如物理中的概念——力, 按照作用效果来说, 它可以被分解在不同的两个方向, 如果这两个方向互相垂直, 那么就说这两个方向是正交的. 同样的道理, 对于一个函数, 如果将它当成一个矢量, 也可以将其分解, 关键问题是基于什么去分解它. 对于信号, 如果想用谐波来表示它, 最好基于不同频率将之进行分解, 那么接下来的问题就是寻找一个正交基来表示不同频率的谐波. 信号分解是将信号表示成一组相互正交的信号分量的线性组合. 若将信号用正交函数的线性组合表示, 在误差能量最小的条件下, 其系数与通常按均方误差最小所得的系数相符. 信号即向量, 向量分析中的很多工具都可以用到信号分析中[1]. 例如傅里叶变换是在傅里叶级数正交函数展开的基础上发展而产生的[2], 也称为傅里叶分析 (频域分析).

2.2　正交原理

在二维平面中, 称两个相互垂直的向量为正交向量, 即设 u, v 是二维平面中的一组正交向量, $u \cdot v = 0$, 那么对该平面上的任一向量 l, 都可以用 u, v 的线性组合唯一表示. 此结论可拓展到 n 维空间, 也就是说任一个矢量都可以分解为 2 个或 n 个相互正交的矢量的线性组合, 且其系数唯一. 正交是垂直在数学上的一种抽象化和一般化.

在泛函分析中, 定义一个点 x 到一个集合 A 的距离 $d(x, A)$:

$$d(x, A) = \inf \{(d(x, y) | y \in A\},$$

如果存在点 $x_0 \in A$, 使得

$$\|x - x_0\| = d(x, A),$$

则称 x_0 是集合 A 中与 x 最接近的点. 基于此, 给出函数空间中的正交原理[3].

定义 2.1 (正交原理)　令 x 是空间 X 中任意向量, $\{\eta_i\}$ 是空间 X 中的任意向量组, 且满足 $x_0 = \sum a_i \eta_i, a_i \in \mathbf{R}$, 这里用 e 表示 x_0 与 x 之间的均方误差, 当 $(e, \eta_i) = 0$ 时, e 最小.

2.3 正交函数集

目前, 正交函数集已经得到广泛的应用 [3]. 首先说明正交函数集的定义.

定义 2.2 n 个函数 $g_1(t), g_2(t), \cdots, g_n(t)$ 构成一函数集, 如果在区间 (t_1, t_2) 内满足正交特性, 即

$$\int_{t_1}^{t_2} g_i(t) g_j(t) \, \mathrm{d}t = 0, \qquad i \neq j,$$
$$\int_{t_1}^{t_2} g_i(t)^2 \, \mathrm{d}t = K_i, \tag{2.1}$$

则称此函数集为正交函数集, 若 $K_i = 1$, 则称为归一化函数集.

在区间 (t_1, t_2) 内任意函数 $f(t)$ 可以由 N 个正交函数的加权和所近似, 其表达式为

$$f(t) \approx \sum_{i=1}^{N} c_i g_i(t) \tag{2.2}$$

其中, $c_i = (f(t), g_i(t))$. 这为信号的分解提供了基础. 此外, 信号分解所基于的正交函数集有不同的选取方法. 下面介绍在信号处理中几种常用的正交函数集 [4].

2.3.1 三角函数集

三角函数集是最常见的正交函数集, $1(\cos 0x), \cos x, \sin x, \cos(2x), \sin(2x), \cdots, \cos(nx),$ $\sin(nx), \cdots$ 在区间 $[-\pi, \pi]$ 上满足任意两个不同函数的内积为零且相同的函数内积不为零, 也就是说, 下列积分均成立:

$$\int_{-\pi}^{\pi} 1 \cdot \cos(nx) \, \mathrm{d}x = 0, \int_{-\pi}^{\pi} 1 \cdot \sin(nx) \, \mathrm{d}x = 0,$$
$$\int_{-\pi}^{\pi} \cos(mx) \cdot \sin(nx) \, \mathrm{d}x = 0, \int_{-\pi}^{\pi} \cos(mx) \cdot \cos(nx) \, \mathrm{d}x = 0,$$
$$\int_{-\pi}^{\pi} \sin(mx) \cdot \sin(nx) \, \mathrm{d}x = 0 \quad (m, n = 1, 2, \cdots, m \neq n), \tag{2.3}$$
$$\int_{-\pi}^{\pi} 1 \cdot 1 \, \mathrm{d}x = 2\pi, \int_{-\pi}^{\pi} \cos(mx) \cdot \cos(mx) \, \mathrm{d}x = \pi,$$
$$\int_{-\pi}^{\pi} \sin(mx) \cdot \sin(mx) \, \mathrm{d}x = \pi.$$

在周期函数空间, 三角函数系可看作一组正交基, 任何一个周期函数都可以用这组基的线性组合表示, 即设 $f(x)$ 是一个以 2π 为周期的函数, 则

$$f(x) = \frac{a_0}{2} \cdot 1 + a_1 \cos x + b_1 \sin x + a_2 \cos(2x) + \cdots + a_n \cos(nx) + b_n \sin(nx) + \cdots, \tag{2.4}$$

上式的右端即傅里叶级数.

2.3.2 线性调频函数集

线性调频函数的表达式为

$$s(t) = A(t) \cos\left(\omega_0 t + \frac{\mu t^2}{2}\right), \tag{2.5}$$

其中, ω_0 为中心频率; $A(t)$ 是矩形函数:

$$A(t) = \begin{cases} 0, & |t| > \dfrac{T}{2}, \\ 1, & |t| \leqslant \dfrac{T}{2}, \end{cases}$$

其中, T 是扫频周期. 作为非平稳信号分析与处理领域中的典型信号, 线性调频信号的检测与估计是现代信号处理领域的研究重点之一.

2.3.3 sinc 基函数

在数字信号处理和通信理论中, 归一化 sinc 函数通常定义为

$$\mathrm{sinc}(x) = \frac{\sin(\pi x)}{\pi x}. \tag{2.6}$$

利用 sinc 函数可以生成一个正交函数集:

$$p_k(t) = \mathrm{sinc}\left[2B\left(t - \frac{k}{2B}\right)\right], \tag{2.7}$$

此正交函数集中任意两个函数满足

$$\int_{-\infty}^{+\infty} p_k(t) p_l(t)\, \mathrm{d}t = \frac{1}{2B}\delta_{k,l},$$

sinc 函数在傅里叶分析和采样定理的推导中具有十分重要的作用.

2.3.4 正交小波函数

正交小波函数集可由母小波函数 ψ 伸缩平移生成:

$$\left\{\psi_{m,n}(t) = \frac{1}{\sqrt{2m}}\psi\left(\frac{t - 2^j n}{2^m}\right)\right\}(j,n) \in \mathbf{Z}, \tag{2.8}$$

构成 $L^2(\mathbf{R})$ 空间的一组规范正交基, 也就是说:

$$\langle \psi_{m,n}(t), \psi_{l,k}(t)\rangle = \delta(m-l)\delta(n-k) = \begin{cases} 1, & n = m \text{且} m = l, \\ 0, & \text{其他}. \end{cases}$$

利用正交小波基可以把任意一个能量有限的连续时间信号展开成小波级数, 即 $\forall f(t) \in L^2(\mathbf{R})$,

$$f(t) = \sum_m \sum_n \int f(t)\psi_{m,n}(t)\, \mathrm{d}t \cdot \psi_{m,n}(t). \tag{2.9}$$

2.4 误差最小化方法

首先定义误差, 用 $(S, \|\cdot\|)$ 表示定义在 $\|\cdot\|$ 上的赋范线性空间, 令 $T = \{\boldsymbol{p}_1, \boldsymbol{p}_2, \cdots, \boldsymbol{p}_m\} \subset S$ 是向量空间 S 中一组线性无关的向量, 任给向量 $\boldsymbol{x} \in S$, 找到一组系数 $c_1, c_2, \cdots, c_m$, 使得

$$\tilde{\boldsymbol{x}} = c_1\boldsymbol{p}_1 + c_2\boldsymbol{p}_2 + \cdots + c_m\boldsymbol{p}_m, \tag{2.10}$$

尽可能地接近 $\boldsymbol{x}$, 此处 $\tilde{\boldsymbol{x}}$ 表示 $\boldsymbol{x}$ 的近似. 因此, $\boldsymbol{x}$ 可写作

$$\begin{aligned} \boldsymbol{x} &= \tilde{\boldsymbol{x}} + \boldsymbol{e} \\ &= c_1\boldsymbol{p}_1 + c_2\boldsymbol{p}_2 + \cdots + c_m\boldsymbol{p}_m + \boldsymbol{e}. \end{aligned} \tag{2.11}$$

$\boldsymbol{e}$ 是近似误差, 所以

$$\|\boldsymbol{x} - \tilde{\boldsymbol{x}}\| = \|\boldsymbol{e}\|, \tag{2.12}$$

尽可能地小.

下面最小化误差 $\|\boldsymbol{e}\| = \|\boldsymbol{x} - \tilde{\boldsymbol{x}}\|$, 如果采用的是 l_2 范数, 就是线性最小二乘问题. 因为误差的最小范数一定与每一个向量 $\boldsymbol{p}_k$ 正交:

$$\left\langle \boldsymbol{x} - \sum_{n=1}^{m} c_n\boldsymbol{p}_n, \boldsymbol{p}_k \right\rangle = 0, \qquad k = 1, 2, \cdots, m, \tag{2.13}$$

所以可以从这类正交的情况出发去表示误差最小化问题. 式 (2.13) 给出了关于 m 个未知量的 m 个方程, 写作矩阵形式

$$\begin{pmatrix} \langle \boldsymbol{p}_1, \boldsymbol{p}_1 \rangle & \langle \boldsymbol{p}_2, \boldsymbol{p}_1 \rangle & \cdots & \langle \boldsymbol{p}_m, \boldsymbol{p}_1 \rangle \\ \langle \boldsymbol{p}_1, \boldsymbol{p}_2 \rangle & \langle \boldsymbol{p}_2, \boldsymbol{p}_2 \rangle & \cdots & \langle \boldsymbol{p}_m, \boldsymbol{p}_2 \rangle \\ \vdots & \vdots & \vdots & \vdots \\ \langle \boldsymbol{p}_1, \boldsymbol{p}_m \rangle & \langle \boldsymbol{p}_2, \boldsymbol{p}_m \rangle & \cdots & \langle \boldsymbol{p}_m, \boldsymbol{p}_m \rangle \end{pmatrix} \begin{pmatrix} c_1 \\ c_2 \\ \vdots \\ c_m \end{pmatrix} = \begin{pmatrix} \langle \boldsymbol{x}, \boldsymbol{p}_1 \rangle \\ \langle \boldsymbol{x}, \boldsymbol{p}_2 \rangle \\ \vdots \\ \langle \boldsymbol{x}, \boldsymbol{p}_m \rangle \end{pmatrix}. \tag{2.14}$$

因为方程 (2.14) 最小化了均方误差, 因此方程的解称为最小均方解.

2.5 傅里叶变换的定义和性质

2.5.1 傅里叶变换的定义

定义 2.3 假设函数 $f(t) \in L^2(\mathbf{R})$, 其傅里叶变换 (Fourier Transform, FT) 定义 [5] 为

$$F(\omega) = \mathcal{F}\{f(t)\}(\omega) = \frac{1}{2\pi} \int_{-\infty}^{+\infty} f(t)\mathrm{e}^{-\mathrm{j}\omega t}\,\mathrm{d}t, \tag{2.15}$$

记作 $F, \mathcal{F}f$ 或者 $\mathcal{F}\{f(t)\}$ 等.

对应地, 傅里叶变换的逆变换表示为

$$f(t) = \mathcal{F}^{-1}\{F(\omega)\}(t) = \int_{-\infty}^{+\infty} F(\omega)\mathrm{e}^{\mathrm{j}\omega t}\,\mathrm{d}\omega, \tag{2.16}$$

记作 $F^{-1}, \mathcal{F}^{-1}F$ 或者 $\mathcal{F}^{-1}\{F(\omega)\}$ 等.

简单来说, 傅里叶变换把函数投影在由正弦函数组成的正交基的函数空间中. 函数 $f(t)$ 与 $F(\omega)$ 的变换关系为 $f(t) \leftrightarrow F(\omega)$. 如果用算子表述, 则 F 和 F^{-1} 分别表示傅里叶变换算子及其逆变换算子.

定义 2.4　平移算子、调制算子与伸缩算子分别定义 [6] 为

$$(\mathcal{T}_a f)(t) = f(t-a), (\mathcal{M}_b f)(t) = \mathrm{e}^{\mathrm{j}bt} f(t), \quad (\mathcal{D}_c f)(t) = f\left(\frac{t}{c}\right), \quad a, b, c \in \mathbf{R}, c \neq 0. \quad (2.17)$$

2.5.2　傅里叶变换的性质

函数 $f(t)$ 的傅里叶变换 $F(\omega)$ 简称频谱函数. 经过平移算子、调制算子与伸缩算子处理分别对应信号的延时、调制与尺度变换, 这些在工程中具有实际的物理意义. 此外, 傅里叶变换的性质 [7] 在信号的分析与处理中也发挥着极大的作用, 具体如下所示.

1. 线性特性

若 $f_1(t), f_2(t) \in L^2(\mathbf{R})$, $a, b \in \mathbf{R}$, 且 $f_1(t), f_2(t)$ 的傅里叶变换为 $F_1(\omega) = \mathcal{F}[f_1(t)]$, $F_2(\omega) = \mathcal{F}[f_2(t)]$, 则和函数

$$f(t) = af_1(t) + bf_2(t)$$

的傅里叶变换为

$$F(\omega) = \mathcal{F}\{f(t)\} = aF_1(\omega) + bF_2(\omega). \quad (2.18)$$

2. 平移特性

若 $\mathcal{F}\{f_1(t)\} = F_1(\omega)$, 则函数 $f(t) = (\mathcal{T}_{t_0} f_1)(t) = f_1(t - t_0)$, $t_0 \in \mathbf{R}$ 的傅里叶变换为

$$F(\omega) = \mathcal{F}\{f(t)\} = F_1(\omega)\mathrm{e}^{-\mathrm{j}\omega t_0}. \quad (2.19)$$

这一关系用符号简单表示: 若 $f(t) \leftrightarrow F(\omega)$, 则 $f(t - t_0) \leftrightarrow F(\omega)\mathrm{e}^{-\mathrm{j}\omega t_0}$. 这对应于信号的延时特性:

信号 $f(t - t_0)$ 与信号 $f(t)$ 具有相同的波形, 只是延迟了时间 t_0, 这里的 t_0 可以是正值, 也可以是负值. 则从信号的角度来看, 从式 (2.19) 可得相同的幅谱

$$|F(\omega)| = |F_1(\omega)|,$$

以及相位谱差

$$\Delta\phi(t) = -\omega t_0.$$

时延信号的相位将被给予一个与频率呈线性关系的滞后相移 ωt_0; 反之亦正确. 延时特性表明, 信号在时域中的延时和在频域中的相移对应.

3. 调制特性

若 $\mathcal{F}\{f_1(t)\} = F_1(\omega)$, 则函数 $f(t) = (\mathcal{M}_{\omega_0} f_1)(t) = f_1(t)\mathrm{e}^{\mathrm{j}\omega_0 t}$ 的傅里叶变换为

$$F(\omega) = \mathcal{F}\{f(t)\} = F_1(\omega - \omega_0). \quad (2.20)$$

这一关系用符号简单表示: 若 $f(t) \leftrightarrow F(\omega)$, 则 $f(t)\mathrm{e}^{\mathrm{j}\omega_0 t} \leftrightarrow F(\omega - \omega_0)$. 这对应于信号的移频特性.

4. 伸缩特性

若 $\mathcal{F}\{f_1(t)\} = F_1(\omega)$, 则函数 $f(t) = (\mathcal{D}_{\frac{1}{c}}f_1)(t) = f(ct)$ 的傅里叶变换为

$$F(\omega) = \mathcal{F}\{f(t)\} = \frac{1}{|c|}F_1\left(\frac{\omega}{c}\right). \tag{2.21}$$

这一关系用符号简单表示: 若 $f(t) \leftrightarrow F(\omega)$, 则 $f(at) \leftrightarrow \frac{1}{|c|}F\left(\frac{\omega}{c}\right)$. 这对应于信号的尺度变换特性.

5. 奇偶特性

若函数 $f(t)$ 是实奇函数, 且 $\mathcal{F}\{f(t)\} = F(\omega)$ 为虚奇函数; 若函数 $f(t)$ 是实偶函数, 则 $\mathcal{F}\{f(t)\} = F(\omega)$ 为实偶函数. 这表明信号的奇偶性对应了频谱函数的虚实性, 这与信号中所包含的谐波分量间的关系是对应的.

6. 对称特性

若 $\mathcal{F}\{f(t)\} = F(\omega)$, 则与 $F(\omega)$ 具有相同形式的函数 $F(t)$ 的傅里叶变换为

$$\mathcal{F}\{F(t)\} = 2\pi f(-\omega). \tag{2.22}$$

这一关系用符号简单表示: 若 $f(t) \leftrightarrow F(\omega)$, 则 $F(t) \leftrightarrow 2\pi f(-\omega)$.

更进一步地,

$$\mathcal{F}f(t) = F(\omega),$$

$$\mathcal{F}^2 f(t) = \mathcal{F}\mathcal{F}f(t) = 2\pi f(-t),$$

$$\mathcal{F}^3 f(t) = \mathcal{F}\mathcal{F}^2 f(t) = F(-\omega),$$

$$\mathcal{F}^4 f(t) = \mathcal{F}\mathcal{F}^3 f(t) = f(t),$$

可以发现 $\mathcal{F}^4$ 本质上是一个恒等变换算子, 即 $\mathcal{F}^4 = \mathcal{I}$.

7. 微分特性

若 $\mathcal{F}\{f_1(t)\} = F_1(\omega)$, 则其微分函数 $f(t) = \dfrac{\mathrm{d}f_1(t)}{\mathrm{d}t}$ 的傅里叶变换为

$$\mathcal{F}\{f(t)\} = \mathrm{j}\omega F(\omega). \tag{2.23}$$

这一关系用符号简单表示: 若 $f(t) \leftrightarrow F(\omega)$, 则 $\dfrac{\mathrm{d}f_1(t)}{\mathrm{d}t} \leftrightarrow \mathrm{j}\omega F(\omega)$. 这一特性可应用于正弦激励的电路中. 更一般地, 信号在时域中取 n 阶导数 (如果存在的话), 则其傅里叶变换为

$$\mathcal{F}\left\{\frac{\mathrm{d}^n f(t)}{\mathrm{d}t^n}\right\} = (\mathrm{j}\omega)^n F(\omega).$$

8. 积分特性

若 $\mathcal{F}\{f_1(t)\} = F_1(\omega)$, 则其积分函数 $f(t) = \displaystyle\int_{-\infty}^{t} f_1(\tau)\mathrm{d}\tau$ 的傅里叶变换为

$$\mathcal{F}\{f(t)\} = \pi F(0)\delta(\omega) + \frac{1}{\mathrm{j}\omega}F(\omega). \tag{2.24}$$

这一关系用符号简单表示：若 $f(t) \leftrightarrow F(\omega)$，则 $\int_{-\infty}^{t} f_1(\tau)\mathrm{d}\tau \leftrightarrow \pi F(0)\delta(\omega) + \dfrac{1}{\mathrm{j}\omega}F(\omega)$. 同样，这一特性可应用于正弦激励的电路中.

如果 $F(0) = 0$，或者 $F(0) \neq 0$，但除去 $\omega = 0$ 这一点，则 $\int_{-\infty}^{t} f_1(\tau)\mathrm{d}\tau \leftrightarrow \dfrac{1}{\mathrm{j}\omega}F(\omega)$. 那么对时间 n 次积分后的傅里叶变换为 $\left(\dfrac{1}{\mathrm{j}\omega}\right)^n F(\omega)$.

9. 变换域微分与积分特性

若 $\mathcal{F}\{f(t)\} = F(\omega)$，则其在傅里叶变换域微分与积分特性表现为

$$\mathrm{j}t f(t) \leftrightarrow \frac{\mathrm{d}F(\omega)}{\mathrm{d}\omega} \tag{2.25}$$

和

$$\pi f(0)\delta(t) + \mathrm{j}\frac{f(t)}{t} \leftrightarrow \int_{-\infty}^{\omega} F(\Omega)\mathrm{d}\Omega. \tag{2.26}$$

10. 卷积定理

若函数 $f_1(t), f_2(t) \in \mathbf{R}$，且它们的傅里叶变换为 $F_1(\omega), F_2(\omega)$，则 $f_1(t)$ 与 $f_2(t)$ 卷积后的傅里叶变换为

$$\mathcal{F}\{f_1(t) * f_2(t)\} = \mathcal{F}\{f_1(t)\}\mathcal{F}\{f_2(t)\} = F_1(\omega)F_2(\omega). \tag{2.27}$$

同样，在傅里叶变换域的卷积定理表述为：若 $f_1(t) \leftrightarrow F_1(\omega)$, $f_2(t) \leftrightarrow F_2(\omega)$，则

$$f_1(t)f_2(t) \leftrightarrow \frac{1}{2\pi}\{F_1(\omega) * F_2(\omega)\}. \tag{2.28}$$

在信号处理中，上述卷积定理分别对应于时域卷积和频域卷积，有助于求解电路的系统响应、设计滤波器等多方面的应用.

11. Parseval 定理

若 $f(t) \leftrightarrow F(\omega)$，则

$$\int_{-\infty}^{+\infty}\{f(t)\}^2\mathrm{d}t = \int_{-\infty}^{+\infty}|F(\omega)|^2\mathrm{d}\omega. \tag{2.29}$$

Parseval 定理可说明傅里叶变换是能量守恒变换.

12. 不确定性原理

若 $f(t) \leftrightarrow F(\omega)$，则

$$\sigma_t \sigma_\omega \geqslant \frac{1}{2}, \tag{2.30}$$

其中

$$\sigma_t = \left[\frac{\displaystyle\int_{-\infty}^{+\infty}|(t-t_0)f(t)|^2\mathrm{d}t}{\displaystyle\int_{-\infty}^{+\infty}|f(t)|^2\mathrm{d}t}\right]^{1/2}, \tag{2.31}$$

$$\sigma_\omega = \left[\frac{\displaystyle\int_{-\infty}^{+\infty}|(\omega-\omega_0)F(\omega)|^2\mathrm{d}\omega}{\displaystyle\int_{-\infty}^{+\infty}|F(\omega)|^2\mathrm{d}\omega}\right]^{1/2}, \tag{2.32}$$

平均时间和平均频率定义如下:

$$t_0 = \int_{-\infty}^{+\infty} |tf(t)^2| \mathrm{d}t,$$

$$\omega_0 = \int_{-\infty}^{+\infty} |\omega F(\omega)^2| \mathrm{d}\omega.$$

在最初的量子力学中, 不确定性原理表示一个运动粒子的位置和它的动量不可被同时确定[8]. 在数学中不确定性原理意味着函数 $f(t)$ 的时间宽度越长, $F(\omega)$ 的频率宽度越小; 相反, $F(\omega)$ 的频率宽度越大, 意味着函数 $f(t)$ 的时间宽度越短. 在信号处理领域中, 不确定性原理表示信号不能在时、频域同时达到高分辨率.

傅里叶变换理论不仅是现代分析中最美妙的结果之一, 而且为现代物理和工程中每一个深奥的问题提供了必不可少的工具. 傅里叶变换具有全局性, 是处理分析平稳信号的十分有力的工具. 傅里叶变换可以完成从时域到频域的转换 (正变换), 也可以完成从频域到时域的转换 (逆变换). 目前, 傅里叶变换已广泛应用到各个领域[9~11].

2.6 短时傅里叶变换的定义和性质

在实际工作中, 遇到的信号往往是时变的, 即信号的频率随时间变化. 信号处理与分析的重要任务之一: 不仅要获取信号的频谱信息, 还要知道频率出现的时刻. 由于傅里叶变换对信号处理的局限性, 缺少具体频谱的时域定位功能, 故 Gabor 于 1946 年提出短时傅里叶变换: 使用一个很窄的窗函数取出信号, 并求其傅里叶变换, 即可得到信号的局部频谱. 短时傅里叶变换加快了非平稳信号分析进程.

2.6.1 短时傅里叶变换的定义

定义 2.5 若在时间段 T 中, 函数满足 $w(t) > 0$, $t \in [-T/2, T/2]$, 则称 $w(t)$ 是一个窗函数.

常见的窗函数有矩形窗、高斯窗、汉宁窗、汉明窗、 Blackman 窗、 Kaiser 窗、切比雪夫窗等.

定义 2.6 若函数 $f(t) \in L^2(\mathbf{R})$, 窗函数 $w(t) \in L^2(\mathbf{R})$, 则短时傅里叶变换 (Short-time Fourier Transform, STFT) 定义[8]为

$$\text{STFT}(t,\omega) = \int_{-\infty}^{+\infty} f(\tau)w^*(\tau - t)\mathrm{e}^{-\mathrm{j}\omega\tau}\,\mathrm{d}\tau = \langle f(\tau), w(\tau-t)\mathrm{e}^{\mathrm{j}\omega\tau}\rangle, \tag{2.33}$$

其中, $*$ 表示复数共轭.

如果取无穷长 (全局) 的矩形窗函数 $w(t) = 1, t \in \mathbf{R}$, 则短时傅里叶变换退化为传统的傅里叶变换. 对应地, STFT 的逆变换表示为

$$f(t) = \int_{-\infty}^{+\infty}\int_{-\infty}^{+\infty} \text{STFT}(\tau,\omega)w(t-\tau)\mathrm{e}^{\mathrm{j}\omega\tau}\mathrm{d}\tau\mathrm{d}\omega. \tag{2.34}$$

对于信号来讲, $f(\tau)$ 乘一个相当短的窗函数 $w(\tau - t)$ 等价于取出信号在分析时间点 t 附近的一个切片, 所以 $\mathrm{STFT}(t, f)$ 可以理解为信号 $f(\tau)$ 在分析时间 t 附近的傅里叶变换 (称为 "局部频谱").

2.6.2　短时傅里叶变换的性质

1. 线性特性

若 $f_1(t), f_2(t) \in L^2(\mathbf{R})$, $a, b \in \mathbf{R}$, 且其短时傅里叶变换分别为 $\mathrm{STFT}_1(t, \omega), \mathrm{STFT}_2(t, \omega)$, 则和函数 $f(t) = af_1(t) + bf_2(t)$ 的短时傅里叶变换为

$$\mathrm{STFT}(t, \omega) = \mathrm{STFT}_1(t, \omega) + \mathrm{STFT}_2(t, \omega). \tag{2.35}$$

2. 时移特性

若 $f_1(t - t_0) \in L^2(\mathbf{R})$, 且其短时傅里叶变换为 $\mathrm{STFT}_1(t, \omega)$, 则 $f(t) = f(t - t_0)$ 的短时傅里叶变换为

$$\mathrm{STFT}(t, \omega) = \mathrm{STFT}_1(t - t_0, \omega)\mathrm{e}^{-\mathrm{j}\omega t_0}.$$

3. 调制特性

若 $f_1(t) \in L^2(\mathbf{R})$, 且其短时傅里叶变换为 $\mathrm{STFT}_1(t, \omega)$, 则 $f(t) = f_1(t)\mathrm{e}^{\mathrm{j}\omega_0 t}$ 的短时傅里叶变换为

$$\mathrm{STFT}_f(t, \omega) = \mathrm{STFT}_1(t, \omega - \omega_0). \tag{2.36}$$

注意　短时傅里叶变换不具有时移不变性.

4. 固定分辨率特性

在窗函数平移的过程中, 窗口宽度始终保持不变, 从而在整个时频平面上得到固定的分辨率. 但是时间窗口越小, 时域分辨率越好, 频域分辨率越差; 时间宽口越大, 时域分辨率越差, 频域分辨率越好.

短时傅里叶变换是一种线性的联合时频分析方法, 克服了传统的傅里叶变换的缺陷, 采用固定的窗函数进行分析且计算方法相对简单. 但是分辨率不具有自适应性, 时频聚集性有限, 这限制了其在信号处理中更好地应用.

2.7　小波变换的定义和性质

由 2.6 节可知, 窗函数的大小限制了短时傅里叶变换谱图的分辨率. 为了能够自适应地选择窗的大小, 小波变换发展了短时傅里叶变换的思想, 成功实现了这种变焦的功能 [12]. 小波变换就是一种多分辨分析方法, 既可以看到函数 (信号) 的全貌, 又可以看到其细节, 因此称小波变换是信号的数学显微镜 [13].

2.7.1　小波变换的定义

定义 2.7　若函数 $f(t) \in L^2(\mathbf{R})$, 满足条件

$$C_\psi = \int_{-\infty}^{+\infty} \frac{|\hat{\psi}(u)|^2}{|u|} \, \mathrm{d}u < \infty,$$

则称 ψ 是一个小波, 其小波基函数定义为

$$\psi_{a,b}(t) = \frac{1}{\sqrt{|a|}} \psi\left(\frac{t-b}{a}\right), a, b \in \mathbf{R}. \tag{2.37}$$

定义 2.8　若函数 $f(t) \in L^2(\mathbf{R})$, 则 f 的小波变换 (Wavelet Transform, WT) 定义 [8] 为

$$\begin{aligned}
\mathrm{WT}(a,b) &= \langle f, \psi_{a,b} \rangle = \int_{-\infty}^{+\infty} f(t) \psi_{a,b}^*(t) \mathrm{d}t \\
&= \frac{1}{\sqrt{|a|}} \int_{-\infty}^{+\infty} f(t) \psi^*\left(\frac{t-b}{a}\right) \mathrm{d}t, \quad a > 0.
\end{aligned} \tag{2.38}$$

小波基函数是窗函数 $\psi(t)$ 经过尺度伸缩 a 和时间平移 b 的结果, 常数 a, b 分别称为尺度参数和平移参数, 系数 $\dfrac{1}{\sqrt{|a|}}$ 是为了使得变换结果归一化而引入的. 在实际的信号或者图像处理中, 通常希望小波函数具有紧支撑性、对称性、光滑性和正交性, 这些有助于较快地实现信号的最佳小波逼近和更好的信号分析性能.

2.7.2　小波变换的性质

小波变换具有以下性质 [6]:

1. 线性特性

若 $f_1(t), f_2(t) \in L^2(\mathbf{R})$, $\alpha, \beta \in \mathbf{C}$, 且其小波变换分别为 $\mathrm{WT}_1(a,b), \mathrm{WT}_2(a,b)$, 则和函数 $f(t) = af_1(t) + bf_2(t)$ 的短时傅里叶变换为

$$\mathrm{WT}(a,b) = \alpha \mathrm{WT}_1(a,b) + \beta \mathrm{WT}_2(a,b). \tag{2.39}$$

2. 时移特性

若 $f(t) \in L^2(\mathbf{R})$, $a, b \in \mathbf{R}$, 且其小波变换为 $\mathrm{WT}_1(a,b)$, 当 $f(t) = f_1(t - t_0)$ 时, 则 $f(t)$ 的小波变换为 $\mathrm{WT}(a,b)$, 则 $\mathrm{WT}(a,b) = \mathrm{WT}_1(a, b - \tau)$.

注意　小波变换不具有时移不变性.

3. 尺度特性

若 $f(t) \in L^2(\mathbf{R})$, 且其小波变换为 $\mathrm{WT}(a,b)$, 当 $f(t) = f_1(ct)$ 时, 则 $f(t)$ 的小波变换为 $\mathrm{WT}(a,b)$, 则 $\mathrm{WT}_1(a,b) = \dfrac{1}{\sqrt{|c|}} \mathrm{WT}(ca, cb)$, 其中 $c > 0$.

注意　小波变换具有伸缩共变特性.

4. 对称特性

若 $f(t) \leftrightarrow \mathrm{WT}(a, b)$, 则 $\mathrm{WT}(a, b) = \mathrm{WT}^* \left(\dfrac{1}{a}, -\dfrac{b}{a} \right)$, 其中 $a \neq 0$.

有的参考书上称性质 4 为自相似性.

5. Parseval 式

若函数 $f_1(t), f_2(t) \in L^2(\mathbf{R})$, 其小波变换分别为 $\mathrm{WT}_1(a, b), \mathrm{WT}_2(a, b)$, 则

$$\int_{\mathbf{R}^2} \mathrm{WT}_1(a, b) \mathrm{WT}_2^*(a, b) \frac{1}{a^2} \, \mathrm{d}a \, \mathrm{d}b = C_\psi \langle f_1, f_2 \rangle.$$

6. 多分辨率特性

小波变换的实质是将空间 $L^2(\mathbf{R})$ 中的信号 $f(t)$ 表示为有限长具有衰减性质的小波基函数的线性组合, 将一维时域函数映射到二维 "时间 – 尺度" 域上. 因此, 信号在小波基上的展开具有多分辨率的特性, 通过调整伸缩因子和平移因子, 可以得到具有不同时频宽度的小波以匹配原信号的任意位置, 以达到对信号时频局部化分析的目的. 具体来说, 对应于给定的一窗函数 ψ, 若尺度参数:

(1) $a > 1$, 则基函数相当于将窗函数拉伸, 时窗宽度增大, 时间分辨率低; 窗函数的频率特性压缩, 频率带宽变小, 频率分辨率高, 适用于高频段.

(2) $a < 1$, 则基函数相当于将窗函数压缩, 时窗宽度缩小, 时间分辨率低; 窗函数的频率特性拉伸, 频率宽带增大, 频率带宽变小, 频率分辨率低, 适用于低频段.

7. 冗余特性

连续小波变换中存在信息表述的冗余度. 小波变换是将一维信号 $f(t)$ 等距映射到二维尺度 (a, b) 平面, 其自由度增加, 从而使小波变换含有冗余度. 冗余度也是对称特性的直接反映.

下面特性 (1)~(4) 考虑不同算子对小波基函数作用, 得到小波变换的不同特性. 设 ψ, ψ_1, ψ_2 均为小波函数.

(1) 若 $f(t) \leftrightarrow \mathrm{WT}_\psi(a, b), (\mathcal{P}f)(t) \equiv f(-t)$, 则小波基函数 $\mathcal{P}\psi(a, b)$ 下,

$$(\mathcal{P}f)(t) \leftrightarrow \mathrm{WT}_{\mathcal{P}\psi}(a, -b).$$

(2) 若 $f(t) \leftrightarrow \mathrm{WT}_\psi(a, b), \alpha, \beta \in \mathbf{C}$, 则在小波基函数 $(\alpha\psi_1 + \beta\psi_2)(a, b)$ 下,

$$\mathrm{WT}_{(\alpha\psi_1 + \beta\psi_2)}(a, b) = \alpha^* \mathrm{WT}_{\psi_1} + \beta^* \mathrm{WT}_{\psi_2}(a, b).$$

(3) 若 $f(t) \leftrightarrow \mathrm{WT}_\psi(a, b), (\mathcal{T}_c f)(t) = f(t - c)$, 则在小波基函数 $(\mathcal{T}_c \psi)(a, b)$ 下,

$$\mathrm{WT}_{\mathcal{T}_c \psi}(a, b) = \mathrm{WT}_\psi(a, b + ca).$$

(4) 若 $f(t) \leftrightarrow \mathrm{WT}_\psi(a, b), (\mathcal{D}_c f)(t) = f\left(\dfrac{t}{c} \right)$, 则在小波基函数 $(\mathcal{D}_c \psi)(a, b)$ 下,

$$\mathrm{WT}_{\mathcal{D}_c \psi}(a, b) = \mathrm{WT}_\psi(ac, b).$$

小波变换具有可变化的时间和频率分辨率, 能够适应信号的非平稳性, 只需要改变 a, b 的大小就可以实现 "变焦距" 的功能. 基于这种多分辨率功能, 在医学图像边缘检测、雷达图像目标识别等领域具有重要的应用 [11~16].

参考文献

[1] MOON T K, STIRLING W C. Mathematical methods and algorithms for signal processing[M]. [S.l.]: Prentice hall Upper Saddle River, NJ, 2000.

[2] 杨永红, 张尤赛, 戴亮. 关于信号正交分解在 Fourier 变换中的几点思考 [J]. 电气电子教学学报, 2009, 31(6): 110-111.

[3] 唐桂林, 陈明武. 函数空间正交函数系及其应用 [J]. 河北北方学院学报: 自然科学版电气电子教学学报, 2019(31): 110-1111-8.

[4] 谢春娣. 关于能量有限信号的正交函数分解 [J]. 武汉科技学院学报, 2005, 18(8): 43-44.

[5] BRACEWELL R N, BRACEWELL R N. The Fourier transform and its applications[M]. [S.l.]: McGraw-Hill New York, 1986.

[6] 张贤达. 现代信号处理 [M]. 北京: 清华大学出版社, 2002.

[7] 管致中, 夏恭恪, 孟桥. 信号与线性系统 [M]. 北京: 高等教育出版社, 2011.

[8] CHEN V C, LING H. Time-frequency transforms for radar imaging and signal analysis[M]. [S.l.]: Artech House, 2002.

[9] WANG C, YAO J. Fourier transform ultrashort optical pulse shaping using a single chirped fiber Bragg grating[J]. IEEE Photonics Technology Letters, 2009, 21(19): 1375-1377.

[10] BRANDWOOD D. Fourier transforms in radar and signal processing[M]. [S.l.]: Artech House, 2012.

[11] KAMALIANM, PRILEPSKY J E, LE S T, et al. Spectral efficiency estimation in periodic nonlinear Fourier transform based communication systems[C]//2017 Optical Fiber Communications Conference and Exhibition (OFC). [S.l. : s.n.], 2017: 1-3.

[12] COHEN L. Time-frequency analysis[M]. [S.l.]: Prentice Hall, 1995.

[13] 成礼智, 王红霞, 罗永, 等. 小波的理论与应用 [M]. 北京: 科学出版社, 2004.

[14] GUPTA D, CHOUBEY S. Discrete wavelet transform for image processing[J]. International Journal of Emerging Technology and Advanced Engineering, 2015, 4(3): 598-602.

[15] SHKVARKO Y V, YAÑEZ J I, AMAO J A, et al. Radar/SAR image resolution enhancement via unifying descriptive experiment design regularization and wavelet-domain processing[J]. IEEE Geoscience and Remote Sensing Letters, 2016, 13(2): 152-156.

[16] EBRAHIM M P, HEYDARI F, REDOUTE J M, et al. Accurate Heart Rate Detection from On-Body Continuous Wave Radar Sensors Using Wavelet Transform[C]//2018 IEEE SENSORS. [S.l. : s.n.], 2018: 1-4.

第 3 章

分数域积分变换

3.1 引言

一个好的信号描述方法对于研究和刻画信号的本质特征至关重要. 在数学上, 信号的表示多是通过内积投影的方式来实现的, 即将信号投影到由某类基函数构成的完备内积空间上. 其中, 投影系数的大小反映了信号与基函数之间的相似程度. 一般地, 对于任意给定信号 $f(x) \in L^2(\mathbf{R})$ 在函数 $\kappa(x, y)$ 构成的内积空间内的投影系数为

$$F(y) = \langle f(x), \kappa^*(x, y) \rangle = \int_{\mathbf{R}} f(x) \kappa(x, y) \, \mathrm{d}x, \tag{3.1}$$

其中, $F(y)$ 是 $f(x)$ 投影在 $\kappa(x, y)$ 构成内积空间内的相似系数, 又称为信号的变换. $\kappa(x, y)$ 称为变换的基函数或者核函数, 变量 x 和 y 通常代表某物理量的不同侧面, 它们可以是连续的、离散的或两者兼有 (本章主要考虑连续情形). 若核函数是正交的, 则变换具有可逆性, 即

$$f(x) = \langle F(y), \kappa(x, y) \rangle = \int_{\mathbf{R}} F(y) \kappa^*(x, y) \, \mathrm{d}y, \tag{3.2}$$

字头带 $*$ 号代表复共轭, 有时也用 $\overline{f(\cdot)}$ 代表函数 $f(\cdot)$ 的复共轭. 若将式 (3.1) 称为 (正) 变换, 则式 (3.2) 就称为对应的逆变换. 显然, 基函数的种类多种多样, 选择不同的基函数会得到不同的信号描述方式, 也就分别对应不同的变换方法. 例如, 基函数 $\kappa(t, w) = \dfrac{1}{\sqrt{2\pi}} \mathrm{e}^{-\mathrm{j}tw}$, 此时 x 和 y 分别代表时间和频率, 通常用 t 和 w 来表示, 就可将经典的傅里叶正 (逆) 变换表示为

$$F(w) = \left\langle f(t), \frac{1}{\sqrt{2\pi}} \mathrm{e}^{\mathrm{j}tw} \right\rangle \tag{3.3}$$

$$f(t) = \left\langle F(w), \frac{1}{\sqrt{2\pi}} \mathrm{e}^{-\mathrm{j}tw} \right\rangle \tag{3.4}$$

事实上, 傅里叶变换作为一种经典的信号分析工具, 可以理解为信号从时间轴绕原点逆时针旋转 $\pi/2$ 到频率轴的数学表示. 该变换通过将信号分解为一组谐波函数的线性组合, 得到了信号关于 "频率成分" 的物理信息. 然而, 谐波函数本身是关于时间变量 t 的一次函数, 难以反映某类信号 "频率瞬变" 的本质特性. 为了全面深入地了解信号的特征, 本章将围绕把信号分解为关于时间变量 t 的二次函数, 即线性调频函数的线性组合 (或在此基础上更一般函数的线性组合形式), 对信号从时间轴绕原点旋转任意角度到 u 轴 (通常称为分数域) 的信号变换与分析方法进行介绍.

3.2 分数域积分变换

3.2.1 分数阶傅里叶变换

当核函数 $\kappa(x, y)$ 为 $K_\alpha(x, y)$ 时, 见式(3.6), 可得到信号 $f(x)$ 关于参数 α 的分数阶傅里叶变换. 此时, 基函数中的 x 和 y 分别代表时间和分数阶频率, 通常用 t 和 u 表示, 具体见定义 3.1.

定义 3.1 假设函数 $f(t) \in L^2(\mathbf{R})$, 其分数阶傅里叶变换 (Fractional Fourier Transform, FRFT) 定义为 [1]

$$F_\alpha(u) = \mathcal{F}^\alpha[f](u) = \int_{\mathbf{R}} f(t) K_\alpha(t, u) \, \mathrm{d}t, \tag{3.5}$$

其中, $\mathcal{F}^\alpha$ 是 FRFT 算子; α 是 FRFT 的旋转参数; $K_\alpha(t, u)$ 是 FRFT 的核函数, 具体如下:

$$K_\alpha(t, u) = \begin{cases} \sqrt{\dfrac{1 - \mathrm{j}\cot\varphi}{2\pi}} \mathrm{e}^{\mathrm{j}\frac{t^2+u^2}{2}\cot\varphi - \mathrm{j}tu\csc\varphi}, & \varphi \neq k\pi, \\ \delta(t - u), & \varphi = 2k\pi, \\ \delta(t + u), & \varphi = (2k-1)\pi. \end{cases} \tag{3.6}$$

式中, $\varphi = \alpha\pi/2, k \in \mathbf{Z}$, u 轴所在的 FRFT 域简称为分数域.

由于核函数 $K_\alpha(t, u)$ 关于时间 t 具有正交性, 即

$$\int_{\mathbf{R}} K_\alpha(t, u) K_\alpha^*(t, z) \, \mathrm{d}t = \delta(u - z), \tag{3.7}$$

因此 FRFT 具有可逆性, 对应的逆变换可表达如下:

$$f(t) = \mathcal{F}^{-\alpha}[F_\alpha](t) = \int_{\mathbf{R}} F_\alpha(t) K_\alpha^*(t, u) \, \mathrm{d}u, \tag{3.8}$$

式中, $\mathcal{F}^{-\alpha}$ 表示 FRFT 逆算子.

一般地, 假若 $\mathcal{O}$ 是任意的算子, 即

$$\mathcal{O}[g](x) = G(x), \tag{3.9}$$

其对应的分数阶算子 $\mathcal{O}^\alpha$ 满足:

(1) **有界性:**

$$\mathcal{O}^0[g](x) = g(x), \qquad \mathcal{O}^1[g](x) = G(x). \tag{3.10}$$

(2) **可加性:**

$$\mathcal{O}^{\alpha_2} \mathcal{O}^{\alpha_1} = \mathcal{O}^{\alpha_1 + \alpha_2}. \tag{3.11}$$

显然, $\mathcal{F}^0 = \mathcal{I}$, $\mathcal{F}^1 = \mathcal{F}$, $\mathcal{F}^\alpha \mathcal{F}^\beta = \mathcal{F}^{\alpha+\beta}$.

根据上述分析可知, 相较于经典的 FT, FRFT 能够介于时间域和频率域的任意分数域对信号特性进行分析, 为信号的进一步处理提供了新的观测空间和可视维度. 一般来讲, 信号经 FRFT 后多是复数形式, 但是在实际应用中具有实输入 – 实输出性质的变换往往能够提供更多便捷. 早在 1934 年, Paley 与 Wiener[2] 提出了具有保实性质的傅里叶余弦变换 (Fourier Cosine Transform, FCT)与傅里叶正弦变换 (Fourier Sine Transform, FST), 定义如下:

$$F_c(s) = \mathcal{F}_c[f](s) = \sqrt{\frac{1}{2\pi}} \int_0^\infty f(t) \cos(st)\mathrm{d}t, s > 0, \tag{3.12}$$

$$F_s(s) = \mathcal{F}_s[f](s) = \sqrt{\frac{1}{2\pi}} \int_0^\infty f(t) \sin(st)\mathrm{d}t, s > 0, \tag{3.13}$$

式中, $\mathcal{F}_c$, $\mathcal{F}_s$ 分别代表 FCT 算子和 FST 算子, $L(\mathbf{R}^+) = \{f(x)|\int_0^\infty |f(t)|\mathrm{d}t < \infty\}$. 随后, Thao 等人 [3~10] 研究了 FST 与 FCT 的卷积运算及其相应的卷积定理 (见表 3.1), 应用这些卷积定理可简化卷积类积分方程的求解问题. 由于 FRFT 是 FT 的推广, 因此 FRCT 和 FRST 及其相关性质也受到越来越多研究者的关注.

表 3.1　FST 与 FCT 卷积运算和卷积定理

变换	卷积运算	卷积定理
FCT	$(f \underset{F_c}{\star} g)(t) = \sqrt{\frac{1}{2\pi}} \int_0^\infty f(\tau)\,[g(|t-\tau|)+ g(t+\tau)]\,\mathrm{d}\tau$ (见文献 [3])	$F_c\left[(f \underset{F_c}{\star} g)(t)\right](s) = (F_c f)(s)(F_c g)(s),$ $s > 0$(见文献 [3])
FCT–FST	$(f \underset{2}{\star} g)(t) = \sqrt{\frac{1}{2\pi}} \int_0^\infty f(\tau)\,[g(t+\tau)+ \mathrm{sign}(\tau - t)g(|t-\tau|)]\,\mathrm{d}\tau$ (见文献 [4])	$F_c\left[(f \underset{2}{\star} g)(t)\right](s) = (F_s f)(s)(F_s g)(s),$ $s > 0$(见文献 [4])
FST–FCT	$(f \underset{1}{\star} g)(t) = \sqrt{\frac{1}{2\pi}} \int_0^\infty f(\tau) \cdot [g(|t-\tau|)- g(t+\tau)]\,\mathrm{d}\tau$ (见文献 [3,4,8])	$F_s\left[(f \underset{1}{\star} g)(t)\right](s) = (F_s f)(s)(F_c g)(s),$ $s > 0$(见文献 [3,4,8])
加权 FST $\gamma(\tau) = \sin\tau$	$(f \underset{F_s}{\overset{\gamma}{\star}} g)(t) = \frac{1}{2\sqrt{2\pi}} \int_0^\infty f(\tau)\,[g(t+\tau+1)+ \mathrm{sign}(t-\tau+1)g(|t-\tau+1|)+ \mathrm{sign}(t+\tau-1)g(|t+\tau-1|)+ \mathrm{sign}(t-\tau-1)g(|t-\tau-1|)]\,\mathrm{d}\tau$ (见文献 [5,6])	$F_s\left[(f \underset{F_s}{\overset{\gamma}{\star}} g)(t)\right](s) =$ $\sin s\,(F_s f)(s)(F_s g)(s),\ s > 0$ (见文献 [5,6])
加权 FCT $\gamma(\tau) = \cos\tau$	$(f \underset{F_c}{\overset{\gamma}{\star}} g)(t) = \frac{1}{2\sqrt{2\pi}} \int_0^\infty f(\tau)\,[g(t+\tau+1)+ g(|t-\tau+1|) + g(|t+\tau-1|)+ g(|t-\tau-1|)]\,\mathrm{d}\tau$ (见文献 [7])	$F_c\left[(f \underset{F_c}{\overset{\gamma}{\star}} g)(t)\right](s) = \cos s\,(F_c f)(s)\cdot$ $(F_c g)(s),\ s > 0$ (见文献 [7])
加权 FST–FCT $\gamma(\tau) = \sin\tau$	$(f \underset{F_s,F_c}{\overset{\gamma}{\star}} g)(t) = \frac{1}{2\sqrt{2\pi}} \int_0^\infty f(\tau)\cdot [g(|t+\tau-1|) + g(|t-\tau-1|)- g(t+\tau+1) - g(|t-\tau+1|)]\,\mathrm{d}\tau$ (见文献 [9])	$F_s\left[(f \underset{F_s,F_c}{\overset{\gamma}{\star}} g)(t)\right](s) = \sin s\,(F_c f)(s)\cdot$ $(F_c g)(s),\ s > 0$ (见文献 [9])
加权 FCT–FST $\gamma(\tau) = \sin\tau$	$(f \underset{F_c,F_s}{\overset{\gamma}{\star}} g)(t) = \frac{1}{2\sqrt{2\pi}} \int_0^\infty f(\tau)\cdot [g(|t+\tau-1|) + g(|t-\tau+1|) - g(t+\tau+1) - g(|t-\tau-1|)]\,\mathrm{d}\tau$ (见文献 [10])	$F_c\left[(f \underset{F_c,F_s}{\overset{\gamma}{\star}} g)(t)\right](s) = \sin s\,(F_s f)(s)\cdot$ $(F_c g)(s),\ s > 0$ (见文献 [10])

定义 3.2 设 $f(x) \in L(\mathbf{R}^+)$, 则分数阶余弦变换 (Fractional Cosine Transform, FRCT) 与分数阶正弦变换 (Fractional Sine Transform, FRST) 分别定义如下 [11]:

$$F_c^\alpha(s) = \mathcal{F}_c^\alpha[f](s) = 2 \int_0^\infty f(t) K^\varphi(t,s) \cos(\csc\varphi \cdot st) \mathrm{d}t, \tag{3.14}$$

$$F_s^\alpha(s) = \mathcal{F}_s^\alpha[f](s) = 2\mathrm{e}^{\mathrm{j}\left(\varphi - \frac{\pi}{2}\right)} \int_0^\infty f(t) K^\varphi(t,s) \sin(\csc\varphi \cdot st) \mathrm{d}t, \tag{3.15}$$

式中, $s > 0$, $\mathcal{F}_c^\alpha$ 和 $\mathcal{F}_s^\alpha$ 分别代表 FRCT 算子和 FRST 算子, 且

$$K^\varphi(t,s) = \begin{cases} A_\varphi \mathrm{e}^{\mathrm{j}\left(\frac{t^2+s^2}{2}\right)\cot\varphi}, & \varphi \neq k\pi, \\ \delta(t-s), & \varphi = 2k\pi, \\ \delta(t+s), & \varphi = (2k-1)\pi, \end{cases} \tag{3.16}$$

式中, $A_\varphi = \sqrt{\dfrac{1 - \mathrm{j}\cot\varphi}{2\pi}}$, $\varphi = \dfrac{\pi\alpha}{2}$.

显然, 当 $\varphi = \dfrac{2k-1}{2}\pi, k \in \mathbf{Z}$ 时, FRCT 和 FRST 退化为 FCT 和 FST, 因此 FCT 和 FST 的很多性质都可以推广至 FRCT 和 FRST. 特别地, 根据 $f(t)$ 的奇偶性, 可将 FRCT 和 FRST 的逆变换描述如下:

- 当 $f(t)$ 为偶函数时, FRCT 的逆变换 (Inverse FRCT, IFRCT) 为

$$f(t) = \mathcal{F}_c^{-\alpha}[F_c^\alpha](t) = 2 \int_0^\infty F_c^\alpha(s) K^{-\varphi}(s,t) \cos(\csc\varphi \cdot ts) \mathrm{d}s. \tag{3.17}$$

- 当 $f(t)$ 为奇函数时, FRST 的逆变换 (Inverse FRST, IFRST) 为

$$f(t) = \mathcal{F}_s^{-\alpha}[F_s^\alpha f](t) = -2\mathrm{e}^{-\mathrm{j}\left(\varphi + \frac{\pi}{2}\right)} \int_0^\infty (F_s^\alpha)(s) K^{-\varphi}(s,t) \sin(\csc\varphi \cdot ts) \mathrm{d}s. \tag{3.18}$$

式中, $t > 0$, $\mathcal{F}_c^{-\alpha}$ 和 $\mathcal{F}_s^{-\alpha}$ 分别代表 IFRCT 算子和 IFRST 算子.

由 FRCT 和 FRST 的定义可知, FRST 没有奇特征函数, 而 FRCT 没有偶特征函数. 因此, 可以用 FRST 代替 FRFT 来处理奇信号, 而用 FRCT 代替 FRFT 来处理偶信号. 特别地,
当 $f(t)$ 为偶函数时, 有

$$F_c^\alpha(s) = F_\alpha(s);$$

当 $f(t)$ 为奇函数时, 有

$$F_s^\alpha(s) = \mathrm{e}^{\mathrm{j}\varphi} F_\alpha(s).$$

这说明 FRCT 和 FRST 具有与 FRFT 相同的功效, 但是计算复杂度却是 FRFT 的一半. 因此当所处理的信号具有奇偶特性时, 利用 FRCT 和 FRST 可以得到很好的性质. 同时, FRCT 和 FRST 的变换核是实数, 所以它也可以看成实变换, 该性质在实际应用中具有更高效的处理效果.

3.2.2 线性正则变换

若核函数 $\kappa(x,y) = K_{\boldsymbol{A}}(x,y)$, 见式 (3.20), 此时 x 和 y 分别代表时间和线性正则频率 (通常用 t 和 u 表示), 则可定义线性正则变换 (Linear Canonical Transform, LCT) 和对应的逆变换 (Inverse Linear Canonical Transform, ILCT)[12].

定义 3.3 设矩阵 $\boldsymbol{A} = (a,b;c,d) \in \mathbf{R}^{2 \times 2}$ 满足 $\det(\boldsymbol{A}) = ad - bc = 1$, 则函数 $f(t) \in L^2(\mathbf{R})$ 关于参数矩阵 $\boldsymbol{A}$ 的 LCT 定义为

$$F_{\boldsymbol{A}}(u) = \mathcal{L}_{\boldsymbol{A}}[f](u) = \int_{\mathbf{R}} f(t) K_{\boldsymbol{A}}(t,u)\, \mathrm{d}t, \tag{3.19}$$

其中, $\mathcal{L}_{\boldsymbol{A}}$ 是关于参数矩阵 $\boldsymbol{A}$ 的 LCT 算子; $K_{\boldsymbol{A}}(t,u)$ 是 LCT 的核函数且

$$K_{\boldsymbol{A}}(t,u) = \begin{cases} \dfrac{1}{\sqrt{\mathrm{j}2\pi b}} \mathrm{e}^{\mathrm{j}\frac{at^2+du^2-2tu}{2b}}, & b \neq 0, \\ \sqrt{d}\,\mathrm{e}^{\mathrm{j}\frac{cdu^2}{2}} \delta(t-du), & b = 0. \end{cases} \tag{3.20}$$

对应的逆变换即 ILCT 为

$$f(t) = \mathcal{L}_{\boldsymbol{A}}^{-1}[F_{\boldsymbol{A}}](t) = \int_{\mathbf{R}} F_{\boldsymbol{A}}(u) K_{\boldsymbol{A}}^*(t,u)\, \mathrm{d}u, \tag{3.21}$$

其中, $\mathcal{L}_{\boldsymbol{A}}^{-1}$ 是 ILCT 算子; $K_{\boldsymbol{A}}^*(t,u)$ 是 ILCT 的核函数, 如下:

$$K_{\boldsymbol{A}}^*(t,u) = \begin{cases} \dfrac{1}{\sqrt{-\mathrm{j}2\pi b}} \mathrm{e}^{-\mathrm{j}\frac{at^2+du^2-2tu}{2b}}, & b \neq 0, \\ \sqrt{a}\,\mathrm{e}^{-\mathrm{j}\frac{cat^2}{2}} \delta(u-at), & b = 0. \end{cases} \tag{3.22}$$

式 (3.19) 和式 (3.21) 表明, 当 $b = 0$ 时, 函数 $f(t)$ 的 LCT 和 ILCT 作用效果都是在时域作尺度变换和 Chirp 乘积的复合. 不失一般性, 本书所提定义除了特殊说明以外都是在 $b \neq 0$ 的意义下. 式 (3.21) 说明 $f(t)$ 可以由权系数为 $F_{\boldsymbol{A}}(u)$ 的正交基函数 $K_{\boldsymbol{A}}^*(t,u)$ 表征. 这些基函数是 LFM 信号 (也称为 Chirp 信号), 因此 LCT 是非平稳基分解方法, 对 Chirp 类信号的处理非常方便有效.

LCT 是一类统一的线性积分变换, 包含许多重要的信号处理工具, 这里介绍最常用的两种特例形式:

(1) 当 $\boldsymbol{A} = (0,1;-1,0)$ 时, LCT 退化为乘以 $\sqrt{-\mathrm{j}}$ 的傅里叶变换, 即

$$F_{\boldsymbol{A}}(u) = \frac{1}{\sqrt{\mathrm{j}2\pi}} \int_{\mathbf{R}} f(t) \mathrm{e}^{-\mathrm{j}ut}\, \mathrm{d}t = \sqrt{-\mathrm{j}}\, F(u). \tag{3.23}$$

(2) 当 $\boldsymbol{A} = (\cos\alpha, \sin\alpha; -\sin\alpha, \cos\alpha)$ 时, LCT 退化为乘以固定相位因子 $\sqrt{\mathrm{e}^{-\mathrm{j}\alpha}}$ 的 FRFT, 即

$$F_{\boldsymbol{A}}(u) = \frac{1}{\sqrt{\mathrm{j}2\pi\sin\alpha}} \int_{\mathbf{R}} f(t) \mathrm{e}^{\mathrm{j}\frac{u^2+t^2}{2}\cot\alpha - \mathrm{j}ut\csc\alpha}\, \mathrm{d}t = \sqrt{\mathrm{e}^{-\mathrm{j}\alpha}}\, F_\alpha(u), \tag{3.24}$$

其中, $F_\alpha(u)$ 是 $f(t)$ 关于参数 α 的 FRFT. 特别地, 当 $\alpha = \pi/2$ 时, FRFT 退化为傅里叶变换.

由于本书后续部分的需要, 下面给出 LCT 的一些基本性质[12,13], 如共轭性、时移性、频偏性等, 具体见表 3.2. 特别地, 当 $f(t)=g(t)$ 时, 表 3.2 中 LCT 的广义 Parseval 准则就变为 Parseval 准则, 即有

$$\int_{\mathbf{R}} |f(t)|^2 \, \mathrm{d}t = \int_{\mathbf{R}} |F_{\boldsymbol{A}}(u)|^2 \mathrm{d}u \tag{3.25}$$

式(3.25)表明 LCT 具有酉性, 或者信号 $f(t)$ 在时域和 LCT 域的能量保持不变.

表 3.2   线性正则变换的基本性质

信号运算	时域	LCT 域
共轭	$f^*(t)$	$F_{\boldsymbol{A}^{-1}}^*(u)$
时移	$f(t-t_0)$	$\mathrm{e}^{\mathrm{j}\left(cut_0 - \frac{ac}{2}t_0^2\right)} F_{\boldsymbol{A}}(u - at_0)$
频偏	$\mathrm{e}^{\mathrm{j}u_0 t} f(t)$	$\mathrm{e}^{\mathrm{j}\left(duu_0 - \frac{bd}{2}u_0^2\right)} F_{\boldsymbol{A}}(u - bu_0)$
时移频偏	$\mathrm{e}^{\mathrm{j}u_0 t} f(t-t_0)$	$\mathrm{e}^{\mathrm{j}(ct_0 + du_0)u} \mathrm{e}^{-\mathrm{j}\left(\frac{ac}{2}t_0^2 + bct_0 u_0 + \frac{bd}{2}u_0^2\right)} F_{\boldsymbol{A}}(u - at_0 - bu_0)$
尺度运算	$f\left(\dfrac{t}{\sigma}\right), \sigma \in \mathbf{R}^+$	$\sqrt{\sigma} F_{\boldsymbol{B}}(u)$, 其中 $\boldsymbol{B} = (a\sigma, b/\sigma; c\sigma, d/\sigma)$
微分	$f'(t)$	$\left(a \dfrac{\mathrm{d}}{\mathrm{d}u} - \mathrm{j}cu\right) F_{\boldsymbol{A}}(u)$
积分	$\displaystyle\int_{-\infty}^{t} f(x) \, \mathrm{d}x$	$\begin{cases} \dfrac{1}{a} \mathrm{e}^{\frac{\mathrm{j}cu^2}{2a}} \displaystyle\int_{-\infty}^{u} \mathrm{e}^{-\frac{\mathrm{j}cv^2}{2a}} F_{\boldsymbol{A}}(v) \, \mathrm{d}v, & a > 0 \\ -\dfrac{1}{a} \mathrm{e}^{\frac{\mathrm{j}cu^2}{2a}} \displaystyle\int_{u}^{+\infty} \mathrm{e}^{-\frac{\mathrm{j}cv^2}{2a}} F_{\boldsymbol{A}}(v) \, \mathrm{d}v, & a < 0 \end{cases}$
广义 Parseval 准则	$\displaystyle\int_{\mathbf{R}} f(t) g^*(t) \, \mathrm{d}t$	$\displaystyle\int_{\mathbf{R}} F_{\boldsymbol{A}}(u) G_{\boldsymbol{A}}^*(u) \, \mathrm{d}u$

经典卷积定理, 又称为傅里叶卷积定理, 表明两个信号在时间域的卷积运算与其 FT 存在严格的对偶形式. 该卷积定理又可描述为时域卷积等价于频域乘积, 为 FT 域乘性滤波器设计提供了必要的理论基础. LCT 作为 FT 的广义形式, 其卷积运算和相应的卷积定理研究也得到了越来越多研究者的关注. 通常, LCT 域卷积运算定义为

$$\tilde{f}(t) = f(t) \Theta_{\boldsymbol{A}} g(t) = \int_{\mathbf{R}} g(\tau) f(t-\tau) \mathrm{e}^{-\mathrm{j}\frac{a}{b}\tau(t-\tau/2)} \, \mathrm{d}\tau \tag{3.26}$$

其中, $\Theta_{\boldsymbol{A}}$ 代表线性正则卷积算子. 对式(3.26)两端同时作 LCT, 可得

$$L_{\tilde{f}}^{\boldsymbol{A}}(u) = \sqrt{2\pi} L_f^{\boldsymbol{A}}(u) F(u/b) \tag{3.27}$$

其中, $F(\cdot)$ 是 $f(t)$ 的 FT. 式(3.27)称为 LCT 的卷积定理, 该定理表明信号在时域的线性正则卷积运算对应于信号 $f(t)$ 的 LCT 与信号 $g(t)$ 的 FT(含频谱尺度因子 b) 的乘积. 更多关于 LCT 的卷积运算与卷积定理的内容可参看文献 [14 ~ 17].

作为 LCT 的推广, 二维线性正则变换 (2D LCT)广泛应用于图像处理、光学模式识别、采样、滤波器设计等领域. 下面将给出 2D LCT 的定义[18~21].

定义 3.4 函数 $f(x,y) \in L^2(\mathbf{R}^2)$，则 $f(x,y)$ 的 2D LCT 定义为

$$F_f^{\boldsymbol{A},\boldsymbol{B}}(u,v) = \mathcal{F}^{\boldsymbol{A},\boldsymbol{B}}[f](u,v) = \begin{cases} \displaystyle\int_{\mathbf{R}}\int_{\mathbf{R}} f(x,y)K_{\boldsymbol{A},\boldsymbol{B}}(u,v,x,y)\mathrm{d}x\mathrm{d}y, & b_1b_2 \neq 0, |\boldsymbol{A}| = |\boldsymbol{B}| = 1, \\ \sqrt{d_1d_2}\mathrm{e}^{\mathrm{j}\left(\frac{c_1d_1u^2+c_2d_2v^2}{2}\right)}f(d_1u, d_2v), & b_1^2 + b_2^2 = 0, \end{cases}$$

(3.28)

其中，$\mathcal{F}^{\boldsymbol{A},\boldsymbol{B}}$ 是 2D LCT 算子；核函数 $K_{\boldsymbol{A},\boldsymbol{B}}(u,v,x,y) = K_{\boldsymbol{A}}(u,x)K_{\boldsymbol{B}}(v,y)$，且

$$K_{\boldsymbol{A}}(u,x) = C_{\boldsymbol{A}}\mathrm{e}^{\mathrm{j}\left(\frac{d_1u^2}{2b_1} - \frac{ux}{b_1} + \frac{a_1x^2}{2b_2}\right)}, C_{\boldsymbol{A}} = \sqrt{\frac{1}{\mathrm{j}2\pi b_1}}, \boldsymbol{A} = \begin{pmatrix} a_1 & b_1 \\ c_1 & d_1 \end{pmatrix},$$

$$K_{\boldsymbol{B}}(v,y) = C_{\boldsymbol{B}}\mathrm{e}^{\mathrm{j}\left(\frac{d_2v^2}{2b_2} - \frac{vy}{b_2} + \frac{a_2y^2}{2b_2}\right)}, C_{\boldsymbol{B}} = \sqrt{\frac{1}{\mathrm{j}2\pi b_2}}, \boldsymbol{B} = \begin{pmatrix} a_2 & b_2 \\ c_2 & d_2 \end{pmatrix},$$

$\boldsymbol{A}, \boldsymbol{B}$ 为实矩阵.

2D LCT 是二维分数阶傅里叶变换 (2D FRFT) 和二维傅里叶变换 (2D FT) 的推广，当

$$\begin{pmatrix} a_1 & b_1 \\ c_1 & d_1 \end{pmatrix} = \begin{pmatrix} \cos\alpha & \sin\alpha \\ -\sin\alpha & \cos\alpha \end{pmatrix}, \quad \begin{pmatrix} a_2 & b_2 \\ c_2 & d_2 \end{pmatrix} = \begin{pmatrix} \cos\beta & \sin\beta \\ -\sin\beta & \cos\beta \end{pmatrix}$$

(3.29)

时，2D LCT 退化为 2D FRFT[1]. 上式中当 $\alpha = \beta = \frac{\pi}{2}$ 时，2D LCT 退化为 2D FT[22]. 本书中的 2D FT 定义为

$$F_f(u,v) = \mathcal{F}[f](u,v) = \int_{\mathbf{R}}\int_{\mathbf{R}} f(x,y)\mathrm{e}^{-\mathrm{j}(ux+vy)}\mathrm{d}x\mathrm{d}y,$$

(3.30)

$F_f^{\boldsymbol{A},\boldsymbol{B}}(u,v), F_f^{\alpha,\beta}(u,v), F_f(u,v)$ 分别表示函数 $f(x,y)$ 的 2D LCT, 2D FRFT 以及 2D FT.

二维线性正则变换的逆变换 (2D ILCT) 为

$$f(x,y) = \int_{\mathbf{R}}\int_{\mathbf{R}} F_f^{\boldsymbol{A},\boldsymbol{B}}(u,v)K_{\boldsymbol{A},\boldsymbol{B}}^*(u,v,x,y)\mathrm{d}u\mathrm{d}v$$

$$= C_{\boldsymbol{A}}^* C_{\boldsymbol{B}}^* \mathrm{e}^{-\mathrm{j}\left(\frac{a_1x^2}{2b_1} + \frac{a_2y^2}{2b_2}\right)} \int_{\mathbf{R}}\int_{\mathbf{R}} F^{\boldsymbol{A},\boldsymbol{B}}(u,v)\mathrm{e}^{\mathrm{j}\left(\frac{ux}{b_1} + \frac{vy}{b_2}\right)}\mathrm{e}^{-\mathrm{j}\left(\frac{d_1u^2}{2b_1} + \frac{d_2v^2}{2b_2}\right)}\mathrm{d}u\mathrm{d}v.$$

(3.31)

其中，$K_{\boldsymbol{A},\boldsymbol{B}}^*(u,v,x,y) = K_{\boldsymbol{A}}^*(u,x)K_{\boldsymbol{B}}^*(v,y)$，

$$K_{\boldsymbol{A}}^*(u,x) = C_{\boldsymbol{A}}^*\mathrm{e}^{-\mathrm{j}\left(\frac{d_1u^2}{2b_1} - \frac{ux}{b_1} + \frac{a_1x^2}{2b_2}\right)}, C_{\boldsymbol{A}}^* = \sqrt{-\frac{1}{\mathrm{j}2\pi b_1}},$$

$$K_{\boldsymbol{B}}^*(v,y) = C_{\boldsymbol{B}}^*\mathrm{e}^{-\mathrm{j}\left(\frac{d_2v^2}{2b_2} - \frac{vy}{b_2} + \frac{a_2y^2}{2b_2}\right)}, C_{\boldsymbol{B}}^* = \sqrt{-\frac{1}{\mathrm{j}2\pi b_2}},$$

因此有

$$K_{\boldsymbol{A},\boldsymbol{B}}^*(u,v,x,y) = K_{\boldsymbol{A}^{-1},\boldsymbol{B}^{-1}}(x,y,u,v) = K_{\boldsymbol{A},\boldsymbol{B}}^{-1}(x,y,u,v).$$

其中，$\boldsymbol{A}^{-1}, \boldsymbol{B}^{-1}$ 表示矩阵 $\boldsymbol{A}, \boldsymbol{B}$ 的逆矩阵，且满足

$$\boldsymbol{A}^{-1} = \begin{pmatrix} d_1 & -b_1 \\ -c_1 & a_1 \end{pmatrix}, \boldsymbol{B}^{-1} = \begin{pmatrix} d_2 & -b_2 \\ -c_2 & a_2 \end{pmatrix}.$$

2D LCT 具有许多重要的性质，如线性性质、可加性质、调制性质等，具体见表 3.3. 关于 2D LCT 更详细的性质可参看文献 [23].

表 3.3　2D LCT 的基本性质

基本性质	2D LCT
时移	$F_g^{\boldsymbol{A},\boldsymbol{B}}(u,v) = \mathrm{e}^{\mathrm{j}(uc_1\tau_1+vc_2\tau_2)-\frac{1}{2}(a_1c_1\tau_1^2+a_2c_2\tau_2^2)} F_f^{\boldsymbol{A},\boldsymbol{B}}(u-a_1\tau_1, v-a_2\tau_2),$ 其中, $g(x,y)=f(x-\tau_1, y-\tau_2), \tau_1,\tau_2 \in \mathbf{R}$
调制	$F_g^{\boldsymbol{A},\boldsymbol{B}}(u,v)\mathrm{e}^{\mathrm{j}(uu_0d_1+vv_0d_2)-\frac{1}{2}(u_0^2b_1d_1+v_0^2b_2d_2)} F_f^{\boldsymbol{A},\boldsymbol{B}}(u-u_0b_1, v-v_0b_2), u_0,v_0 \in \mathbf{R}$ 其中, $g(x,y)=\mathrm{e}^{\mathrm{j}(xu_0+yv_0)}f(x,y), u_0,v_0 \in \mathbf{R}$
时频平移	$F_g^{\boldsymbol{A},\boldsymbol{B}}(u,v) = \mathrm{e}^{\mathrm{j}(c_1\tau_1+d_1u_0)u+\mathrm{j}(c_2\tau_2+d_2v_0)v-\mathrm{j}(b_1c_1\tau_1u_0+b_2c_2\tau_2v_0)}\mathrm{e}^{-\frac{1}{2}(a_1c_1\tau_1^2+a_2c_2\tau_2^2+b_1d_1u_0^2+b_2d_2v_0^2)}$ $F_f^{\boldsymbol{A},\boldsymbol{B}}(u-u_0b_1-a_1\tau_1, v-v_0b_2-a_2\tau_2),$ 其中, $g(x,y)=\mathrm{e}^{\mathrm{j}(xu_0+yv_0)}f(x-\tau_1, y-\tau_1), \tau_1,\tau_2,$ $u_0,v_0 \in \mathbf{R}$
线性性质	$\mathcal{F}^{\boldsymbol{A},\boldsymbol{B}}\left[\sum_i (a_if_i)\right](u,v) = \sum_i a_i F_{f_i}^{\boldsymbol{A},\boldsymbol{B}}(u,v),$ $\boldsymbol{A},\boldsymbol{B}$ 为实矩阵, $a_i(i=1,2,\cdots)$ 为实常数
尺度性质	$\mathcal{F}^{\boldsymbol{A},\boldsymbol{B}}[f(\alpha x, \beta y)](u,v) = \alpha\beta F_f^{\boldsymbol{A}',\boldsymbol{B}'}(u,v), \alpha,\beta \in \mathbf{R},$ 其中, $\boldsymbol{A}',\boldsymbol{B}'$ 为 $\boldsymbol{A},\boldsymbol{B}$ 的转置矩阵
乘法性质	$F_g^{\boldsymbol{A},\boldsymbol{B}}(u,v) = \left(-b_1\frac{\partial}{\partial u}+\mathrm{j}d_1u\right) \times \left(b_2\frac{\partial}{\partial v}-\mathrm{j}d_2v\right) F_f^{\boldsymbol{A},\boldsymbol{B}}(u,v),$ 其中, $g(x,y)=xyf(x,y),$ $m,n \in \mathbf{N}$
可加性质	$F_f^{\boldsymbol{A}_1,\boldsymbol{B}_1}\left(F_f^{\boldsymbol{A}_2,\boldsymbol{B}_2}\right)(u,v) = F_f^{\boldsymbol{A},\boldsymbol{B}}(u,v),$ 其中, $\boldsymbol{A}=\boldsymbol{A}_1\boldsymbol{A}_2, \boldsymbol{B}=\boldsymbol{B}_1\boldsymbol{B}_2, \boldsymbol{A}_i, \boldsymbol{B}_i(i=1,2)$ 为实矩阵

3.2.3　线性正则小波变换

当核函数取 $\psi_{a,b,\boldsymbol{A}_1}(t) = \dfrac{1}{\sqrt{a}}\psi\left(\dfrac{t-b}{a}\right)\mathrm{e}^{-\frac{1}{2}(t^2-b^2)\cdot\frac{a_1}{b_1}}$ 时, 其中, $\boldsymbol{A}_1=(a_1,b_1;c_1,d_1)$ 是 LCT 的矩阵参数; $\psi\left(\dfrac{t-b}{a}\right)$ 是连续小波函数 $(a \in \mathbf{R}^+, b \in \mathbf{R})$, 则可定义线性正则小波变换.

定义 3.5　对于任意的函数 $f(t) \in L^2(\mathbf{R})$, 其线性正则小波变换 (Linear Canonical Wavlet Transform, LCWT) 定义为[24]

$$W_f^{\boldsymbol{A}_1}(a,b) = \mathcal{W}^{\boldsymbol{A}_1}[f](a,b) = \frac{1}{\sqrt{a}}\int_{\mathbf{R}} f(t)\psi^*\left(\frac{t-b}{a}\right)\mathrm{e}^{\frac{\mathrm{j}}{2}(t^2-b^2)\cdot\frac{a_1}{b_1}}\,\mathrm{d}t \tag{3.32}$$

式中, $W_f^{\boldsymbol{A}_1}(a,b)$ 和 $\mathcal{W}^{\boldsymbol{A}_1}$ 分别表示 $f(t)$ 的 LCWT 和线性正则小波算子.

特别地, 当参数 $\boldsymbol{A}_1$ 取特殊参数时, 线性正则小波变换可退化为分数小波变换和经典小波变换, 具体为

(1) 当 $\boldsymbol{A}_1=(\cos\alpha, \sin\alpha; -\sin\alpha, \cos\alpha)$ 时, LCWT 退化为分数阶小波变换 (Fractional Wavelet Transform, FRWT)[25];

(2) 当 $\boldsymbol{A}_1=(0,1;-1,0)$ 时, LCWT 退化为经典的小波变换.

另外, 根据 LCT 域的卷积定义 (见式 (3.26)), 又可将 LCWT 写为

$$W_f^{A_1}(a,b) = f(t)\Theta_{A_1}\left[\frac{1}{\sqrt{a}}\psi^*\left(-\frac{t}{a}\right)\right]. \tag{3.33}$$

因此, LCWT 在时域可以看作信号与经过尺度伸缩和时间翻转的母小波函数的共轭作线性正则卷积. 对式 (3.33) 两端先作 LCT, 再根据 LCT 域的卷积定理 (见式 (3.27)) 和线性正则逆变换的定义 (见式 (3.21)), 可得

$$W_f^{A_1}(a,b) = \sqrt{2\pi a}\int_{\mathbf{R}} L_f^{A_1}(u)F_\psi^*(au/b_1)K_{A_1^{-1}}(b,u)\,\mathrm{d}u. \tag{3.34}$$

因此, 不同尺度下的 LCWT 在频域可以视为信号经过一组 LCT 域的带通滤波器. 这也说明 LCWT 突破了传统的 WT 在时间— FT 域内分析的局限, 同时也克服了 LCT 无法表征信号局部特征的缺陷. 为了进一步了解线性正则小波变换, 表 3.4 给出了一些常用的基本性质.

表 3.4　线性正则小波变换的基本性质

信号运算	LCWT
线性	$\mathcal{W}^{A_1}[c_1f_1 + c_2f_2](a,b) = c_1W_{f_1}^{A_1}(a,b) + c_2W_{f_2}^{A_1}(a,b), c_1, c_2 \in \mathbf{R}$
尺度	$\mathcal{W}^{A_1}[f(ct)](a,b) = \frac{1}{\sqrt{c}}W_f^{A_1'}(ca,cb),$ 其中, $A_1' = (a_1', b_1'; c_1', d_1')$ 满足 $a_1'/b_1' = a/(bc^2), c \in \mathbf{R}^+$
内积定理	$\int_{\mathbf{R}^2} W_f^{A_1}(a,b)[W_g^{A_1}(a,b)]^*\frac{1}{a^2}\,\mathrm{d}a\,\mathrm{d}b = 2\pi C_\psi\int_{\mathbf{R}} f(t)g^*(t)\,\mathrm{d}t,$ 其中, $C_\psi = \int_{\mathbf{R}}\frac{|F_\psi(u)|^2}{u}\,\mathrm{d}u < \infty$
Parseval 准则	$\int_{\mathbf{R}^2}|W_f^{A_1}(a,b)|^2\frac{1}{a^2}\,\mathrm{d}a\,\mathrm{d}b = 2\pi C_\psi\int_{\mathbf{R}}|f(t)|^2\,\mathrm{d}t$

3.3　分数域卷积理论

如上所述, 经典的卷积定理是 FT 域乘性滤波设计的理论基础. 基于 FRFT 发展起来的一系列分数域变换是 FT 的进一步扩展, 那么经典卷积运算及卷积定理在"分数"变换意义下是否还保持着同样简洁的乘积形式? 即一个域的广义分数卷积运算是否仍对应另外一个域内的乘积形式, 这是分数域滤波处理的关键. 本节将以 FRCT 和 FRST 为例介绍分数域变换的卷积运算及卷积定理, 并以 2D LCT 为例给出高阶分数域变换的卷积运算及卷积定理.

3.3.1　分数阶正 (余) 弦变换的卷积运算及卷积定理

本小节在已有结果的基础上, 从 FRCT 和 FRST 的卷积运算出发, 分析这些卷积运算与傅里叶正 (余) 弦变换卷积运算的关系. 利用所得卷积定理, 研究 FRCT 和 FRST 域乘性滤波模型设计等问题 [26]. 根据 FRCT 和 FRST 的定义及性质, 可以将 FRCT 和 FRST 的卷

积运算分为一般卷积运算和加权卷积运算, 因此对应的卷积定理也就分为一般卷积定理和加权卷积定理.

3.3.1.1 分数阶正 (余) 弦变换的一般卷积定理

定义 3.6 设 $f(x), g(x) \in L(\mathbf{R}^+)$, FRCT-FRST 的卷积运算 $\underset{F_c^\alpha, F_s^\alpha}{\star}$ 定义如下:

$$(f \underset{F_c^\alpha, F_s^\alpha}{\star} g)(t) = A_\varphi \mathrm{e}^{-C_{t,\varphi}} \int_0^\infty \tilde{f}(\tau) \left[\tilde{g}(t+\tau) - \mathrm{sign}(t-\tau)\tilde{g}(|t-\tau|)\right] \mathrm{d}\tau, \tag{3.35}$$

其中

$$A_\varphi = \sqrt{\frac{1 - \mathrm{j}\cot\varphi}{2\pi}}, C_{t,\varphi} = \mathrm{j}\frac{t^2}{2}\cot\varphi, \tilde{f}(t) = f(t)\mathrm{e}^{C_{t,\varphi}}, \tilde{g}(t) = g(t)\mathrm{e}^{C_{t,\varphi}}. \tag{3.36}$$

定义 3.7 设 $f(x), g(x) \in L(\mathbf{R}^+)$, 则 FRST-FRCT 的卷积运算 $\underset{F_s^\alpha, F_c^\alpha}{\star}$ 定义如下:

$$(f \underset{F_s^\alpha, F_c^\alpha}{\star} g)(t) = B_{t,\varphi} \int_0^\infty \tilde{f}(\tau) \left[\tilde{g}(|t-\tau|) - \tilde{g}(t+\tau)\right] \mathrm{d}\tau, \tag{3.37}$$

其中, $B_{t,\varphi} = A_\varphi \mathrm{e}^{-C_{t,\varphi}}$. 下文出现的 $A_\varphi, C_{t,\varphi}, \tilde{f}(t), \tilde{g}(t)$ 均与式(3.36)相同, 不再重复说明.

定义 3.8 设 $f(x), g(x) \in L(\mathbf{R}^+)$, 则 FRCT 的卷积运算 $\underset{F_c^\alpha}{\star}$ 定义如下:

$$(f \underset{F_c^\alpha}{\star} g)(t) = A_\varphi \mathrm{e}^{-C_{t,\varphi}} \int_0^\infty \tilde{f}(\tau) \left[\tilde{g}(|t-\tau|) + \tilde{g}(t+\tau)\right] \mathrm{d}\tau. \tag{3.38}$$

在此基础上, 可以得到 FRCT 和 FRST 的卷积定理, 具体见定理 3.1 至定理 3.3.

定理 3.1 设 $k_1(t) = (f \underset{F_c^\alpha, F_s^\alpha}{\star} g)(t)$, $f(t), g(t), k_1(t) \in L(\mathbf{R}^+)$. $F_c^\alpha k_1$ 表示函数 $k_1(t)$ 的 FRCT, $F_s^\alpha f, F_s^\alpha g$ 分别表示函数 $f(t), g(t)$ 的 FRST, 则有

$$D_\varphi \mathrm{e}^{C_{s,\varphi}} F_c^\alpha [k_1(t)] (s) = (F_s^\alpha f)(s) (F_s^\alpha g)(s), s > 0, \tag{3.39}$$

其中, $D_\varphi = \mathrm{e}^{\mathrm{j}(\varphi - \frac{\pi}{2})}; C_{s,\varphi} = \mathrm{j}\frac{s^2}{2}\cot\varphi$.

证明 由式(3.35)以及 $f(t), g(t) \in L(\mathbf{R}^+)$, 有

$$
\begin{aligned}
(F_s^\alpha f)(s)(F_s^\alpha g)(s) &= B_{s,\varphi} D_\varphi^2 \int_0^\infty \int_0^\infty \sin(\csc\varphi \cdot su)\sin(\csc\varphi \cdot sv) \cdot \mathrm{e}^{\mathrm{j}\left(\frac{u^2+v^2}{2}\right)\cot\varphi} f(u)g(v)\mathrm{d}u\mathrm{d}v \\
&= \frac{B_{s,\varphi} D_\varphi^2}{2} \int_0^\infty \int_0^\infty \mathrm{e}^{\mathrm{j}\left(\frac{u^2+v^2}{2}\right)\cot\varphi} f(u)g(v) \cdot \{\cos[s\csc\varphi(u-v)] - \\
&\quad \cos[s\csc\varphi(u+v)]\}\mathrm{d}u\mathrm{d}v \\
&= \frac{B_{s,\varphi} D_\varphi^2}{2} \int_0^\infty \int_{-x}^\infty \cos(\csc\varphi \cdot s\omega) f(x)g(\omega+x)\mathrm{e}^{\mathrm{j}\left[\frac{x^2+(\omega+x)^2}{2}\right]\cot\varphi}\mathrm{d}x\mathrm{d}\omega - \\
&\quad \frac{B_{s,\varphi} D_\varphi^2}{2} \int_0^\infty \int_x^\infty \cos(\csc\varphi \cdot s\omega) f(x)g(\omega-x)\mathrm{e}^{\mathrm{j}\left[\frac{x^2+(\omega-x)^2}{2}\right]\cot\varphi}\mathrm{d}x\mathrm{d}\omega,
\end{aligned}
$$

因此可得

$$
\begin{aligned}
\left(F_s^\alpha f\right)(s)\left(F_s^\alpha g\right)(s) ={} & \frac{B_{s,\varphi}D_\varphi^2}{2}\int_0^\infty f(x)\left\{\int_0^\infty \cos(\csc\varphi\cdot s\omega)g(\omega+x)\mathrm{e}^{\mathrm{j}\left[\frac{x^2+(\omega+x)^2}{2}\right]\cot\varphi}\mathrm{d}\omega-\right.\\
& \int_x^\infty \cos(\csc\varphi\cdot s\omega)g(\omega-x)\mathrm{e}^{\mathrm{j}\left[\frac{x^2+(\omega-x)^2}{2}\right]\cot\varphi}\mathrm{d}\omega+\\
& \left.\int_0^x \cos(\csc\varphi\cdot s\omega)g(x-\omega)\mathrm{e}^{\mathrm{j}\left[\frac{x^2+(\omega-x)^2}{2}\right]\cot\varphi}\mathrm{d}\omega\right\}\mathrm{d}x\\
={} & \frac{B_{s,\varphi}D_\varphi^2}{2}\int_0^\infty \cos(\csc\varphi\cdot s\omega)\left\{\int_0^\infty f(x)\left[g(\omega+x)\mathrm{e}^{\mathrm{j}\left[\frac{x^2+(\omega+x)^2}{2}\right]\cot\varphi}-\right.\right.\\
& \left.\left.\mathrm{sign}(\omega-x)g(|\omega-x|)\mathrm{e}^{\mathrm{j}\left[\frac{x^2+(\omega-x)^2}{2}\right]\cot\varphi}\right]\mathrm{d}x\right\}\mathrm{d}\omega,
\end{aligned}
\tag{3.40}
$$

由定义 3.6, 可得

$$
\begin{aligned}
\left(F_s^\alpha f\right)(s)\left(F_s^\alpha g\right)(s) &= 2D_\varphi^2\mathrm{e}^{C_{s,\varphi}}\int_0^\infty\left[(f\underset{F_c^\alpha,F_s^\alpha}{\star}g)(\omega)\right]K^\varphi(\omega,s)\cos(\csc\varphi\cdot s\omega)\mathrm{d}\omega\\
&= D_\varphi\mathrm{e}^{C_{s,\varphi}}F_c^\alpha\left[k_1(\omega)\right](s).
\end{aligned}
\tag{3.41}
$$

定理 3.1 得证.

定理 3.2 设 $f(t),g(t)\in L(\mathbf{R}^+)$. $F_s^\alpha f$ 表示函数 $f(t)$ 的 FRST, $F_c^\alpha g$ 表示函数 $g(t)$ 的 FRCT, 则 FRST-FRCT 的卷积运算 $(f\underset{F_s^\alpha,F_c^\alpha}{\star}g)(t)\in L(\mathbf{R}^+)$ 相应的卷积定理为

$$
F_s^\alpha\left[(f\underset{F_s^\alpha,F_c^\alpha}{\star}g)(t)\right](s)=\left(F_s^\alpha f\right)(s)\left(F_c^\alpha F_g\right)(s),\forall s>0,
\tag{3.42}
$$

其中, $(F_c^\alpha F_g)(s)=(F_c^\alpha g)(s)\mathrm{e}^{-\mathrm{j}\frac{s^2}{2}\cot\varphi}$.

定理 3.3 设 $k_2(t)=(f\underset{F_c^\alpha}{\star}g)(t)$, $f(t),g(t),k_2(t)\in L(\mathbf{R}^+)$. $F_c^\alpha f$, $F_c^\alpha g$, $F_c^\alpha k_2$ 分别表示 $f(t),g(t)$ 与 $k_2(t)$ 的 FRCT, 则有

$$
\mathrm{e}^{C_{s,\varphi}}F_c^\alpha\left[k_2(t)\right](s)=\left(F_c^\alpha f\right)(s)\left(F_c^\alpha g\right)(s),s>0,
\tag{3.43}
$$

其中, $C_{s,\varphi}=\mathrm{j}\dfrac{s^2}{2}\cot\varphi$.

证明 定理 3.3 与定理 3.2 的证明类似于定理 3.1.

3.3.1.2 分数阶正 (余) 弦变换的加权卷积定理

本小节主要讨论 FRCT 和 FRST 的加权卷积运算及对应的卷积定理. 首先给出 FRST, FRCT, FRCT-FRST 和 FRST-FRCT 的加权卷积运算, 见定义 3.9~3.12.

定义 3.9 设 $f(x), g(x) \in L(\mathbf{R}^+)$，权函数为 $\gamma(\tau) = \sin\tau$，则 FRST 的加权卷积运算 $\underset{F_s^\alpha}{\overset{\gamma}{\star}}$ 定义如下：

$$
(f \underset{F_s^\alpha}{\overset{\gamma}{\star}} g)(t) = \frac{A_\varphi}{2} e^{-C_{t,\varphi}} \int_0^\infty \tilde{f}(\tau) \left[-\tilde{g}(t+\tau+\sin\varphi) + \operatorname{sign}(t-\tau+\sin\varphi)\tilde{g}(|t-\tau+\sin\varphi|) + \right.
$$
$$
\left. \tilde{g}(|t+\tau-\sin\varphi|) - \operatorname{sign}(t-\tau-\sin\varphi)\tilde{g}(|t-\tau-\sin\varphi|) \right] \mathrm{d}\tau.
$$
(3.44)

定义 3.10 设 $f(x), g(x) \in L(\mathbf{R}^+)$，权函数为 $\gamma(\tau) = \cos\tau$，则 FRCT 的加权卷积运算 $\underset{F_c^\alpha}{\overset{\gamma}{\star}}$ 定义如下：

$$
(f \underset{F_c^\alpha}{\overset{\gamma}{\star}} g)(t) = \frac{A_\varphi}{2} e^{-C_{t,\varphi}} \int_0^\infty \tilde{f}(\tau) \left[\tilde{g}(|t-\tau-\sin\varphi|) + \tilde{g}(t+\tau+\sin\varphi) + \right.
$$
$$
\left. \tilde{g}(|t-\tau+\sin\varphi|) + \tilde{g}(|t+\tau-\sin\varphi|) \right] \mathrm{d}\tau.
$$
(3.45)

定义 3.11 设 $f(x), g(x) \in L(\mathbf{R}^+)$，权函数为 $\gamma(\tau) = \sin\tau$，则 FRCT-FRST 的加权卷积运算 $\underset{F_c^\alpha, F_s^\alpha}{\overset{\gamma}{\star}}$ 定义如下：

$$
(f \underset{F_c^\alpha, F_s^\alpha}{\overset{\gamma}{\star}} g)(t) = \frac{B_{t,\varphi}}{2} \int_0^\infty \tilde{f}(\tau) [\tilde{g}(|t-\tau+\sin\varphi|) + \tilde{g}(|t+\tau-\sin\varphi|) -
$$
$$
\tilde{g}(|t-\tau-\sin\varphi|) - \tilde{g}(t+\tau+\sin\varphi)] \mathrm{d}\tau.
$$
(3.46)

定义 3.12 设 $f(x), g(x) \in L(\mathbf{R}^+)$，权函数为 $\gamma(\tau) = \sin\tau$，则 FRST-FRCT 的加权卷积运算 $\underset{F_s^\alpha, F_c^\alpha}{\overset{\gamma}{\star}}$ 定义如下：

$$
(f \underset{F_s^\alpha, F_c^\alpha}{\overset{\gamma}{\star}} g)(t) = \frac{B_{t,\varphi}}{2} \int_0^\infty \tilde{f}(\tau) \left[\tilde{g}(|t-\tau-\sin\varphi|) + \tilde{g}(|t+\tau-\sin\varphi|) - \right.
$$
$$
\left. \tilde{g}(|t-\tau+\sin\varphi|) - \tilde{g}(t+\tau+\sin\varphi) \right] \mathrm{d}\tau.
$$
(3.47)

当 $\varphi = \dfrac{(2k-1)\pi}{2}, k \in \mathbf{Z}$ 时，定义 3.6 ~ 3.12 中的卷积运算依次退化为 FCT，FST 的相应卷积运算形式，见表 3.1.

接下来，给出 FRST，FRCT，FRCT-FRST 和 FRST-FRCT 的加权卷积定理，见定理 3.4 ~ 3.7.

定理 3.4 设 $k_3(t) = (f \underset{F_s^\alpha}{\overset{\gamma}{\star}} g)(t)$，$f(t), g(t), k_3(t) \in L(\mathbf{R}^+)$. $F_s^\alpha f, F_s^\alpha g, F_s^\alpha k_3$ 分别表示 $f(t), g(t)$ 与 $k_3(t)$ 的 FRST，权函数 $\gamma(\tau) = \sin\tau$，则 FRST 加权卷积定理为

$$
e^{C_{s,\varphi}} e^{j(\varphi - \frac{\pi}{2})} F_s^\alpha [k_3(t)](s) = \sin s (F_s^\alpha f)(s)(F_s^\alpha g)(s), \forall s > 0.
$$
(3.48)

证明 由式 (3.44) 以及 $f(t), g(t) \in L(\mathbf{R}^+)$，有

$$
\begin{aligned}
\sin s\,(F_s^\alpha f)\,(s)\,(F_s^\alpha g)\,(s) = {}& B_{s,\varphi} D_\varphi^2 \int_0^\infty \int_0^\infty \sin s \sin(\csc \varphi \cdot su) \sin(\csc \varphi \cdot sv) \cdot \\
& f(u)g(v)\mathrm{e}^{\mathrm{j}\left(\frac{u^2+v^2}{2}\right)\cot\varphi}\mathrm{d}u\mathrm{d}v \\
= {}& \frac{B_{s,\varphi} D_\varphi^2}{4} \int_0^\infty \int_0^\infty \{\sin s[\csc\varphi\cdot(u+v)-1] + \\
& \sin s[\csc\varphi\cdot(u-v)+1] - \sin s[\csc\varphi\cdot(u+v)+1] - \\
& \sin s[\csc\varphi\cdot(u-v)-1]\}\cdot f(u)g(v)\mathrm{e}^{\mathrm{j}\left(\frac{u^2+v^2}{2}\right)\cot\varphi}\mathrm{d}u\mathrm{d}v.
\end{aligned}
\tag{3.49}
$$

由于

$$
\begin{aligned}
& \int_0^\infty \int_0^\infty \sin s[\csc\varphi\cdot(u-v)+1]\mathrm{e}^{\mathrm{j}\left(\frac{u^2+v^2}{2}\right)\cot\varphi}f(u)g(v)\mathrm{d}u\mathrm{d}v - \\
& \int_0^\infty \int_0^\infty \sin s[\csc\varphi\cdot(u+v)+1]\mathrm{e}^{\mathrm{j}\left(\frac{u^2+v^2}{2}\right)\cot\varphi}f(u)g(v)\mathrm{d}u\mathrm{d}v \\
= {}& -\int_0^\infty \int_0^\infty \sin(\csc\varphi\cdot s\omega)f(x)g(\omega+x+\sin\varphi)\mathrm{e}^{\mathrm{j}\left[\frac{x^2+(\omega+x+\sin\varphi)^2}{2}\right]\cot\varphi}\mathrm{d}x\mathrm{d}\omega + \\
& \int_0^\infty \int_0^{x+\sin\varphi} \sin(\csc\varphi\cdot s\omega)f(x)g(x-\omega+\sin\varphi)\mathrm{e}^{\mathrm{j}\left[\frac{x^2+(x-\omega+\sin\varphi)^2}{2}\right]\cot\varphi}\mathrm{d}x\mathrm{d}\omega - \\
& \int_0^\infty \int_{x+\sin\varphi}^\infty \sin(\csc\varphi\cdot s\omega)f(x)g(\omega-x-\sin\varphi)\mathrm{e}^{\mathrm{j}\left[\frac{x^2+(\omega-x-\sin\varphi)^2}{2}\right]\cot\varphi}\mathrm{d}x\mathrm{d}\omega \\
= {}& \int_0^\infty \sin(\csc\varphi\cdot s\omega)\Big\{\int_0^\infty \tilde f(x)\Big[-\tilde g(\omega+x+\sin\varphi) + \mathrm{sign}(x+\sin\varphi-\omega)\cdot \\
& \tilde g(|x+\sin\varphi-\omega|)\mathrm{e}^{\mathrm{j}\left(\frac{\omega^2}{2}\right)\cot\varphi}\Big]\mathrm{d}x\Big\}\mathrm{d}\omega,
\end{aligned}
\tag{3.50}
$$

同理可得

$$
\begin{aligned}
& \int_0^\infty \int_0^\infty \sin s[\csc\varphi\cdot(u+v)-1]\mathrm{e}^{\mathrm{j}\left(\frac{u^2+v^2}{2}\right)\cot\varphi}f(u)g(v)\mathrm{d}u\mathrm{d}v - \\
& \int_0^\infty \int_0^\infty \sin s[\csc\varphi\cdot(u-v)-1]\mathrm{e}^{\mathrm{j}\left(\frac{u^2+v^2}{2}\right)\cot\varphi}f(u)g(v)\mathrm{d}u\mathrm{d}v \\
= {}& \int_0^\infty \sin(\csc\varphi\cdot s\omega)\Big\{\int_0^\infty \tilde f(x)\,[\tilde g(|x+\omega-\sin\varphi|) + \\
& \mathrm{sign}(\omega-x+\sin\varphi)\tilde g(|\omega-x+\sin\varphi|)\mathrm{e}^{\mathrm{j}\left(\frac{\omega^2}{2}\right)\cot\varphi}\Big]\mathrm{d}x\Big\}\mathrm{d}\omega,
\end{aligned}
\tag{3.51}
$$

因此, 由式 (3.49)~ 式(3.51), 可得

$$
\begin{aligned}
& \sin s\,(F_s^\alpha f)\,(s)\,(F_s^\alpha g)\,(s) \\
= {}& B_{s,\varphi} D_\varphi^2 \int_0^\infty \int_0^\infty \sin(\csc\varphi\cdot s\omega)\cdot \tilde f(x)[-\tilde g(\omega+x+\sin\varphi) + \mathrm{sign}(\omega-x+\sin\varphi) + \\
& \tilde g(|\omega-x+\sin\varphi|) + \tilde g(|\omega+x-\sin\varphi|) + \mathrm{sign}(\omega-x-\sin\varphi)\tilde g(|\omega-x-\sin\varphi|)]\mathrm{d}x\mathrm{d}\omega,
\end{aligned}
\tag{3.52}
$$

由定义 3.9, 可得

$$\sin s\,(F_s^\alpha f)\,(s)\,(F_s^\alpha g)\,(s) = 2\mathrm{e}^{C_{s,\varphi}} D_\varphi \int_0^\infty \left[f(x) \underset{F_s^\alpha}{\overset{\gamma}{\star}} g(x) \right] K^\varphi(\omega, s) \sin(\csc\varphi \cdot s\omega)\mathrm{d}\omega \tag{3.53}$$
$$= \mathrm{e}^{C_{s,\varphi}} D_\varphi F_s^\alpha\,[k_3(\omega)]\,(s),$$

定理 3.4 得证.

类似地, 定理 3.5 给出了权函数为 $\gamma(\tau) = \cos\tau$ 的 FRCT 加权卷积定理.

定理 3.5 设 $k_4(t) = (f \underset{F_c^\alpha}{\overset{\gamma}{\star}} g)(t),\,f(t),\,g(t),\,k_4(t) \in L(\mathbf{R}^+).\,F_c^\alpha f,\,F_c^\alpha g,\,F_c^\alpha k_4$ 分别表示 $f(t),\,g(t)$ 与 $k_4(t)$ 的 FRCT, 权函数为 $\gamma(\tau) = \cos\tau$, 则 FRCT 的加权卷积定理为

$$\mathrm{e}^{C_{s,\varphi}} F_c^\alpha\,[k_4(t)]\,(s) = \cos s\,(F_c^\alpha f)\,(s)\,(F_c^\alpha g)\,(s),\forall s > 0, \tag{3.54}$$

定理 3.6 设 $f(t),\,g(t) \in L(\mathbf{R}^+).\,F_s^\alpha f$ 表示函数 $f(t)$ 的 FRST, $F_c^\alpha g$ 表示函数 $g(t)$ 的 FRCT, 权函数为 $\gamma(\tau) = \sin\tau$, 则 FRCT-FRST 的加权卷积运算 $(f \underset{F_c^\alpha, F_s^\alpha}{\overset{\gamma}{\star}} g)(t) \in L(\mathbf{R}^+)$, 相应的加权卷积定理为

$$F_c^\alpha \left[(f \underset{F_c^\alpha, F_s^\alpha}{\overset{\gamma}{\star}} g)(t) \right](s) = \sin s\,(F_s^\alpha f)\,(s)\,(F_c^\alpha \bar{g})\,(s),\forall s > 0, \tag{3.55}$$

其中, $(F_c^\alpha \bar{g})(s) = (F_c^\alpha g)(s)\mathrm{e}^{-\mathrm{j}\frac{s^2}{2}\cot\varphi}\mathrm{e}^{-\mathrm{j}(\varphi - \frac{\pi}{2})}$.

证明 首先, 证明卷积运算 $(f \underset{F_c^\alpha F_s^\alpha}{\overset{\gamma}{\star}} g)(t)$ 的存在性. 由式 (3.11) 以及 $f(t),\,g(t) \in L(\mathbf{R}^+)$ 有

$$\int_0^\infty |\,(f \underset{F_c^\alpha, F_s^\alpha}{\overset{\gamma}{\star}} g)(t)\,|\,\mathrm{d}t \leqslant \frac{|B_{t,\varphi}|}{2} \int_0^\infty \int_0^\infty |\,\tilde{f}(\tau)\,| \cdot |\,[\tilde{g}(|t - \tau + \sin\varphi|) +$$
$$\tilde{g}(|t + \tau - \sin\varphi|) - \tilde{g}(|t - \tau - \sin\varphi|) - \tilde{g}(t + \tau + \sin\varphi)]\,|\,\mathrm{d}\tau\mathrm{d}t$$
$$\leqslant 2|A_\varphi| \int_0^\infty |\,f(\tau)\,|\,\mathrm{d}\tau \cdot \int_0^\infty |\,g(t)\,|\,\mathrm{d}t < \infty, \tag{3.56}$$

因此可得 $(f \underset{F_c^\alpha, F_s^\alpha}{\overset{\gamma}{\star}} g)(t) \in L(\mathbf{R}^+)$. 其次, 证明 FRCT-FRST 的加权卷积定理, 由于

$$\sin s\,(F_s^\alpha f)\,(s)\,(F_c^\alpha g)\,(s)$$
$$= 4A_\varphi^2 \mathrm{e}^{\mathrm{j}(s^2)\cot\varphi}\mathrm{e}^{\mathrm{j}(\varphi - \frac{\pi}{2})} \cdot \int_0^\infty \int_0^\infty \sin s \sin(\csc\varphi \cdot su)\cos(\csc\varphi \cdot sv) \cdot f(u)g(v)\mathrm{e}^{\mathrm{j}\left(\frac{u^2 + v^2}{2}\right)\cot\varphi}\mathrm{d}u\mathrm{d}v, \tag{3.57}$$

以及

$$\sin s \sin(\csc\varphi \cdot su)\cos(\csc\varphi \cdot sv)mm$$
$$= \frac{1}{2} \sin s\,\{\sin[\csc\varphi \cdot s(u + v)] + \sin[\csc\varphi \cdot s(u - v)]\}\,mm$$
$$= \frac{1}{4}\,\{\cos s[\csc\varphi \cdot (u - v) - 1] + \cos s[\csc\varphi \cdot (u + v) - 1] - \tag{3.58}$$
$$\cos s[\csc\varphi \cdot (u - v) + 1] - \cos s[\csc\varphi \cdot (u + v) + 1]\},$$

可得

$$\sin s \left(F_s^\alpha f\right)(s) \left(F_c^\alpha g\right)(s) = A_\varphi^2 \mathrm{e}^{\mathrm{j}(s^2)\cot\varphi} \mathrm{e}^{\mathrm{j}(\varphi-\frac{\pi}{2})} \int_0^\infty \int_0^\infty \{\cos s[\csc\varphi \cdot (u-v)-1]+$$
$$\cos s[\csc\varphi \cdot (u+v)-1]- \cos s[\csc\varphi \cdot (u-v)+1]-$$
$$\cos s[\csc\varphi \cdot (u+v)+1]\}\mathrm{e}^{\mathrm{j}\frac{u^2+v^2}{2}\cot\varphi} f(u)g(v)\mathrm{d}u\mathrm{d}v, \tag{3.59}$$
$$= -A_\varphi^2 \mathrm{e}^{\mathrm{j}(s^2)\cot\varphi} \mathrm{e}^{\mathrm{j}(\varphi-\frac{\pi}{2})}(I_1+I_2-I_3-I_4),$$

为证明方便, 令

$$I_1 = \int_0^\infty \int_0^\infty \cos s[\csc\varphi \cdot (u+v)+1]f(u)g(v)\mathrm{e}^{\mathrm{j}\left(\frac{u^2+v^2}{2}\right)\cot\varphi}\mathrm{d}u\mathrm{d}v, \tag{3.60}$$

$$I_2 = \int_0^\infty \int_0^\infty \cos s[\csc\varphi \cdot (u-v)+1]f(u)g(v)\mathrm{e}^{\mathrm{j}\left(\frac{u^2+v^2}{2}\right)\cot\varphi}\mathrm{d}u\mathrm{d}v, \tag{3.61}$$

$$I_3 = \int_0^\infty \int_0^\infty \cos s[\csc\varphi \cdot (u-v)-1]f(u)g(v)\mathrm{e}^{\mathrm{j}\left(\frac{u^2+v^2}{2}\right)\cot\varphi}\mathrm{d}u\mathrm{d}v, \tag{3.62}$$

$$I_4 = \int_0^\infty \int_0^\infty \cos s[\csc\varphi \cdot (u+v)-1]f(u)g(v)\mathrm{e}^{\mathrm{j}\left(\frac{u^2+v^2}{2}\right)\cot\varphi}\mathrm{d}u\mathrm{d}v, \tag{3.63}$$

利用积分代换 $u=x, \csc\varphi \cdot (u+v)+1=t$, 可得

$$I_1 = \int_0^\infty \int_0^\infty \cos s[\csc\varphi \cdot (u+v)+1] \cdot \mathrm{e}^{\mathrm{j}\left(\frac{u^2+v^2}{2}\right)\cot\varphi}f(u)g(v)\mathrm{d}u\mathrm{d}v$$
$$= \sin\varphi \int_0^\infty \int_{\csc\varphi \cdot x+1}^\infty \cos(st)f(x) \cdot g[\sin\varphi \cdot (t-1)-x]\mathrm{e}^{\mathrm{j}\left\{\frac{x^2+[\sin\varphi\cdot(t-1)-x]^2}{2}\right\}\cot\varphi}\mathrm{d}x\mathrm{d}t. \tag{3.64}$$

设 $\sin\varphi \cdot t=\omega$, 有

$$I_1 = \int_0^\infty \int_{x+\sin\varphi}^\infty \cos(\csc\varphi \cdot s\omega)f(x) \cdot g(\omega-x-\sin\varphi)\mathrm{e}^{\mathrm{j}\left[\frac{x^2+(\omega-x-\sin\varphi)^2}{2}\right]\cot\varphi}\mathrm{d}x\mathrm{d}\omega$$
$$= \int_0^\infty \int_0^\infty \cos(\csc\varphi \cdot s\omega)f(x) \cdot g(|\omega-x-\sin\varphi|)\mathrm{e}^{\mathrm{j}\left[\frac{x^2+(\omega-x-\sin\varphi)^2}{2}\right]\cot\varphi}\mathrm{d}x\mathrm{d}\omega- \tag{3.65}$$
$$\int_0^\infty \int_0^{x+\sin\varphi} \cos(\csc\varphi \cdot s\omega)f(x) \cdot g(x-\omega+\sin\varphi)\mathrm{e}^{\mathrm{j}\left[\frac{x^2+(\omega-x-\sin\varphi)^2}{2}\right]\cot\varphi}\mathrm{d}x\mathrm{d}\omega,$$

类似式(3.64), 可得

$$I_2 = \int_0^\infty \int_0^\infty \cos(\csc\varphi \cdot s\omega)f(x) \cdot g(\omega+x+\sin\varphi)\mathrm{e}^{\mathrm{j}\left[\frac{x^2+(\omega+x+\sin\varphi)^2}{2}\right]\cot\varphi}\mathrm{d}x\mathrm{d}\omega+ \tag{3.66}$$
$$\int_0^\infty \int_0^{x+\sin\varphi} \cos(\csc\varphi \cdot s\omega)f(x) \cdot g(x-\omega+\sin\varphi)\mathrm{e}^{\mathrm{j}\left[\frac{x^2+(x-\omega+\sin\varphi)^2}{2}\right]\cot\varphi}\mathrm{d}x\mathrm{d}\omega,$$

由式 (3.65)和式(3.66)得

$$I_1+I_2 = \int_0^\infty \int_0^\infty \cos(\csc\varphi \cdot s\omega)f(x) \cdot g(|\omega-x-\sin\varphi|)\mathrm{e}^{\mathrm{j}\left[\frac{x^2+(\omega-x-\sin\varphi)^2}{2}\right]\cot\varphi}\mathrm{d}x\mathrm{d}\omega+ \tag{3.67}$$
$$\int_0^\infty \int_0^\infty \cos(\csc\varphi \cdot s\omega)f(x) \cdot g(\omega+x+\sin\varphi)\mathrm{e}^{\mathrm{j}\left[\frac{x^2+(\omega+x+\sin\varphi)^2}{2}\right]\cot\varphi}\mathrm{d}x\mathrm{d}\omega,$$

同理可得

$$
\begin{aligned}
I_3 + I_4 &= \int_0^\infty \int_0^\infty \cos(\csc\varphi \cdot s\omega) f(x) \cdot g(|\omega - x + \sin\varphi|) e^{j\left[\frac{x^2 + (\omega - x + \sin\varphi)^2}{2}\right]\cot\varphi} \mathrm{d}x\mathrm{d}\omega + \\
&\quad \int_0^\infty \int_0^\infty \cos(\csc\varphi \cdot s\omega) f(x) \cdot g(\omega + x - \sin\varphi) e^{j\left[\frac{x^2 + (\omega + x - \sin\varphi)^2}{2}\right]\cot\varphi} \mathrm{d}x\mathrm{d}\omega,
\end{aligned}
\tag{3.68}
$$

因此, 由式 (3.59)、式(3.67)和式(3.68), 可得

$$
\begin{aligned}
&\sin s (F_s^\alpha f)(s)(F_c^\alpha g)(s) \\
&= A_\varphi^2 e^{j(s^2)\cot\varphi} e^{j(\varphi - \frac{\pi}{2})}(I_3 + I_4 - I_1 - I_2) \\
&= e^{j(s^2)\cot\varphi} e^{j(\varphi - \frac{\pi}{2})} \cdot 2A_\varphi \int_0^\infty \cos(\csc\varphi \cdot s\omega) \left\{ \int_0^\infty \tilde{f}(x)\left[\tilde{g}(|\omega - x + \sin\varphi|) + \right. \right. \\
&\quad \left. \left. \tilde{g}(|\omega + x - \sin\varphi|) - \tilde{g}(|\omega - x - \sin\varphi|) - \tilde{g}(\omega + x + \sin\varphi)\right]\frac{B_{\omega,\varphi}}{2}\mathrm{d}x\right\} e^{C_{\omega,\varphi}}\mathrm{d}\omega,
\end{aligned}
\tag{3.69}
$$

由定义 3.11, 可得

$$
\begin{aligned}
&\sin s(F_s^\alpha f)(s)(F_c^\alpha g)(s) \\
&= e^{j\left(\frac{s^2}{2}\right)\cot\varphi} e^{j(\varphi - \frac{\pi}{2})}\left[2\int_0^\infty \left(f \underset{F_c^\alpha, F_s^\alpha}{\overset{\gamma}{\star}} g\right)(\omega) K^\varphi(\omega, s)\cos(\csc\varphi \cdot s\omega)\mathrm{d}\omega\right] \\
&= e^{j\left(\frac{s^2}{2}\right)\cot\varphi} e^{j(\varphi - \frac{\pi}{2})} F_c^\alpha\left[(f \underset{F_c^\alpha, F_s^\alpha}{\overset{\gamma}{\star}} g)(\omega)\right](s).
\end{aligned}
\tag{3.70}
$$

定理 3.6 证毕.

定理 3.7 设 $f(t), g(t) \in L(\mathbf{R}^+)$, $F_s^\alpha f$ 表示函数 $f(t)$ 的 FRST, $F_c^\alpha f, F_c^\alpha g$ 分别表示函数 $f(t), g(t)$ 的 FRCT, 权函数 $\gamma(\tau) = \sin\tau$, 则 FRST-FRCT 的加权卷积运算 $(f \underset{F_s^\alpha, F_c^\alpha}{\overset{\gamma}{\star}} g)(t) \in L(\mathbf{R}^+)$ 相应的加权卷积定理为

$$
F_s^\alpha\left[(f \underset{F_s^\alpha, F_c^\alpha}{\overset{\gamma}{\star}} g)(t)\right](s) = \sin s\, (F_c^\alpha f)\,(s)\,(F_c^\alpha \check{g})\,(s), \forall s > 0,
\tag{3.71}
$$

其中, $(F_c^\alpha \check{g})(s) = (F_c^\alpha g)(s)e^{-j\left(\frac{s^2}{2}\right)\cot\varphi}e^{-j(\varphi - \frac{\pi}{2})}$.

接下来, 证明 FRCT 与 FRST 的乘积定理.

定理 3.8 设 $f(t), g(t) \in L(\mathbf{R}^+)$. $k_5(t) = f(t) \cdot g(t)$, $F_c^\alpha(\cdot)$, $F_s^\alpha(\cdot)$ 表示 FRCT 算子与 FRST 算子, 则两个函数的乘积 $k_5(t)$ 的 FRCT 与 FRST 分别为

$$
F_c^\alpha[k_5(t)](s) = 2\left[1 + \cot^2(\varphi)\right]e^{C_{s,\varphi}}\left\{\left[(F_c^\alpha g)(s)e^{-C_{s,\varphi}}\right]\underset{F_c}{\star} F_c(s \cdot \csc\varphi)\right\},
\tag{3.72}
$$

$$
F_s^\alpha[k_5(t)](s) = -2\left[1 + \cot^2(\varphi)\right]e^{-j\pi}e^{C_{s,\varphi}}\left\{\left[(F_s^\alpha g)(s)e^{-C_{s,\varphi}}\right]\underset{1}{\star} F_c(s \cdot \csc\varphi)\right\},
\tag{3.73}
$$

其中, $\underset{F_c}{\star}$ 表示 FCT 卷积; $\underset{1}{\star}$ 表示 FST-FCT 卷积 (见表 3.1).

证明　由式 (3.14)、式 (3.17) 以及 $f(t), g(t) \in L(\mathbf{R}^+)$, 可得

$$
\begin{aligned}
F_c^\alpha[k_5(t)](s) =& 2\int_0^\infty f(t)g(t)K^\varphi(t,s)\cos(\csc\varphi\cdot st)\mathrm{d}t \\
=& 4\int_0^\infty f(t)K^\varphi(t,s)\cos(\csc\varphi\cdot st)\left[\int_0^\infty (F_c^\alpha g)(\omega)K^{-\varphi}(\omega,t)\cos(\csc\varphi\cdot t\omega)\mathrm{d}\omega\right]\mathrm{d}t \\
=& \frac{1+\cot^2\varphi}{\pi}\mathrm{e}^{C_{s,\varphi}}\int_0^\infty (F_c^\alpha g)(\omega)\mathrm{e}^{-C_{\omega,\varphi}}\cdot \\
& \left\{\int_0^\infty f(t)\cos[\csc\varphi\cdot t(s+\omega)]+\cos[\csc\varphi\cdot t(s-\omega)]\mathrm{d}t\right\}\mathrm{d}\omega \\
=& \sqrt{\frac{2}{\pi}}(1+\cot^2\varphi)\mathrm{e}^{C_{s,\varphi}}\int_0^\infty (F_c^\alpha g)(\omega)\mathrm{e}^{-C_{\omega,\varphi}}\cdot \\
& \{F_c[\csc\varphi(s+\omega)]+F_c(\csc\varphi|s-\omega|)\}\,\mathrm{d}\omega \\
=& 2\left[1+\cot^2(\varphi)\right]\mathrm{e}^{C_{s,\varphi}}\left\{\left[(F_c^\alpha g)(s)\mathrm{e}^{-C_{s,\varphi}}\right]\underset{F_c}{\star}F_c(s\cdot\csc\varphi)\right\},
\end{aligned}
\tag{3.74}
$$

式 (3.72) 证毕, 式 (3.73) 的证明类似式 (3.72), 因此定理得证.

推论 3.1　当 $\varphi=\dfrac{(2k-1)\pi}{2}, k\in\mathbf{Z}$ 时, 则定理 3.1 、定理 3.3 与定理 3.2 分别退化为 FCT-FST 、 FCT 与 FST-FCT 的卷积定理, 即有

$$
f(t)\underset{2}{\star}g(t)\stackrel{\mathrm{FCT}}{\longleftrightarrow}(F_sf)(s)(F_sg)(s),
\tag{3.75}
$$

$$
f(t)\underset{F_c}{\star}g(t)\stackrel{\mathrm{FCT}}{\longleftrightarrow}(F_cf)(s)(F_cg)(s),
\tag{3.76}
$$

$$
f(t)\underset{1}{\star}g(t)\stackrel{\mathrm{FST}}{\longleftrightarrow}(F_sf)(s)(F_cg)(s),
\tag{3.77}
$$

其中, $\underset{F_c}{\star}$ 表示 FCT 卷积运算; $\underset{1}{\star}$ 表示 FST-FCT 卷积运算; $\underset{2}{\star}$ 表示 FCT-FST 卷积运算.

推论 3.2　当 $\varphi=\dfrac{(2k-1)\pi}{2}, k\in\mathbf{Z}$ 时, 定理 3.4 与定理 3.5 退化为 FCT 与 FST 域加权卷积定理如下:

$$
f(t)\underset{F_s}{\overset{\gamma}{\star}}g(t)\stackrel{\mathrm{FST}}{\longleftrightarrow}\sin s\,(F_sf)(s)(F_sg)(s),
\tag{3.78}
$$

$$
f(t)\underset{F_c}{\overset{\gamma}{\star}}g(t)\stackrel{\mathrm{FCT}}{\longleftrightarrow}\cos s\,(F_cf)(s)(F_cg)(s),
\tag{3.79}
$$

其中, $\underset{F_s}{\overset{\gamma}{\star}}$ 为加权 FST 卷积运算; $\underset{F_c}{\overset{\gamma}{\star}}$ 为加权 FCT 卷积运算.

推论 3.3　当 $\varphi=\dfrac{(2k-1)\pi}{2}, k\in\mathbf{Z}$ 时, 定理 3.6 与定理 3.7 分别退化为 FCT 与 FST 域加权卷积定理如下:

$$
f(t)\underset{F_c,F_s}{\overset{\gamma}{\star}}g(t)\stackrel{\mathrm{FCT}}{\longleftrightarrow}\sin s\,(F_sf)(s)(F_cg)(s),
\tag{3.80}
$$

$$
f(t)\underset{F_s,F_c}{\overset{\gamma}{\star}}g(t)\stackrel{\mathrm{FST}}{\longleftrightarrow}\sin s\,(F_cf)(s)(F_cg)(s),
\tag{3.81}
$$

其中, $\underset{F_s, F_c}{\overset{\gamma}{\star}}$ 为 FST-FCT 加权卷积运算; $\underset{F_c, F_s}{\overset{\gamma}{\star}}$ 为 FCT-FST 加权卷积运算.

3.3.1.3 分数阶正 (余) 弦变换的卷积运算关系

从前面的讨论可知, 当 $\varphi = \dfrac{(2k-1)\pi}{2}, k \in \mathbf{Z}$ 时, FRCT 与 FRST 分别退化为 FCT 与 FST. 因此, FCT 和 FST 中的卷积运算和相应的卷积定理都是本书定义 3.6~ 定义 3.12 和定理 3.1 ~ 定理 3.7 的特殊情形. 下面将进一步讨论定义 3.6~ 定义 3.12 中的卷积运算与已有卷积运算之间的关系.

定理 3.9 设 $f(t), g(t) \in L(\mathbf{R}^+)$. $F_c^\alpha(\cdot)$, $F_s^\alpha(\cdot)$ 表示 FRCT 算子与 FRST 算子, 则 FRCT-FRST 卷积运算 $\underset{F_c^\alpha, F_s^\alpha}{\star}$ 与 FRCT 卷积运算 $\underset{F_c^\alpha}{\star}$ 可以表示为

$$(f \underset{F_c^\alpha, F_s^\alpha}{\star} g)(t) = \sqrt{1 - \mathrm{j}\cot\varphi}\, \mathrm{e}^{-C_{t,\varphi}}[\tilde{f}(t) \underset{2}{\star} \tilde{g}(t)], \tag{3.82}$$

$$(f \underset{F_c^\alpha}{\star} g)(t) = \sqrt{1 - \mathrm{j}\cot\varphi}\, \mathrm{e}^{-C_{t,\varphi}}[\tilde{f}(t) \underset{F_c}{\star} \tilde{g}(t)], \tag{3.83}$$

其中, $\tilde{f}(t) = f(t)\mathrm{e}^{C_{t,\varphi}}$; $\tilde{g}(t) = g(t)\mathrm{e}^{C_{t,\varphi}}$; $\underset{F_c}{\star}$ 是 FCT 卷积运算; $\underset{2}{\star}$ 是 FCT-FST 卷积运算.

证明 根据定义 3.6 与定义 3.8 以及表 3.1 中相关的卷积运算即可得证.

卷积运算 $\underset{F_c^\alpha, F_s^\alpha}{\star}$ 与卷积运算 $\underset{F_c^\alpha}{\star}$ 的实现可见图 3.1 与图 3.2. 下面讨论卷积运算 $\underset{F_c^\alpha}{\overset{\gamma}{\star}}$, $\underset{F_s^\alpha}{\overset{\gamma}{\star}}$ 与卷积运算 $\underset{F_c}{\star}$, $\underset{2}{\star}$ 之间的关系.

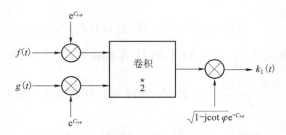

图 3.1 FRCT-FRST 卷积运算的实现

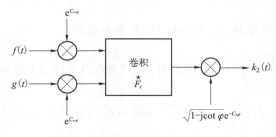

图 3.2 FRCT 卷积运算的实现

定理 3.10 设 $f(t), g(t) \in L(\mathbf{R}^+)$. $F_c^\alpha(\cdot)$, $F_s^\alpha(\cdot)$ 分别表示 FRCT 算子与 FRST 算子,则 FRCT 卷积运算 $\underset{F_c^\alpha}{\overset{\gamma}{\star}}$ 与 FRST 卷积运算 $\underset{F_s^\alpha}{\overset{\gamma}{\star}}$ 可改写为

$$(f \underset{F_s^\alpha}{\overset{\gamma}{\star}} g)(t) = \frac{1 - \mathrm{j}\cot\varphi}{2\sqrt{2\pi}} \mathrm{e}^{-2C_{t,\varphi}} \left\{ [\bar{f}(t) \underset{2}{\star} \bar{g}(t)](|t - \sin\varphi|) - [\bar{f}(t) \underset{2}{\star} \bar{g}(t)](t + \sin\varphi) \right\},$$

$$(3.84)$$

$$(f \underset{F_c^\alpha}{\overset{\gamma}{\star}} g)(t) = \frac{1 - \mathrm{j}\cot\varphi}{2\sqrt{2\pi}} \mathrm{e}^{-2C_{t,\varphi}} \left\{ [\bar{f}(t) \underset{F_c}{\star} \bar{g}(t)](|t - \sin\varphi|) + [\bar{f}(t) \underset{F_c}{\star} \bar{g}(t)](t + \sin\varphi) \right\},$$

$$(3.85)$$

其中, $\bar{f}(t) = f(t)\mathrm{e}^{2C_{t,\varphi}}$; $\bar{g}(t) = g(t)\mathrm{e}^{2C_{t,\varphi}}$.

FRST 卷积运算 $\underset{F_s^\alpha}{\overset{\gamma}{\star}}$ 与 FRCT 卷积运算 $\underset{F_c^\alpha}{\overset{\gamma}{\star}}$ 的实现可见图 3.3 与图 3.4.

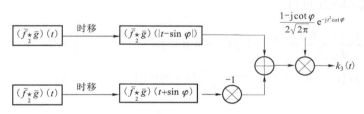

图 3.3　FRST 加权卷积运算的实现

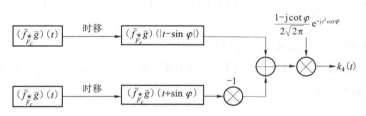

图 3.4　FRCT 加权卷积运算的实现

证明 首先证明式(3.84). 由定义 (3.9) 以及 $f(t), g(t) \in L(\mathbf{R}^+)$, 当 $t > \sin\varphi > 0$ 时,可得

$$
\begin{aligned}
(f \underset{F_s^\alpha}{\overset{\gamma}{\star}} g)(t) =& -\frac{1}{2}\mathrm{e}^{-C_{t,\varphi}} \left\{ A_\varphi \int_0^\infty \tilde{f}(\tau) \big[\tilde{g}(t + \sin\varphi + \tau) - \mathrm{sign}(t + \sin\varphi - \tau) \cdot \right. \\
& \left. \tilde{g}(|t + \sin\varphi - \tau|)\big]\mathrm{d}\tau \right\} + \frac{1}{2}\mathrm{e}^{-C_{t,\varphi}} \left\{ A_\varphi \int_0^\infty \tilde{f}(\tau) \big[\tilde{g}(t - \sin\varphi + \tau) - \right. \\
& \left. \mathrm{sign}(t - \sin\varphi - \tau)\tilde{g}(|t - \sin\varphi - \tau|)\big]\mathrm{d}\tau \right\} \\
=& \frac{1}{2}\mathrm{e}^{-C_{t,\varphi}} \left[(f \underset{F_c^\alpha, F_s^\alpha}{\star} g)(t - \sin\varphi) - (f \underset{F_c^\alpha, F_s^\alpha}{\star} g)(t + \sin\varphi) \right],
\end{aligned}
$$

$$(3.86)$$

类似的, 当 $0 < t < \sin \varphi$ 时, 有

$$
\begin{aligned}
(f \underset{F_s^\gamma}{\overset{\gamma}{\star}} g)(t) = & -\frac{1}{2} \mathrm{e}^{-C_{t,\varphi}} \left\{ A_\varphi \int_0^\infty \tilde{f}(\tau) \left[\tilde{g}(t + \sin \varphi + \tau) - \operatorname{sign}(t + \sin \varphi - \tau) \cdot \right.\right. \\
& \left. \tilde{g}(|t + \sin \varphi - \tau|)\right] \mathrm{d}\tau + \frac{1}{2} \mathrm{e}^{-C_{t,\varphi}} \left\{ A_\varphi \int_0^\infty \tilde{f}(\tau) \left[\tilde{g}(\sin \varphi - t + \tau) - \right.\right. \\
& \left.\operatorname{sign}(\sin \varphi - t - \tau)\tilde{g}(|\sin \varphi - t - \tau|)\right] \mathrm{d}\tau \Big\} \\
= & \frac{1}{2} \mathrm{e}^{-C_{t,\varphi}} \left[(f \underset{F_c^\alpha, F_s^\alpha}{\star} g)(\sin \varphi - t) - (f \underset{F_c^\alpha, F_s^\alpha}{\star} g)(t + \sin \varphi) \right],
\end{aligned}
\tag{3.87}
$$

由式 (3.86) 和式 (3.87), 可得

$$
(f \underset{F_s^\alpha}{\overset{\gamma}{\star}} g)(t) = \frac{1}{2} \mathrm{e}^{-C_{t,\varphi}} \left[(f \underset{F_c^\alpha, F_s^\alpha}{\star} g)(|t - \sin \varphi|) - (f \underset{F_c^\alpha, F_s^\alpha}{\star} g)(t + \sin \varphi) \right],
\tag{3.88}
$$

由式 (3.88) 与式 (3.82) 可得

$$
(f \underset{F_s^\alpha}{\overset{\gamma}{\star}} g)(t) = \frac{1 - \mathrm{j}\cot\varphi}{2\sqrt{2\pi}} \mathrm{e}^{-2C_{t,\varphi}} \left\{ [f(|t - \sin \varphi|)\mathrm{e}^{2C_{t-\sin\varphi,\varphi}}] \underset{2}{\star} [g(|t - \sin \varphi|)\mathrm{e}^{2C_{t-\sin\varphi,\varphi}}] - [f(t + \sin \varphi)\mathrm{e}^{2C_{t+\sin\varphi,\varphi}}] \underset{2}{\star} [g(t + \sin \varphi)\mathrm{e}^{2C_{t+\sin\varphi,\varphi}}] \right\},
$$

即有

$$
(f \underset{F_s^\alpha}{\overset{\gamma}{\star}} g)(t) = \frac{1 - \mathrm{j}\cot\varphi}{2\sqrt{2\pi}} \mathrm{e}^{-2C_{t,\varphi}} \left\{ \left[\bar{f}(t) \underset{2}{\star} \bar{g}(t) \right](|t - \sin \varphi|) - \left[\bar{f}(t) \underset{2}{\star} \bar{g}(t) \right](t + \sin \varphi) \right\}.
\tag{3.89}
$$

式 (3.85) 的证明类似于式 (3.84), 定理得证.

定理 3.11 在空间 $L(\mathbf{R}^+)$ 中, FRCT-FRST 加权卷积运算 $\underset{F_c^\alpha, F_s^\alpha}{\overset{\gamma}{\star}}$ 与 FRST-FRCT 卷积运算 $\underset{F_s^\alpha, F_c^\alpha}{\star}$ 有如下关系:

$$
(f \underset{F_c^\alpha, F_s^\alpha}{\overset{\gamma}{\star}} g)(t) = \frac{1}{2}(f \underset{F_s^\alpha, F_c^\alpha}{\star} g)(t + \sin \varphi) - \frac{1}{2}\operatorname{sign}(t - \sin \varphi)(f \underset{F_s^\alpha, F_c^\alpha}{\star} g)(|t - \sin \varphi|). \tag{3.90}
$$

证明 由定义 3.11 知

$$
\begin{aligned}
(f \underset{F_c^\alpha, F_s^\alpha}{\overset{\gamma}{\star}} g)(t) = & \frac{A_\varphi}{2} \int_0^\infty \tilde{f}(\tau) \cdot [\tilde{g}(|t - \tau + \sin \varphi|) - \tilde{g}(t + \tau + \sin \varphi)] \mathrm{d}\tau + \\
& \frac{A_\varphi}{2} \int_0^\infty \tilde{f}(\tau) [\tilde{g}(|t + \tau - \sin \varphi|) - \tilde{g}(|t - \tau - \sin \varphi|)] \mathrm{d}\tau,
\end{aligned}
\tag{3.91}
$$

由定义 3.7, 有

$$
\frac{A_\varphi}{2} \int_0^\infty \tilde{f}(\tau) \cdot [\tilde{g}(|t - \tau + \sin \varphi|) - \tilde{g}(t + \tau + \sin \varphi)] \mathrm{d}\tau = \frac{1}{2}(f \underset{F_s^\alpha, F_c^\alpha}{\star} g)(t + \sin \varphi).
\tag{3.92}
$$

当 $t > \sin\varphi > 0$ 时, 可得

$$\frac{A_\varphi}{2}\int_0^\infty \tilde{f}(\tau)\left[\tilde{g}(|t+\tau-\sin\varphi|)-\tilde{g}(|t-\tau-\sin\varphi|)\right]\mathrm{d}\tau$$

$$=-\frac{A_\varphi}{2}\int_0^\infty \tilde{f}(\tau)\left[\tilde{g}(|t-\sin\varphi-\tau|)-\tilde{g}(t-\sin\varphi+\tau)\right]\mathrm{d}\tau \tag{3.93}$$

$$=-\frac{1}{2}(f\underset{F_s^\alpha,F_c^\alpha}{\star}g)(t-\sin\varphi),$$

当 $t < \sin\varphi < 0$ 时, 可得

$$\frac{A_\varphi}{2}\int_0^\infty \tilde{f}(\tau)\left[\tilde{g}(|t+\tau-\sin\varphi|)-\tilde{g}(|t-\tau-\sin\varphi|)\right]\mathrm{d}\tau$$

$$=\frac{A_\varphi}{2}\int_0^\infty \tilde{f}(\tau)\left[\tilde{g}(|\sin\varphi-t-\tau|)-\tilde{g}(\sin\varphi-t+\tau)\right]\mathrm{d}\tau \tag{3.94}$$

$$=\frac{1}{2}(f\underset{F_s^\alpha,F_c^\alpha}{\star}g)(\sin\varphi-t),$$

联立式(3.92)∼ 式(3.94), 可得

$$(f\underset{F_c^\alpha,F_s^\alpha}{\overset{\gamma}{\star}}g)(t)=\frac{1}{2}(f\underset{F_s^\alpha,F_c^\alpha}{\star}g)(t+\sin\varphi)-\frac{1}{2}\mathrm{sign}(t-\sin\varphi)(f\underset{F_s^\alpha,F_c^\alpha}{\star}g)(|t-\sin\varphi|). \tag{3.95}$$

定理 3.14 证毕.

定理 3.12 在空间 $L(\mathbf{R}^+)$ 中, FRST-FRCT 加权卷积运算 $\underset{F_s^\alpha,F_c^\alpha}{\overset{\gamma}{\star}}$ 与 FRCT 卷积运算 $\underset{F_c^\alpha}{\star}$ 有如下关系:

$$(f\underset{F_s^\alpha,F_c^\alpha}{\overset{\gamma}{\star}}g)(t)=\frac{1}{2}(f\underset{F_c^\alpha}{\star}g)(t-\sin\varphi)-\frac{1}{2}(f\underset{F_c^\alpha}{\star}g)(t+\sin\varphi). \tag{3.96}$$

证明 定理 3.12 的证明类似于定理 3.11, 定理得证.

定理 3.13 在空间 $L(\mathbf{R}^+)$ 中, 卷积运算 $\underset{F_c^\alpha,F_s^\alpha}{\star},\ \underset{F_c^\alpha}{\star},\ \underset{F_s^\alpha,F_c^\alpha}{\overset{\gamma}{\star}},\ \underset{F_c^\alpha}{\overset{\gamma}{\star}}$ 与 $\underset{F_s^\alpha}{\overset{\gamma}{\star}}$ 满足交换律, 即

$$f\underset{F_c^\alpha,F_s^\alpha}{\star}g=g\underset{F_c^\alpha,F_s^\alpha}{\star}f,\ f\underset{F_c^\alpha}{\star}g=g\underset{F_c^\alpha}{\star}f,\ f\underset{F_s^\alpha,F_c^\alpha}{\overset{\gamma}{\star}}g=g\underset{F_s^\alpha,F_c^\alpha}{\overset{\gamma}{\star}}f,\ f\underset{F_s^\alpha}{\overset{\gamma}{\star}}g=g\underset{F_s^\alpha}{\overset{\gamma}{\star}}f,\ f\underset{F_c^\alpha}{\overset{\gamma}{\star}}g=g\underset{F_c^\alpha}{\overset{\gamma}{\star}}f. \tag{3.97}$$

证明 利用相应的定义可直接证明.

定理 3.14 在空间 $L(\mathbf{R}^+)$ 中, FRCT-FRST 卷积运算 $\underset{F_c^\alpha,F_s^\alpha}{\overset{\gamma}{\star}}$ 与 FRST-FRCT $\underset{F_s^\alpha,F_c^\alpha}{\overset{\gamma}{\star}}$ 不满足交换律, 且有

$$(f\underset{F_c^\alpha,F_s^\alpha}{\overset{\gamma}{\star}}g)(t)=-(g\underset{F_c^\alpha,F_s^\alpha}{\overset{\gamma}{\star}}f)(t)+A_\varphi(g\underset{L^\alpha}{\star}f)(t+\sin\varphi)- \tag{3.98}$$

$$A_\varphi\mathrm{sign}(t-\sin\varphi)(g\underset{L^\alpha}{\star}f)(|t-\sin\varphi|),$$

$$(f\underset{F_s^\alpha,F_c^\alpha}{\overset{\gamma}{\star}}g)(t)=-(g\underset{F_s^\alpha,F_c^\alpha}{\overset{\gamma}{\star}}f)(t)+2A_\varphi(f\underset{L^\alpha}{\star}g)(t), \tag{3.99}$$

其中, $f\underset{L^\alpha}{\star}g$ 为拉普拉斯卷积运算[27], 即

$$(f\underset{L^\alpha}{\star}g)(t)=\int_0^t \tilde{f}(\tau)\tilde{g}(t-\tau)\mathrm{d}\tau. \tag{3.100}$$

证明 由定义 3.11 得

$$
\begin{aligned}
(f \underset{F_c^\alpha, F_s^\alpha}{\overset{\gamma}{\star}} g)(t) = & \frac{A_\varphi}{2}\left[\int_0^\infty \tilde{g}(\tau)\tilde{f}(|\omega + t + \sin\varphi|)\mathrm{d}\omega + \int_0^\infty \tilde{g}(\tau)\tilde{f}(|\omega - t + \sin\varphi|)\mathrm{d}\omega - \right. \\
& \left. \int_0^\infty \tilde{g}(\tau)\tilde{f}(|\omega + t - \sin\varphi|)\mathrm{d}\omega - \int_0^\infty \tilde{g}(\tau)\tilde{f}(|\omega - t - \sin\varphi|)\mathrm{d}\omega\right] + \\
& \frac{A_\varphi}{2}\int_{-(t+\sin\varphi)}^0 \tilde{g}(|\tau|)\tilde{f}(|\omega + t + \sin\varphi|)\mathrm{d}\omega + \\
& \frac{A_\varphi}{2}\int_{t-\sin\varphi}^0 \tilde{g}(|\tau|)\tilde{f}(|\omega - t + \sin\varphi|)\mathrm{d}\omega - \\
& \frac{A_\varphi}{2}\int_{-t+\sin\varphi}^0 \tilde{g}(|\tau|)\tilde{f}(|\omega + t - \sin\varphi|)\mathrm{d}\omega - \\
& \frac{A_\varphi}{2}\int_{t+\sin\varphi}^0 \tilde{g}(|\tau|)\tilde{f}(|\omega - t - \sin\varphi|)\mathrm{d}\omega,
\end{aligned}
\tag{3.101}
$$

利用积分代换可得

$$
\int_{-(t+\sin\varphi)}^0 \tilde{g}(|\tau|)\tilde{f}(|\omega + t + \sin\varphi|)\mathrm{d}\omega = \int_{t+\sin\varphi}^0 \tilde{g}(|\tau|)\tilde{f}(|\omega - t - \sin\varphi|)\mathrm{d}\omega,
\tag{3.102}
$$

$$
\int_{-t+\sin\varphi}^0 \tilde{g}(|\tau|)\tilde{f}(|\omega + t - \sin\varphi|)\mathrm{d}\omega = \int_{t-\sin\varphi}^0 \tilde{g}(|\tau|)\tilde{f}(|\omega - t + \sin\varphi|)\mathrm{d}\omega,
\tag{3.103}
$$

联立式 (3.101)∼ 式 (3.103), 可得

$$
\begin{aligned}
(f \underset{F_c^\alpha, F_s^\alpha}{\overset{\gamma}{\star}} g)(t) = & -(g \underset{F_c^\alpha, F_s^\alpha}{\overset{\gamma}{\star}} f)(t) + A_\varphi \int_0^{t+\sin\varphi} \tilde{g}(\tau)\tilde{f}(|t+\sin\varphi - \omega|)\mathrm{d}\omega - \\
& A_\varphi \int_0^{t-\sin\varphi} \tilde{g}(|\tau|)\tilde{f}(|t - \sin\varphi - \omega|)\mathrm{d}\omega,
\end{aligned}
\tag{3.104}
$$

利用积分代换与拉普拉斯卷积[27], 可得

$$
\begin{aligned}
(f \underset{F_c^\alpha, F_s^\alpha}{\overset{\gamma}{\star}} g)(t) = & -(g \underset{F_c^\alpha, F_s^\alpha}{\overset{\gamma}{\star}} f)(t) + A_\varphi (g \underset{L^\alpha}{\star} f)(t+\sin\varphi) - \\
& A_\varphi \mathrm{sign}(t-\sin\varphi)(g \underset{L^\alpha}{\star} f)(|t-\sin\varphi|).
\end{aligned}
\tag{3.105}
$$

式 (3.99) 的证明与式 (3.98) 的类似. 定理得证.

定理 3.15 在空间 $L(\mathbf{R}^+)$ 中, FRCT 卷积运算 $\underset{F_c^\alpha}{\star}$、FRST 加权卷积运算 $\underset{F_s^\alpha}{\overset{\gamma}{\star}}$ 与 FRCT 加权卷积运算 $\underset{F_c^\alpha}{\overset{\gamma}{\star}}$ 满足结合律, 而卷积运算 $\underset{F_c^\alpha, F_s^\alpha}{\star}$、FRST-FRCT 卷积运算 $\underset{F_s^\alpha, F_c^\alpha}{\star}$ 与 FRCT-FRST 加权卷积运算 $\underset{F_c^\alpha, F_s^\alpha}{\overset{\gamma}{\star}}$ 不满足结合律, 且有如下恒等式:

(1) $(f \underset{F_c^\alpha}{\star} g) \underset{F_c^\alpha}{\star} h = (f \underset{F_c^\alpha}{\star} h) \underset{F_c^\alpha}{\star} g = (h \underset{F_c^\alpha}{\star} g) \underset{F_c^\alpha}{\star} f = f \underset{F_c^\alpha}{\star} (h \underset{F_c^\alpha}{\star} g) = g \underset{F_c^\alpha}{\star} (f \underset{F_c^\alpha}{\star} h) = h \underset{F_c^\alpha}{\star} (f \underset{F_c^\alpha}{\star} g)$;

(2) $f \underset{F_c^\alpha}{\overset{\gamma}{\star}} (g \underset{F_c^\alpha}{\overset{\gamma}{\star}} h) = g \underset{F_c^\alpha}{\overset{\gamma}{\star}} (f \underset{F_c^\alpha}{\overset{\gamma}{\star}} h) = h \underset{F_c^\alpha}{\overset{\gamma}{\star}} (f \underset{F_c^\alpha}{\overset{\gamma}{\star}} g)$;

(3) $f \underset{F_s^\alpha}{\overset{\gamma}{\star}} (g \underset{F_s^\alpha}{\overset{\gamma}{\star}} h) = g \underset{F_s^\alpha}{\overset{\gamma}{\star}} (f \underset{F_s^\alpha}{\overset{\gamma}{\star}} h) = h \underset{F_s^\alpha}{\overset{\gamma}{\star}} (f \underset{F_s^\alpha}{\overset{\gamma}{\star}} g)$;

(4) $f \underset{F_c^\alpha}{\overset{\gamma}{\star}} (g \underset{F_c^\alpha}{\star} h) = g \underset{F_c^\alpha}{\overset{\gamma}{\star}} (f \underset{F_c^\alpha}{\star} h) = h \underset{F_c^\alpha}{\overset{\gamma}{\star}} (f \underset{F_c^\alpha}{\star} g)$;

(5) $f \underset{F_c^\alpha, F_s^\alpha}{\star} (g \underset{F_s^\alpha}{\overset{\gamma}{\star}} h) = g \underset{F_c^\alpha, F_s^\alpha}{\star} (f \underset{F_s^\alpha}{\overset{\gamma}{\star}} h) = h \underset{F_c^\alpha, F_s^\alpha}{\star} (f \underset{F_s^\alpha}{\overset{\gamma}{\star}} g)$;

(6) $f \underset{F_c^\alpha, F_s^\alpha}{\overset{\gamma}{\star}} (g \underset{F_c^\alpha, F_s^\alpha}{\overset{\gamma}{\star}} h) = g \underset{F_c^\alpha, F_s^\alpha}{\overset{\gamma}{\star}} (f \underset{F_c^\alpha, F_s^\alpha}{\overset{\gamma}{\star}} h)$;

(7) $f \underset{F_c^\alpha}{\star} (g \underset{F_c^\alpha, F_s^\alpha}{\star} h) = g \underset{F_c^\alpha, F_s^\alpha}{\star} (f \underset{F_c^\alpha}{\star} h) = h \underset{F_c^\alpha}{\star} (g \underset{F_c^\alpha, F_s^\alpha}{\star} f)$;

(8) $f \underset{F_s^\alpha, F_c^\alpha}{\star} (g \underset{F_c^\alpha, F_s^\alpha}{\overset{\gamma}{\star}} h) = g \underset{F_s^\alpha, F_c^\alpha}{\star} (f \underset{F_c^\alpha, F_s^\alpha}{\overset{\gamma}{\star}} h)$;

(9) $f \underset{F_s^\alpha, F_c^\alpha}{\overset{\gamma}{\star}} (g \underset{F_c^\alpha}{\star} h) = g \underset{F_s^\alpha, F_c^\alpha}{\overset{\gamma}{\star}} (f \underset{F_c^\alpha}{\star} h) = h \underset{F_s^\alpha, F_c^\alpha}{\overset{\gamma}{\star}} (f \underset{F_c^\alpha}{\star} g)$;

(10) $(f \underset{F_s^\alpha, F_c^\alpha}{\overset{\gamma}{\star}} g) \underset{F_s^\alpha, F_c^\alpha}{\star} h = (f \underset{F_s^\alpha, F_c^\alpha}{\overset{\gamma}{\star}} h) \underset{F_s^\alpha, F_c^\alpha}{\star} g = (h \underset{F_s^\alpha, F_c^\alpha}{\overset{\gamma}{\star}} g) \underset{F_s^\alpha, F_c^\alpha}{\star} f$;

(11) $f \underset{F_c^\alpha, F_s^\alpha}{\star} (g \underset{F_s^\alpha, F_c^\alpha}{\overset{\gamma}{\star}} h) = h \underset{F_c^\alpha}{\star} (f \underset{F_c^\alpha, F_s^\alpha}{\overset{\gamma}{\star}} g)$;

(12) $(f \underset{F_s^\alpha, F_c^\alpha}{\star} g) \underset{F_s^\alpha, F_c^\alpha}{\star} h = (f \underset{F_s^\alpha, F_c^\alpha}{\star} h) \underset{F_s^\alpha, F_c^\alpha}{\star} g = f \underset{F_s^\alpha, F_c^\alpha}{\star} (h \underset{F_c^\alpha}{\star} g)$.

3.3.1.4　分数阶正 (余) 弦变换乘性滤波设计

利用加权卷积定理, 可以设计 FRCT 和 FRST 域乘性滤波模型, 如图 3.5所示.

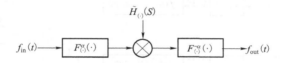

图 3.5　FRCT 或 FRST 域乘性滤波

当输入信号 $f_{\text{in}}(t)$ 为偶信号时, 输出信号为

$$f_{\text{out}}(t) = F_c^{-\alpha} \left[F_{c,f_{\text{in}}}^\alpha(s) \cdot \widetilde{H_1}(s) \right](t). \tag{3.106}$$

当输入信号 $f_{\text{in}}(t)$ 为奇信号时, 输出信号为

$$f_{\text{out}}(t) = F_s^{-\alpha} \left[F_{s,f_{\text{in}}}^\alpha(s) \cdot \widetilde{H_2}(s) \right](t). \tag{3.107}$$

其中, $\widetilde{H}_{(\cdot)}(s)$ 表示传递函数; $F_{(\cdot)}^\alpha(s)$ 表示参数为 α 的 FRCT 和 FRST, 故 $F_{c,f_{\text{in}}}^\alpha(s)$ 与 $F_{s,f_{\text{in}}}^\alpha(s)$ 分别表示输入信号 $f_{\text{in}}(t)$ 的 FRCT 和 FRST.

乘性滤波器的许多模型可以通过设计 $\widetilde{H}(s)$ 实现, 如低通滤波器、带通滤波器和带阻滤波器等. 设 $F_c^\alpha(s)$、$F_s^\alpha(s)$ 是输入信号的 FRCT、FRST 频谱, $N_c^\alpha(s)$、$N_s^\alpha(s)$ 分别是噪声的 FRCT、FRST 频谱. 在实际应用中, 这些频谱如果没有重叠或部分重叠, 便能通过 FRCT 和 FRST 域的乘性滤波来提高信噪比, 从而可以在 FRCT 和 FRST 域实现 $F_c^\alpha(s)$ 与 $N_c^\alpha(s)$, 或者 $F_s^\alpha(s)$ 与 $N_s^\alpha(s)$ 的部分或完全解耦, 这样利用 FRCT 域或 FRST 域上的带通滤波就能够完全滤除掉噪声. 例如, 对输入信号 $f(t)$ 的 FRCT 或 FRST 的频谱在区域 $[s_1, s_2]$

进行讨论. 根据定理 3.4 与定理 3.5, 选择函数

$$\widetilde{H_1}(s) = \mathrm{e}^{-\mathrm{j}\left(\frac{s^2}{2}\right)\cot\varphi}\cos s\,(F_c^\alpha g_1)\,(s), \qquad \widetilde{H_2}(s) = \mathrm{e}^{-\mathrm{j}\left(\frac{s^2}{2}\right)\cot\varphi}\mathrm{e}^{-\mathrm{j}\left(\varphi-\frac{\pi}{2}\right)}\sin s\,(F_s^\alpha g_2)\,(s)$$

$$(3.108)$$

作为乘性滤波器的传递函数, 使 $\widetilde{H_1}(s), \widetilde{H_2}(s)$ 在区域 $[s_1, s_2]$ 上为常数, 在区域 $[s_1, s_2]$ 外为零或者快速衰减. 利用逆 FRCT 或者逆 FRST, 输入信号 $f(t)$ 能被恢复出来. 因此, 这种滤波实现起来更容易, 更适合处理偶信号和奇信号.

分数阶正 (余) 弦变换域的乘性滤波也可以采用时域卷积的方式实现. 由于时域卷积可以通过离散傅里叶正 (余) 弦变换来实现, 因此在工程实现上具有更大的价值. 根据定理 3.4 和定理 3.5, 利用本书定义的卷积在分数阶正 (余) 弦变换域设计乘性滤波. 由图 3.6 可知, 当 $f_{\mathrm{in}}(t)$ 为偶信号时, 滤波的输出可以表示为

$$f_{\mathrm{out}}(t) = \frac{1-\mathrm{j}\cot\varphi}{2\sqrt{2\pi}}\mathrm{e}^{-\mathrm{j}t^2\cot\varphi}\left(\bar{f}_{\mathrm{in}}(t)\underset{F_c}{\star}h_1(t)\right)(|t-\sin\varphi|)+$$
$$\frac{1-\mathrm{j}\cot\varphi}{2\sqrt{2\pi}}\mathrm{e}^{-\mathrm{j}t^2\cot\varphi}\left(\bar{f}_{\mathrm{in}}(t)\underset{F_c}{\star}h_1(t)\right)(t+\sin\varphi),$$

$$(3.109)$$

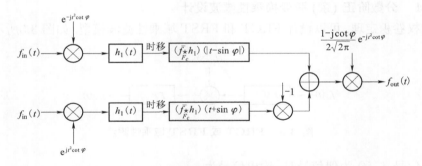

图 3.6　FRCT 域时域卷积乘性滤波设计的实现

其中, $\underset{F_c}{\star}$ 表示 FCT 卷积运算. 由图 3.7 可知, 当 $f_{\mathrm{in}}(t)$ 为奇信号时, 滤波的输出可以表示为

$$f_{\mathrm{out}}(t) = \frac{1-\mathrm{j}\cot\varphi}{2\sqrt{2\pi}}\mathrm{e}^{-\mathrm{j}t^2\cot\varphi}(\bar{f}_{\mathrm{in}}(t)\underset{2}{\star}h_2(t))(|t-\sin\varphi|)-$$
$$\frac{1-\mathrm{j}\cot\varphi}{2\sqrt{2\pi}}\mathrm{e}^{-\mathrm{j}t^2\cot\varphi}\left(\bar{f}_{\mathrm{in}}(t)\underset{2}{\star}h_2(t)\right)(t+\sin\varphi),$$

$$(3.110)$$

其中, $\underset{2}{\star}$ 表示 FCT-FST 卷积运算.

设计如下传递函数:

$$h_1(t) = \frac{1}{2}(1+\mathrm{j}\cot\varphi)^{-\frac{1}{2}}\mathrm{e}^{\mathrm{j}\left(\frac{t^2}{2}\right)\cot\varphi}g_1(t),$$

$$h_2(t) = \frac{1}{2}(1+\mathrm{j}\cot\varphi)^{-\frac{1}{2}}\mathrm{e}^{\mathrm{j}\left(\frac{t^2}{2}\right)\cot\varphi}\mathrm{e}^{\mathrm{j}\pi}g_2(t),$$

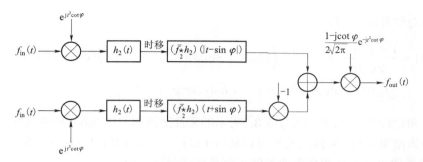

图 3.7　FRST 域时域卷积乘性滤波设计的实现

其中

$$g_1(t) = F_c^{-\alpha}\left[(F_c^\alpha g)(\omega)\right](t) \tag{3.111}$$

$$= \sqrt{\frac{2(1+\mathrm{j}\cot\varphi)}{\pi}}\mathrm{e}^{-\mathrm{j}\left(\frac{t^2}{2}\right)\cot\varphi}\int_0^\infty (F_c^\alpha g)(\omega)\mathrm{e}^{-\mathrm{j}\left(\frac{\omega^2}{2}\right)\cot\varphi}\cos(\csc\varphi\cdot t\omega)\,\mathrm{d}\omega$$

$$= \sqrt{\frac{2(1+\mathrm{j}\cot\varphi)}{\pi}}\mathrm{e}^{-\mathrm{j}\left(\frac{t^2}{2}\right)\cot\varphi}\int_0^\infty \tilde{H}_1(\omega)\sec\omega\cos(\csc\varphi\cdot t\omega)\,\mathrm{d}\omega$$

$$= 2\sqrt{1+\mathrm{j}\cot\varphi}\,\mathrm{e}^{-\mathrm{j}\left(\frac{t^2}{2}\right)\cot\varphi}\tilde{h_1}(\csc\varphi\cdot t),$$

$$g_2(t) = F_s^{-\alpha}\left[(F_s^\alpha g)(\omega)\right](t)$$

$$= -\sqrt{\frac{2(1+\mathrm{j}\cot\varphi)}{\pi}}\mathrm{e}^{-\mathrm{j}\left(\varphi+\frac{\pi}{2}\right)}\mathrm{e}^{-\mathrm{j}\left(\frac{t^2}{2}\right)\cot\varphi}\int_0^\infty (F_s^\alpha g)(\omega)\mathrm{e}^{-\mathrm{j}\left(\frac{\omega^2}{2}\right)}\sin(\csc\varphi\cdot t\omega)\,\mathrm{d}\omega$$

$$= -\sqrt{\frac{2(1+\mathrm{j}\cot\varphi)}{\pi}}\mathrm{e}^{-\mathrm{j}\pi}\mathrm{e}^{-\mathrm{j}\left(\frac{t^2}{2}\right)\cot\varphi}\int_0^\infty \tilde{H}_2(\omega)\csc\omega\sin(\csc\varphi\cdot t\omega)\,\mathrm{d}\omega$$

$$= -2\sqrt{1+\mathrm{j}\cot\varphi}\,\mathrm{e}^{-\mathrm{j}\pi}\mathrm{e}^{-\mathrm{j}\left(\frac{t^2}{2}\right)\cot\varphi}\tilde{h_2}(\csc\varphi\cdot t),$$

其中，$\tilde{h}_1(t)$ 和 $\tilde{h}_2(t)$ 分别是 $\bar{H}_1(\omega)$ 和 $\bar{H}_2(\omega)$ 的逆 FCT 和逆 FST[7]，并且 $\bar{H}_1(\omega) = \tilde{H}_1(\omega)\sec\omega$，$\bar{H}_2(\omega) = \tilde{H}_2(\omega)\csc\omega$. 因此可得

$$h_1(t) = \tilde{h_1}(\csc\varphi\cdot t), \tag{3.112}$$

$$h_2(t) = -\tilde{h_2}(\csc\varphi\cdot t). \tag{3.113}$$

把 $h_1(t), h_2(t)$ 分别代入式 (3.109) 和式 (3.110)，可得
当 $f_\mathrm{in}(t)$ 为偶信号时，可得

$$f_\mathrm{out}(t) = \frac{1-\mathrm{j}\cot\varphi}{2\sqrt{2\pi}}\mathrm{e}^{-\mathrm{j}t^2\cot\varphi}\left\{\left[f_\mathrm{in}(|t-\sin\varphi|)\mathrm{e}^{2C_{t-\sin\varphi,\varphi}}\right]\underset{F_c}{\star}\tilde{h_1}(|\csc\varphi\cdot t-1|) + \right.$$
$$\left.\left[f_\mathrm{in}(t+\sin\varphi)\mathrm{e}^{2C_{t+\sin\varphi,\varphi}}\right]\underset{F_c}{\star}\tilde{h_1}(\csc\varphi\cdot t+1)\right\}, \tag{3.114}$$

当 $f_{\text{in}}(t)$ 为奇信号时, 可得

$$f_{\text{out}}(t) = \frac{1 - \mathrm{j}\cot\varphi}{2\sqrt{2\pi}}\mathrm{e}^{-\mathrm{j}t^2\cot\varphi}\left\{[f_{\text{in}}(t + \sin\varphi)\mathrm{e}^{2C_{t+\sin\varphi,\varphi}}] \underset{2}{\star} \tilde{h}_2(\csc\varphi \cdot t + 1) - \right.$$
$$\left. [f_{\text{in}}(|t - \sin\varphi|)\mathrm{e}^{2C_{t-\sin\varphi,\varphi}}] \underset{2}{\star} \tilde{h}_2(|\csc\varphi \cdot t - 1|)\right\}. \tag{3.115}$$

由定理 3.4 和定理 3.5 知, 图 3.6 与图 3.7 所示的乘性滤波器与图 3.5 所示的乘性滤波器具有同样的输出. 该结果表明, 乘性滤波器可以通过 FCT 卷积和 FCT-FST 卷积来实现, 所以它们可借助于离散傅里叶余弦和离散傅里叶正弦算法在时域完成.

从上述讨论可知, 定理 3.4 和定理 3.5 中权函数的效应体现在传递函数 $\widetilde{H}_1(s)$, $\widetilde{H}_2(s)$ 的计算复杂度上. 因此, 从对偶信号或者奇信号的处理来看, 图 3.6 与图 3.7 中所示的方法比文献 [28, 29] 中介绍的方法具有更少的计算复杂度. 对于 N 点采样, FFT 的计算复杂度为 $O(N\log_2 N)$, 同时傅里叶正 (余) 弦变换的计算复杂度为 FT 的一半, 所以式(3.114)与式(3.115)的计算复杂度为 $O\left(\frac{1}{2}N\log_2 N\right)$, 而文献 [28, 29] 中方法的计算复杂度为 $O(N\log_2 N)$.

3.3.2　二维线性正则变换的卷积运算及卷积定理

二维线性正则变换是 LCT 向高维的进一步扩展, 因其有六个自由度而具有更大的灵活性. 它已经被证明是信号和图像处理领域内非常重要的工具之一, 并广泛应用于滤波器设计、采样、图像加密、模式识别等诸多领域 [30~32]. 因此把一维卷积与相关运算拓展到二维, 并研究 2D LCT 域的卷积与相关定理对高维信号的滤波处理至关重要.

在给出 2D LCT 的卷积运算和卷积定理之前, 有必要对 2D FT 的卷积运算及相关定理进行回顾. 2D FT 的卷积运算定义如下 [2]:

$$f(x, y) * g(x, y) = \int_{\mathbf{R}} \int_{\mathbf{R}} f(\tau_1, \tau_2) * g(x - \tau_1, y - \tau_2)\mathrm{d}\tau_1\mathrm{d}\tau_2, \tag{3.116}$$

相应的乘积定理与卷积定理分别为

$$F[f(x, y) \cdot g(x, y)](u, v) = \frac{1}{4\pi^2}F_f(u, v) * F_g(u, v), \tag{3.117}$$

$$F[f(x, y) * g(x, y)](u, v) = F_f(u, v) \cdot F_g(u, v). \tag{3.118}$$

基于 2D FT 的卷积运算, 可进一步给出 2D LCT 卷积运算.

定义 3.13　设 $f(x, y), g(x, y) \in L^2(\mathbf{R}^2)$, 2D LCT 的二维卷积运算 $\circledast$ 定义为

$$f(x, y) \circledast g(x, y) = C_{\boldsymbol{A}}C_{\boldsymbol{B}} \int_{\mathbf{R}} \int_{\mathbf{R}} f(\tau_1, \tau_2)g(x - \tau_1, y - \tau_2) \cdot \mathrm{e}^{-\mathrm{j}\left[\frac{a_1\tau_1(x-\tau_1)}{b_1} + \frac{a_2\tau_2(y-\tau_2)}{b_2}\right]}\mathrm{d}\tau_1\mathrm{d}\tau_2, \tag{3.119}$$

其中

$$C_{\boldsymbol{A}} = \sqrt{\frac{1}{\mathrm{j}2\pi b_1}}, C_{\boldsymbol{B}} = \sqrt{\frac{1}{\mathrm{j}2\pi b_2}}, \boldsymbol{A} = \begin{pmatrix} a_1 & b_1 \\ c_1 & d_1 \end{pmatrix}, \boldsymbol{B} = \begin{pmatrix} a_2 & b_2 \\ c_2 & d_2 \end{pmatrix},$$

$\boldsymbol{A}, \boldsymbol{B}$ 为实矩阵且 $\det(\boldsymbol{A}) = 1, \det(\boldsymbol{B}) = 1$.

在定义 3.13 的基础上, 定理 3.16 给出了 2D LCT 域乘积定理.

定理 3.16　设 $h(x,y) = f(x,y) \cdot g(x,y)$, $F_h^{\boldsymbol{A},\boldsymbol{B}}(u,v)$, $F_f^{\boldsymbol{A},\boldsymbol{B}}(u,v)$ 和 $F_g^{\boldsymbol{A},\boldsymbol{B}}(u,v)$ 分别表示 $h(x,y)$, $f(x,y)$ 与 $g(x,y)$ 的 2D LCT, 则有

$$F_h^{\boldsymbol{A},\boldsymbol{B}}(u,v) = \frac{1}{4\pi^2} \frac{1}{|b_1 b_2|} \mathrm{e}^{\mathrm{j}\left(\frac{d_1 u^2}{2b_1} + \frac{d_2 v^2}{2b_2}\right)} \left\{ \left[F_g^{\boldsymbol{A},\boldsymbol{B}}(u,v) \mathrm{e}^{-\mathrm{j}\left(\frac{d_1 u^2}{2b_1} + \frac{d_2 v^2}{2b_2}\right)} \right] * F_f\left(\frac{u}{b_1}, \frac{v}{b_2}\right) \right\},$$
(3.120)

其中, $F_f(u,v)$ 表示 $f(x,y)$ 的 2D FT.

证明　由定义 3.4 得

$$F_h^{\boldsymbol{A},\boldsymbol{B}}(u,v) = C_{\boldsymbol{A}} C_{\boldsymbol{B}} \mathrm{e}^{\mathrm{j}\left(\frac{d_1 u^2}{2b_1} + \frac{d_2 v^2}{2b_2}\right)} \int_{\mathbf{R}} \int_{\mathbf{R}} f(x,y) g(x,y) \mathrm{e}^{-\mathrm{j}\left(\frac{ux}{b_1} + \frac{vy}{b_2}\right)} \mathrm{e}^{\mathrm{j}\left(\frac{a_1 x^2}{2b_1} + \frac{a_2 y^2}{2b_2}\right)} \mathrm{d}x\mathrm{d}y,$$

利用逆 2D LCT, 见式(3.31), 可得

$$
\begin{aligned}
F_h^{\boldsymbol{A},\boldsymbol{B}}(u,v) = & C_{\boldsymbol{A}} C_{\boldsymbol{B}} \mathrm{e}^{\mathrm{j}\left(\frac{d_1 u^2}{2b_1} + \frac{d_2 v^2}{2b_2}\right)} \int_{\mathbf{R}} \int_{\mathbf{R}} f(x,y) \mathrm{e}^{-\mathrm{j}\left(\frac{ux}{b_1} + \frac{vy}{b_2}\right)} \mathrm{e}^{\mathrm{j}\left(\frac{a_1 x^2}{2b_1} + \frac{a_2 y^2}{2b_2}\right)} \cdot \\
& \left[C_{\boldsymbol{A}}^* C_{\boldsymbol{B}}^* \mathrm{e}^{-\mathrm{j}\left(\frac{a_1 x^2}{2b_1} + \frac{a_2 y^2}{2b_2}\right)} \int_{\mathbf{R}} \int_{\mathbf{R}} F_g^{\boldsymbol{A},\boldsymbol{B}}(s,t) \mathrm{e}^{\mathrm{j}\left(\frac{sx}{b_1} + \frac{ty}{b_2}\right)} \mathrm{e}^{-\mathrm{j}\left(\frac{d_1 s^2}{2b_1} + \frac{d_2 t^2}{2b_2}\right)} \mathrm{d}s\mathrm{d}t \right] \mathrm{d}x\mathrm{d}y \\
= & \frac{1}{4\pi^2} \frac{1}{|b_1 b_2|} \mathrm{e}^{\mathrm{j}\left(\frac{d_1 u^2}{2b_1} + \frac{d_2 v^2}{2b_2}\right)} \int_{\mathbf{R}} \int_{\mathbf{R}} F_g^{\boldsymbol{A},\boldsymbol{B}}(s,t) \mathrm{e}^{-\mathrm{j}\left(\frac{d_1 s^2}{2b_1} + \frac{d_2 t^2}{2b_2}\right)} \cdot \\
& \left\{ \int_{\mathbf{R}} \int_{\mathbf{R}} f(x,y) \mathrm{e}^{-\mathrm{j}\left[\frac{(u-s)x}{b_1} + \frac{(v-t)y}{b_2}\right]} \mathrm{d}x\mathrm{d}y \right\} \mathrm{d}s\mathrm{d}t \\
= & \frac{1}{4\pi^2} \frac{1}{|b_1 b_2|} \mathrm{e}^{\mathrm{j}\left(\frac{d_1 u^2}{2b_1} + \frac{d_2 v^2}{2b_2}\right)} \left\{ \left[F_g^{\boldsymbol{A},\boldsymbol{B}}(u,v) \mathrm{e}^{-\mathrm{j}\left(\frac{d_1 u^2}{2b_1} + \frac{d_2 v^2}{2b_2}\right)} \right] * F_f\left(\frac{u}{b_1}, \frac{v}{b_2}\right) \right\},
\end{aligned}
$$

定理得证.

定理 3.16 表明, 两个二维信号在时域的乘积与其在 2D LCT 域的卷积之间存在对应关系. 在定理 3.16 的基础上, 定理 3.17 给出了 2D LCT 域的卷积定理[33].

定理 3.17　设 $h(x,y) = f(x,y) \circledast g(x,y)$, $F_h^{\boldsymbol{A},\boldsymbol{B}}(u,v)$, $F_f^{\boldsymbol{A},\boldsymbol{B}}(u,v)$, $F_g^{\boldsymbol{A},\boldsymbol{B}}(u,v)$ 分别表示 $h(x,y)$, $f(x,y)$ 与 $g(x,y)$ 的 2D LCT, 则有

$$F_h^{\boldsymbol{A},\boldsymbol{B}}(u,v) = F_f^{\boldsymbol{A},\boldsymbol{B}}(u,v) \cdot \tilde{G}(u,v),$$
(3.121)

其中, $\tilde{G}(u,v) = F_g^{\boldsymbol{A},\boldsymbol{B}}(u,v) \mathrm{e}^{-\mathrm{j}\left(\frac{d_1 u^2}{2b_1} + \frac{d_2 v^2}{2b_2}\right)}$.

证明　由定义 3.4 和定义 3.13, 可得

$$F_h^{\boldsymbol{A},\boldsymbol{B}}(u,v) = C_{\boldsymbol{A}}C_{\boldsymbol{B}}\int_{\mathbf{R}}\int_{\mathbf{R}}\mathrm{e}^{\mathrm{j}\left(\frac{d_1 u^2}{2b_1}+\frac{d_2 v^2}{2b_2}\right)}\mathrm{e}^{-\mathrm{j}\left(\frac{ux}{b_1}+\frac{vy}{b_2}\right)}\mathrm{e}^{\mathrm{j}\left(\frac{a_1 x^2}{2b_1}+\frac{a_2 y^2}{2b_2}\right)}\cdot$$
$$\left\{C_{\boldsymbol{A}}C_{\boldsymbol{B}}\int_{\mathbf{R}}\int_{\mathbf{R}}f(s,t)g(x-s,y-t)\mathrm{e}^{\mathrm{j}\left[\frac{a_1 s(s-x)}{b_1}+\frac{a_2 t(t-y)}{b_2}\right]}\mathrm{d}s\mathrm{d}t\right\}\mathrm{d}x\mathrm{d}y, \tag{3.122}$$

令 $x-s=\tau_1, y-t=\tau_2$, 则有

$$F_h^{\boldsymbol{A},\boldsymbol{B}}(u,v) = C_{\boldsymbol{A}}^2 C_{\boldsymbol{B}}^2\int_{\mathbf{R}}\int_{\mathbf{R}}\left[f(s,t)\mathrm{e}^{\mathrm{j}\left(\frac{d_1 u^2}{2b_1}+\frac{d_2 v^2}{2b_2}\right)}\mathrm{e}^{-\mathrm{j}\left(\frac{us}{b_1}+\frac{vt}{b_2}\right)}\mathrm{e}^{\mathrm{j}\left(\frac{a_1 s^2}{2b_1}+\frac{a_2 t^2}{2b_2}\right)}\right]\mathrm{d}s\mathrm{d}t\cdot$$
$$\left[\int_{\mathbf{R}}\int_{\mathbf{R}}g(\tau_1,\tau_2)\mathrm{e}^{-\mathrm{j}\left(\frac{u\tau_1}{b_1}+\frac{v\tau_2}{b_2}\right)}\mathrm{e}^{\mathrm{j}\left(\frac{a_1\tau_1^2}{b_1}+\frac{a_2\tau_2^2}{b_2}\right)}\right]\mathrm{d}\tau_1\mathrm{d}\tau_2 \tag{3.123}$$
$$=F_f^{\boldsymbol{A},\boldsymbol{B}}(u,v)F_g^{\boldsymbol{A},\boldsymbol{B}}(u,v)\mathrm{e}^{-\mathrm{j}\left(\frac{d_1 u^2}{2b_1}+\frac{d_2 v^2}{2b_2}\right)},$$

因此可得

$$F_h^{\boldsymbol{A},\boldsymbol{B}}(u,v) = F_f^{\boldsymbol{A},\boldsymbol{B}}(u,v)\cdot\tilde{G}(u,v),$$

其中, $\tilde{G}(u,v)=F_g^{\boldsymbol{A},\boldsymbol{B}}(u,v)\mathrm{e}^{-\mathrm{j}\left(\frac{d_1 u^2}{2b_1}+\frac{d_2 v^2}{2b_2}\right)}$. 定理证毕.

定义 3.13 中的卷积运算可以用 2D FT 卷积运算表示, 即

$$f(x,y)\circledast g(x,y) = C_{\boldsymbol{A}}C_{\boldsymbol{B}}\mathrm{e}^{-\mathrm{j}\left(\frac{a_1 x^2}{2b_1}+\frac{a_2 y^2}{2b_2}\right)}\left\{\left[f(x,y)\mathrm{e}^{\mathrm{j}\left(\frac{a_1 x^2}{2b_1}+\frac{a_2 y^2}{b_2}\right)}\right]*\left[g(x,y)\mathrm{e}^{\mathrm{j}\left(\frac{a_1 x^2}{2b_1}+\frac{a_2 y^2}{b_2}\right)}\right]\right\}. \tag{3.124}$$

2D LCT 域卷积运算的卷积实现如图 3.8所示. 定理 3.17 表明, 两个函数在时域的 2D LCT 卷积运算对应于其 2D LCT 域的乘积, 该定理在滤波器设计应用中十分重要. 基于定理 3.17, 2D LCT 域中的乘性滤波器的模型如图 3.9 所示. 该乘性滤波器模型可以表示为

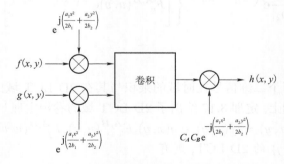

图 3.8　2D LCT 域卷积运算的卷积实现

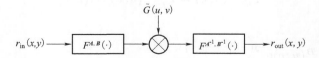

图 3.9　2D LCT 域中的乘性滤波器的模型

$$r_{\mathrm{out}}(x,y) = F^{\boldsymbol{A}^{-1},\boldsymbol{B}^{-1}}\left[F_{r_{\mathrm{in}}}^{\boldsymbol{A},\boldsymbol{B}}(u,v)\cdot \widetilde{G}(u,v)\right](x,y), \tag{3.125}$$

其中, $F_{r_{\mathrm{in}}}^{\boldsymbol{A},\boldsymbol{B}}(u,v)$ 表示输入信号 $r_{\mathrm{in}}(x,y)$ 的 2D LCT. 许多乘性滤波模型可以通过设置不同的传递函数来实现, 如低通滤波、高通滤波、带通滤波以及带阻滤波等. 若在区域 $[u_x^1,u_x^2]\times[u_y^1,u_y^2]$ 上考虑信号 $f(x,y)$ 的 2D LCT 频谱, 假设 $F_{r_{\mathrm{in}}}^{\boldsymbol{A},\boldsymbol{B}}(u,v)$ 与 $F_n^{\boldsymbol{A},\boldsymbol{B}}(u,v)$ 没有重叠或最小重叠, 其中 $F_n^{\boldsymbol{A},\boldsymbol{B}}(u,v)$ 为噪声 $n(x,y)$ 的频谱. 由定理 3.17, 在式(3.121)中令 $\tilde{G}(u,v)$ 为乘性滤波器的传递函数, 即有

$$\widetilde{G}(u,v) = F_g^{\boldsymbol{A},\boldsymbol{B}}(u,v)\mathrm{e}^{-\mathrm{j}\left(\frac{d_1u^2}{2b_1}+\frac{d_2v^2}{2b_2}\right)}, \tag{3.126}$$

使传递函数 $\tilde{G}(u,v)$ 在区域 $[u_x^1,u_x^2]\times[u_y^1,u_y^2]$ 上为常数, 在区域 $[u_x^1,u_x^2]\times[u_y^1,u_y^2]$ 外为零. 通过滤波器后, 便可在 $[u_x^1,u_x^2]\times[u_y^1,u_y^2]$ 得到信号 $r(x,y)$ 的频谱, 利用逆 2D LCT 可得到需要的信号 $r(x,y)$.

　　上述 2D LCT 域乘性滤波也可以通过时域卷积实现, 如图 3.10所示. 其中时域滤波的输出为

$$r_{\mathrm{out}}(x,y) = C_{\boldsymbol{A}}C_{\boldsymbol{B}}\mathrm{e}^{-\mathrm{j}\left(\frac{a_1x^2}{2b_1}+\frac{a_2y^2}{2b_2}\right)}\left[r_{\mathrm{in}}(x,y)\mathrm{e}^{\mathrm{j}\left(\frac{a_1x^2}{2b_1}+\frac{a_2y^2}{2b_2}\right)}\right]*h(x,y), \tag{3.127}$$

图 3.10中的传递函数 $h(x,y)$ 可设计为

$$h(x,y) = g(x,y)\mathrm{e}^{\mathrm{j}\left(\frac{a_1x^2}{2b_1}+\frac{a_2y^2}{2b_2}\right)}, \tag{3.128}$$

上式中的 $g(x,y)$ 可以表示为

$$\begin{aligned}
g(x,y) &= F^{\boldsymbol{A}^{-1},\boldsymbol{B}^{-1}}\left[F_g^{\boldsymbol{A},\boldsymbol{B}}(u,v)\right](x,y)\\
&= C_{\boldsymbol{A}}^*C_{\boldsymbol{B}}^*\mathrm{e}^{-\mathrm{j}\left(\frac{a_1x^2}{2b_1}+\frac{a_2y^2}{2b_2}\right)}\int_{\mathbf{R}}\int_{\mathbf{R}}F_g^{\boldsymbol{A},\boldsymbol{B}}(u,v)\mathrm{e}^{\mathrm{j}\left(\frac{ux}{b_1}+\frac{vy}{b_2}\right)}\mathrm{e}^{-\mathrm{j}\left(\frac{d_1u^2}{2b_1}+\frac{d_2v^2}{2b_2}\right)}\mathrm{d}u\mathrm{d}v\\
&= C_{\boldsymbol{A}}^*C_{\boldsymbol{B}}^*\mathrm{e}^{-\mathrm{j}\left(\frac{a_1x^2}{2b_1}+\frac{a_2y^2}{2b_2}\right)}\int_{\mathbf{R}}\int_{\mathbf{R}}\mathrm{e}^{\mathrm{j}\left(\frac{ux}{b_1}+\frac{vy}{b_2}\right)}\widetilde{G}(u,v)\mathrm{d}u\mathrm{d}v\\
&= \frac{1}{\mathrm{j}\sqrt{b_1b_2}}\mathrm{e}^{-\mathrm{j}\left(\frac{a_1x^2}{2b_1}+\frac{a_2y^2}{2b_2}\right)}\widetilde{g}\left(\frac{x}{b_1},\frac{y}{b_2}\right),
\end{aligned} \tag{3.129}$$

其中, $\widetilde{g}(x,y)$ 为 $\widetilde{G}(u,v)$ 的逆 2D FT, 因此可得

$$h(x,y) = \frac{1}{\mathrm{j}\sqrt{b_1b_2}}\widetilde{g}\left(\frac{x}{b_1},\frac{y}{b_2}\right), \tag{3.130}$$

将式(3.130)代入式(3.127)中可得

$$r_{\mathrm{out}}(x,y) = C_{\boldsymbol{A}}C_{\boldsymbol{B}}\mathrm{e}^{-\mathrm{j}\left(\frac{a_1x^2}{2b_1}+\frac{a_2y^2}{2b_2}\right)}\left[r_{\mathrm{in}}(x,y)\mathrm{e}^{\mathrm{j}\left(\frac{a_1x^2}{2b_1}+\frac{a_2y^2}{2b_2}\right)}\right]*\left[\frac{1}{\mathrm{j}\sqrt{b_1b_2}}\tilde{g}\left(\frac{x}{b_1},\frac{y}{b_2}\right)\right]. \tag{3.131}$$

下面证明图 3.10 与图 3.9 所示的滤波具有相同的输出. 将式 (3.128) 代入式(3.127) 中得

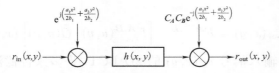

图 3.10   2D LCT 域时域卷积乘性滤波的实现

$$r_{\text{out}}(x,y) = C_A C_B e^{-j\left(\frac{a_1 x^2}{2b_1} + \frac{a_2 y^2}{2b_2}\right)} \left[r_{\text{in}}(x,y)e^{j\left(\frac{a_1 x^2}{2b_1} + \frac{a_2 y^2}{2b_2}\right)} \right] * \left[g(x,y)e^{j\left(\frac{a_1 x^2}{2b_1} + \frac{a_2 y^2}{2b_2}\right)} \right].$$
(3.132)

事实上, 式(3.131)与式(3.132) 等价, 由定理 3.17 可得

$$F_{r_{\text{out}}}^{A,B}(u,v) = F_{r_{\text{in}}}^{A,B}(u,v) \cdot \widetilde{G}(u,v),$$
(3.133)

因此, 利用式(3.125)、式(3.130) 以及式(3.132), 即可得证.

在实际应用中, 图 3.10所示的方法因其具有较低的计算复杂度, 因而比图 3.9具有更好的功效. 原因在于前一种方法的计算量主要集中在卷积与 $g(x,y)$ 的计算上, 这两个步骤都可以通过 2D FFT 算法来完成; 而后一种方法需要计算两次 2D LCT, 到目前为止还没有令人满意的 2D LCT 快速算法. 因此, 前一种方法与后一种方法相比, 虽然二者具有相同的功能, 但前者具有较低的计算复杂度, 可以避免烦琐的 2D LCT 计算.

下面将分析式(3.131)的计算复杂度, 为此可将式(3.131)改写为

$$r_{\text{out}}(x,y) = -\frac{1}{2\pi b_1 b_2} e^{-j\left(\frac{a_1 x^2}{2b_1} + \frac{a_2 y^2}{2b_2}\right)} F^{-1}\left[F_{\varphi_1}(u,v) \cdot F_{\varphi_2}(u,v)\right],$$
(3.134)

令 $\varphi_1(x,y) = r_{\text{in}}(x,y)e^{j\left(\frac{a_1 x^2}{2b_1} + \frac{a_2 y^2}{2b_2}\right)}$, $\varphi_2(x,y) = \tilde{g}\left(\frac{x}{b_1}, \frac{y}{b_2}\right)$, 由逆 2D FT 得

$$\begin{aligned}
r_{\text{out}}(x,y) &= -\frac{1}{2\pi b_1 b_2} e^{-j\left(\frac{a_1 x^2}{2b_1} + \frac{a_2 y^2}{2b_2}\right)} F^{-1}\left[F_{\varphi_1}(u,v) \cdot b_1 b_2 \tilde{G}(b_1 u, b_2 v)\right] \\
&= -\frac{1}{2\pi} e^{-j\left(\frac{a_1 x^2}{2b_1} + \frac{a_2 y^2}{2b_2}\right)} F^{-1}\left[F_{\varphi_3}(u,v)\right],
\end{aligned}$$
(3.135)

其中, $\varphi_3(x,y) = F_{\varphi_1}(u,v) \cdot \tilde{G}(b_1 u, b_2 v)$. 由式(3.135)知, 利用 2D FFT 可以降低滤波的计算复杂度, 对于 N 点采样来说, 2D FFT 的计算复杂度为 $O(N^2 \log_2 N)$, 前一种运算方法的计算复杂度为 $O(N^2 \log_2 N)$, 但是后一种方法相应的计算复杂度为 $O(N^4)$.

3.4   分数域不确定性原理

不确定性原理是人类最重要的发现之一, 在不同领域中描述了不同的物理现象. 在量子力学中, 该原理刻画了微观粒子运动的基本规律, 说明两个共轭变量 (如时间和频率) 的测量精度是不能同时确定的, 并且两者准确度的乘积存在下界. 在数学上, 不确定性原理通常借助一系列重要的不等式 (如柯西 -施瓦兹不等式、 Hausdorff-Young 不等式、 Pitt 不等式、 Minkowski 不等式等) 来刻画, 利用函数空间和算子理论等思想, 对范数优化、稀疏表

征和矩阵分析等相关问题进行求解. 在信息学中, 不确定性原理和表示信息不确定性的熵 (如 Shannon 熵、Renyi 熵、Tsallis 熵、黑洞普朗克熵等) 紧密相关. 由此可见, 不确定性原理精确地阐述了物质的本质特性, 是数学、物理学、信息学和社会学等众多科学领域中一条通用的自然法则 [34,35]. 本节将以 LCT 为例介绍分数域不确定性原理研究.

3.4.1　线性正则变换的一般不确定性原理

LCT 是 FRFT 的广义形式, 将经典不确定性原理拓展到 LCT 域并研究其下界是当前信号处理领域的热点之一. 目前有大量文献从不同角度对 LCT 的不确定性原理进行了详细阐述, 得到了信号在 LCT 域内支撑约束关系以及其他有价值的理论成果 [36~38,40~43,46,47]. 文献 [36,37] 首先给出时宽和 LCT 带宽乘积的不确定性原理. 然后, 文献 [38 ~ 40] 推导出两个 LCT 域中的实信号的不确定性原理. 随后, 文献 [37,38,40 ~ 42,44] 推导了两个 LCT 域中复信号和任意信号的不确定性原理. 从信号的角度看, 实信号是复信号的特殊情形, 因此, 实信号对应的 LCT 域不确定性原理应该是复信号对应结果的特殊情形. 但上述研究表明, 实信号的 LCT 不确定性原理的下界不同于复信号对应的不确定性原理的下界, 而且比后者更强. 文献 [43] 研究了有限区间内信号能量分布的不确定性原理, 为分析信号能量聚集提供必要的理论基础. 随后文献 [45] 将不确定性原理从区间推广到可测集, 研究几类可测集上的不确定原理, 利用所得结果, 给出了带限信号的采样重构, 是 LCT 域采样理论的有益补充. 表 3.5 列出了上述不确定性原理及其下界. 文献 [46] 将不确定性原理推广到二维情形, 研究了二维不可分离线性正则变换 (Two-dimensional Unseparable Linear Canonical Transformation, 2D NSLCT) 的不确定性原理, 并给出了相应的特例. 文献 [47] 利用酉算子及矩阵理论把 LCT 域上的不确定原理推广到了 n 维 LCT, 丰富了 LCT 域不确定性理论, 见表 3.5. 文献 [46,47] 是很具有启发性的两篇论文, 为进一步研究多维 LCT 域不确定性原理提供了必要的理论依据.

表 3.5　LCT 域 Heisenberg-Pauli-Weyl 不确定性原理

不确定乘积	满足最小不确定乘积的信号	信号类型	参考文献
$\sigma_x^2 \sigma_{\xi,\boldsymbol{A}}^2 \geqslant \dfrac{b^2}{4}$	$A\mathrm{e}^{\mathrm{j}w_0 x}\mathrm{e}^{-\frac{1}{2}abx^2}\mathrm{e}^{-\frac{(x-x_0)^2}{4\sigma^2}}$	C	[36]
$\sigma_x^2 \sigma_{\xi,\boldsymbol{A}}^2 \geqslant \dfrac{b^2}{4}+(a\Delta x^2)^2$	$A\mathrm{e}^{-\frac{(x-x_0)^2}{4\sigma^2}}$	R	[36]
$\sigma_x^2 \sigma_{\xi,\boldsymbol{A}}^2 \geqslant \dfrac{b^2}{4}+(a\Delta x^2+b\mathrm{Cov}_{x,w})^2$	$\left(\dfrac{1}{2\pi\Delta x^2}\right)^{\frac{1}{4}}\mathrm{e}^{-\frac{(x-x_0)^2}{4\Delta x^2}}\mathrm{e}^{\mathrm{j}(-\frac{k}{2}x^2+\Omega x+\phi)}$	A	[37]
$\sigma_{\xi,\boldsymbol{A}_1}^2 \sigma_{\xi,\boldsymbol{A}_2}^2 \geqslant \dfrac{(a_1b_2-a_2b_1)^2}{4}$	$\left(\dfrac{1}{\pi\Delta x^2}\right)^{\frac{1}{4}}\mathrm{e}^{-\frac{(x-x_0)^2}{2\Delta x^2}}\mathrm{e}^{\mathrm{j}(-\frac{k}{2}x^2+\Omega x+\phi)}$	C	[38]
$\sigma_{\xi,\boldsymbol{A}_1}^2 \sigma_{\xi,\boldsymbol{A}_2}^2 \geqslant \dfrac{(a_1b_2-a_2b_1)^2}{4}+$ $\left(a_1a_2\Delta x^2+\dfrac{b_1b_2}{4\Delta x^2}\right)^2$	$\left(\dfrac{1}{\pi\sigma^2}\right)^{\frac{1}{4}}\mathrm{e}^{-\frac{x^2}{2\sigma^2}}\mathrm{e}^{\mathrm{j}(-\frac{k}{2}x^2+\Omega x+\phi)}$	R	[38~40]

不确定乘积	满足最小不确定乘积的信号	信号类型	参考文献
$\sigma^2_{\xi,\boldsymbol{A}_1}\sigma^2_{\xi,\boldsymbol{A}_2}$ $\geqslant \dfrac{(a_1b_2-a_2b_1)^2}{4}+[a_1a_2\Delta x^2+b_1b_2\Delta w^2+$ $(a_1b_2+a_2b_1)\mathrm{Cov}_{x,w}]^2$	$\left(\dfrac{1}{2\pi\Delta x^2}\right)^{\frac{1}{4}}\mathrm{e}^{-\frac{(x-x_0)^2}{4\Delta x^2}}\mathrm{e}^{\mathrm{j}\left(-\frac{k}{2}x^2+\Omega x+\phi\right)}$	A	[37]
$\sigma^2_{\xi,\boldsymbol{A}_1}\sigma^2_{\xi,\boldsymbol{A}_2}$ $\geqslant \dfrac{(a_1b_2-a_2b_1)^2}{4}+[a_1a_2\Delta x^2+b_1b_2\Delta w^2+$ $b_1b_2K_1+(a_1b_2+a_2b_1)K_2]^2$	$K_2\mathrm{e}^{-\mathrm{j}\frac{(K_1a_2-a_1)x^2}{2(K_1b_2-b_1)}}$	C	[41]
$\sigma^2_{\xi,\boldsymbol{A}_1}\sigma^2_{\xi,\boldsymbol{A}_2}$ $\geqslant (a_1b_2-a_2b_1)^2\left(\dfrac{1}{4}+\mathrm{Cov}^2_{x,w}-\mathrm{Cov}^2_{x,w}\right)+$ $[a_1a_2\Delta x^2+b_1b_2\Delta w^2+(a_1b_2+a_2b_1)\mathrm{Cov}^2_{x,w}]^2$	$\mathrm{e}^{-\frac{1}{\xi}(x-\langle x\rangle)^2+r_1}\mathrm{e}^{\mathrm{j}\left[\frac{1}{2\epsilon}(x-\langle x\rangle)^2+\langle w\rangle x+r_2\right]}$	C	[42]
$\sigma^2_{\xi,\boldsymbol{A}_1}\sigma^2_{\xi,\boldsymbol{A}_2}\geqslant\dfrac{(a_1b_2-a_2b_1)^2}{4}+\mathrm{Cov}_{\xi,\boldsymbol{A}_1,\xi,\boldsymbol{A}_2}$	$\left(\mathrm{Re}\left\{\dfrac{\mathrm{j}(\lambda a_1-a_2)}{\pi(\lambda b_1-b_2)}\right\}\right)^{\frac{1}{4}}\cdot$ $\mathrm{e}^{-\frac{\mathrm{j}(\lambda a_1-a_2)}{\lambda b_1-b_2}\frac{(x-\langle T\rangle)^2}{2}}\mathrm{e}^{+\mathrm{j}\langle\omega\rangle x+\mathrm{j}\theta}$	A	[43]
$\sigma^2_{\xi,\boldsymbol{A}_1}\sigma^2_{\xi,\boldsymbol{A}_2}\geqslant\{\mathrm{Max}\{U_{\mathrm{Cov}},V_{\mathrm{Cov}}\},$ 或 $\mathrm{Max}\{U_{\mathrm{Cov}},V_{\mathrm{Cov}}\}\}$	$\left(\dfrac{\eta}{\pi}\right)^{\frac{1}{4}}\mathrm{e}^{-\frac{\eta}{2}(x-x_0)^2}\mathrm{e}^{\mathrm{j}\left[\frac{\xi}{2}(x-x_0)^2+w_0x+r_1\right]}$	C	[44]
$|\Omega_1||\Omega_1|\geqslant(1-\epsilon_1-\epsilon_2)^22\pi T$	未给出	C	[45]
$\sigma^{2p}_{\omega,x}\sigma^{2p}_{\xi,\boldsymbol{A}}\geqslant\dfrac{b^{2p}}{4}E^2_{p,f},$	$\mathrm{e}^{\mathrm{j}\frac{\xi m}{b}x}\mathrm{e}^{-\mathrm{j}\frac{a}{2b}x^2}H(x)$	C	当前研究

1. σ^2_x 表示 $|f(x)|^2$ 关于 x 的 2th 方差, $\sigma^2_{\xi,\boldsymbol{A}}$ 表示 $|L^{\boldsymbol{A}}_f(\xi)|^2$ 关于 ξ 的 2th 方差, $\boldsymbol{A}=(a,b,c,d)$, $\boldsymbol{A}_1=(a_1,b_1,c_1,d_1)$, $\boldsymbol{A}_2=(a_2,b_2,c_2,d_2)$ 为 LCT 的矩阵参数, $k,r_1,K_1,K_2,\Omega,\phi$ 等是任意常数.

2. 信号类型中 "A" 表示任意信号, "R" 表示实信号, "C" 表示复信号.

表 3.5 和表 3.6 分别概括了 1D 和 2D LCT 域的不确定性原理, 表 3.7 比较了 FT、FRFT 和 LCT 相关的 2th 阶 Heisenberg-Pauli-Weyl 不确定性原理与 $2p^{\mathrm{th}}$ 阶加权情形. 从表 3.5 和表 3.6 中可以看出, 现有的与 LCT 相关的不确定性原理的结果都是基于信号的二阶统计特性. 然而, 如果仍然使用二阶统计特性, 将无法获得非平稳的信号分析最佳结果. 从表 3.7 来看, 目前很少有人研究与 LCT 相关的高阶矩相关的 Heisenberg-Pauli-Weyl 不确定性原理. 因此, 无论从信号的角度出发, 还是从高阶矩的统计特性出发, 非常有必要研究与 LCT 域高阶矩相关的不确定性原理, 为非平稳信号的分析与处理提供必要的理论基础.

表 3.6　2D LCT 域 Heisenberg-Pauli-Weyl 不确定性原理

变换域	不确定乘积	满足最小不确定乘积的信号	信号类型	参考文献
2D FT	$\sigma_{x,y}^2 \sigma_{\xi,\eta}^2 \geqslant 1$	$Ke^{-\frac{x_1^2+y_1^2}{2}}$	A	[46]
2D FRFT	$\sigma_{x,y}^2 \sigma_{\xi,\eta,\alpha,\beta}^2 \geqslant \dfrac{(\lvert \sin\alpha \rvert + \lvert \sin\beta \rvert)^2}{4}$	$Ke^{-\frac{x_1^2\lvert \csc\alpha \rvert + y_1^2\lvert \csc\beta \rvert}{2}}e^{-j\frac{x_1^2\cot\alpha + y_1^2\cot\beta}{2}}$	A	[46]
2D LCT	$\sigma_{x,y}^2 \sigma_{\xi,\eta,\tilde{A},\tilde{B}}^2 \geqslant \dfrac{(\lvert b_1 \rvert + \lvert b_2 \rvert)^2}{4}$	$Ke^{-\left(\frac{x_1^2}{2\lvert b\rvert}+\frac{y_1^2}{2\lvert b_1\rvert}\right)}e^{-j\left(\frac{ax_1^2}{2\lvert b\rvert}+\frac{a_1 y_1^2}{2\lvert b_1\rvert}\right)}$	A	[46]
2D NSLCT	$\sigma_{x,y}^2 \sigma_{\xi,\eta,\tilde{A},\tilde{B},\tilde{C},\tilde{D}}^2$ $\geqslant \max[(b_{11}+b_{22})^2 + (b_{12}-b_{21})^2$ $(b_{11}-b_{22})^2 + (b_{12}+b_{21})^2]/4$	$Ke^{-\frac{(x_1\cos\theta - y_1\sin\theta)^2\lvert \eta_1\rvert}{2}}\cdot$ $e^{-\frac{(x_1\sin\theta + y_1\cos\theta)^2\lvert \eta_4\rvert}{2}}\cdot$ $e^{-j\frac{(p_1 x_1^2 + p_2 x_1 y_1 + p_3 y_1^2)}{2\lvert B\rvert}}$	A	[46]
加权 2D LCT	$\sigma_{\omega,x,y}^2 \sigma_{\xi,\eta,\tilde{A},\tilde{B}}^2$ $\geqslant \dfrac{b_1^{2p}}{4}\left(E_{1,x,p,g}^2 + E_{2,x,p,g}^2\right) +$ $\dfrac{b_2^{2p}}{4}\left(E_{1,y,p,g}^2 + E_{2,y,p,g}^2\right)$	$ce^{j\left(\frac{\xi_m}{b_1}x + \frac{\eta_m}{b_2}y\right)}e^{-j\left(\frac{a_1 x^2}{2b_1}+\frac{a_2 y^2}{2b_2}\right)}H(x,y)$	C	当前研究

1. $\sigma_{x,y}^2$ 表示 $\lvert f(x,y)\rvert^2$ 关于 x,y 的方差，$\sigma_{\xi,\eta}^2$，$\sigma_{\xi,\eta,\alpha,\beta}^2$，$\sigma_{\xi,\eta,\tilde{A},\tilde{B}}^2$ 与 $\sigma_{\xi,\eta,\tilde{A},\tilde{B},\tilde{C},\tilde{D}}^2$ 分别表示 $\lvert F_f(\xi,\eta)\rvert^2$，$\lvert F_f^{\alpha,\beta}(\xi,\eta)\rvert^2$，$\lvert F_f^{\tilde{A},\tilde{B}}(\xi,\eta)\rvert^2$ 以及 $\lvert F_f^{\tilde{A},\tilde{B},\tilde{C},\tilde{D}}(\xi,\eta)\rvert^2$ 关于 ξ,η 的方差。$F_f(\xi,\eta)$，$F_f^{\alpha,\beta}(\xi,\eta)$，$F_f^{\tilde{A},\tilde{B}}(\xi,\eta)$ 以及 $F_f^{\tilde{A},\tilde{B},\tilde{C},\tilde{D}}(\xi,\eta)$ 分别表示 2D FT、2D FRFT、2D LCT 以及 2D NSLCT.

2. 信号类型中 "A" 表示任意信号，"R" 表示实信号，"C" 表示复信号.

表 3.7　2th 阶 Heisenberg-Pauli-Weyl 不确定性原理与 $2p^{\text{th}}$ 阶加权 Heisenberg-Pauli-Weyl 不确定性原理的研究现状

变换域	2th 阶 Heisenberg-Pauli-Weyl 不确定性原理	$2p^{\text{th}}$ 阶加权 Heisenberg-Pauli-Weyl 不确定性原理
FT	✓	[49]
2D FT	✓	当前研究
FRFT	✓	当前研究
2D FRFT	✓	当前研究
LCT	✓	当前研究
2D LCT	✓	当前研究
2D NSLCT	✓	×

"✓" 表示已有的结果；"×" 表示尚未研究.

3.4.2　线性正则变换的加权不确定性原理

本小节主要研究 LCT 域的高阶加权 Heisenberg-Pauli-Weyl 不确定性原理 [48]. 首先, 证明了线性正则变换域 Plancherel-Parseval-Rayleigh 恒等式. 其次, 研究了 LCT 域高阶加权 Heisenberg-Pauli-Weyl 不确定性原理, 给出了高阶加权不确定性原理取得下界的条件. 最后, 研究了加权不确定性原理在信号的时频分辨率分析和能量聚集方面的应用.

在给出 LCT 的加权不确定性原理之前, 有必要回顾一下 FT 相关的加权不确定性原理. 为叙述方便, 将文中使用符号说明如下:

(1) $\sigma_{\omega,x}^{2p} = \int_{\mathbf{R}} \omega^2(x)(x-x_m)^{2p}|f(x)|^2\mathrm{d}x$, $\sigma_x^{2p} = \int_{\mathbf{R}} (x-x_m)^{2p}|f(x)|^2\mathrm{d}x$;

(2) $\sigma_{\xi,\mathbf{A}}^{2p} = \int_{\mathbf{R}} (\xi-\xi_m)^{2p}|L_f^A(\xi)|^2\mathrm{d}\xi$;

(3) $\sigma_{\xi,\theta}^{2p} = \int_{\mathbf{R}} (\xi-\xi_m)^{2p}|F_f^\theta(\xi)|^2\mathrm{d}\xi$;

(4) $\sigma_\xi^{2p} = \int_{\mathbf{R}} (\xi-\xi_m)^{2p}|F_f(\xi)|^2\mathrm{d}\xi$;

(5) $\sigma_{\omega,x,y}^{2p} = \int_{\mathbf{R}^2}[\omega_{1,p}^2(x,y)+\omega_{2,p}^2(x,y)]|f(x,y)|^2\mathrm{d}x\mathrm{d}y$, 其中, $\omega_{1,p}(x,y)=(x-x_m)^p\omega(x,y)$, $\omega_{2,p}(x,y)=(y-y_m)^p\omega(x,y)$;

(6) $\sigma_{x,y}^{2p} = \int_{\mathbf{R}^2}[(x-x_m)^{2p}+(y-y_m)^{2p}]|f(x,y)|^2\mathrm{d}x\mathrm{d}y$;

(7) $\sigma_{\xi,\eta,\tilde{\mathbf{A}},\tilde{\mathbf{B}}}^{2p} = \int_{\mathbf{R}^2}[(\xi-\xi_m)^{2p}+(\eta-\eta_m)^{2p}]|F_f^{\tilde{\mathbf{A}},\tilde{\mathbf{B}}}(\xi,\eta)|^2\mathrm{d}\xi\mathrm{d}\eta$;

(8) $\sigma_{\xi,\eta,\alpha,\beta}^{2p} = \int_{\mathbf{R}^2}[(\xi-\xi_m)^{2p}+(\eta-\eta_m)^{2p}]|F_f^{\alpha,\beta}(\xi,\eta)|^2\mathrm{d}\xi\mathrm{d}\eta$;

(9) $\sigma_{\xi,\eta}^{2p} = \int_{\mathbf{R}^2}[(\xi-\xi_m)^{2p}+(\eta-\eta_m)^{2p}]|F_f(\xi,\eta)|^2\mathrm{d}\xi\mathrm{d}\eta$.

定义 3.14　设 $f(x) \in L^2(\mathbf{R})$ 为复函数, $\omega : \mathbf{R} \to \mathbf{R}$ 为实加权函数. 令 $\omega_p(x) = (x-x_m)^p\omega(x)$, 其中, $x_m, \xi_m \in \mathbf{R}$ 为任意常数, $p \in \mathbf{N}_0 = \mathbf{N}\{0\}$, 则 $2p^{\text{th}}$ 加权 Heisenberg-Pauli-Weyl 不确定性原理为 [49]

$$\sigma_{\omega,x}^{2p}\sigma_\xi^{2p} \geqslant \frac{1}{2^{2(p+1)}\pi^{2p}}E_{p,f}^2, \tag{3.136}$$

如果下面两个条件

$$\lim_{|x|\to\infty} \omega_p^{(r)}(x)[|f^{(l)}(x)|^2]^{p-2q-r-1} = 0, \tag{3.137}$$

$$\lim_{|x|\to\infty} \omega_p^{(r)}(x)\{\mathrm{Re}[r_{qkj}f^{(k)}(x)\overline{f^{(j)}(x)}]\}^{p-2q-r-1} = 0 \tag{3.138}$$

成立, 其中

$$E_{p,f} = \sum_{q=0}^{[\frac{p}{2}]} D_q\overline{D}_q, |E_{p,f}| < \infty, \tag{3.139}$$

$$D_q = (-1)^q\mathrm{C}_{p-q}^q\frac{p}{p-q}, \tag{3.140}$$

$$\overline{D}_q = \sum_{l=0}^q G_{ql}I_{ql} + 2\sum_{0\leqslant k<j\leqslant q} H_{qkj}I_{qkj}, \tag{3.141}$$

$$I_{ql} = (-1)^{(p-2q)} \int_{\mathbf{R}} \omega_p^{(p-2q)}(x)|f^{(l)}(x)|^2 \mathrm{d}x, \tag{3.142}$$

$$I_{qkj} = (-1)^{(p-2q)} \int_{\mathbf{R}} \omega_p^{(p-2q)}(x)\mathrm{Re}[r_{qkj}f^{(k)}(x)\overline{f^{(j)(x)}}]\mathrm{d}x, \tag{3.143}$$

$$r_{qkj} = (-1)^{q-\frac{k+j}{2}} \in \{\pm 1, \pm \mathrm{j}\}, \mathrm{j} = \sqrt{-1}, \tag{3.144}$$

$$G_{ql} = \left(\mathrm{C}_q^l\right)^2 \mu^{2(q-l)}, \quad H_{qkj} = (-1)^{q-k}\mathrm{C}_q^k\mathrm{C}_q^j\mu^{2q-j-k}, \tag{3.145}$$

其中, $\mu = 2\pi\xi_m$; $0 \leqslant r \leqslant p - 2q - 1$; $0 \leqslant l \leqslant q \leqslant \left[\frac{p}{2}\right]$; $0 \leqslant k < j \leqslant q \leqslant \left[\frac{p}{2}\right]$; $|D_q| < \infty$;

$\overline{f(\cdot)}$ 表示函数 $f(t)$ 的复共轭; C_q^l 是组合数也可记为 $\begin{pmatrix} q \\ l \end{pmatrix}$; $\left[\frac{k}{2}\right]$ 代表不超过 $\frac{k}{2}$ 的最大整数;
$\mathrm{Re}(\cdot)$ 代表取函数的实部.

在此基础上, 命题 3.1～ 命题 3.4介绍了经典加权 Heisenberg-Pauli-Weyl 不确定性原理相关的基本性质[49].

命题 3.1 若 $f : \mathbf{R} \to \mathbf{C}$ 复值函数, $f^{(k)}(x) = \dfrac{\mathrm{d}^k}{\mathrm{d}x^k}f(x)$ 是 $f(x)$ 的 k 阶导数, 则有

$$
\begin{aligned}
f(x)\overline{f^{(k)}(x)} + \overline{f(x)}f^{(k)}(x) &= \sum_{i=0}^{\left[\frac{k}{2}\right]}(-1)^i \frac{k}{k-i} \begin{pmatrix} k-i \\ i \end{pmatrix} \frac{\mathrm{d}^{k-2i}}{\mathrm{d}x^{k-2i}}|f^{(i)}(x)|^2 \\
&= \sum_{i=0}^{\left[\frac{k}{2}\right]} D_i \frac{\mathrm{d}^{k-2i}}{\mathrm{d}x^{k-2i}}|f^{(i)}(x)|^2,
\end{aligned} \tag{3.146}
$$

其中, $k \in \mathbf{N}_0$; $0 \leqslant i \leqslant \left[\dfrac{k}{2}\right]$, $i \in \mathbf{N}$. 特别地, 当 $k = 1$ 时, 式 (3.146) 可改写为

$$f(x)\overline{f'(x)} + \overline{f(x)}f'(x) = \left(|f(x)|^2\right)'.$$

命题 3.2 设 $f : \mathbf{R} \to \mathbf{C}$ 是复值函数, $f_\varepsilon(x) = \mathrm{e}^{\varepsilon x}f(x)$, 其中, $\varepsilon = -\mathrm{j}\mu$, $\mu = 2\pi\xi_m$, $\xi_m \in \mathbf{R}$, 则有

$$|f_\varepsilon^{(p)}(x)|^2 = \sum_{l=0}^{p} G_{pl}|f^{(l)}(x)|^2 + 2 \sum_{0 \leqslant k < j \leqslant p} H_{pkj}\mathrm{Re}\left[r_{pkj}f^{(k)}(x)\overline{f^{(j)}(x)}\right], \tag{3.147}$$

其中, $p \in \mathbf{N}_0$; r_{pkj}, G_{pl}, H_{pkj} 见式(3.144)和式(3.145). 特别地, 当 $p = 1$ 时, 可得

$$|f_\varepsilon'(x)|^2 = \mu^2|f(x)|^2 + |f'(x)|^2 + 2\mu(\mathrm{Im}f\overline{f'}).$$

命题 3.3 设 $h, \omega, \omega_p : \mathbf{R} \to \mathbf{R}$ 为实函数, $\omega_p(x) = (x - x_m)^p\omega(x)$, $x_m \in \mathbf{R}$, $v = p - 2q$, $0 \leqslant q \leqslant \dfrac{p}{2}$, $p, v \in \mathbf{N}_0$, 若

$$\sum_{r=0}^{v-1}(-1)^r \lim_{|x|\to\infty} \omega_p^{(r)}(x)h^{(v-r-1)}(x) = 0, \tag{3.148}$$

则有

$$\int_{\mathbf{R}} \omega_p(x) h^{(v)}(x)\mathrm{d}x = \sum_{r=0}^{v-1} (-1)^r \omega_p^{(r)}(x) h^{(v-r-1)}(x) + (-1)^v \int_{\mathbf{R}} \omega_p^{(v)}(x) h(x)\mathrm{d}x, \tag{3.149}$$

$$\int_{\mathbf{R}} \omega_p(x) h^{(v)}(x)\mathrm{d}x = (-1)^v \int_{\mathbf{R}} \omega_p^{(v)}(x) h(x)\mathrm{d}x. \tag{3.150}$$

命题 3.4 若 $f, f_{\bar{\alpha}} : \mathbf{R} \to \mathbf{C}$ 为复值函数, $f_{\bar{\alpha}}(x) = \mathrm{e}^{\bar{\alpha}x} f(x)$, $\bar{\alpha} = -\mathrm{j}2\pi\xi_m$, $\xi_m \in \mathbf{R}$, 且 f, $f_{\bar{\alpha}}^{(p)}$ 以及 $(\xi - \xi_m) F_f \in L^2(\mathbf{R})$, 则对任意的 $p \in \mathbf{N}_0$, 有

$$\sigma_{\xi}^{2p} = \frac{1}{(2\pi)^{2p}} \int_{\mathbf{R}} |f_{\bar{\alpha}}^{(p)}(x)|^2 \mathrm{d}x. \tag{3.151}$$

3.4.2.1 一维线性正则变换 Plancherel-Parseval-Rayleigh 恒等式

定理 3.18 若 $f(x) \in L^2(\mathbf{R})$ 为复函数, $g(x) = f(x)\mathrm{e}^{\mathrm{j}\frac{a}{2b}x^2}$, $g_\alpha(x) = \mathrm{e}^{\alpha x} g(x)$, $g_\alpha^{(p)}(x) = \frac{\mathrm{d}^p}{\mathrm{d}x^p} g_\alpha(x)$. $f, L_f^{\mathbf{A}}$ 以及 $(\xi - \xi_m)^p L_f^{\mathbf{A}} \in L^1(\mathbf{R}) \cap L^2(\mathbf{R})$, 则有

$$\sigma_{\xi,\mathbf{A}}^{2p} = b^{2p} \int_{\mathbf{R}} |g_\alpha^{(p)}(x)|^2 \mathrm{d}x, \tag{3.152}$$

其中, $b > 0$; $\alpha = -\mathrm{j}2\pi\sigma_m$; $\sigma_m = \frac{\xi_m}{2\pi b}$; $\xi_m, \sigma_m \in \mathbf{R}$; $p \in \mathbf{N}_0$.

证明 由 LCT 定义和由命题 3.4, 可得

$$\begin{aligned}
\sigma_{\xi,\mathbf{A}}^{2p} &= \int_{\mathbf{R}} (\xi - \xi_m)^{2p} \left| \sqrt{\frac{1}{\mathrm{j}2\pi b}} \int_{\mathbf{R}} f(x) \mathrm{e}^{\mathrm{j}\frac{a}{2b}x^2 - \mathrm{j}\frac{1}{b}\xi x + \mathrm{j}\frac{d}{2b}\xi^2} \mathrm{d}x \right|^2 \mathrm{d}\xi \\
&= \frac{1}{2\pi b} \int_{\mathbf{R}} (\xi - \xi_m)^{2p} \left| \int_{\mathbf{R}} f(x) \mathrm{e}^{\mathrm{j}\frac{a}{2b}x^2 - \mathrm{j}\frac{1}{b}\xi x} \mathrm{d}x \right|^2 \mathrm{d}\xi \\
&= b^{2p} \int_{\mathbf{R}} |g_\alpha^{(p)}(x)|^2 \mathrm{d}x.
\end{aligned}$$

定理得证.

在定理 3.18 的基础上, 定理 3.19 给出了 LCT 域 $2p^{\text{th}}$ 加权 Heisenberg-Pauli-Weyl 不确定性原理.

定理 3.19 若 $f \in L^2(\mathbf{R})$ 为复函数, $\omega : \mathbf{R} \to \mathbf{R}$ 为实加权函数, $L_f^{\mathbf{A}}(\xi)$ 与 $(\xi - \xi_m)^p L_f^{\mathbf{A}}(\xi) \in L^1(\mathbf{R}) \cap L^2(\mathbf{R})$, 则有

$$\sigma_{\omega,x}^{2p} \sigma_{\xi,\mathbf{A}}^{2p} \geqslant \frac{b^{2p}}{4} (E_{p,f}^{\mathbf{A}})^2, \tag{3.153}$$

当且仅当

$$f(x) = \mathrm{e}^{\mathrm{j}\frac{\xi_m}{b}x} \mathrm{e}^{-\mathrm{j}\frac{a}{2b}x^2} H(x), \tag{3.154}$$

式(3.153)中等号成立. 其中

$$H(x) = \sum_{j=0}^{p-1} \chi_j \bar{x}^j \left[1 + \sum_{m=0}^{\infty} (-1)^{m+1} \frac{(k_p^2 \bar{x}^{2p})^{m+1}}{P_p^{2p+j} P_p^{4p+j} \cdots P_p^{2(m+1)p+j}} \right], \tag{3.155}$$

$$E_{p,f}^{\boldsymbol{A}} = \sum_{i=0}^{[\frac{p}{2}]} D_i \widetilde{D}_i, \tag{3.156}$$

其中，$\chi_j \in \mathbf{C}$ 为任意常数；$j = 0, 1, 2, \cdots; p-1, m \in \mathbf{N}; \bar{x} = x - x_m \neq 0; k_p \in \mathbf{R}_+; p \in \mathbf{N}_0;$ $P_p^{2(m+1)p+j}$ 表示 p 的选排列，即

$$P_p^{2(m+1)p+j} = [2(m+1)p+j][2(m+1)p+j-1] + \cdots + [(2m+1)p+j+1],$$

式(3.156)中的 D_i 与式(3.140)相同，将式(3.141)中的 $\mu = 2\pi\xi_m$ 替换为 $\mu = -2\dfrac{\xi_m}{b}$ 可得式(3.156)中的 $\widetilde{D}_i$.

证明　由定理 3.18 可得

$$\sigma_{\omega,x}^{2p}\sigma_{\xi,\boldsymbol{A}}^{2p} = b^{2p}\left[\int_{\mathbf{R}}\omega^2(x)(x-x_m)^{2p}|g_\alpha(x)|^2\mathrm{d}x\right] \times \left[\int_{\mathbf{R}}|g_\alpha^{(p)}(x)|^2\mathrm{d}x\right], \tag{3.157}$$

其中，$g(x) = f(x)\mathrm{e}^{\mathrm{j}\frac{a}{2b}x^2}; g_\alpha(x) = \mathrm{e}^{\alpha x}g(x); g_\alpha^{(p)}(x) = \dfrac{\mathrm{d}^p}{\mathrm{d}x^p}g_\alpha(x); \omega_p(x) = (x-x_m)^p\omega(x);$ $\alpha = -\mathrm{j}2\pi\sigma_m; \sigma_m = \dfrac{\xi_m}{2\pi b}, \xi_m, \sigma_m \in \mathbf{R}$. 由式(3.157)以及柯西 − 施瓦兹不等式，可得

$$\sigma_{\omega,x}^{2p}\sigma_{\xi,\boldsymbol{A}}^{2p} \geqslant b^{2p}\left[\int_{\mathbf{R}}|\omega_p(x)g_\alpha(x)g_\alpha^{(p)}(x)|\mathrm{d}x\right]^2, \tag{3.158}$$

其中，$\omega_p(x) = (x-x_m)^p\omega(x)$，由式(3.158)以及复数不等式可得

$$\sigma_{\omega,x}^{2p}\sigma_{\xi,\boldsymbol{A}}^{2p} \geqslant \frac{b^{2p}}{4}\left\{\int_{\mathbf{R}}\omega_p(x)\left[g_\alpha(x)\overline{g_\alpha^{(p)}(x)} + \overline{g_\alpha(x)}g_\alpha^{(p)}(x)\right]\mathrm{d}x\right\}^2, \tag{3.159}$$

由命题 3.1 以及式(3.159)，可得

$$\sigma_{\omega,x}^{2p}\sigma_{\xi,\boldsymbol{A}}^{2p} \geqslant \frac{b^{2p}}{4}\left\{\int_{\mathbf{R}}\omega_p(x)\left[\sum_{i=0}^{[\frac{p}{2}]}D_i\frac{\mathrm{d}^{p-2i}}{\mathrm{d}x^{p-2i}}|g_\alpha^{(i)}(x)|^2\right]\mathrm{d}x\right\}^2, \tag{3.160}$$

由式(3.160)以及命题 3.2 可得

$$\begin{aligned}
\sigma_{\omega,x}^{2p}\sigma_{\xi,\boldsymbol{A}}^{2p} \geqslant \frac{b^{2p}}{4}\Bigg(&\int_{\mathbf{R}}\omega_p(x)\Bigg(\sum_{i=0}^{[\frac{p}{2}]}D_i\frac{\mathrm{d}^{p-2i}}{\mathrm{d}x^{p-2i}}\Bigg(\sum_{l=0}^{i}\widetilde{G}_{il}|g^{(l)}(x)|^2 + \\
&2\sum_{0\leqslant k<j\leqslant i}\widetilde{H}_{ikj}\mathrm{Re}\left(r_{ikj}g^{(k)}(x)\overline{g^{(j)}(x)}\right)\Bigg)\Bigg)\mathrm{d}x\Bigg)^2,
\end{aligned} \tag{3.161}$$

由式(3.137)、式(3.138)、式(3.161)以及命题 3.3，可得

$$\sigma_{\omega,x}^{2p}\sigma_{\xi,\boldsymbol{A}}^{2p} \geqslant \frac{b^{2p}}{4}\left[\sum_{i=0}^{[\frac{p}{2}]}D_i\left(\sum_{l=0}^{i}\widetilde{G}_{il}I_{il} + 2\sum_{0\leqslant k<j\leqslant i}\widetilde{H}_{ikj}I_{ikj}\right)\right]^2 = \frac{b^{2p}}{4}(E_{p,f}^{\boldsymbol{A}})^2, \tag{3.162}$$

式(3.153)中等式成立的条件是关于 x 的 p^{th} 阶 α 微分方程 $g_\alpha^{(p)}(x) = -2c_p \bar{x}^p g_\alpha(x), c_p \in \mathbf{R}^+$ 的解. 定理得证.

利用 LCT 与 FRFT 的关系, 推论 3.4 给出了 FRFT 的 $2p^{th}$ 阶加权 Heisenberg-Pauli-Weyl 不确定性原理.

推论 3.4 若 $f \in L^2(\mathbf{R})$ 为复函数, $\omega : \mathbf{R} \to \mathbf{R}$ 为实加权函数. 记 $g(x) = f(x)\mathrm{e}^{\mathrm{j}\frac{1}{2}x^2 \cot\theta}$, $g_{\hat{\alpha}}(x) = \mathrm{e}^{\hat{\alpha}x}g(x)$, $g_{\hat{\alpha}}^{(p)}(x) = \dfrac{\mathrm{d}^p}{\mathrm{d}x^p}g_{\hat{\alpha}}(x)$, $\omega_p(x) = (x - x_m)^p \omega(x)$, $\hat{\alpha} = -\mathrm{j}2\pi\hat{\sigma}_m$, $\hat{\sigma}_m = \dfrac{\xi_m \csc\theta}{2\pi}$, $\xi_m, \hat{\sigma}_m \in \mathbf{R}$, $f(x), g_{\hat{\alpha}}(x)$, $F_f^\theta(\xi)$ 以及 $(\xi - \xi_m)^p F_f^\theta(\xi)$ 都在 $L^1(\mathbf{R}) \cap L^2(\mathbf{R})$, 则有

$$\sigma_{\omega,x}^{2p} \sigma_{\xi,\theta}^{2p} \geqslant \frac{\sin^{2p}\theta}{4}(E_{p,f}^\alpha)^2, \tag{3.163}$$

当且仅当

$$f(x) = \mathrm{e}^{\mathrm{j}\xi_m x \csc\theta}\mathrm{e}^{-\mathrm{j}\frac{1}{2}x^2 \cot\theta}H(x), \tag{3.164}$$

式(3.163)中等号成立. 其中, $H(x)$ 见式(3.155), 且

$$E_{p,f}^\alpha = \sum_{i=0}^{\left[\frac{p}{2}\right]} D_i \widehat{D}_i, \quad p \in \mathbf{N}, \tag{3.165}$$

式(3.165)中的 D_i 与式(3.140)相同, 若将式(3.141)中的 $\mu = 2\pi\xi_m$ 替换为 $\mu = -2\xi_m \csc\theta$ 可得式(3.165)中的 $\widehat{D}_i$.

当 $(a, b, c, d) = \left(0, \dfrac{1}{2\pi}, -2\pi, 0\right)$ 时, LCT 退化为 FT, 因此可得 FT 的 $2p^{th}$ 加权 Heisenberg-Pauli-Weyl 不确定性原理 [49].

推论 3.5 在定理 3.19 的假设条件下, 由推论 3.4 以及定义 3.3 知, 当 $p = 1$ 时, 可得 LCT 、FRFT 以及 FT 的 2th 加权 Heisenberg-Pauli-Weyl 不确定性原理, 即

$$\sigma_{\omega,x}^2 \sigma_{\xi,\mathbf{A}}^2 \geqslant \frac{b^2}{4} E_{1,f}^2, \tag{3.166}$$

$$\sigma_{\omega,x}^2 \sigma_{\xi,\theta}^2 \geqslant \frac{\sin^2\theta}{4} E_{1,f}^2, \tag{3.167}$$

$$\sigma_{\omega,x}^2 \sigma_\xi^2 \geqslant \frac{1}{16\pi^2} E_{1,f}^2, \tag{3.168}$$

当且仅当

$$f(x) = c_0 \mathrm{e}^{-c_p(x - x_m)^2}\mathrm{e}^{\mathrm{j}\left(\frac{\xi_m}{b}x - \frac{a}{2b}x^2\right)}, \tag{3.169}$$

$$f(x) = c_0 \mathrm{e}^{-c_p(x - x_m)^2}\mathrm{e}^{\mathrm{j}(x\xi_m \csc\theta - \frac{1}{2}x^2)}, \tag{3.170}$$

$$f(x) = c_0 \mathrm{e}^{-c_p(x - x_m)^2}\mathrm{e}^{\mathrm{j}2\pi x\xi_m}, \tag{3.171}$$

式(3.166)∼ 式(3.168)中等号成立, 其中, $c_0, x_m, \xi_m \in \mathbf{R}$; $c_p \in \mathbf{R}^+$; $p \in \mathbf{N}_0$ 且有

$$E_{1,f} = -\int_{\mathbf{R}} \tilde{\omega}'(x)|f(x)|^2 \mathrm{d}x, \tag{3.172}$$

这里 $\tilde{\omega}(x) = \omega(x)(x - x_m)$.

推论 3.6 在定理 3.19 的假设条件下, 由推论 3.4、推论 3.5 以及定义 3.3, 当 $\omega(x) = 1$, $\|f\|_2 = 1$ 时, 可得 LCT, FRFT 以及 FT 的 2th 阶 Heisenberg-Pauli-Weyl 不确定性原理.

$$\sigma_x^2 \sigma_{\xi,\boldsymbol{A}}^2 \geqslant \frac{b^2}{4}, \tag{3.173}$$

$$\sigma_x^2 \sigma_{\xi,\theta}^2 \geqslant \frac{\sin^2 \theta}{4}, \tag{3.174}$$

$$\sigma_x^2 \sigma_\xi^2 \geqslant \frac{1}{16\pi^2}, \tag{3.175}$$

且有

$$E_{1,f} = -\int_{\mathbf{R}} |f(x)|^2 \mathrm{d}x = -1. \tag{3.176}$$

由以上讨论, 可得式(3.173)∼ 式(3.175)分别是 LCT 、FRFT 以及 FT 的 ($\|f\|_2 = 1$)Heisenberg 不确定性原理. 因此, 式(3.166)∼ 式(3.168)以及式(3.173)∼ 式(3.175)都是本书结果 (定理 3.19) 的特殊情形. 表 3.8详细比较了 LCT 域加权 Heisenberg-Pauli-Weyl 不确定性原理及其特殊情形.

表 3.8 LCT 域加权 Heisenberg-Pauli-Weyl 不确定性原理及其特殊情形

阶	LCT 加权 Heisenberg -Pauli-Weyl 不确定性原理	FRFT 加权 Heisenberg-Pauli-Weyl 不确定性原理	FT 加权 Heisenberg -Pauli-Weyl 不确定性原理
$2p^{\text{th}}$ 阶加权方差	$\sigma_{\omega,x}^{2p} \sigma_{\xi,\boldsymbol{A}}^{2p}$ $\geqslant \frac{b^{2p}}{4}(E_{p,f}^{\boldsymbol{A}})^2$ (式(3.153))	$\sigma_{\omega,x}^{2p} \sigma_{\xi,\theta}^{2p}$ $\geqslant \frac{\sin^{2p}\theta}{4}(E_{p,f}^\alpha)^2$ (式(3.163))	$\sigma_{\omega,x}^{2p}\sigma_\xi^{2p} \geqslant \frac{1}{2^{2(p+1)}\pi^2}E_{p,f}^2$ (文献 [49])
2th 加权方差 $(p=1)$	$\sigma_{\omega,x}^{2p}\sigma_{\xi,\boldsymbol{A}}^2 \geqslant \frac{b^2}{4}E_{1,f}^2$ (式(3.166))	$\sigma_{\omega,x}^{2p}\sigma_{\xi,\theta}^2 \geqslant \frac{\sin^2\theta}{4}E_{1,f}^2$ (式(3.167))	$\sigma_{\omega,x}^{2p}\sigma_\xi^2 \geqslant \frac{1}{16\pi^2}E_{1,f}^2$ (式(3.168))
2th 方差 $(p=1,$ $w=1,\|f\|_2=1)$	$\sigma_x^2\sigma_{\xi,\boldsymbol{A}}^2 \geqslant \frac{b^2}{4}$ (文献 [36,38,41])	$\sigma_x^2\sigma_{\xi,\theta}^2 \geqslant \frac{\sin^2\theta}{4}$ (文献 [50])	$\sigma_x^2\sigma_\xi^2 \geqslant \frac{1}{16\pi^2}$ (文献 [51])

注意 表 3.8中各行左边的结果是右边结果的推广形式, 每列上部的结果是下部分结果的推广形式.

3.4.3 高维线性正则变换的不确定性原理

本节将推导出 2D LCT 域 Plancherel-Parseval-Rayleigh 恒等式, 引理 3.1 给出 2D FT 域的 Plancherel-Parseval-Rayleigh 恒等式, 其证明与一维情形类似, 不再赘述.

引理 3.1 若 $f(x,y) \in L^2(\mathbf{R}^2)$ 为复函数, $f_{\bar{\alpha}}(x,y) = \mathrm{e}^{\bar{\alpha}x}f(x,y)$, $f_{\bar{\beta}}(x,y) = \mathrm{e}^{\bar{\beta}y}f(x,y)$, $\bar{\alpha} = -\mathrm{j}2\pi\xi_m$, $\bar{\beta} = -\mathrm{j}2\pi\eta_m$, $\xi_m, \eta_m \in \mathbf{R}$, $f_{\bar{\alpha}}^{(p)}(x,y) = \frac{\partial^p}{\partial x^p}f_{\bar{\alpha}}(x,y)$, $f_{\bar{\beta}}^{(p)}(x,y) = \frac{\partial^p}{\partial y^p}f_{\bar{\beta}}(x,y)$ 且 $f(x,y)$, $f_{\bar{\alpha}}(x,y)$, $f_{\bar{\beta}}(x,y)$, $F_f(\xi,\eta)$, 以及 $[(\xi-\xi_m)^p + (\eta-\eta_m)^p]F_f(\xi,\eta) \in L^1(\mathbf{R}^2) \cap L^2(\mathbf{R}^2)$, 则对 $p \in \mathbf{N}_0$, 有

$$\sigma_{\xi,\eta}^{2p} = \frac{1}{(2\pi)^{2p}}\int_{\mathbf{R}^2}\left[|f_{\bar{\alpha}}^{(p)}(x,y)|^2 + |f_{\bar{\beta}}^{(p)}(x,y)|^2\right]\mathrm{d}x\mathrm{d}y. \tag{3.177}$$

定理 3.20 若 $f(x,y) \in L^2(\mathbf{R}^2)$ 为复函数, $g(x,y) = f(x,y)\mathrm{e}^{\mathrm{j}\left(\frac{a_1x^2}{2b_1} + \frac{a_2y^2}{2b_2}\right)}$; $g_{\tilde{\alpha}}(x,y) = \mathrm{e}^{\tilde{\alpha}x}g(x,y)$; $g_{\tilde{\beta}}(x,y) = \mathrm{e}^{\tilde{\beta}y}g(x,y)$; $g_{\tilde{\alpha}}^{(p)}(x,y) = \frac{\partial^p}{\partial x^p}g_{\tilde{\alpha}}(x,y)$; $g_{\tilde{\beta}}^{(p)}(x,y) = \frac{\partial^p}{\partial y^p}g_{\tilde{\beta}}(x,y)$; $\tilde{\alpha} = -\mathrm{j}2\pi\gamma_m$; $\tilde{\beta} = -\mathrm{j}2\pi\delta_m$; $\gamma_m = \frac{\xi_m}{2\pi b_1}$; $\delta_m = \frac{\eta_m}{2\pi b_2}$, $\xi_m, \eta_m \in \mathbf{R}$; $f(x,y)$, $g_{\tilde{\alpha}}(x,y)$, $g_{\tilde{\beta}}(x,y)$, $F_f^{\tilde{A},\tilde{B}}(\xi,\eta)$, $[(\xi-\xi_m)^p + (\eta-\eta_m)^p]F_f^{\tilde{A},\tilde{B}}(\xi,\eta) \in L^1(\mathbf{R}^2) \cap L^2(\mathbf{R}^2)$, 则对任意 $p \in \mathbf{N}_0$, 有

$$\sigma_{\xi,\eta,\tilde{A},\tilde{B}}^{2p} = b_1^{2p}\int_{\mathbf{R}^2}\left|[g_{\tilde{\alpha}}(x,y)]_x^{(p)}\right|^2\mathrm{d}x\mathrm{d}y + b_2^{2p}\int_{\mathbf{R}^2}\left|[g_{\tilde{\beta}}(x,y)]_y^{(p)}\right|^2\mathrm{d}x\mathrm{d}y. \tag{3.178}$$

证明 不失一般性, 设 $b_1 > 0, b_2 > 0$. 根据 2D LCT 的定义, 有

$$\sigma_{\xi,\eta,\tilde{A},\tilde{B}}^{2p} = \int_{\mathbf{R}^2}\left[(\xi-\xi_m)^{2p} + (\eta-\eta_m)^{2p}\right] \times \left|\iint_{\mathbf{R}^2}f(x,y)K_{\tilde{A}}(\xi,x)K_{\tilde{B}}(\eta,y)\mathrm{d}x\mathrm{d}y\right|^2\mathrm{d}\xi\mathrm{d}\eta,$$

令 $g(x,y) = f(x,y)\mathrm{e}^{\mathrm{j}\left(\frac{a_1x^2}{2b_1} + \frac{a_2y^2}{2b_2}\right)}$, 可得

$$\sigma_{\xi,\eta,\tilde{A},\tilde{B}}^{2p} = |C_{\tilde{A}}C_{\tilde{B}}|^2\int_{\mathbf{R}^2}\left[(\xi-\xi_m)^{2p} + (\eta-\eta_m)^{2p}\right]\left|F_g\left(\frac{\xi}{2\pi b_1}\cdot\frac{\eta}{2\pi b_2}\right)\right|^2\mathrm{d}\xi\mathrm{d}\eta, \tag{3.179}$$

设 $\gamma_m = \frac{\xi_m}{2\pi b_1}, \delta_m = \frac{\eta_m}{2\pi b_2}$, 由式(3.179)以及引理 3.1, 可得

$$\begin{aligned}\sigma_{\xi,\eta,\tilde{A},\tilde{B}}^{2p} &= b_1^{2p}\int_{\mathbf{R}^2}(\gamma-\gamma_m)^{2p}|F_g(\gamma,\delta)|^2\mathrm{d}\gamma\mathrm{d}\delta + b_2^{2p}\int_{\mathbf{R}^2}(\delta-\delta_m)^{2p}|F_g(\gamma,\delta)|^2\mathrm{d}\gamma\mathrm{d}\delta \\ &= b_1^{2p}\int_{\mathbf{R}^2}\left|[g_{\tilde{\alpha}}(x,y)]_x^{(p)}\right|^2\mathrm{d}x\mathrm{d}y + b_2^{2p}\int_{\mathbf{R}^2}\left|[g_{\tilde{\beta}}(x,y)]_y^{(p)}\right|^2\mathrm{d}x\mathrm{d}y,\end{aligned} \tag{3.180}$$

其中, $[g_{\tilde{\alpha}}(x,y)]_x^{(p)}$ 表示 $g_{\tilde{\alpha}}(x,y)$ 关于 x 的偏微分; $[g_{\tilde{\beta}}(x,y)]_y^{(p)}$ 表示 $g_{\tilde{\beta}}(x,y)$ 关于 y 的偏微分. 定理 3.20 证毕.

下面给出并证明 2D LCT 的 $2p^{\mathrm{th}}$ 阶加权 Heisenberg-Pauli-Weyl 不确定性原理.

定理 3.21 若 $f(x,y) \in L^2(\mathbf{R}^2)$ 为复函数, $g_{\tilde{\alpha}}(x,y)$, $g_{\tilde{\beta}}(x,y)$, $F_f^{\tilde{A},\tilde{B}}(\xi,\eta)$ 以及 $[(\xi-\xi_m)^p + (\eta-\eta_m)^p]F_f^{\tilde{A},\tilde{B}}(\xi,\eta)$ 都在 $L^1(\mathbf{R}^2) \cap L^2(\mathbf{R}^2)$ 上, 则有

$$\sigma_{\omega,x,y}^{2p}\sigma_{\xi,\eta,\tilde{A},\tilde{B}}^{2p} \geqslant \frac{b_1^{2p}}{4}\left[(E_{1,x,p,g}^{A,B})^2 + (E_{2,x,p,g}^{A,B})^2\right] + \frac{b_2^{2p}}{4}\left[(E_{1,y,p,g}^{A,B})^2 + (E_{2,y,p,g}^{A,B})^2\right], \tag{3.181}$$

当且仅当

$$f(x,y) = c\mathrm{e}^{\mathrm{j}\left(\frac{\xi_m}{b_1}x + \frac{\eta_m}{b_2}y\right)}\mathrm{e}^{-\mathrm{j}\left(\frac{a_1 x^2}{2b_1} + \frac{a_2 y^2}{2b_2}\right)}H(x,y),\tag{3.182}$$

式 (3.181) 中的等号成立. 其中

$$\begin{aligned}H(x,y) =& c\mathrm{e}^{\mathrm{j}\left(\frac{\xi_m}{b_1}x + \frac{\eta_m}{b_2}y\right)}\mathrm{e}^{-\mathrm{j}\left(\frac{a_1 x^2}{2b_1} + \frac{a_2 y^2}{2b_2}\right)}\cdot\\ &\sum_{j=0}^{p-1}\chi_j \bar{x}^j \sum_{l=0}^{p-1}\chi_k' \bar{y}^l \cdot \left[1 + \sum_{m=0}^{\infty}(-1)^{m+1}\frac{(k_p^2 \bar{x}^{2p})^{m+1}}{P_p^{2p+j}P_p^{4p+j}\cdots P_p^{2(m+1)p+j}}\right]\cdot\\ &\left[1 + \sum_{m=0}^{\infty}(-1)^{m+1}\frac{(k_p'^2 \bar{y}^{2p})^{m+1}}{P_p^{2p+l}P_p^{4p+l}\cdots P_p^{2(m+1)p+l}}\right],\end{aligned}\tag{3.183}$$

且有

$$\begin{aligned}E_{1,x,p,g} = \sum_{i=0}^{[\frac{p}{2}]}D_i \overline{D}_{1,x,i},\quad E_{1,y,p,g} = \sum_{i=0}^{[\frac{p}{2}]}D_i \overline{D}_{1,y,i},\\ E_{2,x,p,g} = \sum_{i=0}^{[\frac{p}{2}]}D_i \overline{D}_{2,x,i},\quad E_{2,y,p,g} = \sum_{i=0}^{[\frac{p}{2}]}D_i \overline{D}_{2,y,i},\end{aligned}\tag{3.184}$$

这里 $|E_{1,x,p,g}| < \infty$; $|E_{1,y,p,g}| < \infty$; $|E_{2,x,p,g}| < \infty$; $|E_{2,y,p,g}| < \infty$; $\bar{x} = x - x_m \neq 0$; $\bar{y} = y - y_m \neq 0$; $c \in \mathbf{R}$; $k_p, k_p' \in \mathbf{R}_+$; $p \in \mathbf{N}$; $\chi_j, \chi_l'(j,l = 0,1,2,\cdots,p-1)$ 为任意复常数.

证明 由定理 3.20 可得

$$\sigma_{\omega,x,y}^{2p}\sigma_{\xi,\eta,\tilde{A},\tilde{B}}^{2p} = \int_{\mathbf{R}^2}[\omega_{1,p}^2(x,y) + \omega_{2,p}^2(x,y)]|f(x,y)|^2 \mathrm{d}x\mathrm{d}y\cdot \int_{\mathbf{R}^2}\left\{b_1^{2p}\left|[g_{\tilde{\alpha}}(x,y)]_x^{(p)}\right|^2 + b_2^{2p}\left|[g_{\tilde{\beta}}(x,y)]_y^{(p)}\right|^2\right\}\mathrm{d}x\mathrm{d}y,\tag{3.185}$$

其中, $g(x,y) = f(x,y)\mathrm{e}^{\mathrm{j}\left(\frac{a_1 x^2}{2b_1} + \frac{a_2 y^2}{2b_2}\right)}$; $g_{\tilde{\alpha}}(x,y) = \mathrm{e}^{\tilde{\alpha}x}g(x,y)$; $g_{\tilde{\beta}}(x,y) = \mathrm{e}^{\tilde{\beta}y}g(x,y)$; $[g_{\tilde{\alpha}}(x,y)]_x^{(p)} = \frac{\partial^p}{\partial x^p}g_{\tilde{\alpha}}(x,y)$; $[g_{\tilde{\beta}}(x,y)]_y^{(p)} = \frac{\partial^p}{\partial y^p}g_{\tilde{\beta}}(x,y)$; $\tilde{\alpha} = -\mathrm{j}2\pi\gamma_m$; $\tilde{\beta} = -\mathrm{j}2\pi\delta_m$; $\gamma_m = \frac{\xi_m}{2\pi b_1}$; $\delta_m = \frac{\eta_m}{2\pi b_2}$, $\xi_m, \eta_m \in \mathbf{R}$; $\omega_{1,p}(x,y) = (x - x_m)^p\omega(x,y)$; $\omega_{2,p}(x,y) = (y - y_m)^p\omega(x,y)$. 由式 (3.185), 可得

$$\begin{aligned}\sigma_{\omega,x,y}^{2p}\sigma_{\xi,\eta,\tilde{A},\tilde{B}}^{2p} =& b_1^{2p}\left\{\int_{\mathbf{R}^2}\left[\omega_{1,p}(x,y)^2|g_{\tilde{\alpha}}(x,y)|\right]^2 \mathrm{d}x\mathrm{d}y\right\} \times \left\{\int_{\mathbf{R}^2}\left|[g_{\tilde{\alpha}}(x,y)]_x^{(p)}\right|^2 \mathrm{d}x\mathrm{d}y\right\} +\\ & b_1^{2p}\left\{\int_{\mathbf{R}^2}\left[\omega_{2,p}(x,y)^2|g_{\tilde{\alpha}}(x,y)|\right]^2 \mathrm{d}x\mathrm{d}y\right\} \times \left\{\int_{\mathbf{R}^2}\left|[g_{\tilde{\alpha}}(x,y)]_x^{(p)}\right|^2 \mathrm{d}x\mathrm{d}y\right\} +\\ & b_2^{2p}\left\{\int_{\mathbf{R}^2}\left[\omega_{1,p}(x,y)^2|g_{\tilde{\beta}}(x,y)|\right]^2 \mathrm{d}x\mathrm{d}y\right\} \times \left\{\int_{\mathbf{R}^2}\left|[g_{\tilde{\beta}}(x,y)]_y^{(p)}\right|^2 \mathrm{d}x\mathrm{d}y\right\} +\\ & b_2^{2p}\left\{\int_{\mathbf{R}^2}\left[\omega_{2,p}(x,y)^2|g_{\tilde{\beta}}(x,y)|\right]^2 \mathrm{d}x\mathrm{d}y\right\} \times \left\{\int_{\mathbf{R}^2}\left|[g_{\tilde{\beta}}(x,y)]_y^{(p)}\right|^2 \mathrm{d}x\mathrm{d}y\right\},\end{aligned}\tag{3.186}$$

由式(3.186)以及柯西 – 施瓦兹不等式, 可得

$$\sigma_{\omega,x,y}^{2p}\sigma_{\xi,\eta,\tilde{A},\tilde{B}}^{2p} \geqslant b_1^{2p}\left\{\int_{\mathbf{R}^2}|\omega_{1,p}(x,y)g_{\tilde{\alpha}}(x,y)\left[g_{\tilde{\alpha}}(x,y)\right]_x^{(p)}|\mathrm{d}x\mathrm{d}y\right\}^2 +$$
$$b_1^{2p}\left\{\int_{\mathbf{R}^2}|\omega_{2,p}(x,y)g_{\tilde{\alpha}}(x,y)\left[g_{\tilde{\alpha}}(x,y)\right]_x^{(p)}|\mathrm{d}x\mathrm{d}y\right\}^2 +$$
$$b_2^{2p}\left\{\int_{\mathbf{R}^2}|\omega_{1,p}(x,y)g_{\tilde{\beta}}(x,y)\left[g_{\tilde{\beta}}(x,y)\right]_y^{(p)}|\mathrm{d}x\mathrm{d}y\right\}^2 +$$
$$b_2^{2p}\left\{\int_{\mathbf{R}^2}|\omega_{2,p}(x,y)g_{\tilde{\beta}}(x,y)\left[g_{\tilde{\beta}}(x,y)\right]_y^{(p)}|\mathrm{d}x\mathrm{d}y\right\}^2, \tag{3.187}$$

利用式(3.187)以及复数不等式, 得

$$\sigma_{\omega,x,y}^{2p}\sigma_{\xi,\eta,\tilde{A},\tilde{B}}^{2p} \geqslant \frac{b_1^{2p}}{4}\left[\iint_{\mathbf{R}^2}\omega_{1,p}(x,y)H_{\tilde{\alpha}}(x,y)\mathrm{d}x\mathrm{d}y\right]^2 + \frac{b_1^{2p}}{4}\left[\iint_{\mathbf{R}^2}\omega_{2,p}(x,y)H_{\tilde{\alpha}}(x,y)\mathrm{d}x\mathrm{d}y\right]^2 +$$
$$\frac{b_2^{2p}}{4}\left[\iint_{\mathbf{R}^2}\omega_{1,p}(x,y)H_{\tilde{\beta}}(x,y)\mathrm{d}x\mathrm{d}y\right]^2 + \frac{b_2^{2p}}{4}\left[\iint_{\mathbf{R}^2}\omega_{2,p}(x,y)H_{\tilde{\beta}}(x,y)\mathrm{d}x\mathrm{d}y\right]^2.$$

其中, $H_{\tilde{\alpha}}(x,y) = g_{\tilde{\alpha}}(x,y)\overline{[g_{\tilde{\alpha}}(x,y)]^{(p)}} + \overline{g_{\tilde{\alpha}}(x,y)}[g_{\tilde{\alpha}}(x,y)]_x^{(p)}$; $H_{\tilde{\beta}}(x,y) = g_{\tilde{\beta}}(x,y)\overline{[g_{\tilde{\beta}}(x,y)]_y^{(p)}} + \overline{g_{\tilde{\beta}}(x,y)}[g_{\tilde{\beta}}(x,y)]_y^{(p)}$. 根据命题 3.1~ 命题 3.3 及下述两个假设条件:

$$\sum_{r=0}^{p-2q-1}(-1)^r\lim_{|x|\to\infty}\omega_p(x,y)_x^{(r)}\cdot\{|[f(x,y)]_x^{(l)}|^2\}^{p-2q-r-1} = 0, \tag{3.188}$$

$$\sum_{r=0}^{p-2q-1}(-1)^r\lim_{|y|\to\infty}\omega_p(x,y)_y^{(r)}\cdot\{|[f(x,y)]_y^{(l)}|^2\}^{p-2q-r-1} = 0, \tag{3.189}$$

这里, $0 \leqslant l \leqslant q \leqslant \left[\dfrac{p}{2}\right]$, 可得 2D LCT $2p^{\text{th}}$ 阶加权 Heisenberg-Pauli-Weyl 不确定性原理:

$$\sigma_{x,y}^{2p}\sigma_{\xi,\eta,\tilde{A},\tilde{B}}^{2p} \geqslant \frac{b_1^{2p}}{4}\left[(E_{1,x,p,g}^{\boldsymbol{A},\boldsymbol{B}})^2 + (E_{2,x,p,g}^{\boldsymbol{A},\boldsymbol{B}})^2\right] + \frac{b_2^{2p}}{4}\left[(E_{1,y,p,g}^{\boldsymbol{A},\boldsymbol{B}})^2 + (E_{2,y,p,g}^{\boldsymbol{A},\boldsymbol{B}})^2\right],$$

定理 3.21 得证.

当 $\boldsymbol{A}_1 = (\cos\theta_1,\sin\theta_1,-\sin\theta_1,\cos\theta_1)$, $\boldsymbol{A}_2 = (\cos\theta_2,\sin\theta_2,-\sin\theta_2,\cos\theta_2)$ 时, 2D LCT 退化为 2D FRFT. 当 $a_1 = a_2 = d_1 = d_2 = 0$, $b_1 = b_2 = \dfrac{1}{2\pi}$, $c_1 = c_2 = -2\pi$ 时, 2D LCT 退化为 2D FT. 因此可得 2D FRFT 与 2D FT Heisenberg-Pauli-Weyl 不确定性原理.

推论 3.7 在定理 3.21 的假设条件下, 可得 2D FRFT 与 2D FT $2p^{\text{th}}$ 加权 Heisenberg-Pauli-Weyl 不确定性原理, 即

$$\sigma_{x,y}^{2p}\sigma_{\xi,\eta,\theta_1,\theta_2}^{2p} \geqslant \frac{\sin^{2p}\theta_1}{4}\left[(E_{1,x,1,f}^{\alpha,\beta})^2 + (E_{2,x,1,f}^{\alpha,\beta})^2\right] + \frac{b_2^2}{4}\left[(E_{1,y,1,f}^{\alpha,\beta})^2 + (E_{2,y,1,f}^{\alpha,\beta})^2\right], \tag{3.190}$$

$$\sigma_{x,y}^{2p}\sigma_{\xi,\eta}^{2p} \geqslant \frac{1}{2^{2(p+1)}\pi^{2p}}\left(E_{1,x,p,g}^2 + E_{2,x,p,g}^2\right) + \frac{1}{2^{2(p+1)}\pi^{2p}}\left(E_{1,y,p,g}^2 + E_{2,y,p,g}^2\right), \tag{3.191}$$

当且仅当

$$f(x,y) = c\mathrm{e}^{\mathrm{j}(\xi_m x \csc \theta_1 + \eta_m y \csc \theta_2)}\mathrm{e}^{-\mathrm{j}\frac{x^2 \cot \theta_1 + y^2 \cot \theta_2}{2}}H(x,y),$$

$$f(x,y) = c\mathrm{e}^{\mathrm{j}(2\pi\xi_m x + 2\pi\eta_m y)}H(x,y),$$

式 (3.190) 与式 (3.191) 中的等号成立. 其中

$$H(x,y) = \sum_{j=0}^{p-1} \chi_j \bar{x}^j \sum_{l=0}^{p-1} \chi'_k \bar{y}^l \cdot \left[1 + \sum_{m=0}^{\infty} (-1)^{m+1} \frac{(k_p^2 \bar{x}^{2p})^{m+1}}{P_p^{2p+j} P_p^{4p+j} \cdots P_p^{2(m+1)p+j}} \right] \cdot$$

$$\left[1 + \sum_{m=0}^{\infty} (-1)^{m+1} \frac{(k_p'^2 \bar{y}^{2p})^{m+1}}{P_p^{2p+l} P_p^{4p+l} \cdots P_p^{2(m+1)p+l}} \right],$$

$\bar{x} = x - x_m \neq 0$; $\bar{y} = y - y_m \neq 0$; $c \in \mathbf{R}$; $k_p, k_p' \in \mathbf{R}^+$, $p \in \mathbf{N}$. $\chi_j, \chi'_l (j, l = 0, 1, 2, \cdots, p-1)$ 为任意复常数, 且 $P_p^{2(m+1)p+j}$ 与式 (3.155) 相同.

推论 3.8　在定理 3.21 的假设条件下, 由推论 3.7 以及 2D LCT 的定义, 当 $p = 1$ 时, 可得 2D LCT 、2D FRFT 与 2D FT 的 2th 阶加权 Heisenberg-Pauli-Weyl 不确定性原理:

$$\sigma_{\omega,x,y}^2 \sigma_{\xi,\eta,\bar{A},\bar{B}}^2 \geqslant \frac{b_1^2}{4} \left[(E_{1,x,1,f}^{\boldsymbol{A},\boldsymbol{B}})^2 + (E_{2,x,1,f}^{\boldsymbol{A},\boldsymbol{B}})^2 \right] + \frac{b_2^2}{4} \left[(E_{1,y,1,f}^{\boldsymbol{A},\boldsymbol{B}})^2 + (E_{2,y,1,f}^{\boldsymbol{A},\boldsymbol{B}})^2 \right], \tag{3.192}$$

$$\sigma_{\omega,x,y}^{2p} \sigma_{\xi,\eta,\alpha,\beta}^2 \geqslant \frac{\sin^2 \alpha}{4} \left[(E_{1,x,1,f}^{\alpha,\beta})^2 + (E_{2,x,1,f}^{\alpha,\beta})^2 \right] + \frac{b_2^2}{4} \left[(E_{1,y,1,f}^{\alpha,\beta})^2 + (E_{2,y,1,f}^{\alpha,\beta})^2 \right], \tag{3.193}$$

$$\sigma_{\omega,x,y}^{2p} \sigma_{\xi,\eta}^2 \geqslant \frac{1}{16\pi^2} \left(E_{1,x,1,f}^2 + E_{2,x,1,f}^2 + E_{1,y,1,f}^2 + E_{2,y,1,f}^2 \right), \tag{3.194}$$

当且仅当

$$f(x,y) = c\mathrm{e}^{\mathrm{j}\left(\frac{\xi_m}{b_1}x + \frac{\eta_m}{b_2}y\right)}\mathrm{e}^{-\mathrm{j}\left(\frac{a_1 x^2}{2b_1} + \frac{a_2 y^2}{2b_2}\right)}\mathrm{e}^{-c_p[(x-x_m)^2 + (y-y_m)^2]},$$

$$f(x,y) = c\mathrm{e}^{\mathrm{j}(\xi_m x \csc \theta_1 + \eta_m y \csc \theta_2)}\mathrm{e}^{-\mathrm{j}\frac{x^2 \cot \theta_1 + y^2 \cot \theta_2}{2}}\mathrm{e}^{-c_p[(x-x_m)^2 + (y-y_m)^2]},$$

$$f(x,y) = c\mathrm{e}^{\mathrm{j}(2\pi\xi_m x + 2\pi\eta_m y)}\mathrm{e}^{-c_p[(x-x_m)^2 + (y-y_m)^2]},$$

式 (3.192)、式 (3.193)、式 (3.194) 中等号成立. 其中, $\bar{x} = x - x_m \neq 0$; $\bar{y} = y - y_m \neq 0$; $c \in \mathbf{R}$, $c_p \in \mathbf{R}^+$, $p \in \mathbf{N}$ 且

$$E_{1,x,1,f} = -\int_{\mathbf{R}^2} [\omega_{1,1}(x,y)]'_x |f(x,y)|^2 \mathrm{d}x\mathrm{d}y,$$

$$E_{2,x,1,f} = -\int_{\mathbf{R}^2} [\omega_{2,1}(x,y)]'_x |f(x,y)|^2 \mathrm{d}x\mathrm{d}y,$$

$$E_{1,y,1,f} = -\int_{\mathbf{R}^2} [\omega_{1,1}(x,y)]'_y |f(x,y)|^2 \mathrm{d}x\mathrm{d}y,$$

$$E_{2,y,1,f} = -\int_{\mathbf{R}^2} [\omega_{2,1}(x,y)]'_y |f(x,y)|^2 \mathrm{d}x\mathrm{d}y. \tag{3.195}$$

推论 3.9　在定理 3.21 的假设条件下, 由推论 3.7 、推论 3.8 以及 2D LCT 的定义, 当 $p = 1$, $\omega(x,y) = 1$, $\|f(x,y)\|_2 = 1$ 时, 可得 2D LCT 、 2D FRFT 与 2D FT 的 2th 阶 Heisenberg-Pauli-Weyl 不确定性原理

$$\sigma_x^2 \sigma_{\xi,\eta,\boldsymbol{A},\boldsymbol{B}}^2 \geqslant \frac{b_1^2 + b_2^2}{4}, \tag{3.196}$$

$$\sigma_x^2\sigma_{\xi,\eta,\alpha,\beta}^2 \geqslant \frac{\sin^2\alpha+\sin^2\beta}{4}, \tag{3.197}$$

$$\sigma_x^2\sigma_{\xi,\eta}^2 \geqslant \frac{1}{8\pi^2}, \tag{3.198}$$

且 $E_{1,x,1,f}=E_{2,y,1,f}=-1, \quad E_{2,x,1,f}=E_{1,y,1,f}=0.$

综上所述, 式(3.192)~ 式(3.194) 以及式(3.196)~ 式(3.198)都可以看作本书结论 (见定理 3.21) 的特殊情形. 关于 2D LCT 加权 Heisenberg-Pauli-Weyl 不确定性原理及其特殊情形见表 3.9.

表 3.9 2D LCT 加权 Heisenberg-Pauli-Weyl 不确定性原理及其特殊情形

阶	2D LCT 加权 Heisenberg -Pauli-Weyl 不确定性原理	2D FRFT 加权 Heisenberg -Pauli-Weyl 不确定性原理	2D FT 加权 Heisenberg -Pauli-Weyl 不确定性原理
$2p^{\text{th}}$ 加权	$\sigma_{x,y}^{2p}\sigma_{\xi,\eta,\tilde{A},\tilde{B}}^{2p}$ $\geqslant \frac{b_1^{2p}}{4}(E_{1,x,p,g}^{A,B})^2+$ $\frac{b_1^{2p}}{4}(E_{2,x,p,g}^{A,B})^2+$ $\frac{b_2^{2p}}{4}(E_{1,y,p,g}^{A,B})^2+$ $\frac{b_2^{2p}}{4}(E_{2,y,p,g}^{A,B})^2$ (式(3.183))	$\sigma_{x,y}^{2p}\sigma_{\xi,\eta,\theta_1,\theta_2}^{2p}$ $\geqslant \frac{\sin^{2p}\theta_1}{4}(E_{1,x,p,g}^{\alpha,\beta})^2+$ $\frac{\sin^{2p}\theta_1}{4}(E_{2,x,p,g}^{\alpha,\beta})^2+$ $\frac{\sin^{2p}\theta_2}{4}(E_{1,y,p,g}^{\alpha,\beta})^2+$ $\frac{\sin^{2p}\theta_2}{4}(E_{2,y,p,g}^{\alpha,\beta})^2$ (式(3.190))	$\sigma_{x,y}^{2p}\sigma_{\xi,\eta}^{2p}$ $\geqslant \frac{1}{2^{2(p+1)}\pi^{2p}}E_{1,x,p,g}^2+$ $\frac{1}{2^{2(p+1)}\pi^{2p}}E_{2,x,p,g}^2+$ $\frac{1}{2^{2(p+1)}\pi^{2p}}E_{1,y,p,g}^2+$ $\frac{1}{2^{2(p+1)}\pi^{2p}}E_{2,y,p,g}^2$ (式(3.191))
2th 加权 $(p=1)$	$\sigma_{\omega,x,y}^2\sigma_{\xi,\eta,\tilde{A},\tilde{B}}^2$ $\geqslant \frac{b_1^2}{4}(E_{1,x,1,g}^2+E_{2,x,1,g}^2)+$ $\frac{b_2^2}{4}(E_{1,y,1,g}^2+E_{2,y,1,g}^2)$ (式(3.192))	$\sigma_{\omega,x,y}^2\sigma_{\xi,\eta,\theta_1,\theta_2}^2$ $\geqslant \frac{\sin^2\theta_1}{4}(E_{1,x,1,g}^2+E_{2,x,1,g}^2)+$ $\frac{\sin^2\theta_2}{4}(E_{1,y,1,g}^2+E_{2,y,1,g}^2)$ (式(3.193))	$\sigma_{\omega,x,y}^2\sigma_{\xi,\eta}^2$ $\geqslant \frac{1}{16\pi^2}(E_{1,x,1,g}^2+E_{2,x,1,g}^2)+$ $\frac{1}{16\pi^2}(E_{1,y,1,g}^2+E_{2,y,1,g}^2)$ (式(3.194))
2th 加权 $(p=1,$ $w=1,$ $\|f\|_2=1)$	$\sigma_{x,y}^2\sigma_{\xi,\eta,\tilde{A},\tilde{B}}^2 \geqslant \frac{b_1^2+b_2^2}{4}$ (式(3.196))	$\sigma_{x,y}^2\sigma_{\xi,\eta,\theta_1,\theta_2}^2$ $\geqslant \frac{\sin^2\theta_1+\sin^2\theta_2}{4}$ (式(3.197))	$\sigma_{x,y}^{2p}\sigma_{\xi,\eta}^{2p} \geqslant \frac{1}{8\pi^2}$ (式(3.198))

3.5 分数域多分辨分析

LCWT 作为小波变换在 LCT 域的广义形式, 不仅突破了 WT 在时间—FT 域分析的局限, 而且克服了 LCT 无法表征信号局部特征的限制[24]. 考虑到实际的信号分析和处理中还需要相应的快速算法, 类似于小波变换, LCWT 的快速算法也建立在相应的多分辨分析基础上. LCWT 的多分辨分析不仅可以为正交线性正则小波函数的构造提供方法, 而且可以为 LCWT 的快速算法提供理论依据. 因此, 本节研究了 LCT 域小波分析相关理论, 具体包括 LCWT 的多分辨分析和正交线性正则小波函数的构造方法, 并分析了 LCWT 在某些函数空间上的性质 [52,53].

3.5.1　线性正则小波的多分辨分析

定义 3.15　设 $\{V_k^{\boldsymbol{A}_1}\}_{k\in\mathbf{Z}}$ 是 $L^2(\mathbf{R})$ 上的一系列闭子空间, 如果它们满足以下性质:

(1) $V_k^{\boldsymbol{A}_1} \subseteq V_{k+1}^{\boldsymbol{A}_1}, \forall k \in \mathbf{Z}$;

(2) $f(t) \in V_k^{\boldsymbol{A}_1} \Leftrightarrow \underline{f(2t)\mathrm{e}^{\frac{\mathrm{i}}{2}[(2t)^2-t^2]\frac{a_1}{b_1}}} \in V_{k+1}^{\boldsymbol{A}_1}, \forall k \in \mathbf{Z}$;

(3) $\bigcap\limits_{k\in\mathbf{Z}} V_k^{\boldsymbol{A}_1} = \{0\}, \overline{\bigcup\limits_{k\in\mathbf{Z}} V_k^{\boldsymbol{A}_1}} = L^2(\mathbf{R})$;

(4) 存在 $\phi(t) \in L^2(\mathbf{R})$ 使得 $\{\phi_{\boldsymbol{A}_1,0,n}(t) = \phi(t-n)\mathrm{e}^{-\frac{\mathrm{i}}{2}(t^2-n^2)\frac{a_1}{b_1}}\}_{n\in\mathbf{Z}}$ 是子空间 $V_0^{\boldsymbol{A}_1}$ 的标准正交基. 那么称 $\{\{V_k^{\boldsymbol{A}_1}\}_{k\in\mathbf{Z}}, \phi(t)\}$ 为 $L^2(\mathbf{R})$ 上的一个正交线性正则多分辨分析, 其中, $\phi(t)$ 称为该正交多分辨分析的尺度函数, $V_k^{\boldsymbol{A}_1}$ 称为 $L^2(\mathbf{R})$ 的尺度空间.

定理 3.22　设 $\{V_k^{\boldsymbol{A}_1}\}_{k\in\mathbf{Z}}$ 是 $L^2(\mathbf{R})$ 上的一个正交线性正则多分辨分析, $\phi(t)$ 是相应的尺度函数. 对于 $\forall k \in \mathbf{Z}$, 函数族

$$\{\phi_{\boldsymbol{A}_1,k,n}(t) = 2^{\frac{k}{2}}\phi(2^k t - n)\mathrm{e}^{-\frac{\mathrm{i}}{2}\left[t^2-\left(\frac{n}{2^k}\right)^2\right]\frac{a_1}{b_1}}\}_{n\in\mathbf{Z}} \tag{3.199}$$

构成子空间 $V_k^{\boldsymbol{A}_1}$ 的一个标准正交基.

证明　首先证明 $\{\phi_{\boldsymbol{A}_1,k,n}(t) = 2^{\frac{k}{2}}\phi(2^k t - n)\mathrm{e}^{-\frac{\mathrm{i}}{2}\left[t^2-\left(\frac{n}{2^k}\right)^2\right]\frac{a_1}{b_1}}\}_{n\in\mathbf{Z}}$ 是一个标准正交系, 这是因为

$$\langle \phi_{\boldsymbol{A}_1,k,m}, \phi_{\boldsymbol{A}_1,k,n} \rangle = \mathrm{e}^{\frac{\mathrm{i}}{2}2^{-2k}(n^2-m^2)\frac{a_1}{b_1}} \int_{\mathbf{R}} \phi^*(\eta-m)\phi(\eta-n)\,\mathrm{d}\eta = \delta_{m,n};$$

其次, 对于 $\forall f(t) \in V_k^{\boldsymbol{A}_1}$, 根据定义 3.15 的性质 (2), 可得 $f(2^{-k}t)\mathrm{e}^{\frac{\mathrm{i}}{2}[(2^{-k}t)^2-t^2]\frac{a_1}{b_1}} \in V_0^{\boldsymbol{A}_1}$. 因此, $f(2^{-k}t)\mathrm{e}^{\frac{\mathrm{i}}{2}[(2^{-k}t)^2-t^2]\frac{a_1}{b_1}}$ 可以表示为空间 $V_0^{\boldsymbol{A}_1}$ 的基 $\{\phi_{\boldsymbol{A}_1,0,n}(t) = \phi(t-n)\mathrm{e}^{\frac{\mathrm{i}}{2}(t^2-n^2)\frac{a_1}{b_1}}\}_{n\in\mathbf{Z}}$ 的线性组合, 即

$$f(2^{-k}t)\mathrm{e}^{\frac{\mathrm{i}}{2}[(2^{-k}t)^2-t^2]\frac{a_1}{b_1}} = \sum_{n\in\mathbf{Z}} c_n \phi(t-n)\mathrm{e}^{\frac{\mathrm{i}}{2}(t^2-n^2)\frac{a_1}{b_1}}.$$

由此可得

$$f(t) = \sum_{n\in\mathbf{Z}} c'_n 2^{\frac{k}{2}}\phi(t-n)\mathrm{e}^{\frac{\mathrm{i}}{2}\left[t^2-\left(\frac{n}{2^k}\right)^2\right]\frac{a_1}{b_1}},$$

其中, $c'_n = c_n 2^{-\frac{k}{2}}\mathrm{e}^{\frac{\mathrm{i}}{2}n^2(1-2^{-2k})\frac{a_1}{b_1}}$. 上式意味着 $f(t)$ 可以表示为 $\{\phi_{\boldsymbol{A}_1,k,n}\}_{n\in\mathbf{Z}}$ 的线性组合. 综上所述可得, 函数族 $\{\phi_{\boldsymbol{A}_1,k,n}(t) = 2^{\frac{k}{2}}\phi(2^k t - n)\mathrm{e}^{-\frac{\mathrm{i}}{2}\left[t^2-\left(\frac{n}{2^k}\right)^2\right]\frac{a_1}{b_1}}\}_{n\in\mathbf{Z}}$ 构成子空间 $V_k^{\boldsymbol{A}_1}$ 的一个标准正交基. 闭子空间 $V_k^{\boldsymbol{A}_1}$ 是由 $\phi(t)$ 经过伸缩、平移和 chirp 调制而生成的, 即

$$V_k^{\boldsymbol{A}_1} = \overline{\mathrm{span}}\{\phi_{\boldsymbol{A}_1,k,n}(t) = 2^{\frac{k}{2}}\phi(2^k t - n)\mathrm{e}^{-\frac{\mathrm{i}}{2}\left[t^2-\left(\frac{n}{2^k}\right)^2\right]\frac{a_1}{b_1}}\}_{n\in\mathbf{Z}}. \tag{3.200}$$

定理得证.

如果定义 3.15 的性质 (4) 松弛为函数族 $\{\phi_{\boldsymbol{A}_1,0,n}\}_{n\in\mathbf{Z}}$ 是闭子空间 $V_0^{\boldsymbol{A}_1}$ 的 Riesz 基, 则称 $\phi(t)$ 生成一个 $L^2(\mathbf{R})$ 上的广义正交线性正则多分辨分析. 基于上述广义正交线性正则多分辨分析的定义, 可得到以下两个定理.

定理 3.23 设 $\varphi(t) \in L^2(\mathbf{R})$ 并且 $V_0^{\boldsymbol{A}_1} = \overline{\text{span}}\{\varphi_{\boldsymbol{A}_1,0,n}(t) = \phi(t-n)\mathrm{e}^{\frac{\mathrm{j}}{2}(t^2-n^2)\frac{a_1}{b_1}}\}_{n\in\mathbf{Z}}$, 那么, 函数族 $\{\varphi_{\boldsymbol{A}_1,0,n}(t) = \varphi(t-n)\mathrm{e}^{\frac{\mathrm{j}}{2}(t^2-n^2)\frac{a_1}{b_1}}\}_{n\in\mathbf{Z}}$ 是闭子空间 $V_k^{\boldsymbol{A}_1}$ 的 Riesz 基的充要条件是存在常数 $0 < A \leqslant B < +\infty$ 使得

$$A \leqslant \sum_{k\in\mathbf{Z}} |F_\varphi(u/b_1 + 2k\pi)|^2 \leqslant B, \forall u \in [0, 2\pi b_1]. \tag{3.201}$$

证明 充分性: 对于 $\forall f(t) \in V_0^{\boldsymbol{A}_1}$, 它可以表示为 $\{\varphi_{\boldsymbol{A}_1,0,n}(t) = \phi(t-n)\mathrm{e}^{\frac{\mathrm{j}}{2}(t^2-n^2)\frac{a_1}{b_1}}\}_{n\in\mathbf{Z}}$ 的线性组合, 即

$$f(t) = \sum_{n\in\mathbf{Z}} c_n\varphi(t-n)\mathrm{e}^{-\frac{1}{2}(t^2-n^2)\frac{a_1}{b_1}}. \tag{3.202}$$

上式两端作 LCT, 可得

$$
\begin{aligned}
L_f^{\boldsymbol{A}_1}(u) &= \mathcal{L}^{\boldsymbol{A}_1}\left[\sum_{n\in\mathbf{Z}} c_n\varphi(t-n)\mathrm{e}^{-\frac{1}{2}(t^2-n^2)\frac{a_1}{b_1}}\right](u) \\
&= \int_{\mathbf{R}} A_{b_1} \sum_{n\in\mathbf{Z}} c_n\varphi(t-n)\mathrm{e}^{\frac{\mathrm{j}}{2}\frac{a_1 n^2 + d_1 u^2 - 2tu}{b_1}}\,\mathrm{d}t \\
&\underline{\underline{\xi=t-n}} \sum_{n\in\mathbf{Z}} A_{b_1} c_n \int_{\mathbf{R}} \varphi(\xi)\mathrm{e}^{\frac{\mathrm{j}}{2}\frac{a_1 n^2 + d_1 u^2 - 2(\xi+n)u}{b_1}}\,\mathrm{d}\xi \\
&= \sum_{n\in\mathbf{Z}} A_{b_1} c_n \mathrm{e}^{\frac{\mathrm{j}}{2}\frac{a_1 n^2 + d_1 u^2 - 2nu}{b_1}} \int_{\mathbf{R}} \varphi(\xi)\mathrm{e}^{-\mathrm{j}\xi\frac{u}{b_1}}\,\mathrm{d}\xi \\
&= \sqrt{2\pi}\tilde{L}_{c_n}^{\boldsymbol{A}_1}(u)F_\varphi(u/b_1).
\end{aligned}
\tag{3.203}
$$

其中, $\tilde{L}_{c_n}^{\boldsymbol{A}_1}(u)$ 表示离散序列 c_n 的离散时间线性正则变换 (Discrete Time Linear Canonical Transform, DTLCT). 再根据 LCT 域的 Parseval 定理, 可得

$$
\begin{aligned}
\|f(t)\|_{L^2}^2 = \|L_f^{\boldsymbol{A}_1}(u)\|_{L^2}^2 &= 2\pi \int_{\mathbf{R}} |\tilde{L}_{c_n}^{\boldsymbol{A}_1}(u)F_\varphi(u/b_1)|^2\,\mathrm{d}u \\
&= 2\pi \sum_{k\in\mathbf{Z}} \int_0^{2\pi b_1} |\tilde{L}_{c_n}^{\boldsymbol{A}_1}(u+2k\pi b_1)F_\varphi(u/b_1+2k\pi)|^2\,\mathrm{d}u \\
&= 2\pi \int_0^{2\pi b_1} |\tilde{L}_{c_n}^{\boldsymbol{A}_1}(u)|^2 \sum_{k\in\mathbf{Z}} |F_\varphi(u/b_1+2k\pi)|^2\,\mathrm{d}u.
\end{aligned}
$$

又因为 $A \leqslant \sum |F_\varphi(u/b_1 + 2k\pi)|^2 \leqslant B$ $(k \in \mathbf{Z})$, 可得

$$2\pi A \int_0^{2\pi b_1} |\tilde{L}_{c_n}^{\boldsymbol{A}_1}(u)|^2\,\mathrm{d}u \leqslant \|f(t)\|_{L^2}^2 \leqslant 2\pi B \int_0^{2\pi b_1} |\tilde{L}_{c_n}^{\boldsymbol{A}_1}(u)|^2\,\mathrm{d}u.$$

根据 DTLCT 的性质 $\left(\|c_n\|_{\ell^2}^2 = \dfrac{1}{2\pi} \displaystyle\int_0^{2\pi b_1} |\tilde{L}_{c_n}^{A_1}(u)|^2 \, \mathrm{d}u \right)$，进一步可得

$$A\|c_n\|_{\ell^2}^2 \leqslant \|f(t) = \sum_{n\in\mathbf{Z}} c_n \varphi_{A_1,0,n}(t)\|_{L^2}^2 \leqslant B\|c_n\|_{\ell^2}^2. \tag{3.204}$$

根据 Riesz 基的定义，可得函数族 $\{\varphi_{A_1,0,n}(t) = \varphi(t-n)\mathrm{e}^{\frac{\mathrm{j}}{2}(t^2-n^2)\frac{a_1}{b_1}}\}_{n\in\mathbf{Z}}$ 是闭子空间 $V_0^{A_1}$ 的 Riesz 基.

必要性: 如果函数族 $\{\varphi_{A_1,0,n}(t) = \varphi(t-n)\mathrm{e}^{\frac{\mathrm{j}}{2}(t^2-n^2)\frac{a_1}{b_1}}\}_{n\in\mathbf{Z}}$ 是闭子空间 $V_0^{A_1}$ 的 Riesz 基，按照类似于充分性的推导过程，可得

$$A\int_0^{2\pi b_1} |\tilde{L}_{c_n}^{A_1}(u)|^2 \, \mathrm{d}u \leqslant \int_0^{2\pi b_1} |\tilde{L}_{c_n}^{A_1}(u)|^2 \sum_{k\in\mathbf{Z}} |F_\varphi(u/b_1 + 2k\pi)|^2 \, \mathrm{d}u \leqslant B\int_0^{2\pi b_1} |\tilde{L}_{c_n}^{A_1}(u)|^2 \, \mathrm{d}u. \tag{3.205}$$

因为 $\tilde{L}_{c_n}^{A_1}(u)$ 是任意选取的，所以

$$A \leqslant \sum_{k\in\mathbf{Z}} |F_\varphi(u/b_1 + 2k\pi)|^2 \leqslant B \quad \text{a.e. } \forall u \in [0, 2\pi b_1]. \tag{3.206}$$

特别是，$\{\varphi_{A_1,0,n}\}_{n\in\mathbf{Z}}$ 构成闭子空间 $V_0^{A_1}$ 的标准正交基的充要条件为 $A = B = 1$.

定理 3.24　设 $\{V_k^{A_1}\}_{k\in\mathbf{Z}}$ 是由 $\varphi(t)$ 生成一个与线性正则小波相关的 $L^2(\mathbf{R})$ 上的广义正交多分辨分析. 令

$$F_\phi(u/b_1) = \frac{F_\varphi(u/b_1)}{\sqrt{\sum_{k\in\mathbf{Z}} |F_\varphi(u/b_1 + 2k\pi)|^2}}, \tag{3.207}$$

那么，函数族 $\{\phi_{A_1,0,n}(t) = \phi(t-n)\mathrm{e}^{\frac{\mathrm{j}}{2}(t^2-n^2)\frac{a_1}{b_1}}\}_{n\in\mathbf{Z}}$ 构成闭子空间 $V_0^{A_1}$ 的标准正交基.

证明　因为函数族 $\{\varphi_{A_1,0,n}(t) = \varphi(t-n)\mathrm{e}^{\frac{\mathrm{j}}{2}(t^2-n^2)\frac{a_1}{b_1}}\}_{n\in\mathbf{Z}}$ 是闭子空间 $V_k^{A_1}$ 的 Riesz 基，所以存在常数 $0 < A \leqslant B < +\infty$ 使得

$$A \leqslant \sum_{k\in\mathbf{Z}} |F_\varphi(u/b_1 + 2k\pi)|^2 \leqslant B, \forall u \in [0, 2\pi b_1]. \tag{3.208}$$

可证 $\displaystyle\sum_{k\in\mathbf{Z}} |F_\varphi(u/b_1 + 2k\pi)|^2$ 是一个周期为 $2\pi b_1$ 的周期函数. 因此根据傅里叶级数的定义可知，存在序列 $\{d_n\}_{n\in\mathbf{Z}} \in \ell^2$ 使得

$$\frac{\mathrm{e}^{-\mathrm{j}un_0/b_1}}{\sqrt{\sum_{k\in\mathbf{Z}} |F_\varphi(u/b_1 + 2k\pi)|^2}} = \sum_{n\in\mathbf{Z}} d_n \mathrm{e}^{-\mathrm{j}un/b_1}. \tag{3.209}$$

把式 (3.207) 代入上式，可得

$$F_\phi(u/b_1)\mathrm{e}^{-\mathrm{j}un_0/b_1} = \sum_{n\in\mathbf{Z}} d_n F_\varphi(u/b_1)\mathrm{e}^{-\mathrm{j}un/b_1}. \tag{3.210}$$

在上式两端作傅里叶逆变换，可得

$$\phi(t-n_0)\mathrm{e}^{\frac{\mathrm{j}}{2}(t^2-n_0^2)\frac{a_1}{b_1}} = \sum_{n\in\mathbf{Z}} d_n' \varphi(t-n)\mathrm{e}^{\frac{\mathrm{j}}{2}(t^2-n^2)\frac{a_1}{b_1}}. \tag{3.211}$$

其中，$d'_n = c_n e^{\frac{j}{2}(n^2 - n_0^2)\frac{a_1}{b_1}}$. 因此，$\phi(t-n)e^{\frac{j}{2}(t^2 - n^2)\frac{a_1}{b_1}} \in V_0^{\boldsymbol{A_1}}$. 此外，因为 $V_0^{\boldsymbol{A_1}}$ 是一个闭空间，所以 $\overline{\text{span}}\{\phi_{\boldsymbol{A_1},0,n}(t) = \phi(t-n)e^{\frac{j}{2}(t^2 - n^2)\frac{a_1}{b_1}}\}_{n \in \mathbf{Z}} \subseteq V_0^{\boldsymbol{A_1}}$.

下面，将讨论如何构造正交线性正则小波函数. 首先定义空间 $W_k^{\boldsymbol{A_1}}$ 为 $V_k^{\boldsymbol{A_1}}$ 在空间 $V_{k+1}^{\boldsymbol{A_1}}$ 中的正交补，即

$$W_k^{\boldsymbol{A_1}} \perp V_k^{\boldsymbol{A_1}}, \quad V_{k+1}^{\boldsymbol{A_1}} = W_k^{\boldsymbol{A_1}} \oplus V_k^{\boldsymbol{A_1}}, \quad \forall k \in \mathbf{Z}. \tag{3.212}$$

那么，根据定义 (3.15)，可得 $\{W_k^{\boldsymbol{A_1}}\}_{k \in \mathbf{Z}}$ 具有如下的几个性质：

(1) $W_k^{\boldsymbol{A_1}} \perp W_l^{\boldsymbol{A_1}}, \forall k \neq l$;

(2) $\oplus_{k \in \mathbf{Z}} W_k^{\boldsymbol{A_1}} = L^2(\mathbf{R})$;

(3) $g(t) \in W_k^{\boldsymbol{A_1}} \Leftrightarrow g(2t)e^{\frac{j}{2}[(2t)^2 - t^2]\frac{a_1}{b_1}} \in W_{k+1}^{\boldsymbol{A_1}}, \forall k \in \mathbf{Z}$.

性质 (2) 说明 $L^2(\mathbf{R})$ 的标准正交基可以通过构造每一个子空间 $W_k^{\boldsymbol{A_1}}$ 的标准正交基而得到. 性质 (3) 进一步说明只需构造子空间 $W_0^{\boldsymbol{A_1}}$ 的标准正交基即可. 因此，关键问题是如何构造函数 $\psi(t) \in L^2(\mathbf{R})$ 使得函数族 $\{\psi_{\boldsymbol{A_1},0,n}(t) = \psi(t-n)e^{\frac{j}{2}(t^2 - n^2)\frac{a_1}{b_1}}\}_{n \in \mathbf{Z}}$ 是子空间 $W_0^{\boldsymbol{A_1}}$ 的标准正交基.

定理 3.25 令 $\psi(t) = \sqrt{2}\sum_{n \in \mathbf{Z}} g_n \phi(2t-n)e^{\frac{j}{2}\frac{n^2}{4}\frac{a_1}{b_1}}$，那么函数族 $\{\psi_{\boldsymbol{A_1},0,n}(t)\}_{n \in \mathbf{Z}}$ 是子空间 $W_0^{\boldsymbol{A_1}}$ 的标准正交基的充要条件是 $\boldsymbol{M}(u/b_1)$ 是酉矩阵，即

$$\boldsymbol{M}(u/b_1)\boldsymbol{M}^*(u/b_1) = \boldsymbol{I}, \quad a.e.\, u \in \mathbf{R}. \tag{3.213}$$

其中，$\boldsymbol{I}$ 表示单位矩阵；$\boldsymbol{M}^*(u/b_1)$ 表示 $\boldsymbol{M}(u/b_1)$ 的共轭转置；$\boldsymbol{M}(u/b_1)$ 定义为

$$\boldsymbol{M}(u/b_1) = \begin{pmatrix} \Lambda(u/b_1) & \Lambda(u/b_1 + \pi) \\ \Gamma(u/b_1) & \Gamma(u/b_1 + \pi) \end{pmatrix}. \tag{3.214}$$

证明 首先，由于 $\{\phi_{\boldsymbol{A_1},1,n}(t) = 2^{\frac{1}{2}}\phi(2t-n)e^{-\frac{j}{2}[t^2 - (\frac{n}{2})^2]\frac{a_1}{b_1}}\}_{n \in \mathbf{Z}}$ 构成 $V_1^{\boldsymbol{A_1}}$ 的一个标准正交基，并且 $\phi_{\boldsymbol{A_1},0,0}(t) = \phi(t)e^{-\frac{j}{2}t^2\frac{a_1}{b_1}} \in V_0^{\boldsymbol{A_1}} \subseteq V_1^{\boldsymbol{A_1}}$，因此存在 $\{h_n\}_{n \in \mathbf{Z}} \in \ell^2$ 使得

$$\phi_{\boldsymbol{A_1},0,0}(t) = \phi(t)e^{-\frac{j}{2}t^2\frac{a_1}{b_1}} = \sum_{n \in \mathbf{Z}} h_n \phi_{\boldsymbol{A_1},1,n}(t). \tag{3.215}$$

其中，$h_n = \sqrt{2}e^{\frac{j}{2}\frac{n^2}{4}\frac{a_1}{b_1}}\int_{\mathbf{R}}\phi(t)\phi(2t-n)\,\mathrm{d}t$. 对上式两端作 LCT，得到

$$\mathcal{L}^{\boldsymbol{A_1}}[\phi(t)e^{-\frac{j}{2}t^2\frac{a_1}{b_1}}](u) = \mathcal{L}^{\boldsymbol{A_1}}\left\{\sum_{n \in \mathbf{Z}} h_n 2^{\frac{1}{2}}\phi(2t-n)e^{-\frac{j}{2}[t^2 - (\frac{n}{2})^2]\frac{a_1}{b_1}}\right\}(u).$$

简单整理可得

$$\int_{\mathbf{R}}\phi(t)e^{-jtu/b_1}\,\mathrm{d}t = \int_{\mathbf{R}}\sum_{n \in \mathbf{Z}} h_n 2^{\frac{1}{2}}\phi(2t-n)e^{\frac{j}{2}\frac{a_1}{b_1}\frac{n^2}{4} - jtu/b_1}\,\mathrm{d}t.$$

若 $\xi = 2t - n$，可得

$$F_\phi\left(\frac{u}{b_1}\right) = \frac{1}{\sqrt{2}}\sum_{n \in \mathbf{Z}} h_n e^{\frac{j}{2}\frac{a_1}{b_1}\frac{n^2}{4} - j\frac{nu}{2b_1}}\int_{\mathbf{R}}\phi(\xi)e^{-j\frac{\xi u}{2b_1}}\,\mathrm{d}\xi = \Lambda\left(\frac{u}{2b_1}\right)F_\phi\left(\frac{u}{2b_1}\right), \tag{3.216}$$

其中

$$\Lambda\left(\frac{u}{b_1}\right) = \frac{1}{\sqrt{2}} \sum_{n\in\mathbf{Z}} h_n \mathrm{e}^{\frac{\mathrm{j}}{2}\frac{a_1}{b_1}\frac{n^2}{4} - \mathrm{j}\frac{nu}{b_1}}. \tag{3.217}$$

可以验证 $\Lambda(u/b_1)$ 是一个周期为 $2\pi b_1$ 的周期函数. 此外,

$$\sum_{k\in\mathbf{Z}} |F_\phi(u/b_1 + 2k\pi)|^2 = \sum_{k\in\mathbf{Z}} \left|\Lambda\left(\frac{u}{2b_1} + k\pi\right) F_\phi\left(\frac{u}{2b_1} + k\pi\right)\right|^2 = \left|\Lambda\left(\frac{u}{2b_1}\right)\right|^2 + \left|\Lambda\left(\frac{u}{2b_1} + \pi\right)\right|^2, \tag{3.218}$$

又因为 $\{\phi_{\mathbf{A}_1,0,n}(t) = \phi(t-n)\mathrm{e}^{-\frac{1}{2}(t^2-n^2)\frac{a_1}{b_1}}\}_{n\in\mathbf{Z}}$ 是子空间 $V_0^{\mathbf{A}_1}$ 的标准正交基, 根据定理 3.23 可得

$$\sum_{k\in\mathbf{Z}} |F_\phi(u/b_1 + 2k\pi)|^2 = 1.$$

所以

$$\left|\Lambda\left(\frac{u}{b_1}\right)\right|^2 + \left|\Lambda\left(\frac{u}{b_1} + \pi\right)\right|^2 = 1. \tag{3.219}$$

其次, 由于 $\psi_{\mathbf{A}_1,0,0}(t) = \psi(t)\mathrm{e}^{-\frac{1}{2}t^2\frac{a_1}{b_1}} \in W_0^{\mathbf{A}_1} \subseteq V_1^{\mathbf{A}_1}$, 存在 $\{g_n\}_{n\in\mathbf{Z}} \in \ell^2$ 使得

$$\psi_{\mathbf{A}_1,0,0}(t) = \psi(t)\mathrm{e}^{-\frac{1}{2}t^2\frac{a_1}{b_1}} = \sum_{n\in\mathbf{Z}} g_n \phi_{\mathbf{A}_1,1,n}(t). \tag{3.220}$$

对上式两端作 LCT, 得到

$$F_\psi\left(\frac{u}{b_1}\right) = \Gamma\left(\frac{u}{2b_1}\right) F_\phi\left(\frac{u}{2b_1}\right), \tag{3.221}$$

其中

$$\Gamma\left(\frac{u}{b_1}\right) = \frac{1}{\sqrt{2}} \sum_{n\in\mathbf{Z}} g_n \mathrm{e}^{\frac{\mathrm{j}}{2}\frac{a_1}{b_1}\frac{n^2}{4} - \mathrm{j}\frac{nu}{b_1}}. \tag{3.222}$$

根据定理 3.23, 如果 $\displaystyle\sum_{k\in\mathbf{Z}} |F_\psi(u/b_1 + 2k\pi)|^2 = 1$, 那么 $\{\psi_{\mathbf{A}_1,0,n}(t) = \psi(t-n)\mathrm{e}^{\frac{\mathrm{j}}{2}(t^2-n^2)\frac{a_1}{b_1}}\}_{n\in\mathbf{Z}}$ 构成子空间 $W_0^{\mathbf{A}_1}$ 的一个标准正交基. 类似于式 (3.218) 的推导, 可得

$$\left|\Gamma\left(\frac{u}{b_1}\right)\right|^2 + \left|\Gamma\left(\frac{u}{b_1} + \pi\right)\right|^2 = 1. \tag{3.223}$$

最后, 由于 $W_0^{\mathbf{A}_1}$ 和 $V_0^{\mathbf{A}_1}$ 在空间 $V_1^{\mathbf{A}_1}$ 中是正交的, 因此

$$\langle \phi_{\mathbf{A}_1,0,m}(t), \psi_{\mathbf{A}_1,0,n}(t)\rangle_{L^2} = 0, \ \forall \ m,n \in \mathbf{Z}, \tag{3.224}$$

同时, 利用类似于式 (3.203) 的推导, 可得

$$\mathcal{L}^{\mathbf{A}_1}[\phi_{\mathbf{A}_1,0,m}(t)](u) = \sqrt{2\pi} K_{\mathbf{A}_1}(m,u) F_\phi(u/b_1), \tag{3.225}$$

$$\mathcal{L}^{\mathbf{A}_1}[\psi_{\mathbf{A}_1,0,n}(t)](u) = \sqrt{2\pi} K_{\mathbf{A}_1}(n,u) F_\psi(u/b_1). \tag{3.226}$$

于是, 基于上述两式和 LCT 域的内积定理, 可得

$$\langle\phi_{\boldsymbol{A}_1,0,m}(t),\psi_{\boldsymbol{A}_1,0,n}(t)\rangle_{L^2}=\langle\mathcal{L}^{\boldsymbol{A}_1}[\phi_{\boldsymbol{A}_1,0,m}(t)],\mathcal{L}^{\boldsymbol{A}_1}[\psi_{\boldsymbol{A}_1,0,n}(t)]\rangle_{L^2}$$

$$=\frac{1}{b_1}\mathrm{e}^{\frac{\mathrm{j}}{2}(m^2-n^2)\frac{a_1}{b_1}}\int_{\boldsymbol{R}}\Lambda\left(\frac{u}{2b_1}\right)\Gamma^*\left(\frac{u}{2b_1}\right)\left|F_\phi\left(\frac{u}{2b_1}\right)\right|^2\mathrm{e}^{-\mathrm{j}(m-n)u/b_1}\,\mathrm{d}u$$

$$=\frac{1}{b_1}\mathrm{e}^{\frac{\mathrm{j}}{2}(m^2-n^2)\frac{a_1}{b_1}}\int_0^{4\pi b_1}\Lambda\left(\frac{u}{2b_1}\right)\Gamma^*\left(\frac{u}{2b_1}\right)\mathrm{e}^{-\mathrm{j}(m-n)u/b_1}\,\mathrm{d}u$$

$$=\frac{1}{b_1}\mathrm{e}^{\frac{\mathrm{j}}{2}(m^2-n^2)\frac{a_1}{b_1}}\int_0^{2\pi b_1}\left[\Lambda\left(\frac{u}{2b_1}\right)\Gamma^*\left(\frac{u}{2b_1}\right)+\Lambda\left(\frac{u}{2b_1}+\pi\right)\cdot\right.$$

$$\left.\Gamma^*\left(\frac{u}{2b_1}+\pi\right)\right]\mathrm{e}^{-\mathrm{j}(m-n)u/b_1}\,\mathrm{d}u.$$

由于 $\left\{\frac{1}{\sqrt{2\pi}}\mathrm{e}^{-\mathrm{j}nu/b_1}\right\}_{n\in\boldsymbol{Z}}$ 是 $L^2[0,2\pi b_1]$ 的标准正交基, 于是根据上式可得

$$\Lambda\left(\frac{u}{2b_1}\right)\Gamma^*\left(\frac{u}{2b_1}\right)+\Lambda\left(\frac{u}{2b_1}+\pi\right)\Gamma^*\left(\frac{u}{2b_1}+\pi\right)=0\quad\forall u\in\boldsymbol{R}. \tag{3.227}$$

总之, 结合式 (3.219)、式 (3.223) 和式 (3.227) 可知结论成立.

下面介绍具体如何构造正交线性正则小波函数. 如果式 (3.213) 成立, 那么存在函数 $\lambda(u)$ 使得

$$\left(\Gamma^*\left(\frac{u}{b_1}\right),\Gamma^*\left(\frac{u}{b_1}+\pi\right)\right)=\left(\lambda\left(\frac{u}{b_1}\right)\Lambda\left(\frac{u}{b_1}+\pi\right),-\lambda\left(\frac{u}{b_1}\right)\Lambda\left(\frac{u}{b_1}\right)\right). \tag{3.228}$$

$\Gamma^*(u/b_1)$ 和 $\Lambda(u/b_1+\pi)$ 是一个周期为 $2\pi b_1$ 的周期函数, 由此可知 $\lambda(u/b_1)$ 也是一个周期为 $2\pi b_1$ 的周期函数. 所以, $\lambda(u/b_1)$ 可以展开为一个傅里叶级数, 即 $\lambda(u/b_1)=\sum\limits_{k\in\boldsymbol{Z}}c_k\mathrm{e}^{\mathrm{j}ku/b_1}$, 其中

$$c_k=\frac{1}{2\pi b_1}\int_0^{2\pi b_1}\lambda(u)\mathrm{e}^{-\mathrm{j}ku/b_1}\,\mathrm{d}u$$

$$=\frac{1}{2\pi b_1}\left[\int_0^{\pi b_1}\lambda(u)\mathrm{e}^{-\mathrm{j}ku/b_1}\,\mathrm{d}u+\int_{\pi b_1}^{2\pi b_1}\lambda(u)\mathrm{e}^{-\mathrm{j}ku/b_1}\,\mathrm{d}u\right] \tag{3.229}$$

$$=\frac{1-(-1)^k}{2\pi b_1}\int_0^{\pi b_1}\lambda(u)\mathrm{e}^{-\mathrm{j}ku/b_1}\,\mathrm{d}u.$$

因此, $\lambda(u/b_1)$ 可以重写为

$$\lambda\left(\frac{u}{b_1}\right)=\sum_{l\in\boldsymbol{Z}}c_{2l+1}\mathrm{e}^{\mathrm{j}(2l+1)u/b_1}=\mathrm{e}^{\mathrm{j}u/b_1}\sum_{l\in\boldsymbol{Z}}c_{2l+1}\mathrm{e}^{\mathrm{j}2lu/b_1}=\mathrm{e}^{\mathrm{j}u/b_1}\gamma\left(\frac{2u}{b_1}\right). \tag{3.230}$$

其中, $\gamma(u/b_1)=\sum\limits_{l\in\boldsymbol{Z}}c_{2l+1}\mathrm{e}^{\mathrm{j}lu/b_1}$.

此外, 根据式 (3.222), 得到

$$\Lambda^*\left(\frac{u}{b_1}+\pi\right)=\frac{1}{\sqrt{2}}\sum_{n\in\boldsymbol{Z}}h_n^*\mathrm{e}^{-\frac{\mathrm{j}}{2}\frac{a_1}{b_1}\frac{n^2}{4}+\mathrm{j}\frac{n(u+b_1\pi)}{b_1}}=\frac{1}{\sqrt{2}}\sum_{n\in\boldsymbol{Z}}(-1)^nh_n^*\mathrm{e}^{-\frac{\mathrm{j}}{2}\frac{a_1}{b_1}\frac{n^2}{4}+\mathrm{j}\frac{nu}{b_1}}. \tag{3.231}$$

因此, 令 $\gamma^*\left(\dfrac{2u}{b_1}\right) = 1$, 可得

$$\Gamma\left(\frac{u}{b_1}\right) = \lambda^*\left(\frac{u}{b_1}\right)\Lambda^*\left(\frac{u}{b_1}+\pi\right) = \mathrm{e}^{-\mathrm{j}u/b_1}\gamma^*\left(\frac{2u}{b_1}\right)\frac{1}{\sqrt{2}}\sum_{n\in\mathbf{Z}}(-1)^n h_n^* \mathrm{e}^{-\frac{\mathrm{j}}{2}\frac{a_1}{b_1}\frac{n^2}{4}+\mathrm{j}\frac{nu}{b_1}},$$

$$\frac{1}{\sqrt{2}}\sum_{n\in\mathbf{Z}}g_n\mathrm{e}^{\frac{\mathrm{j}}{2}\frac{a_1}{b_1}\frac{n^2}{4}-\mathrm{j}\frac{nu}{b_1}} = \mathrm{e}^{-\mathrm{j}u/b_1}\frac{1}{\sqrt{2}}\sum_{n\in\mathbf{Z}}(-1)^n h_n^* \mathrm{e}^{-\frac{\mathrm{j}}{2}\frac{a_1}{b_1}\frac{n^2}{4}+\mathrm{j}\frac{nu}{b_1}}.$$

基于此可得

$$\begin{aligned}
g_n\mathrm{e}^{\frac{\mathrm{j}}{2}\frac{a_1}{b_1}\frac{n^2}{4}} &= \int_{\mathbf{R}}\mathrm{e}^{-\mathrm{j}u/b_1}\sum_{m\in\mathbf{Z}}(-1)^m h_m^* \mathrm{e}^{-\frac{\mathrm{j}}{2}\frac{a_1}{b_1}\frac{m^2}{4}+\mathrm{j}\frac{mu}{b_1}}\mathrm{e}^{\mathrm{j}\frac{nu}{b_1}}\,\mathrm{d}u \\
&= \sum_{m\in\mathbf{Z}}(-1)^m h_m^* \mathrm{e}^{-\frac{\mathrm{j}}{2}\frac{a_1}{b_1}\frac{m^2}{4}}\int_{\mathbf{R}}\mathrm{e}^{\mathrm{j}(n+m-1)\frac{u}{b_1}}\,\mathrm{d}u \\
&= (-1)^{1-n} h_{1-n}^* \mathrm{e}^{-\frac{\mathrm{j}}{2}\frac{a_1}{b_1}\frac{(1-n)^2}{4}}.
\end{aligned}$$

综上可得

$$g_n = (-1)^{1-n} h_{1-n}^* \mathrm{e}^{-\frac{\mathrm{j}}{2}\frac{a_1}{b_1}\frac{(1-n)^2}{4}}\mathrm{e}^{-\frac{\mathrm{j}}{2}\frac{a_1}{b_1}\frac{n^2}{4}}. \tag{3.232}$$

下面给出两个正交线性正则小波函数的构造过程.

例 3.1　令 $\phi(t) = \chi_{[0,1)}$, 其中 $\chi_{[0,1)}$ 表示区间 $[0,1)$ 内的特征函数. 根据式 (3.200), 可以验证 $\{\phi_{\mathbf{A}_1,0,n}(t) = \phi(t-n)\mathrm{e}^{-\frac{1}{2}(t^2-n^2)\frac{a_1}{b_1}}\}_{n\in\mathbf{Z}}$ 构成子空间 $V_0^{\mathbf{A}_1}$ 的标准正交基. 进一步可得, $\{V_k^{\mathbf{A}_1}\}_{k\in\mathbf{Z}}$ 是与 LCWT 相关的 $L^2(\mathbf{R})$ 上的一个正交线性正则多分辨分析. 因此,

$$h_n = \sqrt{2}\mathrm{e}^{-\frac{1}{2}\frac{n^2}{4}\frac{a_1}{b_1}}\int_{\mathbf{R}}\phi(t)\phi^*(2t-n)\,\mathrm{d}t = \begin{cases} \frac{\sqrt{2}}{2}, & n=0 \\ \frac{\sqrt{2}}{2}\mathrm{e}^{-\frac{\mathrm{j}}{2}\frac{a_1}{4b_1}}, & n=1. \\ 0, & \text{其他} \end{cases} \tag{3.233}$$

根据式 (3.232), 得到

$$g_n = (-1)^{1-n} h_{1-n}^* \mathrm{e}^{-\frac{\mathrm{j}}{2}\frac{a_1}{b_1}\frac{(1-n)^2}{4}}\mathrm{e}^{-\frac{\mathrm{j}}{2}\frac{a_1}{b_1}\frac{n^2}{4}} = \begin{cases} -\frac{\sqrt{2}}{2}, & n=0 \\ \frac{\sqrt{2}}{2}\mathrm{e}^{-\frac{\mathrm{j}}{2}\frac{a_1}{4b_1}}, & n=1. \\ 0, & \text{其他} \end{cases} \tag{3.234}$$

根据式 (3.220), 可得线性正则 Haar 小波函数为

$$\psi(t) = \sum_{n\in\mathbf{Z}}g_n\sqrt{2}\phi(2t-n)\mathrm{e}^{\frac{\mathrm{j}}{2}\frac{a_1}{b_1}\frac{n^2}{4}} = -\chi_{\left[0,\frac{1}{2}\right)} + \chi_{\left[\frac{1}{2},1\right)}. \tag{3.235}$$

再根据式 (3.217)、式 (3.222) 和式 (3.214), 可得

$$\boldsymbol{M}(u/b_1) = \frac{1}{2}\begin{pmatrix} 1+\mathrm{e}^{-\mathrm{j}u/b_1} & 1-\mathrm{e}^{-\mathrm{j}u/b_1} \\ -1+\mathrm{e}^{-\mathrm{j}u/b_1} & -1-\mathrm{e}^{-\mathrm{j}u/b_1} \end{pmatrix}, \tag{3.236}$$

并且可以验证 $\boldsymbol{M}(u/b_1)$ 是一个酉矩阵.

例 3.2 令 $\phi(t) = \mathrm{sinc}(t) = \dfrac{\sin \pi t}{\pi t}$，则

$$F_\phi(u) = \mathcal{F}[\phi(t)](u) = \begin{cases} 1, & |u| \leqslant \pi \\ 0, & |u| > \pi \end{cases}. \tag{3.237}$$

因此，$\displaystyle\sum_{k \in \mathbf{Z}} |F_\phi(u/b_1 + 2k\pi)|^2 = 1$，这说明 $\{\phi_{\boldsymbol{A}_1,0,n}(t) = \mathrm{sinc}(t-n)\mathrm{e}^{-\frac{\mathrm{j}}{2}(t^2-n^2)\frac{a_1}{b_1}}\}_{n \in \mathbf{Z}}$ 构成子空间 $V_0^{\boldsymbol{A}_1}$ 的标准正交基. 进一步可得，$\{V_k^{\boldsymbol{A}_1}\}_{k \in \mathbf{Z}}$ 是与 LCWT 相关的 $L^2(\mathbf{R})$ 上的一个正交线性正则多分辨分析.

事实上，子空间 $V_0^{\boldsymbol{A}_1}$ 也可表示为

$$V_0^{\boldsymbol{A}_1} = \{f(t)|L_f^{\boldsymbol{A}_1}(u) = 0, |u| \geqslant b_1\pi\}. \tag{3.238}$$

根据 LCT 域的带限信号采样定理，即

$$f(t) = \sum_{n \in \mathbf{Z}} f(nT_s)\mathrm{sinc}\left[\frac{\Omega_{\boldsymbol{A}_1}(t-nT_s)}{b_1\pi}\right]\mathrm{e}^{-\frac{\mathrm{j}}{2}[t^2-(nT_s)^2]\frac{a_1}{b_1}}. \tag{3.239}$$

其中，T_s 是采样间隔；$f(t)$ 表示 LCT 域的带限信号. 当 $T_s = 1, \Omega_{\boldsymbol{A}_1} = b_1\pi$ 时，可得 $f(t) \in V_0^{\boldsymbol{A}_1}$ 以及 $f(t)$ 可以表示为 $\{\phi_{\boldsymbol{A}_1,0,n}(t) = \mathrm{sinc}(t-n)\mathrm{e}^{-\frac{\mathrm{j}}{2}(t^2-n^2)\frac{a_1}{b_1}}\}_{n \in \mathbf{Z}}$ 的线性组合. 又因为 $\{\mathrm{sinc}(t-n)\mathrm{e}^{-\frac{\mathrm{j}}{2}(t^2-n^2)\frac{a_1}{b_1}}\}_{n \in \mathbf{Z}}$ 的正交性，可以进一步得到 $\{\phi_{\boldsymbol{A}_1,0,n}(t) = \mathrm{sinc}(t-n)\mathrm{e}^{-\frac{\mathrm{j}}{2}(t^2-n^2)\frac{a_1}{b_1}}\}_{n \in \mathbf{Z}}$ 构成子空间 $V_0^{\boldsymbol{A}_1}$ 的标准正交基. 一般地，令 $\Omega_{\boldsymbol{A}_1} = 2^k b_1, T_s = \dfrac{1}{2^k}$，$V_k^{\boldsymbol{A}_1} = \{f(t)|L_f^{\boldsymbol{A}_1}(u) = 0, |u| \geqslant 2^k b_1\pi\}$. 对于任一 $f(t) \in V_k^{\boldsymbol{A}_1}$，根据式 (3.239) 可得

$$f(t) = \sum_{n \in \mathbf{Z}} f\left(\frac{n}{2^k}\right)\mathrm{sinc}[(2^k t - n)]\mathrm{e}^{-\frac{\mathrm{j}}{2}\left[t^2-\left(\frac{n}{2^k}\right)^2\right]\frac{a_1}{b_1}} = \sum_{n \in \mathbf{Z}} f\left(\frac{n}{2^k}\right)\phi_{\boldsymbol{A}_1,k,n}. \tag{3.240}$$

可以验证 $\{V_k^{\boldsymbol{A}_1}\}_{k \in \mathbf{Z}}$ 是与 LCWT 相关的 $L^2(\mathbf{R})$ 上的一个正交线性正则多分辨分析. 所以，

$$h_n = \sqrt{2}\mathrm{e}^{-\frac{\mathrm{j}}{2}\frac{n^2}{4}\frac{a_1}{b_1}}\int_{\mathbf{R}} \phi(t)\phi^*(2t-n)\,\mathrm{d}t = \begin{cases} \dfrac{\sqrt{2}}{2}, & n = 0 \\ 0, & n = 2k, k \neq 0 \\ (-1)^k \dfrac{\sqrt{2}}{(2k+1)\pi}\mathrm{e}^{-\frac{\mathrm{j}}{2}\frac{(2k+1)^2}{4}\frac{a_1}{b_1}}, & n = 2k+1 \end{cases}.$$

根据式 (3.232)，得到

$$\Lambda\left(\frac{u}{b_1}\right) = \frac{1}{\sqrt{2}}\sum_{n \in \mathbf{Z}} h_n \mathrm{e}^{\frac{\mathrm{j}}{2}\frac{a_1}{b_1}\frac{n^2}{4} - \frac{\mathrm{j}nu}{b_1}} = \begin{cases} 1, & 0 \leqslant |u| < \dfrac{|b_1|}{2}\pi \\ 0, & \dfrac{|b_1|}{2}\pi \leqslant |u| < |b_1|\pi \end{cases}. \tag{3.241}$$

$$\Gamma\left(\frac{u}{b_1}\right) = \mathrm{e}^{-\mathrm{j}u/b_1}\Lambda^*\left(\frac{u}{b_1} + \pi\right) = \begin{cases} 0, & 0 \leqslant |u| < \dfrac{|b_1|}{2}\pi \\ \mathrm{e}^{-\mathrm{j}u/b_1}, & \dfrac{|b_1|}{2}\pi \leqslant |u| < |b_1|\pi \end{cases}. \tag{3.242}$$

根据式 (3.221), 得到

$$F_\psi\left(\frac{u}{b_1}\right) = \Gamma\left(\frac{u}{2b_1}\right)F_\phi\left(\frac{u}{2b_1}\right) = \mathrm{e}^{-\frac{\mathrm{j}u}{2b_1}}F_\phi\left(\frac{u}{2b_1}\right) - \mathrm{e}^{-\frac{\mathrm{j}u}{2b_1}}F_\phi\left(\frac{u}{b_1}\right). \tag{3.243}$$

对上式两端作傅里叶逆变换, 得到

$$\psi(t) = 2\phi(2t-1) - \phi\left(t-\frac{1}{2}\right) = \frac{\sin[\pi(2t-1)] - \sin\pi\left(t-\frac{1}{2}\right)}{\pi\left(t-\frac{1}{2}\right)}. \tag{3.244}$$

根据式 (3.241)、式 (3.242) 和式 (3.214), 可以得到 $M(u/b_1)$ 是一个酉矩阵.

3.5.2　线性正则小波在函数空间上的分析

定义 3.16　定义函数空间 $\mathcal{S}_{\boldsymbol{A}_1}(\mathbf{R})$ 为

$$\mathcal{S}_{\boldsymbol{A}_1}(\mathbf{R}) = \{\phi \in C^\infty(\mathbf{R})|\ \sup_{t\in\mathbf{R}}|t^\alpha\Delta_t^\beta\phi(t)| < \infty, \forall\alpha,\beta\in\mathbf{N}\}. \tag{3.245}$$

其中, $\Delta_t = \dfrac{\mathrm{d}}{\mathrm{d}t} - \mathrm{j}t\dfrac{a_1}{b_1}$. 当其上的半范数定义为 $\|\phi\|_{\mathcal{S}_{\boldsymbol{A}_1}(\mathbf{R})} = \sup\limits_{t\in\mathbf{R}}|t^\alpha\Delta_t^\beta\phi(t)|$ 时, 空间 $\mathcal{S}_{\boldsymbol{A}_1}(\mathbf{R})$

同样也是一个 Frechet 空间. 当 $a_1 = 0$ 时, 空间 $\mathcal{S}_{\boldsymbol{A}_1}(\mathbf{R})$ 退化为经典的速降函数空间 $\mathcal{S}(\mathbf{R})$.

定理 3.26　任意 $f(t) \in \mathcal{S}_{\boldsymbol{A}_1}(\mathbf{R})$, $\Delta_b = \dfrac{\mathrm{d}}{\mathrm{d}b} - \mathrm{j}b\dfrac{a_1}{b_1}$, $\Delta_b^* = -\left(\dfrac{\mathrm{d}}{\mathrm{d}b} + \mathrm{j}b\dfrac{a_1}{b_1}\right)$, 则 LCWT 在

空间 $\mathcal{S}_{\boldsymbol{A}_1}(\mathbf{R})$ 上具有如下的一些性质:

(1) $\Delta_t^\beta\psi_{a,b,\boldsymbol{A}_1}^*(t) = D^\beta\psi_{a,b}^*(t)\cdot\mathrm{e}^{\frac{\mathrm{j}}{2}(t^2-b^2)\cdot\frac{a_1}{b_1}}$;

(2) $(\Delta_b^*)^\beta\psi_{a,b,\boldsymbol{A}_1}^*(t) = D^\beta\psi_{a,b}^*(t)\cdot\mathrm{e}^{\frac{\mathrm{j}}{2}(t^2-b^2)\cdot\frac{a_1}{b_1}}$;

(3) $\Delta_t^\beta\psi_{a,b,\boldsymbol{A}_1}^*(t) = (\Delta_b^*)^\beta\psi_{a,b,\boldsymbol{A}_1}^*(t)$;

(4) $\displaystyle\int_{\mathbf{R}}\psi_{a,b,\boldsymbol{A}_1}^*(t)[(\Delta_t^*)^\beta f(t)]\,\mathrm{d}t = \int_{\mathbf{R}}\Delta_t^\beta\psi_{a,b,\boldsymbol{A}_1}^*(t)f(t)\,\mathrm{d}t$;

(5) $\mathcal{W}^{\boldsymbol{A}_1}[(\Delta_t^*)^\beta f(t)](a,b) = (\Delta_b^*)^\beta\mathcal{W}^{\boldsymbol{A}_1}[f(t)](a,b)$;

(6) $\mathcal{W}^{\boldsymbol{A}_1}[t^\alpha\Delta_t^* f(t)](a,b) = \Delta_b^*\mathcal{W}^{\boldsymbol{A}_1}[t^\alpha f(t)](a,b) + \mathcal{W}^{\boldsymbol{A}_1}[\alpha t^{\alpha-1}f(t)](a,b)$;

(7) $\displaystyle\int_{\mathbf{R}}\int_{\mathbf{R}^+}W_f^{\boldsymbol{A}_1}(a,b)[W_g^{\boldsymbol{A}_1}(a,b)]^*\frac{1}{a^2}\,\mathrm{d}a\,\mathrm{d}b = 2\pi C_\psi\int_{\mathbf{R}}f(t)g^*(t)\,\mathrm{d}t$;

(8) $\displaystyle\int_{\mathbf{R}}\int_{\mathbf{R}^+}|W_f^{\boldsymbol{A}_1}(a,b)|^2\frac{1}{a^2}\,\mathrm{d}a\,\mathrm{d}b = 2\pi C_\psi\int_{\mathbf{R}}|f(t)|^2\,\mathrm{d}t$.

3.5.2.1　$L^{p,\boldsymbol{A}_1}$ 的 LCWT

定义 3.17　对于 $\forall 1 \leqslant p < \infty$, 广义的函数空间 $L^{p,\boldsymbol{A}_1}$ 定义为

$$L^{p,\boldsymbol{A}_1} = \{\phi \in C^\infty \mid t^\alpha(\Delta_t^*)^\beta\phi(t) \in L^p, \forall\alpha,\beta\in\mathbf{N}\}. \tag{3.246}$$

其上的范数定义为

$$\|\phi\|_{L^{p,\boldsymbol{A}_1}} = \|t^\alpha(\Delta_t^*)^\beta\phi(t)\|_{L^p}(\forall\alpha,\beta\in\mathbf{N}). \tag{3.247}$$

定义 3.18 对于 $\forall 1 \leqslant p < \infty$, 广义函数空间 $G^{p,\boldsymbol{A}_1}$ 定义为

$$G^{p,\boldsymbol{A}_1} = \left\{ \varphi(a,b) \in C^\infty(\mathbf{R}^+ \times \mathbf{R}) \Big| \left(\int_{\mathbf{R}} \left| \int_{\mathbf{R}^+} a^\sigma b^\alpha D_a^\gamma (\Delta_b^*)^\beta [\sqrt{a}\varphi(a,b)]^* \, \mathrm{d}a \right|^p \, \mathrm{d}b \right)^{\frac{1}{p}} < \infty \right\}. \tag{3.248}$$

其中, $\sigma, \alpha, \beta, \gamma \in \mathbf{N}$ 满足 $\beta + \gamma - \sigma - 2 \geqslant 0$. 其上的范数定义为

$$\|\varphi(a,b)\|_{G^{p,\boldsymbol{A}_1}} = \left(\int_{\mathbf{R}} \left| \int_{\mathbf{R}^+} a^\sigma b^\alpha D_a^\gamma (\Delta_b^*)^\beta [\sqrt{a}\varphi(a,b)]^* \, \mathrm{d}a \right|^p \, \mathrm{d}b \right)^{\frac{1}{p}}. \tag{3.249}$$

定理 3.27 设 $\phi \in L^{p,\boldsymbol{A}_1}$, $\psi \in \mathcal{S}_{\boldsymbol{A}_1}(\mathbf{R})$ 且满足如下条件:

$$C'_{\psi,\boldsymbol{A}_1} = \left| \int_{\mathbf{R}^+} \tau^\sigma D_\tau^\gamma \{ \tau \mathrm{e}^{\frac{\mathrm{j}}{2}\frac{d_1}{b_1}\tau^2} \mathcal{L}^{\boldsymbol{A}_1}[\mathrm{e}^{-\frac{\mathrm{j}}{2}\frac{a_1}{b_1}\xi^2}\psi(\xi)](\tau) \} \, \mathrm{d}\tau \right| < \infty,$$

则 LCWT 算子 $\mathcal{W}^{\boldsymbol{A}_1} : L^{p,\boldsymbol{A}_1} \to G^{p,\boldsymbol{A}_1}$ 是连续算子.

证明 根据 LCWT 的定义, 可得

$$\begin{aligned}
I &= a^\sigma b^\alpha D_a^\gamma (\Delta_b^*)^\beta [\sqrt{a} \mathcal{W}_\phi^{\boldsymbol{A}_1}(a,b)]^* \\
&= a^\sigma b^\alpha D_a^\gamma (\Delta_b^*)^\beta \int_{\mathbf{R}} a L_\phi^{\boldsymbol{A}_1}(u) \mathrm{e}^{\frac{\mathrm{j}}{2}\left(\frac{d_1}{b_1}u^2 + \frac{a_1}{b_1}b^2\right) - \frac{\mathrm{j}bu}{b_1} - \frac{\mathrm{j}}{2}\frac{d_1}{b_1}a^2 u^2} \cdot \mathcal{L}^{\boldsymbol{A}_1}[\mathrm{e}^{-\frac{\mathrm{j}}{2}\frac{a_1}{b_1}\xi^2}\psi(\xi)](au) \, \mathrm{d}u \\
&= a^\sigma b^\alpha D_a^\gamma \int_{\mathbf{R}} a L_\phi^{\boldsymbol{A}_1}(u) \mathrm{e}^{\frac{\mathrm{j}}{2}\left(\frac{d_1}{b_1}u^2 + \frac{a_1}{b_1}b^2\right) - \frac{\mathrm{j}bu}{b_1} - \frac{\mathrm{j}}{2}\frac{d_1}{b_1}a^2 u^2} (-\mathrm{j}u/b_1)^\beta \cdot \mathcal{L}^{\boldsymbol{A}_1}[\mathrm{e}^{-\frac{\mathrm{j}}{2}\frac{a_1}{b_1}\xi^2}\psi(\xi)](au) \, \mathrm{d}u,
\end{aligned}$$

因此,

$$\begin{aligned}
\int_{\mathbf{R}^+} I \, \mathrm{d}a =& (-\mathrm{j}/b_1)^\beta b^\alpha \int_{\mathbf{R}} \left(\int_{\mathbf{R}^+} a^\sigma D_a^\gamma (a\mathrm{e}^{\frac{\mathrm{j}}{2}\frac{d_1}{b_1}a^2 u^2} \mathcal{L}^{\boldsymbol{A}_1}(\mathrm{e}^{-\frac{\mathrm{j}}{2}\frac{a_1}{b_1}\xi^2}\psi(\xi))(au)) \, \mathrm{d}a \right) \cdot \\
& u^\beta L_\phi^{\boldsymbol{A}_1}(u) \mathrm{e}^{\frac{\mathrm{j}}{2}\left(\frac{d_1}{b_1}u^2 + \frac{a_1}{b_1}b^2\right) - \frac{\mathrm{j}bu}{b_1}} \, \mathrm{d}u \\
\underline{\tau = au} & (-\mathrm{j}/b_1)^\beta b^\alpha \int_{\mathbf{R}} \left(\int_{\mathbf{R}^+} \tau^\sigma D_\tau^\gamma (\tau \mathrm{e}^{\frac{\mathrm{j}}{2}\frac{d_1}{b_1}\tau^2} \mathcal{L}^{\boldsymbol{A}_1}(\mathrm{e}^{-\frac{\mathrm{j}}{2}\frac{a_1}{b_1}\xi^2}\psi(\xi))(\tau)) \, \mathrm{d}\tau \right) \cdot \\
& u^{\beta+\gamma-\sigma-2} L_\phi^{\boldsymbol{A}_1}(u) \mathrm{e}^{\frac{\mathrm{j}}{2}\left(\frac{d_1}{b_1}u^2 + \frac{a_1}{b_1}b^2\right) - \frac{\mathrm{j}bu}{b_1}} \, \mathrm{d}u,
\end{aligned}$$

进一步, 可得

$$\begin{aligned}
\left| \int_{\mathbf{R}^+} I \, \mathrm{d}a \right| &\leqslant C'_{\psi,\boldsymbol{A}_1} |1/b_1|^\beta \left| b^\alpha \int_{\mathbf{R}} u^{\beta+\gamma-\sigma-2} L_\phi^{\boldsymbol{A}_1}(u) \mathrm{e}^{\frac{\mathrm{j}}{2}\left(\frac{d_1}{b_1}u^2 + \frac{a_1}{b_1}b^2\right) - \frac{\mathrm{j}bu}{b_1}} \, \mathrm{d}u \right| \\
&\leqslant C'_{\psi,\boldsymbol{A}_1} |1/b_1|^\beta \left| b^\alpha \sqrt{\mathrm{j}2\pi b_1} \mathcal{L}[u^{\beta+\gamma-\sigma-2} L_\phi^{\boldsymbol{A}_1}(u)](b) \right| \\
&\leqslant \sqrt{2\pi} C'_{\psi,\boldsymbol{A}_1} |1/b_1|^{\beta-\alpha-1/2} \left| \mathcal{L}\{(\Delta_u^*)^\alpha [u^{\beta+\gamma-\sigma-2} L_\phi^{\boldsymbol{A}_1}(u)]\}(b) \right|.
\end{aligned}$$

然后, 根据 Riesz-Thorin 内插公式, 得到

$$\left(\int_{\mathbf{R}}\left|\int_{\mathbf{R}^+} I\, da\right|^p db\right)^{\frac{1}{p}} \leqslant \sqrt{2\pi}C'_{\psi,\mathbf{A}_1}|1/b_1|^{\beta-\alpha-1/2}\left(\int_{\mathbf{R}}\left|\mathcal{L}((\Delta_u^*)^\alpha(u^{\beta+\gamma-\sigma-2}L_\phi^{\mathbf{A}_1}(u)))(b)\right|^p db\right)$$

$$\leqslant C''_{\psi,\mathbf{A}_1}\left(\int_{\mathbf{R}}\left|((\Delta_u^*)^\alpha(u^{\beta+\gamma-\sigma-2}L_\phi^{\mathbf{A}_1}(u))))(u)\right|^q du\right)^{\frac{1}{q}}$$

$$= C''_{\psi,\mathbf{A}_1}b_1^{\beta+\gamma-\sigma-2}\left(\int_{\mathbf{R}}\left|((\Delta_u^*)^\alpha\mathcal{L}((\Delta_t^*)^{\beta+\gamma-\sigma-2}\phi(t)))(u)\right|^q du\right)^{\frac{1}{q}}$$

$$\leqslant C'''_{\psi,\mathbf{A}_1}|b_1^{\beta+\gamma-\alpha-\sigma-2}|\left[\int_{\mathbf{R}}\left|t^\alpha(\Delta_t^*)^{\beta+\gamma-\sigma-2}\phi(t)\right|^p dt\right]^{\frac{1}{p}}$$

$$= C'''_{\psi,\mathbf{A}_1}|b_1^{\beta+\gamma-\alpha-\sigma-2}|\,\|\phi\|_{L^{p,\mathbf{A}_1}}.$$

综上所述, 可得 LCWT 算子 $\mathcal{W}^{\mathbf{A}_1}: L^{p,\mathbf{A}_1} \to G^{p,\mathbf{A}_1}$ 是连续算子.

3.5.2.2　广义 Sobolev 空间 $H_{\mathbf{A}_1}^{s,p}$ 上的 LCWT

定义 3.19　对于 $1 \leqslant p < \infty$, $-\infty \leqslant s < \infty$, 广义的 Sobolev 空间 $H_{\mathbf{A}_1}^{s,p}$ 定义为

$$H_{\mathbf{A}_1}^{s,p} = \{\phi(t) \in \mathcal{S}'_{\mathbf{A}_1}(\mathbf{R}) \mid u^{\frac{s}{p}}L_\phi^{\mathbf{A}_1}(u) \in L^p(\mathbf{R})\}, \tag{3.250}$$

其上的范数定义为 $\|\phi\|_{H_{\mathbf{A}_1}^{s,p}} = \|u^{\frac{s}{p}}L_\phi^{\mathbf{A}_1}(u)\|_{L^p}$.

定义 3.20　广义 Sobolev 空间 $H_{q,\mathbf{A}_1}^{s,p}$ 定义为满足如下条件的可测函数全体. 对于 $\forall\varphi(a,b) \in H_{q,\mathbf{A}_1}^{s,p}$, 其范数定义为

$$\|\varphi(a,b)\|_{H_{q,\mathbf{A}_1}^{s,p}} = \left\{\int_{\mathbf{R}^+}\left[\int_{\mathbf{R}}|\varphi(a,b)|^p db\right]^{q/p}a^{-s-1}da\right\}^{1/q} < \infty. \tag{3.251}$$

定理 3.28　假设小波函数满足如下条件:

$$C_{\psi,\mathbf{A}_1}^{s,q} = \int_{\mathbf{R}^+}\frac{|\mathcal{L}^{\mathbf{A}_1}[e^{-\frac{1}{2}\frac{a_1}{b_1}\xi^2}\psi(\xi)](au)|^q}{a|u|^s}\frac{da}{a} < \infty, \tag{3.252}$$

那么, LCWT 算子 $\mathcal{W}^{\mathbf{A}_1}: H_{\mathbf{A}_1}^{s,p}(\mathbf{R}) \to H_{q,\mathbf{A}_1}^{s,p}(\mathbf{R} \times \mathbf{R}^+)$ 是一个有界线性算子, 其中, $1 \leqslant p \leqslant 2$, $q = \dfrac{p}{p-1}$, $s \in \mathbf{R}$.

证明　因为

$$\mathcal{L}^{\mathbf{A}_1}[W_f^{\mathbf{A}_1}(a,b)] = \sqrt{2\pi}ae^{\frac{1}{2}\frac{a_1}{b_1}a^2u^2}\mathcal{L}^{\mathbf{A}_1}[e^{-\frac{1}{2}\frac{a_1}{b_1}\xi^2}\psi(\xi)](au)L_f^{\mathbf{A}_1}(u), \tag{3.253}$$

利用 Riesz-Thorin 内插公式, 可得

$$\left(\int_{\mathbf{R}}\left|\mathcal{L}^{\mathbf{A}_1}[W_f^{\mathbf{A}_1}(a,b)]\right|^q du\right)^{1/q} = \left\{\int_{\mathbf{R}}\left|\sqrt{2\pi}ae^{\frac{1}{2}\frac{a_1}{b_1}a^2u^2}\mathcal{L}^{\mathbf{A}_1}[e^{-\frac{1}{2}\frac{a_1}{b_1}\xi^2}\psi(\xi)](au)L_f^{\mathbf{A}_1}(u)\right|^q du\right\}^{1/q}$$

$$\leqslant C_{p,\mathbf{A}_1}\left[\int_{\mathbf{R}}\left|W_f^{\mathbf{A}_1}(a,b)\right|^p du\right]^{1/p}.$$

其中, $C_{p,\boldsymbol{A}_1} > 0$ 是一个常数. 进一步可得

$$\int_{\mathbf{R}^+} \left\{ \int_{\mathbf{R}} \left| \mathcal{L}^{\boldsymbol{A}_1}[\mathrm{e}^{-\frac{1}{2}\frac{a_1}{b_1}\xi^2}\psi(\xi)](au)L_f^{\boldsymbol{A}_1}(u) \right|^q \mathrm{d}u \right\} a^{-s-1}\,\mathrm{d}a$$

$$\leqslant \left(\frac{C_{p,\boldsymbol{A}_1}}{\sqrt{2\pi a}} \right)^q \int_{\mathbf{R}^+} \left[\int_{\mathbf{R}} \left| W_f^{\boldsymbol{A}_1}(a,b) \right|^p \mathrm{d}b \right]^{q/p} a^{-s-1}\,\mathrm{d}a$$

$$\leqslant \left(\frac{C_{p,\boldsymbol{A}_1}}{\sqrt{2\pi a}} \right)^q \| W_f^{\boldsymbol{A}_1}(a,b) \|_{H_{q,\boldsymbol{A}_1}^{s,p}}^q,$$

即

$$\|f\|_{H_{\boldsymbol{A}_1}^{s,q}} \leqslant \frac{C_{p,\boldsymbol{A}_1}}{\sqrt{2\pi a(C_{\psi,\boldsymbol{A}_1}^{s,q})^{1/q}}} \| W_f^{\boldsymbol{A}_1}(a,b) \|_{H_{q,\boldsymbol{A}_1}^{s,p}}. \tag{3.254}$$

基于 Riesz-Thorin 内插公式和式 (3.253), 得到

$$\left[\int_{\mathbf{R}} \left| W_f^{\boldsymbol{A}_1}(a,b) \right|^q \mathrm{d}b \right]^{1/q} = \left(\int_{\mathbf{R}} \left| \frac{\sqrt{a}}{\sqrt{\mathrm{j}2\pi b_1}} \mathcal{L}^{\boldsymbol{A}_1^{-1}} \left(\mathrm{e}^{\frac{\mathrm{j}}{2}\frac{a_1}{b_1}a^2u^2} \mathcal{L}^{\boldsymbol{A}_1}(\mathrm{e}^{-\frac{\mathrm{j}}{2}\frac{a_1}{b_1}\xi^2}\psi(\xi))(au)L_f^{\boldsymbol{A}_1}(u) \right)(b) \right|^q \mathrm{d}b \right)^{1/q}$$

$$\leqslant \frac{C'_{p,\boldsymbol{A}_1}}{\sqrt{\mathrm{j}2\pi b_1}} \left\{ \int_{\mathbf{R}} \left| \mathrm{e}^{\frac{\mathrm{j}}{2}\frac{a_1}{b_1}a^2u^2} \mathcal{L}^{\boldsymbol{A}_1}[\mathrm{e}^{-\frac{\mathrm{j}}{2}\frac{a_1}{b_1}\xi^2}\psi(\xi)](au)L_f^{\boldsymbol{A}_1}(u) \right|^p \mathrm{d}u \right\}^{1/p},$$

其中, $C'_{p,\boldsymbol{A}_1} > 0$ 是一个常数. 因此

$$\int_{\mathbf{R}^+} \left(\int_{\mathbf{R}} \left| W_f^{\boldsymbol{A}_1}(a,b) \right|^q \mathrm{d}b \right)^{p/q} a^{-s-1}\,\mathrm{d}a$$

$$\leqslant \left(\frac{C'_{p,\boldsymbol{A}_1}}{\sqrt{\mathrm{j}2\pi b_1}} \right)^p \left\{ \int_{\mathbf{R}} \left| \mathcal{L}^{\boldsymbol{A}_1} \left[\exp\left(-\frac{\mathrm{j}}{2}\frac{a_1}{b_1}\xi^2 \right) \psi(\xi) \right] (au)L_f^{\boldsymbol{A}_1}(u) \right|^p \mathrm{d}u \right\} \mathrm{d}a$$

$$\leqslant C_{\psi,\boldsymbol{A}_1}^{s,q} \left(\frac{C'_{p,\boldsymbol{A}_1}}{\sqrt{\mathrm{j}2\pi b_1}} \right)^p \left\{ \int_{\mathbf{R}} \left| \mathcal{L}^{\boldsymbol{A}_1}[\mathrm{e}^{-\frac{\mathrm{j}}{2}\frac{a_1}{b_1}\xi^2}\psi(\xi)](au)L_f^{\boldsymbol{A}_1}(u) \right|^p \mathrm{d}u \right\} \mathrm{d}a$$

$$\leqslant C_{\psi,\boldsymbol{A}_1}^{s,q} \left(\frac{C'_{p,\boldsymbol{A}_1}}{\sqrt{\mathrm{j}2\pi b_1}} \right)^p \int_{\mathbf{R}} |u|^s |L_f^{\boldsymbol{A}_1}(u)|^q\,\mathrm{d}u.$$

即

$$\| W_f^{\boldsymbol{A}_1}(a,b) \|_{H_{q,\boldsymbol{A}_1}^{s,p}} \leqslant (C_{\psi,\boldsymbol{A}_1}^{s,q})^{1/p} \left(\frac{C'_{p,\boldsymbol{A}_1}}{\sqrt{\mathrm{j}2\pi b_1}} \right) \|f\|_{H_{\boldsymbol{A}_1}^{s,q}}. \tag{3.255}$$

基于式 (3.254) 和式 (3.255) 可得, LCWT 算子 $\mathcal{W}^{\boldsymbol{A}_1}: H_{\boldsymbol{A}_1}^{s,p}(\mathbf{R}) \to H_{q,\boldsymbol{A}_1}^{s,p}(\mathbf{R} \times \mathbf{R}^+)$ 是一个有界线性算子.

参考文献

[1] NAMIAS V. The fractional order Fourier transform and its application to quantum mechanics[J]. Journal of the Institute of Mathematics and its Application, 1980, 25(3): 241-265.

[2] PALEY R E A C, WIENER N. Fourier transfom in the complex domain[M].NewYork: American Mathematical Society, 1934.

[3] CHURCHILL R V. Fourier series and boundary value problems[M]. New York: McGraw-Hill, 1941.

[4] THAO N X, KAKICHEV V A, TUAN V K. On the generalized convolutions for Fourier cosine and sine transforms[J]. East-West Journal of Mathematical, 1998, 1(1): 85-90.

[5] KAKICHEV V A. On the convolution for integral transforms (in Russian)[J]. Vestsi Akademiia Navuk BSSR, Seriyia Fizika-Mathematics, 1967, 2: 48-57.

[6] THAON X, HAI N T. Convolution for integral transforms and their applications (In Russian)[M]. Moscow: Russian Academy, 1997.

[7] THAO N X, KHOA N M. On the convolution with a weight-function for the cosine Fourier integral transform[J]. Acta Mathematica Vietnamica, 2004, 29(2): 149-162.

[8] THAO N X, TUAN V K, HONG N T. A Fourier generalized convolution transform and applications to integral equations[J]. Fractional Calculus and Applied Analysis, 2012, 15(3): 493-508.

[9] THAO N X, KHOA N M. On the generalized convolution with a weight function for the Fourier sine and cosine transforms[J]. Integral Transforms and Special Functions, 2006, 17(9): 673-685.

[10] THAO N X, TUAN V K, KHOA N M. A generalized convolution with a weight function for the Fourier cosine and sine transforms[J]. Fractional Calculus and Applied Analysis, 2004, 7(3): 323-337.

[11] PEI S C, DING J J. Fractional cosine, sine, and Hartley transforms[J]. IEEE Transactions on Signal Processing, 2002, 50(7): 1661-1680.

[12] HEALY J J, KUTAY M A, OZAKTAS H M, et al. Linear canonical transforms: theory and applications[M]. New York: Springer, 2016.

[13] PEI S C, DING J J. Eigenfunctions of the offset Fourier, fractional Fourier, and linear canonical transforms[J]. Journal of the Optical Society of America A: Optics Image Science and Vision, 2003, 20(3): 522-32.

[14] WEI D Y, RAN Q W, LI Y M, et al. A convolution and product theorem for the linear canonical transform[J]. IEEE Signal Processing Letters, 2009, 16(10): 853-856.

[15] WEI D Y, RAN Q W, LI Y M. A convolution and correlation theorem for the linear canonical transform and its application[J]. Circuits Systems and Signal Processing, 2012, 31(1): 301-312.

[16] WEI D Y, RAN Q W, LI Y M. New convolution theorem for the linear canonical transform and its translation invariance property[J]. Optik-International Journal for Light and Electron Optics, 2012, 123(16): 1478-1481.

[17] WEI D Y,WEN R Q, LI Y M. Multichannel sampling expansion in the linear canonical transform domain and its application to superresolution[J]. Optics Communications,

2011, 284: 5424-5429.

[18] WOLF K B. Integral transforms in science and engineering[M]. New York: Plenum Press, 1979.

[19] XU G L, WANG X T, XU X G. Generalized Hilbert transform and its properties in 2D LCT domain[J]. Signal Processing, 2009, 89(7): 1395-1402.

[20] OZAKTAS H M, KOC A, SARI I, et al. Efficient computation of quadratic-phase integrals in optics[J]. Optics Letters, 2006, 31(1): 35-37.

[21] HEALY J J, SHERIDAN J T. Fast linear canonical transforms[J]. Journal of the Optical Society of America A-Optics Image Science and Vision, 2010, 27(1): 21-30.

[22] DING J J, PEI S C. Eigenfunctions and self-imaging phenomena of the two-dimensional nonseparable linear canonical transform[J]. Journal of the Optical Society of America A-Optics Image Science and Vision, 2011, 28(2): 82-95.

[23] ALIEVA T, BASTIAANS M J. Properties of the linear canonical integral transformation[J]. Journal of the Optical Society of America A-Optics Image Science and Vision, 2007, 24(11): 3658-3665.

[24] WEI D Y, LI Y M. Generalized wavelet transform based on the convolution operator in the linear canonical transform domain[J]. Optik - International Journal for Light and Electron Optics, 2014, 125(16): 4491-4496.

[25] SHI J, ZHANG N T, LIU X P. A novel fractional wavelet transform and its applications[J]. Science China: Information Sciences, 2012, 55(6): 1270-1279.

[26] FENG Q, LI B Z. Convolution theorem for fractional cosine-sine transform and its application[J]. Mathematical Methods in the Applied Sciences, 2017, 40(10): 3651-3665.

[27] SNEDDON I N. Fourier transforms[M]. New York: McGraw-Hill, 1951.

[28] WEI D Y, RAN Q W. Multiplicative filtering in the fractional Fourier domain[J]. Signal Image and Video Processing, 2013, 7(3): 575-580.

[29] GOEL N, SINGH K. Convolution and correlation theorems for the offset fractional Fourier transform and its application[J]. AEU-International Journal of Electronics and Communications, 2016, 70(2): 138-150.

[30] SAHIN A, KUTAY M A, OZAKTAS H M. Nonseparable two-dimensional fractional Fourier transform[J]. Applied Optics, 1998, 37(23): 5444-5453.

[31] KUTAY M A, OZAKTAS H M. Optimal image restoration with the fractional Fourier transform[J]. Journal of the Optical Society of America A-Optics Image Science and Vision, 1998, 15(4): 825-833.

[32] PEI S C, DING J J. Two-dimensional affine generalized fractional Fourier transform[J]. IEEE Transactions on Signal Processing, 2001, 49(4): 878-897.

[33] FENG Q, LI B Z. Convolution and correlation theorems for the two-dimensional linear canonical transform and its applications[J]. IET Signal Processing, 2016, 10(2): 125-132.

[34] FOLLAND G B, SITARAM A. The uncertainty principle: A mathematical survey[J]. Journal of Fourier Analysis and Applications, 1997, 3(3): 207-238.

[35] DEMBO A, COVER T M, THOMAS J A. Information theoretic inequalities[J]. IEEE Transactions on Information Theory, 2002, 37(6): 1501-1518.

[36] STERN A. Uncertainty principles in linear canonical transform domains and some of their implications in optics[J]. Journal of the Optical Society of America A: Optics Image Science and Vision, 2008, 25(3): 647-652.

[37] ZHAO J, TAO R,WANG Y. On signal moments and uncertainty relations associated with linear canonical transform[J]. Signal Processing, 2010, 90(9): 2686-2689.

[38] ZHAO J, TAO R, LI Y L, et al. Uncertainty principles for linear canonical transform[J]. IEEE Transactions on Signal Processing, 2009, 57(7): 2856-2858.

[39] SHARMA K K, JOSHI S D.Uncertainty principle for real signals in the linear canonical transform domains[J]. IEEE Transactions on Signal Processing, 2008, 56(7): 2677-2683.

[40] XU G L,WANG X T, XU X G. Three uncertainty relations for real signals associated with linear canonical transform[J]. IET Signal Processing, 2009, 3(1): 85-92.

[41] XU G L, WANG X T, XU X G. On uncertainty principle for the linear canonical transform of complex signals[J]. IEEE Transactions on Signal Processing, 2010, 58(9): 4916-4918.

[42] DANG P, DENG G T, QIAN T. A tighter uncertainty principle for linear canonical transform in terms of phase derivative[J]. IEEE Transactions on Signal Processing, 2013, 61(21): 5153-5164.

[43] SHI J, LIU X P, ZHANG N T. On uncertainty principles for linear canonical transform of complex signals via operator methods[J]. Signal Image and Video Processing, 2014, 8(1): 85-93.

[44] ZHANG Z C. Tighter uncertainty principles for linear canonical transform in terms of matrix decomposition[J]. Digital Signal Processing, 2017, 69: 70-85.

[45] ZHANG Q Y. Zak transform and uncertainty principles associated with the linear canonical transform[J]. IET Signal Processing, 2016, 10(7): 791-797.

[46] DING J J, PEI S C. Heisenberg's uncertainty principles for the 2-D nonseparable linear canonical transforms[J]. Signal Processing, 2013, 93(5): 1027-1043.

[47] LI Y G, LI B Z, SUN H F. Uncertainty principles for Wigner-Ville distribution associated with the linear canonical transforms[J]. Abstract and Applied Analysis, 2014, 2014(3): 470459.

[48] FENG Q, LI B Z, RASSIAS J M. Weighted Heisenberg-Pauli-Weyl uncertainty principles for the linear canonical transform[J]. Signal Processing, 2019, 165: 209-221.

[49] RASSIAS J M. On the Heisenberg-Pauli-Weyl inequality[J]. Journal of Inequalities in Pure and Applied Mathematics, 2004, 5(1): 1-151.

[50] SHINDE S, GADRE V M. An uncertainty principle for real signals in the fractional Fourier transform domain[J]. IEEE Transactions on Signal Processing, 2001, 49(11): 2545-2548.

[51] WEYL H. Gruppentheorie und Quantenmechanik[M]. Germany: Leipzig, Germany: S.Hirzel, 1931.

[52] GUO Y, LI B Z. The linear canonical wavelet transform on some function spaces[J]. International Journal of Wavelets, Multiresolution and Information Processing, 2018, 16(01): 1850010.

[53] GUO Y, YANG L D, LI B Z. Multiresolution analysis for linear canonical wavelet transform[J]. IAENG International Journal of Computer Science, 2019, 46(2).

第 4 章
信号的采样和重构

4.1 引言

信号的采样及其相关理论研究是现代数字信号处理中的重要研究方向之一, 它回答了对信号如何采样和如何重构的问题. 信号采样的过程可以理解为将连续信号进行离散化, 之后才可以对信号进行近似逼近从而得到信号的重建, 如图 4.1 所示. 1924 年奈奎斯特 (Nyquist) 推导出在理想低通信道的最高码元传输速率的公式 [1]. 1928 年美国电信工程师奈奎斯特推出采样定理, 因此称为奈奎斯特采样定理. 1933 年由苏联工程师科捷利尼科夫首次用公式严格地表述这一定理, 因此在苏联文献中称为科捷利尼科夫采样定理. 1948 年信息论的创始人 C.E. 香农对这一定理加以明确地说明并正式作为定理引用, 因此在许多文献中又称为香农采样定理 [2]. 采样定理有许多表述形式, 但最基本的表述方式是时域采样定理和频域采样定理. 采样定理在数字式遥测系统、时分制遥测系统、信息处理、数字通信和采样控制理论等领域得到广泛的应用. 具体来讲, 采样是把时间上连续的模拟信号变成一系列时间上离散采样值的过程. 能否由此采样序列重建原信号, 是采样定理要回答的问题. 采样研究的核心问题是:

(1) 采用什么样的模型来采集信号?

(2) 采样信号的频谱特点如何?

(3) 如何通过采样离散点来恢复原信号?

(4) 采样定理的缺点是什么以及如何改进?

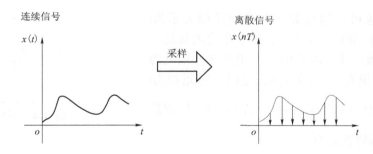

图 4.1 采样过程

如果 $f(t)$ 是一个带限信号, 则它的傅里叶变换满足 $F(\omega) = 0, \omega \in (-\infty, -2\pi B) \bigcup (2\pi B, +\infty)$, B 为信号的带宽. 然后, 用级数可以表示为 $f(t) = \sum_{k} c_k P_k(t)$, 其中, 系数可以表示

为 $c_k = \dfrac{\langle f, P_k \rangle}{\langle P_k, P_k \rangle} = f(k/2B)$. 这就产生了熟悉的带限函数的采样定理:

$$f(t) = \sum_k f[k/(2B)] \frac{\sin\{2\pi B[t - k/(2B)]\}}{2\pi B[t - k/(2B)]}. \tag{4.1}$$

上述经典的采样定理说明, 如果对一个频带有限的时间连续模拟信号采样, 当采样速率达到一定数值时, 那么根据它的采样值就能重建原信号. 也就是说, 若要传输连续信号, 不一定要传输连续信号本身, 只需传输按采样定理得到的采样值即可. 因此, 采样定理是连续信号离散化的理论.

根据信号是低通型的还是带通型的, 采样定理分低通采样定理和带通采样定理; 根据用来采样的脉冲序列是等间隔的还是非等间隔的, 其又分均匀采样定理和非均匀采样定理; 根据采样的脉冲序列是冲激序列还是非冲激序列, 其又可分理想采样和实际采样. 本章将针对均匀和非均匀采样问题给予详细的分析.

4.1.1 均匀采样模型

1. 采样器

信号的采样由采样器来进行, 如图 4.2 所示, 采样器是一个开关, 开关每隔 T 时间接通输入信号和接地各一次, 接通时间是 τ.

由此, 信号 $f(t)$ 通过采样器后, 采样器的输出信号 $f_s(t)$ 只包含开关器接通时间内的输入信号 $f(t)$ 的一小段 (见图 4.3).

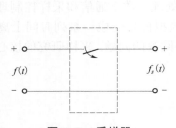

图 4.2　采样器

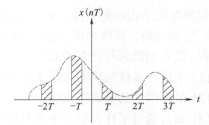

图 4.3　采样器的输出信号

采样过程也可以通过如下的数学模型表示为: $f_s(t) = f(t)s(t)$, 如图 4.4 所示, 其中开关函数是一个周期性门函数. 开关函数中每一矩形脉冲幅度为 1, 宽度为 τ, 面积为 τ. 开关函数 (见图 4.5) 近似为:

$s(t) = \tau \sum\limits_{k=-\infty}^{+\infty} \delta(t - kT) = \tau\delta_T(t)$, 当 $\tau \to 0$ 时, 理想情况下的开关函数近似为

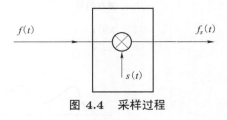

图 4.4　采样过程

$$s_\delta(t) = \lim_{\tau \to 0} \tau \sum_{k=-\infty}^{+\infty} \delta(t - kT) = \lim_{\tau \to 0} \tau\delta_T(t). \tag{4.2}$$

显然, 采样以后的信号只与原来的信号在某些离散时间点上的值有关. 采样后的时域信号可记为: $f_s(t) = f(t)s_\delta(t) = f(t) \cdot \lim\limits_{\tau \to 0} \tau\delta_T(t)$. 采样理论就是通过上述采样模型的分析, 研

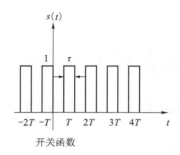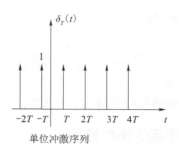

图 4.5 开关函数和单位冲激序列

究它们在傅里叶域、分数傅里叶域、线性正则变换域的频谱特点, 从而可以进一步得到如何通过信号的离散点恢复原始信号.

2. 采样信号

1) 矩形脉冲采样

采样脉冲 $s(t)$ 是矩形脉冲, 令它的脉冲幅度为 E, 脉宽为 τ, 取样角频率为 ω_s $\Big(= 2\pi f_s = \dfrac{2\pi}{T_s} \Big)$, 这种取样也称为 "自然取样".

令连续信号 $f(t)$ 的 FT 为 $F(\omega)$, 采样脉冲信号 $s(t)$ 的 FT 为 $S(\omega)$, 采样后信号 $f_s(t)$ 的 FT 为 $F_s(\omega)$. 由 $f_s(t) = f(t) \cdot s(t)$, $S(\omega) = 2\pi \sum\limits_{n=-\infty}^{+\infty} S_n \delta(\omega - n\omega_s)$, 可以得到

$$F_s(\omega) = \frac{1}{2\pi} F(\omega) * S(\omega) = \frac{1}{2\pi} F(\omega) * 2\pi \sum_{n=-\infty}^{+\infty} S_n \delta(\omega - n\omega_s) = \sum_{n=-\infty}^{+\infty} S_n F(\omega - n\omega_s), \quad (4.3)$$

其中, $S_n = \dfrac{1}{T_s} \displaystyle\int_{-\frac{T_s}{2}}^{\frac{T_s}{2}} s(t)\mathrm{e}^{-\mathrm{j}n\omega_s t}\,\mathrm{d}t$. 又

$$S_n = \frac{1}{T_s} \int_{-\frac{T_s}{2}}^{\frac{T_s}{2}} s(t)\mathrm{e}^{-\mathrm{j}n\omega_s t}\,\mathrm{d}t = \frac{1}{T_s} \int_{-\frac{\tau}{2}}^{\frac{\tau}{2}} E\mathrm{e}^{-\mathrm{j}n\omega_s t}\,\mathrm{d}t = \frac{E\tau}{T_s} Sa\left(\frac{n\omega_s \tau}{2}\right), \quad (4.4)$$

将式 (4.4) 代入式 (4.3) 中, 得

$$F(\omega) = \frac{E\tau}{T_s} \sum_{n=-\infty}^{+\infty} Sa\left(\frac{n\omega_s \tau}{2}\right) F(\omega - n\omega_s), \quad (4.5)$$

显然, $F(\omega)$ 在以 ω_s 为周期的重复过程中幅度以 $Sa\left(\dfrac{n\omega_s \tau}{2}\right)$ 的规律变化.

2) 冲激采样

若取样脉冲 $s(t)$ 是冲激序列, 则称为 "冲激取样" 或 "理想取样", 此时, $s(t) = \delta_{T_s}(t) = \sum\limits_{n=-\infty}^{+\infty} \delta(t - nT_s)$, 则

$$S_n = \frac{1}{T_s} \int_{-\frac{T_s}{2}}^{\frac{T_s}{2}} \delta(t)\mathrm{e}^{-\mathrm{j}n\omega_s t}\,\mathrm{d}t = \frac{1}{T_s}, \quad (4.6)$$

代入式 (4.3) 中, 得

$$F_s(\omega) = \sum_{n=-\infty}^{+\infty} S_n F(\omega - n\omega_s) = \frac{1}{T_s} \sum_{n=-\infty}^{+\infty} F(\omega - n\omega_s), \tag{4.7}$$

由于冲激序列的傅里叶系数 S_n 为常数, 因此 $F_s(\omega)$ 是以 ω_s 为周期等幅地重复.

4.1.2 非均匀采样模型

造成信号采样非均匀的因素有很多, 例如在雷达信号处理、SAR 成像系统、天文、地理等领域获取的数据往往是非均匀的; 或者是由于部分数据的丢失造成均匀数据的不均匀性; 或者是数据获取设备本身具有的误差造成的非均匀性, 其中典型的是在高速模数转换中, 孔径时间的不确定性造成时钟抖动, 从而引起采样序列的非均匀性等 [3~7]. 一般来讲, 基于非均匀采样的分析相对于均匀采样具有更大的难度. 在数字信号分析中, 非均匀采样通常是一种不理想的采样形式, 然而在特定条件下如果合理使用非均匀采样结果, 也许可解决经典技术所解决不了的工程问题. 周期非均匀采样是一种特殊的非均匀采样, 可以看作多个均匀采样序列的组合, 并且可成比例地降低采样率 [8]. 下面介绍几种特殊的非均匀采样模型.

4.1.2.1 周期非均匀采样模型

对信号进行抽取时, 并不要求其每个采样点之间的间隔是均匀的, 但是每一个采样点与其后的第 M 个采样点之间的间隔是相等的, 即总取样周期为 MT. 周期非均匀采样是非均匀采样的一个特殊情况, 也是一种著名的采样方式. 在周期非均匀采样模型中, 采样点被分成几组, 每个组都有一个周期区间为 MT, 并且每个组都有 M 个非均匀采样点. 每个周期中的采样时刻点可以表示为 $t_m + kMT, m = 0, 1, 2, \cdots, M - 1; k \in (-\infty, +\infty)$. 这种周期非均匀模型可以用图 4.6 描述.

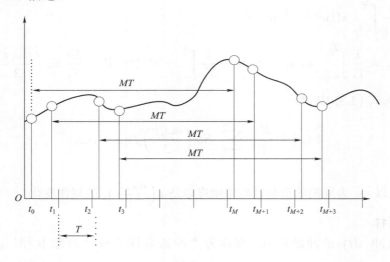

图 4.6　周期非均匀采样模型

在利用多路并行 A/D 进行数字转换的过程中, 由于每一路采样 A/D 的采样周期为 MT, 故 M 路信号采集相当于以采样周期 T 采样信号. 而在此多路并行 A/D 采集过程中, 采样时钟的抖动, 就造成了上述信号采样模型. 因此分析此种情况下信号在各种变换域的特点就具有重要的理论与实际意义. 图 4.7 所示为一个多路并行 A/D 采集模型.

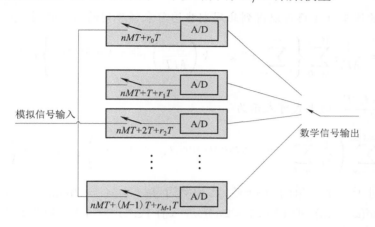

图 4.7　多路并行 A/D 采集模型

从上述周期非均匀采样信号模型的描述可以看出, 这些非均匀采样序列点的采样时刻可以表示为: $t_{kMT+m} = kMT + t_m$, 其中, $m = 0, 1, \cdots, M-1; k \in \mathbf{Z}$. 假定

$$s = \{f(t_{km}) : t_{kMT+m} = kMT + t_m, m = 0, 1, \cdots, M-1; k \in \mathbf{Z}\} \tag{4.8}$$

表示所有的采样点序列, 则可以把此非均匀采样序列表示为 $s = \{s_0(t), s_1(t), \cdots, s_m(t)\}$, 其中

$$\boldsymbol{s}_0 = [f(t_0), f(t_M), f(t_{2M}), \cdots],$$

$$\boldsymbol{s}_1 = [f(t_1), f(t_{M+1}), f(t_{2M+1}), \cdots],$$

$$\cdots$$

$$\boldsymbol{s}_m = [f(t_m), f(t_{M+m}), f(t_{2M+m}), \cdots],$$

$$\cdots$$

$$\boldsymbol{s}_{M-1} = [f(t_{M-1}), f(t_M), f(t_{3M-1}), \cdots],$$

在每个子序列 $\boldsymbol{s}_m$ 样本值之间插入 $M-1$ 个零, 得到

$$\boldsymbol{s}_m = [f(t_m), 0, \cdots, (M-1)0, f(t_{M+m}), 0, 0, \cdots], \tag{4.9}$$

再将 $\boldsymbol{s}_m$ 中的每个样本值右移 m 个位置, 得到

$$\boldsymbol{s}_m z^{-m} = [(m)0, f(t_m), 0, \cdots, (M-1)0, f(t_{M+m}), 0, 0, \cdots], \tag{4.10}$$

其中, $^{-m}$ 表示的是单位延迟算子, 最后将所有序列求和即可得到原始非均匀采样信号序列

$$s = \sum_{m=0}^{M-1} \boldsymbol{s}_m z^{-m}. \tag{4.11}$$

由此, 针对上述周期非均匀采样模型来说, 可以通过上述操作把周期非均匀采样点描述为均匀采样的形式. 因此, 可以进一步研究它们在傅里叶域、分数阶傅里叶域、线性正则变换域的频谱特点, 从而可以进一步得到如何通过信号的周期非均匀采样点恢复原信号[9]. 定理 4.1 描述了经典 FT 体系下周期非均匀采样.

定理 4.1 若连续信号 $f(t)$ 的周期非均匀采样点序列表示为 $s = \sum\limits_{m=0}^{M-1} \overline{s}_m z^{-m}$ 的形式,则通过求上式的傅里叶变换可以得到此周期非均匀采样序列的离散频谱, 表示为

$$F(\omega) = \frac{1}{MT} \sum_{m=0}^{M-1} \left\{ \sum_{k=-\infty}^{+\infty} F^a \left[\omega - k \left(\frac{2\pi}{MT} \right) \right] e^{j[\omega - k(2\pi/MT)]t_m} \right\} e^{-jm\omega T}, \tag{4.12}$$

令 $r_m = \dfrac{mT - t_m T}{T}$, 则上式可表示为

$$F(\omega) = \frac{1}{T} \sum_{k=-\infty}^{k=+\infty} \left(\frac{1}{M} \sum_{m=0}^{M-1} e^{-j(\omega - k(2\pi/(MT)))r_m T} e^{-jkm(2\pi/M)} \right) F^a \left[\omega - k \left(\frac{2\pi}{MT} \right) \right]. \tag{4.13}$$

例 4.1 对于一个三角函数 $e^{j\omega_0 t}$, 其频率为 f_0, 且 $\omega_0 = 2\pi f_0$, 由此可以得到它的 FT 为 $G^a(\omega) = 2\pi\delta(\omega - \omega_0)$, 把 $G^a(\omega) = 2\pi\delta(\omega - \omega_0)$ 代入定理 4.1 可以得到周期非均匀采样正弦信号的离散频谱为

$$G(\omega) = \frac{1}{M} \sum_{m=0}^{M-1} \sum_{k=-\infty}^{+\infty} 2\pi\delta[\omega - \omega_0 - k(2\pi/MT)] e^{-jr_m 2\pi f_0/f_s} e^{-jkm(2\pi/M)}, \tag{4.14}$$

其中, $f_s = \dfrac{1}{T}$, 若定义序列 $A(k), k = 0, 1, 2, \cdots, M-1, M, \cdots$ 为

$$A(k) = \sum_{m=0}^{M-1} \left(\frac{1}{M} e^{-jr_m 2\pi f_0/f_s} \right) e^{-jkm(2\pi/M)}, \tag{4.15}$$

则上述周期非均匀采样正弦信号的离散频谱可以表示为

$$G(\omega) = \frac{1}{T} \sum_{k=-\infty}^{+\infty} A(k) 2\pi\delta \left[\omega - \omega_0 - k \left(\frac{2\pi}{MT} \right) \right], \tag{4.16}$$

周期非均匀采样信号点可以表示为 $t_p + nT, p = 1, 2, \cdots, N, n \in (-\infty, +\infty)$; T 表示每个小组的采样周期; t_p 表示每个周期内的采样点 (上述分析中每个小组的采样周期 MT 简化为 T), 则傅里叶域中基于周期非均匀采样的信号重构式为

$$f(t) = \sum_{p=1}^{N} \sum_{n=-\infty}^{+\infty} f(nT + t_p) \frac{(-1)^{nN \prod\limits_{q=1}^{N} \sin[\pi(t - t_q)/T]}}{[\pi(t - nT - t_p)/T] \prod\limits_{q=1, q \neq p}^{N} \sin[\pi(t_p - t_q)/T]}. \tag{4.17}$$

4.1.2.2 N 阶周期非均匀采样模型

在这种非均匀采样信号策略中, 上述周期非均匀采样信号的每个小组中的非均匀采样信号点被进一步分解为更小的小组, 也就是说在这种情况下, 每个小组中包括 N 个均匀采样点, 即信号的采样点可以表示为: $\tau_p = t_p + nT_p, \quad p = 0, 1, \cdots, N-1, \quad n \in (-\infty, +\infty)$, 其中每个小的周期满足关系 $\sum\limits_{p=1}^{N} 1/T_p = 1/T_q$, 称这种非均匀采样信号模型为 N 阶周期非均匀采

样信号模型. 当 $N = 2, T_0 = 3T_q, T_1 = 3T_q/2$ 时, 傅里叶域中基于 N 阶周期非均匀采样信号的重构式为 (见图 4.8)

$$f(t) = \sum_{p=0}^{N-1} \sum_{n=-\infty}^{+\infty} f(\tau_p) \frac{T_p \prod\limits_{q=0}^{N-1} \sin[\pi(t-t_q)/T_q]}{\pi(-1)^n \prod\limits_{q=0, q \neq p}^{N-1} \sin[\pi(t_p - t_q)/T_q + n\pi T_p/T_q](t - nT_p - t_p)}. \tag{4.18}$$

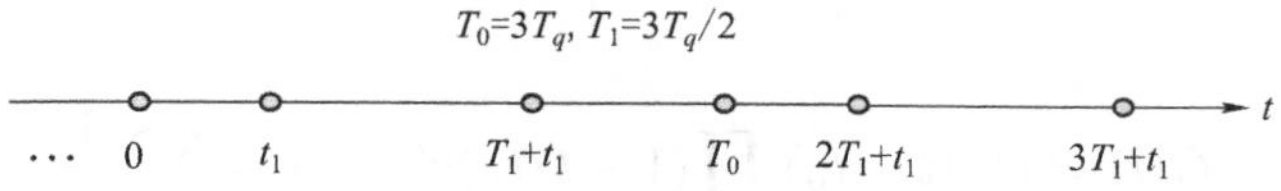

图 4.8　N 阶周期非均匀采样模型

4.1.2.3　基于有限个点抖动后非均匀采样模型

在几种比较重要的非均匀采样信号模型中, 一个比较容易的非均匀采样信号模型是原始均匀信号点中由于有限个均匀采样信号点抖动而得到的非均匀采样信号序列, 如图 4.9 所示.

图 4.9　基于有限个点抖动后非均匀采样模型

Yen 在文献中采用复变函数的方法得到了信号基于这种模型而造成的非均匀采样模型的信号重构式, 如下所示:

$$f(t) = \sum_{m=-\infty}^{+\infty} f(\tau_m) \Psi_m(t), \tag{4.19}$$

其中,

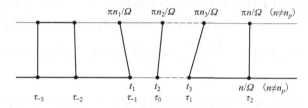

$$\Psi_m(t) = \begin{cases} \dfrac{\prod\limits_{q=1}^{N}(t - t_q) \prod\limits_{q=1}^{N}\left(\dfrac{n}{2W} - \dfrac{n_q}{2W}\right)}{\prod\limits_{q=1}^{N}\left(t - \dfrac{n_q}{2W}\right) \prod\limits_{q=1}^{N}\left(\dfrac{n}{2W} - t_q\right)} \cdot \dfrac{(-1)^n \sin(2\pi Wt)}{\pi(2Wt - n)}, & \tau_m = \dfrac{n}{2W} \neq \dfrac{n_q}{2W}, \\[4mm] \dfrac{\prod\limits_{q=1}^{N}(t - t_q) \prod\limits_{q=1, q \neq p}^{N}\left(t_p - \dfrac{n_q}{2W}\right)}{\prod\limits_{q=1}^{N}\left(t - \dfrac{n_q}{2W}\right) \prod\limits_{q=1, q \neq p}^{N}(t_p - t_q)} \cdot \dfrac{\sin(2\pi Wt)}{\pi(2\pi W t_p)}, & \tau_m = t_p. \end{cases}$$

$$\tag{4.20}$$

4.1.2.4 任意的非均匀采样模型

不难理解, 对于一般意义上非均匀采样信号问题 [10], 若采样点是完全随机的, 并且在没有规律的情况下, 要把原信号恢复出来是比较困难的, 而基于非均匀采样信号的分析处理这类问题最后可归结为应用数学领域中逼近论的问题.

假设信号 $f(t)$ 为傅里叶变换域 $(-\pi, \pi)$ 的带限信号, 设 $\{t_n\}_{n\in \mathbf{Z}}$ 是实序列并且满足如下条件:

$$\left| t_n - n\frac{b\pi}{\Omega} \right| \leqslant \frac{\pi}{4\Omega}, \tag{4.21}$$

令

$$G(t) = e^{\alpha t}(t - t_0) \prod_{n\neq 0}(1 - t/t_n)e^{t/t_n}, \alpha = \sum_{n\neq 0}\frac{1}{t_n}, \tag{4.22}$$

则对于任意傅里叶变换域上 $(-\pi, \pi)$ 的带限信号 $f(t)$ 来说, 有如下重构式成立:

$$f(t) = \sum_{n=-\infty}^{+\infty} f(t_n)\frac{G(t)}{(t - t_n)G'(t)}. \tag{4.23}$$

因此, 只要对于非均匀采样信号的采样点有所限制, 就可以应用上式完全重构原信号. 同时, 不难验证由上述非均匀采样信号的采样定理可以看到经典香农采样定理的推广, 并且上述采样定理在 $t_k = k$ 时, $G(t) = \dfrac{\sin(\pi t)}{\pi t}$, 也即经典的均匀采样定理可以看作上述非均匀采样定理的一个特例.

经典的 Nyquist-Shannon 采样定理解决的是傅里叶域带限信号的采样与重构问题, 本节主要介绍与 FRFT 相关的均匀采样定理、非均匀采样定理和多通道采样定理, 其中也涉及一些与线性正则变换相关的采样理论, 其核心思想与 FRFT 相关的采样理论一致.

4.2 分数阶变换均匀采样理论

分数阶变换是光学和非平稳信号处理领域的一种重要处理工具, 很多重要的信号处理变换方法都是分数阶变换的特殊形式, 如 FT 、FRFT 、菲涅耳变换、尺度变换等. 采样定理是数字信号处理中最基础也是最重要的理论之一, 多年来一直是专家学者们关注的热点话题 [11]. 目前, 关于分数阶变换的采样定理大部分都是基于经典的香农采样定理得到的, 也就是针对分数阶变换域中的带限信号, 当其平均采样率满足奈奎斯特采样率时, 能够通过足够多的均匀采样点对原信号进行完全重建. 然而, 香农采样定理要求原信号必须是变换域的带限信号并且需要无限多个均匀采样点才能完全重建, 这些前提条件在实际应用中不可能完全满足. 有些信号在变换域是非带限或超宽带的, 香农采样准则要求它具有超高的采样率; 实际中是对有限长信号进行分析和处理, 从而获取有限个采样值, 但由于设备本身和外界因素的影响, 不可能得到完全理想的均匀采样点. 这就激发人们去研究不受这些条件限制的最优重建方法.

对分数阶采样的研究最早源于 1995 年 M. A. Kutay 等的研究工作, 其在研究分数域最优滤波的数值计算时得到了一种用于分数阶傅里叶变换的数值计算插值式, 即后来的分数域带限信号的采样重构式, 随后 1996 年, Xia 从带限信号的角度, 首次较为完善地给出了分数域带限信号的采样定理, 其研究表明一个信号若是分数域带限的, 则其带限的分数域是唯一的, 这也表明香农采样定理在某些条件下并不是最优的 [12]. 为了突破 FT 域采样定理的局限, 近年来, 分数阶采样理论被不断完善、丰富与发展, 分数域带通信号的采样、多通道采样、函数空间上的分数阶采样理论、微分采样以及非均匀采样理论等相继被提出 [13~16].

4.2.1　时域带限信号的均匀采样理论

设信号 $f(t)$ 的连续分数谱 $F^\alpha(u)$ 被一脉冲串在一采样周期 U_s 内均匀采样后, 得到的采样谱为

$$F_s^\alpha(u) = F^\alpha(u) \cdot s(u) = F^\alpha(u) \sum_{k=-\infty}^{+\infty} \delta(u - kU_s), \tag{4.24}$$

其中, $s(u)$ 是分数域的采样冲激串. 将 $s(u)$ 展开成傅里叶级数, 有

$$\sum_{k=-\infty}^{+\infty} \delta(u - kU_s) = \frac{1}{U_s} \sum_{k=-\infty}^{+\infty} e^{-j2\pi ku/U_s}, \tag{4.25}$$

利用式 (4.25), 式 (4.24) 可以改写成

$$F_s^\alpha(u) = \frac{1}{U_s} \sum_{k=-\infty}^{+\infty} F^\alpha(u) e^{-jk(2\pi \sin \alpha/U_s)u \csc \alpha}, \tag{4.26}$$

根据前面章节关于酉分数阶时移算子的性质, 有

$$T_\tau^\alpha f(t) = f(t-\tau) e^{-j\tau\left(t-\frac{\tau}{2}\right)\cot \alpha} \xleftrightarrow{\mathcal{F}^\alpha} e^{-j\tau \csc \alpha} F^\alpha(u), \tag{4.27}$$

那么 $F_s^\alpha(u)$ 对应的时域信号 $f_s(t)$ 为

$$\begin{aligned}
f_s(t) &= \frac{1}{U_s} \sum_{k=-\infty}^{+\infty} T_{kT_s}^\alpha f(t) \\
&= \frac{1}{U_s} \sum_{k=-\infty}^{+\infty} f(t - kT_s) e^{-jkT_s t \cot \alpha + j\frac{(kT_s)^2}{2}\cot \alpha} \\
&= e^{-\frac{jt^2}{2}\cot \alpha} \frac{1}{U_s} \sum_{k=-\infty}^{+\infty} f(t - kT_s) e^{j\frac{(t-kT_s)^2}{2}\cot \alpha},
\end{aligned}$$

其中, $T_s = \dfrac{2\pi \sin \alpha}{U_s}$.

上式表明, $F_s^\alpha(u)$ 的时域形式 $f_s(t)$ 是连续分数谱 $F^\alpha(u)$ 的时域形式 $f(t)$ 与线性调频信号 $e^{\frac{jt^2 \cot \alpha}{2}}$ 的乘积在时域以周期 $T_s = \dfrac{2\pi \sin \alpha}{U_s}$ 的延拓. 当 $k=0$ 时, $f_s(t)$ 与 $f(t)$ 相差一个幅度因子 $\dfrac{1}{U_s}$, 而当 $k \neq 0$ 时, $f(t)$ 经过了时移和线性调频信号的调制. 若 $f(t)$ 是时域带限

的, 即存在常数 $T > 0$, 使得当 $|t| \geqslant \dfrac{T}{2}$ 时, $f(t) = 0$, 那么当 $U_s \leqslant \dfrac{2\pi \sin \alpha}{T}$ 时, $f_s(t)$ 不会发生混叠. 这样在时域就可以用幅度为 U_s, 截止时间为 T_m 的时域理想矩形窗函数从 $f_s(t)$ 中恢复出 $f(t)$, 且 $T_m \in [T, T_s - T)$, 不妨取 $T_m = T$.

根据分数域广义卷积定理, 可以构造时域重构窗函数为

$$g(t \csc \alpha \sin \beta) = \begin{cases} U_s A_{-\beta} \mathrm{e}^{-(\mathrm{j}/2)t^2 (\csc \alpha \sin \beta)^2 \cot \beta}, & |t| < T/2, \\ 0, & |t| \geqslant T/2. \end{cases} \tag{4.28}$$

对上式作变量替换 $\widetilde{t} = t \csc \alpha \sin \beta$ 后, 则

$$g(\widetilde{t}) = \begin{cases} U_s A_{-\beta} \mathrm{e}^{-(\mathrm{j}/2)\widetilde{t}^2 \cot \beta}, & |\widetilde{t}| < |\csc \alpha \sin \beta| T/2, \\ 0, & |\widetilde{t}| \geqslant |\csc \alpha \sin \beta| T/2. \end{cases} \tag{4.29}$$

根据 FRFT 的定义, 有

$$G_\beta(u) = \mathcal{F}^\beta[g(\widetilde{t})](u) = \frac{\sin[uT \csc(\alpha/2)]}{uT \csc(\alpha/2)} \mathrm{e}^{\frac{\mathrm{j}u^2 \cot \beta}{2}}, \tag{4.30}$$

再而, 利用分数域广义分数阶卷积, 可以得到分数谱 $F^\alpha(u)$ 的重构公式为

$$\begin{aligned} F^\alpha(u) &= (F_s^\alpha \widehat{\bigstar} G_\beta)(u) \\ &= \mathrm{e}^{(\mathrm{j}/2)u^2 \cot \alpha} \{ [F_s^\alpha(u) \mathrm{e}^{-(\mathrm{j}/2)u^2 \cot \alpha}] * [G_\beta(u) \mathrm{e}^{-(\mathrm{j}/2)u^2 \cot \beta}] \} \\ &= \mathrm{e}^{(\mathrm{j}/2)u^2 \cot \alpha} \left\{ \left[F_\alpha(u) \sum_{k=-\infty}^{+\infty} \delta(u - kU_s) \mathrm{e}^{-(\mathrm{j}/2)u^2 \cot \alpha} \right] * \frac{\sin(uT \csc \alpha)}{uT \csc \alpha} \right\} \\ &= \mathrm{e}^{(\mathrm{j}/2)u^2 \cot \alpha} \sum_{k=-\infty}^{+\infty} \mathrm{e}^{-(\mathrm{j}/2)(kU_s)^2 \cot \alpha} F^\alpha(kU_s) \frac{\sin[(u - kU_s)T \csc(\alpha/2)]}{(u - kU_s)T \csc(\alpha/2)}, \end{aligned}$$

于是, 得到了时域带限信号的重构式.

经整理, 得: 假设信号 $f(t)$ 是时间有限的, 那么即存在常数 $T > 0$, 使得当 $|t| > T/2$ 时, $f(t) = 0$. 如果分数域采样间隔 U_s 满足 $0 < U_s \leqslant 2\pi \sin \alpha / T$, 那么信号 $f(t)$ 的分数谱 $F^\alpha(u)$ 可以由其采样值 $F^\alpha(kU_s)$ 完全恢复, 如下式:

$$F^\alpha(u) = \mathrm{e}^{(\mathrm{j}/2)u^2 \cot \alpha} \sum_{k=-\infty}^{+\infty} \mathrm{e}^{-(\mathrm{j}/2)(kU_s)^2 \cot \alpha} F^\alpha(kU_s) \frac{\sin[(u - kU_s)T \csc(\alpha/2)]}{(u - kU_s)T \csc(\alpha/2)}, \tag{4.31}$$

特别地, 当 $\alpha = \pi/2$ 时, 上式退化为经典频谱采样定理, 即

$$F(\omega) = \sum_{k=-\infty}^{+\infty} F(k\omega_s) \frac{\sin[(\omega - k\omega_s)T/2]}{(\omega - k\omega_s)T/2}, \tag{4.32}$$

其中, ω_s 为频域采样间隔, 满足 $0 < \omega_s \leqslant 2\pi/T$.

4.2.2　分数域带限信号的均匀采样理论

为了推导采样定理, 先来研究均匀脉冲串采样信号的 FRFT, 假设连续信号 $f(t)$ 被脉冲串以采样周期 T_s 均匀采样, 可得采样信号为

$$f_s(t) = f(t) \sum_{k=-\infty}^{+\infty} \delta(t - kT_s), \tag{4.33}$$

所以 $f_s(t)$ 的 FRFT 为

$$\mathcal{F}^\alpha[f_s(t)] = F_s^\alpha(u) = \int_{\mathbf{R}} K_\alpha(u, t) f_s(t)\, \mathrm{d}t$$

$$= \int_{\mathbf{R}} K_\alpha(u, t) f(t) \sum_{k=-\infty}^{+\infty} \delta(t - kT_s)\, \mathrm{d}t,$$

交换积分和求和顺序, 可得

$$F_s^\alpha(u) = \sum_{k=-\infty}^{+\infty} \int_{\mathbf{R}} K_\alpha(u, t) f(t) \delta(t - kT_s)\, \mathrm{d}t. \tag{4.34}$$

由于 $\delta(t - t_0)$ 的 FT 为 $\mathrm{e}^{-\mathrm{j}\omega t_0}$, 用 kT_s 替换 t_0, 可以得到 $\delta(t - kT_s)$ 的傅里叶变换为 $\mathrm{e}^{-\mathrm{j}\omega(t - kT_s)}$. 根据 FT 的定义, 可以得到

$$\delta(t - kT_s) = \frac{1}{2\pi} \int_{\mathbf{R}} \mathrm{e}^{\mathrm{j}\omega(t - kT_s)}\, \mathrm{d}\omega,$$

再用 $v \csc \alpha$ 替换 ω, 则有

$$\delta(t - kT_s) = \frac{1}{2\pi} \int_{\mathbf{R}} \mathrm{e}^{\mathrm{j}v \csc \alpha(t - kT_s)} \csc \alpha\, \mathrm{d}v, \tag{4.35}$$

将式 (4.35) 代入式 (4.34) 中, 得

$$F_s^\alpha(u) = \sum_{k=-\infty}^{+\infty} \int_{\mathbf{R}} K_\alpha(u, t) f(t) \left(\frac{1}{2\pi} \int_{\mathbf{R}} \mathrm{e}^{\mathrm{j}v \csc \alpha(t - kT_s)} \csc \alpha\, \mathrm{d}v \right) \mathrm{d}t$$

$$= \frac{1}{2\pi} \sum_{k=-\infty}^{+\infty} \int_{\mathbf{R}} F^\alpha(u - v) \mathrm{e}^{\mathrm{j}\frac{2uv - v^2}{2} \cot \alpha} \mathrm{e}^{-\mathrm{j}v kT_s \csc \alpha} \csc \alpha\, \mathrm{d}v,$$

再交换积分与求和顺序

$$F_s^\alpha(u) = \frac{1}{2\pi} \int_{\mathbf{R}} F^\alpha(u - v) \sum_{k=-\infty}^{+\infty} \mathrm{e}^{-\mathrm{j}v kT_s \csc \alpha} \mathrm{e}^{\mathrm{j}\frac{2uv - v^2}{2} \cot \alpha} \csc \alpha\, \mathrm{d}v. \tag{4.36}$$

由于脉冲串 $\displaystyle\sum_{k=-\infty}^{+\infty} \delta(t - kT_s)$ 的傅里叶系数为 $a_k = \dfrac{1}{T}$, 根据傅里叶级数的定义, 可以得到

$$\sum_{k=-\infty}^{+\infty} \delta(t - kT) = \sum_{k=-\infty}^{+\infty} \frac{1}{T} \mathrm{e}^{\mathrm{j}k(2\pi/T)t}.$$

用 $\dfrac{2\pi \sin \alpha}{T_s}$ 代替 T, 用 v 代替 t, 得

$$v \sum_{k=-\infty}^{+\infty} \delta\left(v - k\frac{2\pi \sin \alpha}{T_s} \right) = \sum_{k=-\infty}^{+\infty} \frac{T_s}{2\pi \sin \alpha} \mathrm{e}^{\mathrm{j}k(T_s/\sin \alpha)v},$$

于是

$$\frac{2\pi}{T_s}\sum_{k=-\infty}^{+\infty}\delta\left(v-k\frac{2\pi\sin\alpha}{T_s}\right)=\sum_{k=-\infty}^{+\infty}e^{jvkT_s\csc\alpha}\csc\alpha=\sum_{k=-\infty}^{+\infty}e^{-jvkT_s\csc\alpha}\csc\alpha,$$

也即

$$\sum_{k=-\infty}^{+\infty}e^{-jvkT_s\csc\alpha}\csc\alpha=\frac{2\pi}{T_s}\sum_{k=-\infty}^{+\infty}\delta\left(v-k\frac{2\pi\sin\alpha}{T_s}\right), \tag{4.37}$$

将式 (4.37) 代入式 (4.36) 中, 有

$$F_s^\alpha(u)=\frac{1}{T_s}e^{j\frac{u^2}{2}\cot\alpha}\int_{\mathbf{R}}F^\alpha(u-v)e^{j\frac{(u-v)^2}{2}\cot\alpha}\sum_{k=-\infty}^{+\infty}\delta\left(v-k\frac{2\pi\sin\alpha}{T_s}\right)\mathrm{d}v,$$

最后可得

$$F_s^\alpha(u)=\frac{1}{T_s}e^{j\frac{u^2}{2}\cot\alpha}\left[F^\alpha(u)e^{-j\frac{u^2}{2}\cot\alpha}*\sum_{k=-\infty}^{+\infty}\delta\left(v-k\frac{2\pi\sin\alpha}{T_s}\right)\right], \tag{4.38}$$

式中, "$*$" 代表卷积.

此式给出了原信号与采样信号 FRFT 之间的关系. 若 $f(t)$ 是 FRFT 域带限信号, 则它的 FRFT 满足条件 $F^\alpha(u)=0$, 若 $|u|>\Omega/2$, 则带宽为 Ω. 根据前面采样频率理论需要 $\Omega_s\geqslant 2\Omega|\csc\alpha|$, 选择合适的频率, 只要使信号在分数阶傅里叶域上没有混叠, 在时间上就能完全重建 $f(t)$.

如果采样频率满足上述要求, 那么如何由采样样本重构原信号呢? 由式 (4.38) 可以看到, 当 $k=0$ 时, 对应的是 $\frac{1}{T_s}F^\alpha(u)$, 所以在分数阶傅里叶域中, 将 $\mathcal{F}[f_s(t)]$ 通过一个理想的低通滤波器

$$H(u)=\begin{cases}T_s, & |u|<\Omega/2, \\ 0, & |u|\geqslant\Omega/2,\end{cases} \tag{4.39}$$

则可以在分数阶傅里叶域上重新构造出 $F^\alpha(u)$, 在经过逆变换构造出 $f(t)$

$$\begin{aligned}f(t)&=\mathcal{F}^{-\alpha}\{\mathcal{F}^\alpha[f_s(t)]H(u)\}\\&=e^{-j\frac{t^2}{2}\cot\alpha}\int_{\mathbf{R}}e^{j\frac{\tau^2}{2}\cot\alpha}f_s(\tau)\frac{\csc\alpha}{2\pi}\int_{\mathbf{R}}e^{ju(t-\tau)\csc\alpha}H(u)\,\mathrm{d}u\,\mathrm{d}t,\end{aligned}$$

容易证明

$$\int_{\mathbf{R}}e^{ju(t-\tau)\csc\alpha}H(u)\,\mathrm{d}u=\frac{2T_s\{\sin[\Omega_s(t-\tau)\csc\alpha]\}}{(t-\tau)\csc\alpha},$$

所以

$$f(t)=e^{-j\frac{t^2}{2}\cot\alpha}\int_{\mathbf{R}}e^{j\frac{\tau^2}{2}\cot\alpha}f_s(\tau)\frac{T_s\{\sin[\Omega_s(t-\tau)\csc\alpha]\}}{\pi(t-\tau)}\,\mathrm{d}\tau, \tag{4.40}$$

上式也可转化为

$$f(t)=e^{-j\frac{t^2}{2}\cot\alpha}\sum_{k=-\infty}^{+\infty}e^{j\frac{(kT_s)^2}{2}\cot\alpha}f(kT_s)(\tau)\frac{T_s\{\sin[\Omega_s(t-kT_s)\csc\alpha]\}}{\pi(t-kT_s)}, \tag{4.41}$$

如果选取采样频率 $\Omega_s = 2\Omega\csc\alpha$，则上式变为

$$f(t) = \mathrm{e}^{-\mathrm{j}\frac{t^2}{2}\cot\alpha}\sum_{k=-\infty}^{+\infty}\mathrm{e}^{\mathrm{j}\frac{(kT_s)^2}{2}\cot\alpha}f(kT_s)(\tau)\frac{\{\sin[\Omega(t-kT_s)\csc\alpha]\}}{\pi(t-kT_s)}. \tag{4.42}$$

4.2.3　分数域带限信号高阶导数均匀采样

对于傅里叶域的信号及其导数的采样最早是由 Jagerman 与 Fogel 提出的 [17~19]. 在这些研究中，香农采样定理被扩展到对一个傅里叶域带限信号及其导数的均匀采样 [20]. 对于一个带限信号 $f(t)$，它可以由均匀导数采样点 $f^{(l)}(knT)(l = 0, 1, \cdots, n-1)$ 完全重构. FT 在处理非平稳信号时不能得到最优的结果，但许多其他类型的积分变换，如小波变换、FRFT 和 LCT 等都克服了一些 FT 的缺点. 在这些新颖的变换中，FRFT 是一种可以很好地处理非平稳信号的变换. 2007 年，李炳照等人提出了低阶的分数阶傅里叶域 (简称分数域) 的导数均匀采样定理，利用信号及其一阶导数来采样，得到的采样率是奈奎斯特采样率的一半 [8]. 2011 年，张峰等人定义了分数域的带限随机信号，并且通过对 FRFT 滤波器中输入和输出信号的统计特征进行分析和研究，提出了分数域中对带限随机信号的均匀采样与多通道采样的定理 [21~23].

不过，尽管在 FRFT 的领域内已取得上述相关成果，但是对于需要更低采样率的设备，仍然是无法满足需求的. 为进一步降低实际中的采样率，需要将带限信号进行更高阶的导数采样 [9,24]，从而达到目的. 下面将针对高阶导数采样降低采样率问题进行介绍.

4.2.3.1　分数域带限确定信号的均匀采样定理

这里以定理的形式呈现相关研究 [24].

定理 4.2　设信号 $f(t)$ 和它的 $n-1$ 阶导数是连续的，并且 $f(t)$ 是带宽为 Ω 的带限信号，$F_\alpha(u)$ 为 $f(t)$ 的 FRFT，则原信号 $f(t)$ 可以由本身及导数的采样点重构，重构公式如下：

$$f(t) = \mathrm{e}^{-\frac{1}{2}t^2\cot\alpha}\sum_{k=-\infty}^{+\infty}\sum_{l=0}^{n-1}\left[\mathrm{e}^{\frac{1}{2}(knT)^2\cot\alpha}f(knT)\right]^{(l)}s_l(t-nkT), \tag{4.43}$$

其中

$$s_l(t) = \sum_{r=l}^{n-1}a_{rl}\overline{s_r}(t), l = 0, 1, \cdots, n-1, \tag{4.44}$$

$$\overline{s_r}(t) = \frac{1}{r!}t^r\mathrm{sinc}^n\left(\frac{t}{nT}\right), \tag{4.45}$$

并且系数 a_{rl} 是式(4.46)的解：

$$s_l^{(l')}(0) = \sum_{r=l}^{n-1}\overline{s_r}^{(l')}(0)a_{rl} = \delta_{ll'}, \tag{4.46}$$

$$l' = l, l+1, \cdots, n-1; l = 0, 1, \cdots, n-1.$$

证明　根据 FRFT 的定义与带限信号在 FT 域与分数域的关系，得

$$f(t) = \int_{-\Omega}^{\Omega}F_\alpha(u)A_\alpha\mathrm{e}^{-\frac{1}{2}(t^2+u^2)\cot\alpha+jut\csc\alpha}\mathrm{d}u = g(t)A_\alpha\mathrm{e}^{-\frac{1}{2}t^2\cot\alpha},$$

因此信号 $f(t)$ 为

$$f(t) = \sqrt{\frac{1 - \mathrm{j}\cot\alpha}{2\pi}} \mathrm{e}^{-\frac{1}{2}t^2\cot\alpha} g(t), \tag{4.47}$$

并且 $g(t)$ 是 FT 域带宽为 $\Omega\csc\alpha$ 的带限信号. 对信号 $g(t)$ 应用经典 FT 域的导数采样定理, 可以得到

$$g(t) = \sum_{k=-\infty}^{+\infty} \sum_{l=0}^{n-1} g^{(l)}(knT) s_l(t - nkT), \tag{4.48}$$

其中

$$s_l(t) = \sum_{r=l}^{n-1} a_{rl}\overline{s_r}(t), l = 0, 1, \cdots, n - 1,$$

$$\overline{s_r}(t) = \frac{1}{r!}t^r \mathrm{sinc}^n\left(\frac{t}{nT}\right),$$

系数 a_{rl} 是下式的解

$$s_l^{(l')}(0) = \sum_{r=l}^{n-1}(0)a_{rl} = \delta_{ll'}, l' = l, l+1, \cdots, n-1; l = 0, 1, \cdots, n-1.$$

根据式(4.47), 可以导出

$$g^{(l)}(knT) = \left[\sqrt{\frac{2\pi}{1 - \mathrm{j}\cot\alpha}} \mathrm{e}^{\frac{\mathrm{j}}{2}t^2\cot\alpha} f(t)\right]^{(l)}\Bigg|_{t=knT}, \tag{4.49}$$

将式(4.48)和式(4.49)代入式(4.47), 可以得到最终的结论.

定理 4.2 说明: 一个带限信号可以由它的采样点完全地重构, 这能够帮助简化分数域的导数采样. 采样区间是原采样区间 T 的 n 倍, 采样率降为以前的 $\frac{1}{n}$. 下面的定理 4.3 给出了分数域带限信号高阶导数采样的另一种表示, 重构过程如图 4.10 所示.

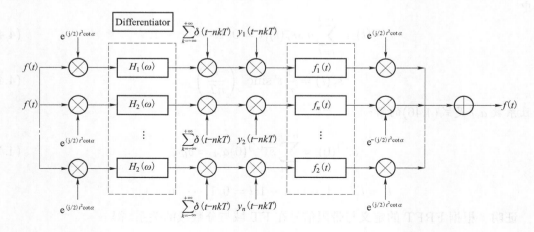

图 4.10　多路导数采样方法

定理 4.3 设 $f(t)$ 为分数域带限信号, 并且满足定理 4.2 中的条件, 则 $f(t)$ 可由如下表达式重构:

$$f(t) = \mathrm{e}^{-\frac{\mathrm{j}}{2}t^2\cot\alpha} \sum_{k=-\infty}^{+\infty} \sum_{l=0}^{n-1} \left[\mathrm{e}^{\frac{\mathrm{j}}{2}(knT)^2\cot\alpha}f(knT)\right]^{(l)} y_{l+1}(t-knT),$$

其中, $y_{l+1}(t)$ 满足

$$y_l(t) = \frac{1}{c}\int_{-\sigma}^{\sigma+c} Y_l(u,t)\mathrm{e}^{\mathrm{j}\omega t}\,\mathrm{d}\omega, \quad l=1,2,\cdots,n-1. \tag{4.50}$$

$c = 2\sigma/n$, σ 是 $f(t)$ 的带宽.

证明 根据 FRFT 的定义与带限信号在 FT 域与分数域的关系, 得

$$f(t) = \sqrt{\frac{1-\mathrm{j}\cot\alpha}{2\pi}}\mathrm{e}^{-\frac{\mathrm{j}}{2}t^2\cot\alpha}g(t), \tag{4.51}$$

$$g(t) = \sum_{k=-\infty}^{+\infty} [x_1(knT)y_1(t-knT)+\cdots+x_n(knT)y_n(t-knT)], \tag{4.52}$$

其中, $g(t)$ 是 FT 域带宽为 $\Omega\csc\alpha$ 的带限信号; $x_i(knT)$ 是 $g(t)$ 的采样函数.

令 $H_i(\omega)=(\mathrm{j}\omega)^{i-1}$, 则 $x_i(t)=g^{(i-1)}(t)$. 令 $i-1=l, i=1,2,\cdots,m=n, l=0,1,\cdots,n-1$, 并且

$$g(t) = \sum_{k=-\infty}^{+\infty} \sum_{l=0}^{n-1} g^{(l)}(knT)y_{l+1}(t-knT), \tag{4.53}$$

$$g^{(l)}(knT) = \left[\sqrt{\frac{2\pi}{1-\mathrm{j}\cot\alpha}}\mathrm{e}^{\frac{\mathrm{j}}{2}t^2\cot\alpha}f(t)\right]^{(l)}\Bigg|_{t=knT}, \tag{4.54}$$

将式(4.53)和式(4.54) 代入式(4.51), 可以得到最终结论.

定理 4.3 从另一个方面给出了分数域的多通道导数采样, 这个过程如图 4.10 所示. 从计算复杂度角度来看, 式(4.54) 与低阶的导数采样的复杂度相同, 都是 $O(N^2)$. 但是, 高阶导数的采样率比低阶导数的要低, 并且可以应用在宽带信号处理情况中.

4.2.3.2 分数域带限随机信号的均匀采样定理

本节介绍分数域带限随机信号高阶导数的均匀采样理论 [24], 主要结果以定理的形式给出, 即定理 4.4. 为了证明定理 4.4, 首先给出如下定义:

定义 4.1 随机信号 $x(t)$ 的 α 阶功率谱定义为

$$P_{xx}^\alpha = \sqrt{\frac{1+\mathrm{j}\cot\alpha}{2\pi}}F^\alpha[R_{xx}^\alpha(\tau)](u)\mathrm{e}^{-\mathrm{j}u^2\cot\alpha/2}. \tag{4.55}$$

定义 4.2 函数 $x(t)$ 的 α 阶自相关函数可以定义为

$$R_{xx}^\alpha(\tau) = \lim_{T\to\infty}\frac{1}{2T}\int_{-T}^{T} R_{xx}(t_2+\tau,t_2)\mathrm{e}^{\mathrm{j}t_2\tau\cot\alpha}\,\mathrm{d}t_2$$

$$= P_{xx}(\rho+\tau,\rho)\mathrm{e}^{\mathrm{j}\rho\tau\cot\alpha}, \tag{4.56}$$

其中, $P_{xx}(t+\tau,t)$ 是 $x(t)$ 的功率谱密度; $R_{xx}(t_1,t_2)$ 为随机信号 $x(t)$ 的自相关函数

$$R_{xx}(t_1,t_2) = R_{xx}(t_2+\tau,t_2) = E[x(t_1)x^*(t_2)] \tag{4.57}$$

$E[\cdot]$ 表示统计的期望值, 且式(4.56)对任意 ρ 都成立.

注 当 $\alpha = \pi/2$ 时, 式(4.55)退化为 Wiener-Khinchine 定理.

定义 4.3 如果一个随机函数 $x(t)$ 的分数阶功率谱满足

$$P_{xx}^\alpha = 0, |u| > u_r, \tag{4.58}$$

则称 $x(t)$ 是分数域带限信号, 其中 u_r 称为随机信号在分数域带宽. 当 $\alpha = \pi/2$ 时, $x(t)$ 即 FT 域带限的.

定理 4.4 设 $x(t)$ 在分数域中的表示 $X_\alpha(u)$ 是带宽为 u_r 的 α 阶随机信号, 它有 $n-1$ 阶连续导数. 若 $x_c(t) = x(t)e^{j(t^2/2)\cot\alpha}$ 是广义上稳定的, 则 $x(t)$ 可以表示为

$$x(t) = \text{l.i.m.} e^{-\frac{j}{2}t^2\cot\alpha} \sum_{k=-\infty}^{+\infty} \sum_{l=0}^{n-1} [x(t)e^{\frac{j}{2}t^2\cot\alpha}]^{(l)}|_{t=knT} \cdot s_l(t-knT),$$

其中

$$s_l(t) = \sum_{r=l}^{n-1} a_{rl}\overline{s_r}(t), l = 0,1,\cdots,n-1,$$

$$\overline{s_r}(t) = \frac{1}{r!}t^r\text{sinc}^n\left(\frac{t}{nT}\right), \tag{4.59}$$

系数 a_{rl} 是下列方程的解:

$$s_l^{(l')}(0) = \sum_{r=l}^{n-1} \overline{s_r}^{(l')}(0)a_{rl} = \delta_{ll'}, \tag{4.60}$$

$$l' = l, l+1, \cdots, n-1; l = 0,1,\cdots,n-1,$$

并且 l.i.m. 表示均方极限或者概率收敛, 即

$$\lim_{K\to\infty} E\{|x(t) - \sum_{k=-K}^{K} \sum_{l=0}^{n-1} e^{-\frac{j}{2}t^2\cot\alpha}[x(t)e^{\frac{j}{2}t^2\cot\alpha}]^{(l)}|_{t=knT} \cdot s_l(t-knT)|^2\} = 0. \tag{4.61}$$

证明 令 $x_c(t)$ 表示随机信号 $x(t)$ 的线性调频形式, 即 $x_c(t) = x(t)e^{j(t^2/2)\cot\alpha}$. 因为 $x(t)$ 是分数域中带宽为 u_r 的 α 阶随机信号, 所以由式(4.55)和式(4.58), 可以导出

$$P_{xx}^\alpha(\tau) = \int_{-u_r}^{u_r} [P_{xx}^\alpha(u)e^{\frac{ju^2\cot\alpha}{2}}]e^{\frac{-j}{2}(u^2+\tau^2)\cot\alpha+ju\tau\csc\alpha} du$$

$$= \int_{-u_r}^{u_r} P_{xx}^\alpha(u)e^{-\frac{j}{2}\tau^2\cot\alpha+ju\tau\csc\alpha} du.$$

由于 $x_c(t)$ 是广义意义下稳定的, 因此可以从下式与式 (4.56)获得它的自相关函数.

$$E[x(t_1)e^{j\frac{t_1^2}{2}\cot\alpha}x^*(t_2)e^{-j\frac{t_2^2}{2}\cot\alpha}] = e^{j[(t_2+\tau)^2-t_2^2]/2\cot\alpha}.$$

$$E[x(t_2+\tau),x^*(t_2)] = e^{\frac{j}{2}\tau^2\cot\alpha+jt_2\tau\cot\alpha}R_{xx}(t_2+\tau,t_2),$$

$x_c(t)$ 的自相关函数可以写为

$$R_{x_c x_c}(\tau) = \mathrm{e}^{\frac{\mathrm{j}}{2}\tau^2 \cot\alpha} R_{xx}(t_2 + \tau, t_2) = \mathrm{e}^{\frac{\mathrm{j}}{2}\tau^2 \cot\alpha} R_{xx}^\alpha(\tau), \tag{4.62}$$

结合式(4.62)和式(4.62)可得

$$R_{x_c x_c}(\tau) = \mathrm{e}^{\frac{\mathrm{j}}{2}\tau^2 \cot\alpha} R_{xx}^\alpha(\tau) = \int_{-u_r}^{u_r} P_{xx}^\alpha \mathrm{e}^{\mathrm{j}u\tau \csc\alpha}\, \mathrm{d}u. \tag{4.63}$$

可以看出 $x_c(t)$ 是带宽为 $u_r \csc\alpha$ 的随机信号. 因此令估计信号为 $\widehat{x}_c(t)$, 且

$$\widehat{x}_c(t) = \sum_{k=-\infty}^{+\infty} \sum_{l=0}^{n-1} x_c^{(l)}(knT) s_l(t - knT), \tag{4.64}$$

则有

$$\begin{aligned}
E\{[x_c(t) - \widehat{x}_c(t)]x_c^{(l)*}(mnT)\} = {}&E\{x_c(t)x_c^{(l)*}(mnT)\} - \\
&\sum_{k=-\infty}^{+\infty} \sum_{l=0}^{n-1} E\{x_c^{(l)}(knT)x_c^{(l)*}(mnT)\}s_l(t - knT),
\end{aligned} \tag{4.65}$$

令 $R_{x_c x_c}^{c(l)}(t)$ 表示 $x_c^{(l)}(t)$ 的自相关函数, 且 $p(t) = E\{x_c(t)x_c^{(l)*}(mnT)\}$. 注意到随机信号 $x_c(t)$ 在 FT 域中是带限的. 由于 $x_c(t)$ 是稳定的, 因此 $x_c(t)$ 的 FT 自相关函数可以表示为 $R_{x_c x_c}(\tau) = E\{x_c^*(t)x_c(t + \tau)\}$, 且 $R_{x_c x_c}(\tau)$ 只是变量 τ 的函数. 因此, 有

$$R_{x_c x_c}^{(l)}(\tau) = E\{x_c^*(t)x_c^{(l)}(t + \tau)\}, l = 0, 1, \cdots, n-1, \tag{4.66}$$

并且此式对所有的 t 都是有效的. 对确定信号 $p(t)$ 应用高阶导数均匀采样定理, 有

$$\begin{aligned}
p(t) &= E\{x_c(t)x_c^{(l)*}(mnT)\} \\
&= \sum_{k=-\infty}^{+\infty} \sum_{l=0}^{n-1} p^{(l)}(knT)s_l(t - knT) \\
&= \sum_{k=-\infty}^{+\infty} \sum_{l=0}^{n-1} E\{x_c^{(l)}(t)|_{t=knT} x_c^{(l)*}(mnT)\}s_l(t - knT) \\
&= \sum_{k=-\infty}^{+\infty} \sum_{l=0}^{n-1} R_{x_c x_c}^{c(l)}(knT - mnT)s_l(t - knT),
\end{aligned}$$

将式 (4.66) 代入式(4.65), 可以导出

$$\begin{aligned}
E\{[x_c(t) - \widehat{x}_c(t)]x_c^{(l)*}(mnT)\} = {}&\sum_{k=-\infty}^{+\infty} \sum_{l=0}^{n-1} R_{x_c x_c}^{c(l)}(knT - mnT)s_l(t - knT) - \\
&\sum_{k=-\infty}^{+\infty} \sum_{l=0}^{n-1} R_{x_c x_c}^{c(l)}(knT - mnT)s_l(t - knT) = 0.
\end{aligned} \tag{4.67}$$

这意味着, 对任意的 m, $[x_c(t) - \widehat{x}_c(t)]$ 与 $x_c^{(l)}(mnT)$ 是正交的. 因此, $\widehat{x}_c(t)$ 是 $x_c^{(l)}(mnT)$ 的线性和, $[x_c(t) - \widehat{x}_c(t)]$ 也正交于 $\widehat{x}_c(t)$, 即

$$E\{[x_c(t) - \widehat{x}_c(t)]\widehat{x}_c^*(t)\} = 0. \tag{4.68}$$

另外, 可以从式(4.65)得到

$$\begin{aligned}
E\{[x_c(t) - &\widehat{x}_c(t)]x_c^*(t)\} \\
&= R_{x_c x_c}(t, t) - \sum_{k=-\infty}^{+\infty}\sum_{l=0}^{n-1} E\{x_c^{(l)}(knT)x_c^*(t)\}s_l(t - knT) \\
&= R_{x_c x_c}(0) - \sum_{k=-\infty}^{+\infty}\sum_{l=0}^{n-1} R_{xx}^{(l)}(knT - t)s_l(t - knT).
\end{aligned} \tag{4.69}$$

类似地, 对确定信号 $R_{x_c x_c}(\tau - \tau_0)$ 应用高阶导数的均匀采样定理, 可以产生

$$R_{x_c x_c}(\tau - \tau_0) = \sum_{k=-\infty}^{+\infty}\sum_{l=0}^{n-1} R_{x_c x_c}^{(l)}(knT - \tau_0)s_l(t - knT), \tag{4.70}$$

在式(4.70)中选择 $\tau = \tau_0 = t$, 可以导出

$$R_{xx}(0) = \sum_{k=-\infty}^{+\infty}\sum_{l=0}^{n-1} R_{xx}^{(l)}(knT - t)s_l(t - knT), \tag{4.71}$$

将式(4.71)代入式(4.69)得到

$$E\{[x(t) - \widehat{x}(t)]x^*(t)\} = 0. \tag{4.72}$$

因此, 结合式(4.66)和式(4.68), 得到

$$\begin{aligned}
E[|x(t) - \widehat{x}(t)|^2] &= E\{[x(t) - \widehat{x}(t)][x^*(t) - \widehat{x}^*(t)]\} \\
&= E\{[x(t) - \widehat{x}(t)]x^*(t)\} - E\{[x(t) - \widehat{x}(t)]\widehat{x}^*(t)\} = 0.
\end{aligned} \tag{4.73}$$

所以

$$x_c(t) = \text{l.i.m.} \sum_{k=-\infty}^{+\infty}\sum_{l=0}^{n-1} x_c^{(l)}(knT)s_l(t - knT), \tag{4.74}$$

则

$$x(t) = \text{l.i.m.} e^{-\frac{j}{2}t^2\cot\alpha} \sum_{k=-\infty}^{+\infty}\sum_{l=0}^{n-1} [x(t)e^{\frac{j}{2}t^2\cot\alpha}]^{(l)}|_{t=knT} \cdot s_l(t - knT). \tag{4.75}$$

4.2.3.3 仿真验证

假设

$$f(t) = \mathcal{F}^{-\alpha}[F_\alpha(u)](t) = \int_{\mathbf{R}} F_\alpha(u)K_\alpha^*(u, t)\,\mathrm{d}u,$$

并且令 $F_\alpha(u) = 1$, 因此, 可以得到

$$
\begin{aligned}
f(t) &= \int_{\mathbf{R}} K_\alpha^*(u, t) \, \mathrm{d}u \\
&= \int_{\mathbf{R}} \sqrt{\frac{1 + \mathrm{j}\cot\alpha}{2\pi}} \, \mathrm{e}^{-\frac{\mathrm{j}}{2}(t^2 + u^2) + \mathrm{j}tu\csc\alpha} \, \mathrm{d}u.
\end{aligned}
$$

图 4.11(a) 所示为分数域带宽为 $\Omega = 4$ 的矩形信号; 图 4.11(b) 所示为此矩形信号在时域中的绝对值形式, 记为 $|f(t)|$.

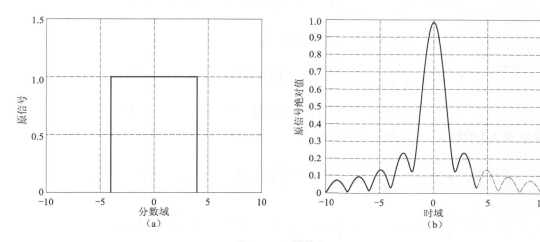

图 4.11　原信号

(a) 分数域带宽为 $\Omega = 4$ 的信号 (矩形信号); (b) 矩形信号在时域中的绝对值形式

在此情况中, 令 $n = 4$ 并且根据本章的定理 4.2 计算出重构式. 基于式(4.45) 和式(4.46), 可以计算出 $a_{rl}, l = 0, 1, 2, 3; r = l, l+1, \cdots, 3$ 的值, 如下:

$$
a_{00} = 1, a_{10} = 0, a_{20} = \frac{4\pi^2}{3}, a_{30} = 0,
$$

$$
a_{11} = 1, a_{21} = 0, a_{31} = 4\pi^2, a_{22} = 1, a_{32} = 0, a_{33} = 1.
$$

将 a_{rl} 代入式(4.44), 可得 $s_l(t), l = 0, 1, 2, 3$ 的表达式为

$$
s_0(t) = \left(1 + \frac{2}{3}\pi^2 t^2\right) \operatorname{sinc}^4\left(\frac{t}{4T}\right),
$$

$$
s_1(t) = \left(1 + \frac{2}{3}\pi^2 t^2\right) t\operatorname{sinc}^4\left(\frac{t}{4T}\right),
$$

$$
s_2(t) = \frac{1}{2} t^2 \operatorname{sinc}^4\left(\frac{t}{4T}\right),
$$

$$
s_3(t) = \frac{1}{6} t^3 \operatorname{sinc}^4\left(\frac{t}{4T}\right).
$$

根据式(4.48), 可以导出 $g^{(l)}(t), l = 0, 1, 2, 3$.

$$g(t) = \sqrt{\frac{2\pi}{1 - \mathrm{j}\cot\alpha}}\mathrm{e}^{\frac{\mathrm{j}}{2}t^2\cot\alpha}f(t),$$

$$g'(t) = \sqrt{\frac{2\pi}{1 - \mathrm{j}\cot\alpha}}\mathrm{e}^{\frac{\mathrm{j}}{2}t^2\cot\alpha}[\mathrm{j}t\cot\alpha f(t) + f'(t)],$$

$$g''(t) = \sqrt{\frac{2\pi}{1 - \mathrm{j}\cot\alpha}}\mathrm{e}^{\frac{\mathrm{j}}{2}t^2\cot\alpha}\{[(\mathrm{j}t\cot\alpha)^2 + \mathrm{j}\cot\alpha]f(t) +$$

$$2\mathrm{j}t\cot\alpha f'(t) + f''(t)\},$$

$$g'''(t) = \sqrt{\frac{2\pi}{1 - \mathrm{j}\cot\alpha}}\mathrm{e}^{\frac{\mathrm{j}}{2}t^2\cot\alpha}\{[(\mathrm{j}t\cot\alpha)^3 + 3(\mathrm{j}\cot\alpha)^2t]f(t) +$$

$$[3(\mathrm{j}t\cot\alpha)^2 + 3\mathrm{j}\cot\alpha]f'(t) + 3\mathrm{j}t\cot\alpha f''(t) + f'''(t)\}.$$

基于定理 4.2 的结果, 可以得到下列重构式:

$$f(t) = \mathrm{e}^{-\frac{\mathrm{j}}{2}t^2\cot\alpha}\sum_{k=-\infty}^{+\infty}\mathrm{e}^{\frac{\mathrm{j}}{2}(4kT)^2\cot\alpha}\Big(1 + \mathrm{j}4kT\cot\alpha(t - 4kT) + \Big(\frac{2}{3}\pi^2 +$$

$$\frac{1}{2}(\mathrm{j}4kT\cot\alpha)^2 + \frac{1}{2}\mathrm{j}\cot\alpha\Big)\cdot(t - 4kT)^2 + \Big(\frac{2}{3}\pi^2\mathrm{j}4kT\cot\alpha +$$

$$\frac{1}{6}(\mathrm{j}4kT\cot\alpha)^3 + \frac{1}{2}(\mathrm{j}\cot\alpha)^24kT\Big)(t - 4kT)^3\Big)\cdot f(4kT) +$$

$$\Big((t - 4kT) + \mathrm{j}4kT\cot\alpha(t - 4kT)^2 + \Big(\frac{2}{3}\pi^2 + \frac{1}{2}\mathrm{j}\cot\alpha +$$

$$\frac{1}{2}(\mathrm{j}4kT\cot\alpha)^2\Big)(t - 4kT)^3\Big)\cdot f'(4kT) + \Big(\frac{1}{2}(t - 4kT)^2 +$$

$$\frac{1}{2}(\mathrm{j}4kT\cot\alpha)(t - 4kT)^3\Big)\cdot f''(4kT) + \frac{1}{6}(t - 4kT)^3\cdot f'''(t - 4kT))\cdot$$

$$\mathrm{sinc}^4\Big(\frac{t}{4T} - k\Big). \tag{4.76}$$

在仿真中, 设 $f(t)$ 是分数域中阶数为 $\alpha = \arcsin(2/\pi)$ 的带限信号. 因此原信号在时域中的采样率为 $T = \pi\sin\alpha/\Omega = 0.5$, 这时应用导数的采样区间为 $nT = 2$. 即运用导数采样后的采样率是原来采样率的 1/4. 通过将 $T = 0.5, \alpha = \arcsin(2/\pi)$ 和式(4.114)代入式(4.76), 可以得到重构式. 图 4.12(a) 与图 4.12(b) 分别是均匀采样得到的实部和虚部部分.

图 4.12(c) 与图 4.12(d) 分别表示原信号 $f(t)$ 与基于 FRFT 的重构信号在实部与虚部的对比. 虽然没有无限采样点而引起误差, 但是尽量使用多个采样点减小误差.

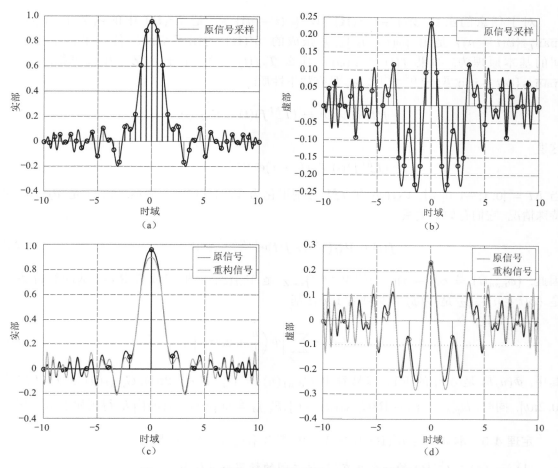

图 4.12 均匀采样：原信号与基于 FRFT 的重构信号

(a) 原信号采样的实部重构; (b) 原信号采样的虚部重构;

(c) 原信号与基于 FRFT 重构信号的实部; (d) 原信号与基于 FRFT 重构信号的虚部

4.2.4 基于线性正则变换的函数空间中信号的采样理论

4.2.4.1 基于线性正则变换的框架函数空间中的采样

Zak 变换 (ZT) 是应用在采样定理中的一个重要工具, 普通的 ZT 可以通过时移算子 T_τ 定义为

$$Z_f(\sigma, \omega) = \frac{1}{\sqrt{2\pi}} \sum_{n \in \mathbf{Z}} (T_{-\sigma} f)(n) \mathrm{e}^{-\mathrm{j}\omega n}. \tag{4.77}$$

其中, T_σ 为 $(T_\sigma f)(\cdot) \triangleq f(\cdot - \sigma)$. 为了采样定理的推导, 现在给出与 LCT 相联系的 ZT 的一般形式, 即定义一种线性正则 ZT(LCZT),

$$Z_f^{\boldsymbol{M}}(\sigma, u) = \sum_{n \in \mathbf{Z}} (T_{-\sigma}^{\boldsymbol{M}} f)(n) \mathcal{K}_{\boldsymbol{M}}(u, n). \tag{4.78}$$

其中, T_σ 为 $(T_\sigma^{\boldsymbol{M}} f)(\cdot) \triangleq f(\cdot - \sigma) \mathrm{e}^{(-\mathrm{j}a/b)\sigma(\cdot - \sigma/2)}$, 当 $\boldsymbol{M} = (0, 1, -1, 0)$ 时退化为一般的 ZT.

对于任意的函数 $\phi(t) \in L^2(\mathbf{R})$, 设 $\{\phi(t-n)\}_{n\in\mathbf{Z}}$ 是 $L^2(\mathbf{R})$ 中的函数集, $\mathcal{V}(\phi) = \overline{\text{span}}_{L^2}\{\phi(t-n)\}$ 是由 $\{\phi(t-n)\}_{n\in\mathbf{Z}}$ 张成的 $L^2(\mathbf{R})$ 的闭子空间. 传统平移不变子空间的基本原理为, 如果 $f(t) \in \mathcal{V}(\phi)$, 那么 $T_\tau f(t) \in \mathcal{V}(\phi)$, $\tau \in \mathbf{Z}$. 相似可得, $\phi_M = \overline{\text{span}}_{L^2}\{\phi(t-n)\mathrm{e}^{-\mathrm{j}(a/2b)(t^2-n^2)}\}_{n\in\mathbf{Z}}$, 具有如下性质:

$$f(t) \in \mathcal{V}(\phi) \Leftrightarrow (T_\tau^M f)(t) \in \mathcal{V}_M(\phi),$$

这里

$$(T_\tau^M f)(\cdot) \triangleq f(\cdot - \tau)\mathrm{e}^{-(\mathrm{j}a/b)\tau(\cdot-\tau/2)}.$$

当 $M = [0, 1; -1, 0]$ 时, $\mathcal{V}_M(\phi)$ 和 T_τ^M 分别退化为 $\mathcal{V}(\phi)$ 和 T_τ. 显然, $\mathcal{V}(\phi)$ 是 $\mathcal{V}_M(\phi)$ 的特殊情况, 它们有如下关系:

$$f(t) \in \mathcal{V}_M(\phi) \Leftrightarrow f(t)\mathrm{e}^{\mathrm{j}(a/2b)t^2} \in \mathcal{V}(\phi), \tag{4.79}$$

因此, $\{\phi_{n,m}(t) \triangleq \phi(t-n)\mathrm{e}^{-\mathrm{j}(a/2b)(t^2-n^2)}\}_{n\in\mathbf{Z}}$ 是 $\mathcal{V}_M(\phi)$ 的框架或者 Riesz 基的等价条件是 $\{\phi(t-n)\}_{n\in\mathbf{Z}}$ 是 $\mathcal{V}(\phi)$ 框架或者 Riesz 基.

为了简化, 令

$$G_{\phi,M}(u) = \sum_{k\in\mathbf{Z}} \left| \Phi\left(\frac{u}{b} + 2k\pi\right) \right|^2, \tag{4.80}$$

其中, $\Phi(u/b)$ 是 $\phi(t)$ 的 FT. 容易看出 $G_{\phi,M}(u) = G_{\phi,M}(u + 2\pi b)$, $G_{\phi,M}(u) \in L^1(I)$, $I \triangleq [0, 2\pi b]$. 同时, $E_{\phi,M} \triangleq \{u \in \mathbf{R} \,|\, G_{\phi,M}(u) > 0\}$, $E_{\phi,M} \triangleq \text{supp}\, G_{\phi,M}(u) \bigcap I$. 得到如下结果[25].

定理 4.5 取 $\phi(t) \in L^2(\mathbf{R})$, $B \geqslant A > 0$, 那么 $\{\phi_{n,M}(t)\}_{n\in\mathbf{Z}}$ 是:

(1) $\mathcal{V}_M(\phi) \in L^2(\mathbf{R})$ 的一个界在 A, B 之间的标架当且仅当

$$A \leqslant G_{\phi,M}(u) \leqslant B;$$

(2) $\mathcal{V}_M(\phi) \in L^2(\mathbf{R})$ 的一个界在 A, B 之间的 Riesz 基当且仅当

$$A \leqslant G_{\phi,M}(u) \leqslant B.$$

由式 (4.79) 中定义的关系, 定理 4.5 易证.

基于上述事实, 下面介绍在 LCT 域中与采样相关的函数的一些关系和性质.

定理 4.6 假设 $\{\phi_{n,M}(t)\}_{n\in\mathbf{Z}}$ 是 $L^2(\mathbf{R})$ 中子空间 $\mathcal{V}_M(\phi)$ 的一个标架, 在整数 $\{\phi[n]\}_{n\in\mathbf{Z}}$ 处的采样序列属于 $\ell^2(\mathbf{Z})$. 如果存在一个函数 $s(t) \in L^2(\mathbf{R})$ 且 $s(t)\mathrm{e}^{-(\mathrm{j}a/2b)t^2} \in \mathcal{V}_M(\phi)$, 那么对 $\forall f(t) \in \mathcal{V}_M(\phi)$

$$f(t) = \sum_{n\in\mathbf{Z}} f(n)s(t-n)\mathrm{e}^{-(\mathrm{j}a/2b)(t^2-n^2)} \tag{4.81}$$

成立, 且有

(1) $\text{supp}\,\Phi(u/b) = \text{supp}\, S(u/b) \subset E_{\phi,M} = E_{S,M} \subset \text{supp}\,\tilde{\Phi}(u/b)$;

(2) $G_{\phi,M}(u) = 2\pi G_{S,M}(u)|\tilde{\Phi}(u/b)|^2$.

证明 (1) 对于 $\forall n \in \mathbf{Z}, \phi_{n,M}(t) \in \mathcal{V}_M(\phi)$, 有 $\phi_{0,M}(t) \in \mathcal{V}_M(\phi), \phi(t)\mathrm{e}^{-(ja/2b)^2} \in \mathcal{V}_M(\phi)$. 然后用 $\phi(t)\mathrm{e}^{-(ja/2b)^2}$ 代替式 (4.81) 中的 $f(t)$ 得到

$$\phi(t)\mathrm{e}^{-(ja/2b)^2} = \sum_{n\in\mathbf{Z}} \phi[n]s(t-n)\mathrm{e}^{-(ja/2b)t^2}. \tag{4.82}$$

对式 (4.82) 两边作 LCT, 得

$$\Phi\left(\frac{u}{b}\right) = \sqrt{2\pi}\tilde{\Phi}\left(\frac{u}{b}\right)S\left(\frac{u}{b}\right). \tag{4.83}$$

这表明, 有 $\mathrm{supp}\Phi(u/b) \subset \mathrm{supp}\tilde{\Phi}(u/b)$ 和 $\mathrm{supp}\Phi(u/b) \subset \mathrm{supp}S(u/b)$, $u \in \mathbf{R}$. 同时 $\tilde{\Phi}(u/b)$ 是以 $2\pi b$ 为周期的.

对于 $\forall k \in \mathbf{Z}$, 有

$$\mathrm{supp}\Phi\left(\frac{u}{b} + 2k\pi\right) \subset \mathrm{supp}\tilde{\Phi}\left(\frac{u}{b}\right).$$

同时, 有 $\bigcup_{k\in\mathbf{Z}}\mathrm{supp}\Phi(u/b + 2k\pi) = E_{\phi,M}$. 否则, 存在一个可测量的子集 $E'(|E'| \neq 0)$ 使得

$$E' = E_{\phi,M} - \bigcup_{k\in\mathbf{Z}}\mathrm{supp}\Phi\left(\frac{u}{b} + 2k\pi\right).$$

则对 $\forall u \in E', k \in \mathbf{Z}$, 有 $\Phi(u/b + 2k\pi) = 0$.

对于 $\forall u \in E'$, 有

$$G_{\phi,M}(u) = \sum_{k\in\mathbf{Z}}\left|\Phi\left(\frac{u}{b} + 2k\pi\right)\right|^2 = 0.$$

然而, 这与 $E' \subset E_{\phi,M}$ 矛盾. 因此, $\bigcup_{k\in\mathbf{Z}}\mathrm{supp}\Phi(u/b + 2k\pi) \subset E_{\phi,M}$. 另外, 容易看出

$$\bigcup_{k\in\mathbf{Z}}\mathrm{supp}\Phi\left(\frac{u}{b} + 2k\pi\right) \supset E_{\phi,M},$$

则

$$\mathrm{supp}\tilde{\Phi}\left(\frac{u}{b}\right) \supset \bigcup_{k\in\mathbf{Z}}\mathrm{supp}\Phi\left(\frac{u}{b} + 2k\pi\right) = E_{\phi,M}.$$

因为 $\{\phi_{n,M}(t)\}_{n\in\mathbf{Z}}$ 是 $\mathcal{V}_M(\phi)$ 的一个标架, 所以存在一个序列 $d[n] \in \ell^2(\mathbf{Z})$ 使

$$s(t)\mathrm{e}^{-(ja/2b)^2} = \sum_{n\in\mathbf{Z}} d[n]\phi_{n,M}(t),$$

然后, 有

$$s(t)\mathrm{e}^{-(ja/2b)^2} = \sum_{n\in\mathbf{Z}} d[n]\phi(t-n)\mathrm{e}^{-(ja/2b)(t^2-n^2)}.$$

对式 (4.2.4.1) 两边作 LCT 得到

$$S\left(\frac{u}{b}\right) = A_b^{-1}\mathrm{e}^{-(ja/2b)u^2}\tilde{D}_M(u)\Phi\left(\frac{u}{b}\right).$$

其中, $\tilde{D}_M(u)$ 是 $d[n]$ 的 DTLCT. 因此 $\mathrm{supp}S(u/b) \subset \mathrm{supp}\Phi(u/b)$.

综上有

$$\mathrm{supp}\Phi\left(\frac{u}{b}\right) = \mathrm{supp}S\left(\frac{u}{b}\right) \subset \mathrm{supp}\tilde{\Phi}\left(\frac{u}{b}\right).$$

$$E_{\phi,M} = E_{s,M} \subset \mathrm{supp}\tilde{\Phi}\left(\frac{u}{b}\right).$$

定理 4.6 中的 (1) 得证.

(2) 利用 $\tilde{\Phi}(u/b)$ 是以 $2\pi b$ 为周期的性质, 从式 (4.83) 中得到

$$\Phi\left(\frac{u}{b} + 2k\pi\right) = \sqrt{2\pi}\tilde{\Phi}\left(\frac{u}{b}\right) S\left(\frac{u}{b} + 2k\pi\right), \quad k \in \mathbf{Z}.$$

所以

$$\left|\Phi\left(\frac{u}{b} + 2k\pi\right)\right|^2 = 2\pi \left|\tilde{\Phi}\left(\frac{u}{b}\right)\right|^2 \left|S\left(\frac{u}{b} + 2k\pi\right)\right|^2, \tag{4.84}$$

在式 (4.84) 中对所有 k 求和, 可得定理 4.6 中的 (2) 成立.

基于上述导出的结果, 得到如下在有标架的空间 $\mathcal{V}_M(\phi)$ 中的 LCT 采样定理:

定理 4.7 假设 $\{\phi_{n,M}(t)\}_{n \in \mathbf{Z}}$ 是 $L^2(\mathbf{R})$ 中子空间 $\mathcal{V}_M(\phi)$ 的一个标架, 采样序列 $\{\phi[n]\}_{n \in \mathbf{Z}} \in \ell^2(\mathbf{Z})$, 那么对于 $\forall s(t) \in \mathcal{V}_M(\phi)$, 且 $s(t)\mathrm{e}^{-(\mathrm{j}a/2b)t^2} \in \mathcal{V}_M(\phi)$,

$$f(t) = \sum_{n \in \mathbf{Z}} f(n)s(t-n)\mathrm{e}^{-(\mathrm{j}a/2b)(t^2-n^2)}, \tag{4.85}$$

在 $L^2(\mathbf{R})$ 的意义下成立当且仅当

$$\frac{1}{\sqrt{2\pi}}\tilde{\Phi}\left(\frac{u}{b}\right)\chi_{E_{\phi,M}}(u) \in L^2(I) \tag{4.86}$$

和

$$S\left(\frac{u}{b}\right) = \begin{cases} \dfrac{\Phi\left(\dfrac{u}{b}\right)}{\sqrt{2\pi}\tilde{\Phi}\left(\dfrac{u}{b}\right)}, & u \in E_{\phi,M}, \\ 0, & u \notin E_{\phi,M}. \end{cases}$$

成立. 这里 $u \in \mathbf{R}$. $S(u/b), \Phi(u/b)$ 分别代表 $s(t)$ 和 $\phi(t)$ 的 FT, $\tilde{\Phi}(u/b)$ 是 $\phi[n]$ 的 DTFT.

证明 充分性: 首先假设式 (4.86) 成立, 则有 $\tilde{\Phi}(u/b) \neq 0$, $u \in E_{\phi,M}$, 因此, 存在一个序列 $\{c(n)\}_{n \in \mathbf{Z}} \in \ell^2(\mathbf{Z})$ 使

$$\frac{1}{\sqrt{2\pi}\tilde{\Phi}\left(\dfrac{u}{b}\right)}\chi_{E_{\phi,M}}(u) = \sum_{n \in \mathbf{Z}} c(n)\mathrm{e}^{(\mathrm{j}a/2b)^2 - \mathrm{j}(u/b)n} \tag{4.87}$$

在 $L^2(I)$ 的意义下成立. 因为 $\tilde{\Phi}\left(\dfrac{u}{b}\right)$ 是以 $2\pi b$ 周期的, 则可得到

$$\int_{E_{\phi,M}} \left|\frac{\Phi\left(\dfrac{u}{b}\right)}{\sqrt{2\pi}\tilde{\Phi}\left(\dfrac{u}{b}\right)}\right|^2 \mathrm{d}u = \int_{\mathbf{R}} \left|\frac{\Phi\left(\dfrac{u}{b}\right)}{\sqrt{2\pi}\tilde{\Phi}\left(\dfrac{u}{b}\right)}\right|^2 \chi_{E_{\phi,M}}(u)\,\mathrm{d}u = \int_I \frac{G_{\phi,M}(u)\chi_{E_{\phi,M}}}{\left|\sqrt{2\pi}\tilde{\Phi}\left(\dfrac{u}{b}\right)\right|^2}\,\mathrm{d}u$$

$$\leqslant \|G_{\phi,M}(u)\chi_{E_{\phi,M}}(u)\|_\infty \int_I \frac{\chi_{E_{\phi,M}}}{\left|\sqrt{2\pi}\tilde{\Phi}\left(\dfrac{u}{b}\right)\right|^2}\,\mathrm{d}u,$$

这说明 $\{\Phi(u/b)/[\sqrt{2\pi}\tilde{\Phi}(u/b)]\}\chi_{E_{\phi,M}}(u) \in L^2(\mathbf{R})$. 因此, 有

$$S\left(\frac{u}{b}\right) = \mathcal{F}\{s(t)\}\left(\frac{u}{b}\right) \triangleq \frac{\Phi\left(\dfrac{u}{b}\right)}{\sqrt{2\pi}\tilde{\Phi}\left(\dfrac{u}{b}\right)}\chi_{E_{\phi,M}}(u), \tag{4.88}$$

其中, $\mathcal{F}$ 表示 FT 算子.

然后, 将式 (4.87) 代入式 (4.88) 中得到

$$S\left(\frac{u}{b}\right) = \Phi\left(\frac{u}{b}\right)\sum_{n\in\mathbf{Z}}c(n)\mathrm{e}^{(\mathrm{j}a/2b)n^2-\mathrm{j}(u/b)n}.$$

由 LCT 和 FT 的关系得到

$$\mathcal{L}^M\{s(t)\mathrm{e}^{(\mathrm{j}a/2b)t^2}\}(u) = \sqrt{2\pi}A_b\mathrm{e}^{(\mathrm{j}d/2b)u^2}S\left(\frac{u}{b}\right) = \sqrt{2\pi}\Phi\left(\frac{u}{b}\right)\sum_{n\in\mathbf{Z}}c(n)\mathcal{K}_M(u,n)$$

$$= \sqrt{2\pi}\tilde{C}_M(u)\Phi\left(\frac{u}{b}\right),$$

其中, $\tilde{C}_M(u)$ 表示 $c(n)$ 的 DTLCT. 因此, 应用半离散正则卷积定理, 导出

$$s(t)\mathrm{e}^{-(\mathrm{j}a/2b)t^2} = \sum_{n\in\mathbf{Z}}c(n)\phi(t-n)\mathrm{e}^{-(\mathrm{j}a/2b)(t^2-n^2)} = \sum_{n\in\mathbf{Z}}c(n)\phi_{n,M}(t),$$

这说明 $s(t)\mathrm{e}^{-(\mathrm{j}a/2b)t^2} \in \mathcal{V}_M(\phi)$, 所以 $\{\phi_{n,M}(t)\}_{n\in\mathbf{Z}}$ 是 $\mathcal{V}_M(\phi)$ 的标架.

进一步, 对 $\forall f(t) \in \mathcal{V}_M(\phi)$, 有

$$f(t) = \sum_{m\in\mathbf{Z}}p(m)\phi(t-m)\mathrm{e}^{-(\mathrm{j}a/2b)(t^2-m^2)}, \tag{4.89}$$

其中, $p(m) \in l^2(\mathbf{Z})$. 用半离散正则卷积定理 [26] 和式 (4.89) 给出

$$F_M(u) = \sqrt{2\pi}\tilde{P}_M(u)\Phi\left(\frac{u}{b}\right), \tag{4.90}$$

其中, $F_M(u)$ 和 $\tilde{P}_M(u)$ 分别表示 $f(t)$ 的 LCT 和 $p(m)$ 的 DTLCT. 由式 (4.90) 和式 (4.88) 得到

$$F_M(u) = 2\pi\tilde{P}_M(u)\tilde{\Phi}\left(\frac{u}{b}\right)S\left(\frac{u}{b}\right). \tag{4.91}$$

令

$$f(n) = \sum_{m\in\mathbf{Z}}p(m)\phi[n-m]\mathrm{e}^{-(\mathrm{j}a/2b)(n^2-m^2)}. \tag{4.92}$$

然后, 使用式 (4.92) 和完全离散正则卷积定理 [26] 得

$$\tilde{F}_M(u) = \sqrt{2\pi}\tilde{P}_M(u)\tilde{\Phi}\left(\frac{u}{b}\right), \tag{4.93}$$

其中, $\tilde{F}_M(u)$ 表示 $f(n)$ 的 DTLCT. 将式 (4.93) 代入式 (4.91) 中得到

$$F_M(u) = \sqrt{2\pi}\tilde{F}_M(u)S\left(\frac{u}{b}\right).$$

与半离散正则卷积定理结合, 得式 (4.85) 成立.

必要性: 反过来, 假设存在一个函数 $s(t) \in L^2(\mathbf{R})$ 并且 $s(t)\mathrm{e}^{-(\mathrm{j}a/2b)t^2} \in \mathcal{V}_M(\phi)$ 使式 (4.85) 在 $L^2(\mathbf{R})$ 的意义下成立. 因为 $\phi_{n,M}(t) \in \mathcal{V}_M(\phi)$ 对任意的 $n \in \mathbf{Z}$ 成立, 于是有 $\phi_{0,M}(t) \in \mathcal{V}_M(\phi)$, 也即 $\phi(t)\mathrm{e}^{-(\mathrm{j}a/2b)t^2} \in \mathcal{V}_M(\phi)$. 然而, 在式 (4.85) 中将 $f(t)$ 用 $\phi(t)\mathrm{e}^{-(\mathrm{j}a/2b)t^2}$ 替代得

$$\phi(t)\mathrm{e}^{-(\mathrm{j}a/2b)t^2} = \sum_{n \in \mathbf{Z}} \phi[n]\mathrm{e}^{-(\mathrm{j}a/2b)n^2} s(t-n)\mathrm{e}^{-(\mathrm{j}a/2b)(t^2-n^2)}. \tag{4.94}$$

在式 (4.94) 两边同时作 LCT 得到

$$\Phi\left(\frac{u}{b}\right) = \sqrt{2\pi}\tilde{\Phi}(u)S\left(\frac{u}{b}\right). \tag{4.95}$$

然后, 根据定理 4.6, 得

$$\mathrm{supp}\tilde{\Phi}\left(\frac{u}{b}\right) \supset \cup_{k \in \mathbf{Z}}\mathrm{supp}\Phi\left(\frac{u}{b} + 2k\pi\right) = E_{\phi,M} \supset \mathrm{supp}\Phi\left(\frac{u}{b}\right).$$

因此式 (4.95) 可重新写为

$$S\left(\frac{u}{b}\right) = \begin{cases} \dfrac{\Phi\left(\dfrac{u}{b}\right)}{\sqrt{2\pi}\tilde{\Phi}\left(\dfrac{u}{b}\right)}, & u \in E_{\phi,M}, \\[2ex] 0, & u \notin E_{\phi,M}. \end{cases} \tag{4.96}$$

因为 $S(u/b) \in L^2(\mathbf{R})$, 从式 (4.96) 得到

$$\infty > \int_{\mathbf{R}} \left|S\left(\frac{u}{b}\right)\right|^2 \mathrm{d}u = \int_{\mathbf{R}} \left|\frac{\Phi\left(\dfrac{u}{b}\right)}{\sqrt{2\pi}\tilde{\Phi}\left(\dfrac{u}{b}\right)}\right|^2 \chi_{E_{\phi,M}}(u)\,\mathrm{d}u = \int_I \frac{G_{\phi,M}(u)}{\left|\sqrt{2\pi}\tilde{\Phi}\left(\dfrac{u}{b}\right)\right|^2} \chi_{E_{\phi,M}}(u)\,\mathrm{d}u$$

$$\geqslant \|G_{\phi,M}(u)\chi_{E_{\phi,M}}(u)\|_0 \int_I \frac{\chi_{E_{\phi,M}}(u)}{\left|\sqrt{2\pi}\tilde{\Phi}\left(\dfrac{u}{b}\right)\right|^2}\,\mathrm{d}u,$$

这说明式 (4.86) 成立.

综上, 定理 4.7 得证.

进一步, 如果 $\phi(t) \in L^2(\mathbf{R})$ 使采样集 $\{\phi[n+\sigma]\}_{n \in \mathbf{Z}}$ 有意义, 且对于 $\sigma \in [0,1)$ 有 $\{\phi[n+\sigma]\}_{n \in \mathbf{Z}} \in \ell^2(\mathbf{Z})$, 由式 (4.77) 得

$$Z_\phi\left(\sigma, \frac{u}{b}\right) = \frac{1}{\sqrt{2\pi}} \sum_{n \in \mathbf{Z}} \phi[n+\sigma]\mathrm{e}^{-(\mathrm{j}/b)un}.$$

对于一些 $\sigma \in [0,1)$, $\mathcal{V}_M(\phi)$ 中的生成函数 $\phi(t)$ 不一定满足 $\{1/[\sqrt{2\pi}\tilde{\Phi}(u/b)]\}_{\chi_{E_{\phi,M}}}(u) \in L^2(I)$, 但是可能满足 $\{1/[\sqrt{2\pi}Z_\phi(\sigma,u/b)(u/b)]\}_{\chi_{E_{\phi,M}}}(u) \in L^2(I)$. 然后, 对一些 $\sigma \in [0,1)$, 采样序列为 $\{\phi[n+\sigma]\}_{n \in \mathbf{Z}}$ 时, 定理 4.7 可以扩展为如下的情况.

定理 4.8 设 $\{\phi_{n,M}(t)\}_{n \in \mathbf{Z}}$ 是 $L^2(\mathbf{R})$ 中子空间 $\mathcal{V}_M(\phi)$ 的一个标架, 对于一些 $\sigma \in [0,1)$, 整数 $\{\phi[n+\sigma]\}_{n \in \mathbf{Z}}$ 的采样序列属于 $\ell^2(\mathbf{Z})$, 那么 $\forall f(t) \in \mathcal{V}_M(\phi)$ 存在一个函数 $s_\sigma(t) \in L^2(\mathbf{R})$

满足 $s_\sigma(t)\mathrm{e}^{-(\mathrm{j}a/2b)t^2} \in \mathcal{V}_M(\phi)$ 使

$$f(t) = \sum_{n\in\mathbf{Z}}(T_{-\sigma}^M f)(n)s_\sigma(t-n)\mathrm{e}^{-(\mathrm{j}a/2b)(t^2-n^2)}.$$

在 $L^2(\mathbf{R})$ 的意义下成立的充要条件为

$$\frac{1}{\sqrt{2\pi}Z_\phi\left(\sigma,\dfrac{u}{b}\right)}(u) \in L^2(I),$$

且

$$S_\sigma\left(\frac{u}{b}\right) = \begin{cases} \dfrac{\varPhi\left(\dfrac{u}{b}\right)}{\sqrt{2\pi}Z_\phi\left(\sigma,\dfrac{u}{b}\right)}, & u \in E_{\phi,M}, \\[4ex] 0, & u \notin E_{\phi,M}. \end{cases}$$

$u \in \mathbf{R}$, $S_\sigma(u/b), \varPhi(u/b)$ 分别代表 $s_\sigma(t)$ 和 $\phi(t)$ 的 FT.

通过应用 ZT 及其定义在式 (4.78) 中的一般形式, 定理 4.8 的证明与定理 4.7 类似. 同时从定理 4.8 出发, 有以下基于 Riesz 基的 LCT 的定理.

定理 4.9 对于 $\sigma \in [0,1)$, 整数 $\{\phi[n+\sigma]\}_{n\in\mathbf{Z}} \in \ell^2(\mathbf{Z})$, 如果 $\{\phi_{n,M}(t)\}_{n\in\mathbf{Z}}$ 是 $L^2(\mathbf{R})$ 中子空间 $\mathcal{V}_M(\phi)$ 的一个 Riesz 基, 那么 $\forall f(t) \in \mathcal{V}_M(\phi)$ 存在一个函数 $s_\sigma(t) \in L^2(\mathbf{R})$, $s_\sigma(t)\mathrm{e}^{-(\mathrm{j}a/2b)t^2} \in \mathcal{V}_M(\phi)$ 使得如下式子

$$f(t) = \sum_{n\in\mathbf{Z}}(T_{-\sigma}^M f)(n)s_\sigma(t-n)\mathrm{e}^{-(\mathrm{j}a/2b)(t^2-n^2)} \tag{4.97}$$

在 $L^2(\mathbf{R})$ 的意义下成立的充要条件为

$$\frac{1}{\sqrt{2\pi}Z_\phi\left(\sigma,\dfrac{u}{b}\right)\chi_{E_{\phi,M}}}(u) \in L^2(I),$$

其中, $S_\sigma(u/b) = \varPhi(u/b)/[\sqrt{2\pi}Z_\phi(\sigma,u/n)]$, $u \in \mathbf{R}$.

最后给出在 Riesz 基的情况下采样对应的一些必要条件.

定理 4.10 设 $\{\phi_{n,M}(t)\}_{n\in\mathbf{Z}}$ 是 $L^2(\mathbf{R})$ 中子空间 $\mathcal{V}_M(\phi)$ 的一个 Riesz 基, 整数 $\{\phi[n]\}_{n\in\mathbf{Z}}$ 的采样序列属于 $\ell^2(\mathbf{Z})$, $\forall f(t) \in \mathcal{V}_M(\phi)$. 如果对于任意的 $f(t) \in \mathcal{V}_M(\phi)$ 存在一个函数 $s(t) \in L^2(\mathbf{R})$, $s(t)\mathrm{e}^{-(\mathrm{j}a/2b)t^2} \in \mathcal{V}_M(\phi)$ 使式 (4.98)

$$f(t) = \sum_{n\in\mathbf{Z}}f(n)s(t-n)\mathrm{e}^{-(\mathrm{j}a/2b)(t^2-n^2)} \tag{4.98}$$

在 $L^2(\mathbf{R})$ 的意义下成立, 那么如下关系成立:

(1) $\tilde{\varPhi}(u/b) \neq 0, u \in \mathbf{R}$ 且 $E_{\phi,M} = E_{s,M} = \operatorname{supp}\tilde{\varPhi}(u/b) = \mathbf{R}$;

(2) $\sqrt{2\pi}|\tilde{S}(u/b)| = 1, u \in \mathbf{R}$;

(3) $\sqrt{2\pi}\left|\sum_{k\in\mathbf{Z}}S(u/b + 2k\pi)\right| = 1, u \in \mathbf{R}$.

其中, $\tilde{\varPhi}(u/b)$ 和 $\tilde{S}(u/b)$ 分别是 $\phi[n]$ 和 $s[n]$ 的 DTFT; $S(u/b)$ 是 $s(t)$ 的 FT.

证明 (1) 根据定理 4.6, 有 $\text{supp}\tilde{\Phi}(u/b) \supset E_{\phi,M}$. 因此, $\forall k \in \mathbf{Z}, u \in \mathbf{R}$, 有 $\text{supp}\Phi(u/b + 2k\pi) \subset \text{supp}\tilde{\Phi}(u/b)$ 成立. 更进一步, $\bigcup_{k \in \mathbf{Z}} \text{supp}\Phi(u/b + 2k\pi) = \mathbf{R}$ 成立. 否则存在一个可测子集 $E'(|E'| \neq 0|)$ 使

$$\delta = \mathbf{R} - \bigcup_{k \in \mathbf{Z}} \text{supp}\Phi\left(\frac{u}{b} + 2k\pi\right).$$

然后有 $\forall u \in E', k \in \mathbf{Z}, \Phi(u/b + 2k\pi) = 0$ 成立, 所以对于 $\forall u \in E'$

$$G_{\phi,M}(u) = \sum_{k \in \mathbf{Z}} \left|\Phi\left(\frac{u}{b} + 2k\pi\right)\right|^2 = 0.$$

由定理 4.5, $G_{\phi,M}(u) \neq 0, u \in \mathbf{R}$, 这与 $E' \subset \mathbf{R}$ 矛盾, 因此有

$$\tilde{\Phi}\left(\frac{u}{b}\right) \neq 0, u \in \mathbf{R}.$$

$$E_{\phi,M} = E_{s,M} = \text{supp}\tilde{\Phi}\left(\frac{u}{b}\right) = \mathbf{R}.$$

(2) 令式 (4.98) 中的 $f(t) = s(t)e^{-(ja/2b)t^2}$ 得

$$s(t)e^{-(ja/2b)t^2} = \sum_{n \in \mathbf{Z}} s(n)s(t-n)e^{-(ja/2b)t^2}. \tag{4.99}$$

再对式 (4.99) 两边作 LCT 得到

$$S\left(\frac{u}{b}\right) = \sqrt{2\pi}\tilde{S}\left(\frac{u}{b}\right)S\left(\frac{u}{b}\right).$$

根据定理 4.6 中 (2) 有

$$G_{s,M}(u) = 2\pi\left|\tilde{S}\left(\frac{u}{b}\right)\right|^2 G_{s,M}(u). \tag{4.100}$$

利用定理 4.6 和定理 4.10 中 (1) 得

$$G_{s,M}(u) \neq 0, u \in \mathbf{R}. \tag{4.101}$$

因此, 根据式 (4.100) 和式 (4.101) 可以得到 $\sqrt{2\pi}|\tilde{S}(u/b)| = 1, u \in \mathbf{R}$.

(3) 由 FT 的泊松求和式得到 $\tilde{S}(u/b) = \sum_{k \in \mathbf{Z}} S(u/b + 2k\pi)$, 根据定理 4.10(2) 的证明, 可以得到 (3).

综上定理 4.10 得证.

下面给出一个满足上述所有条件的例子.

例 4.2 取 $L^2(\mathbf{R})$ 中的一个函数 $\phi(t)$, 它的 FT 为 $\Phi(t)$, $\Phi(u/b)$ 为其 FT 的尺度变换, 满足 $\Phi(u/b) = \chi_{[0,4\pi b\sigma]}(u)$. 由式 (4.80) 在 I 上有 $G_{\phi,M}(u) = \chi_{[0,4\pi b\sigma]}(u)$, 进一步, 应用 FT 的泊松求和式得到 $\tilde{\Phi}(u/b) = \sum_{k \in \mathbf{Z}} \Phi(u/b + 2k\pi)$, 所以 $\tilde{\Phi}(u/b)\chi_l(u) = \chi_{[0,4\pi b\sigma]}(u)$. 由定理 4.5 容易看出 $\{\phi_{n,M}(t)\}_{n \in \mathbf{Z}}$ 是 $\mathcal{V}_M(\phi)$ 的一个标架但不是一个 Riesz 基. 而 $[1/\sqrt{2\pi}\tilde{\Phi}(u/b)]\chi_{E_\phi,M}(u) \in L^2(I)$ 表明定理 4.7 中提出的采样定理是可用的, 其中 $S(u/b)$ 通过

$$S\left(\frac{u}{b}\right) = \frac{\Phi\left(\frac{u}{b}\right)}{\sqrt{2\pi}\tilde{\Phi}\left(\frac{u}{b}\right)}\chi_{E_\phi,M}(u) = \frac{1}{\sqrt{2\pi}}\chi_{[0,4\pi b\sigma]}(u). \tag{4.102}$$

给出. 对式 (4.102) 两边作逆 FT 可得到式 (4.85) 中定义的插值函数 $s(t)$.

4.3 分数阶变换非均匀采样理论

目前, 关于分数阶变换的采样定理大部分都是基于经典的香农采样定理得到的, 也就是针对分数阶变换域中的带限信号, 当其平均采样率满足奈奎斯特采样率时, 能够通过足够多的均匀采样点对原信号进行完全重建. 然而, 香农采样定理要求原信号必须是变换域的带限信号并且需要无限多个均匀采样点才能完全重建. 这些前提条件在实际应用中不可能完全满足. 有些信号在变换域是非带限或超宽带的, 这就需要很高的采样率; 实际中采样的信号通常是有限长的, 只能得到有限个采样值; 由于设备本身和外界因素的影响, 故不可能得到完全理想的均匀采样点. Bhandari 、史军教授等人[26~29]对于傅里叶域中非带限信号的采样重构方法进行了研究, 建立了分数阶变换域中对信号没有带限要求的采样定理. 对于非均匀采样问题, Unser 等人首先提出了一致性采样准则, 并在此基础上给出了基于非理想获取设备的采样理论, 此采样理论适用于信号任意的采样测量值并可去除信号获取过程中产生的畸变[30]. 而现代高速模数转换要求交叉的多通道转换器, 多通道采样在多通道平行模数转换和复杂无线通信系统理论中具有重要的应用价值. 本节针对这一问题, 结合分数阶变换对信号的非均匀采样、谱分析和重建理论问题给予详细的介绍, 这对于分数域信号处理的理论体系及应用体系的发展和完善都具有重要的意义.

4.3.1 分数域带限信号多通道一致性采样

一致性采样准则就是要求当重建信号再次通过原来的信号采样获取设备以后, 得到的采样值与原来的采样测量值完全一致. 基于一致性采样准则的后续研究成果都是基于 FT 理论[31~33]. 史军教授等人给出了分数阶变换域中适用于任意测量值和近似空间的采样定理, 但是只研究了单通道的采样模式[34]. 现代高速模数转换要求交叉的多通道转换器, 多通道采样在多通道平行模数转换和复杂无线通信系统理论中具有重要的应用价值. 本节主要针对有限长的信号进行非均匀采样, 并且采样时刻是确定的. 因为在此种情形下, 随机信号多次测量采样结果的均值相当于一个确定信号, 所以本节以确定信号为研究对象. 在介绍一致性采样基本理论以后, 将研究与分数阶变换相关的多通道一致性采样和重建理论, 并指出此理论的关键在于如何从采样测量值获取信号重建的最优加权系数. 在此基础上, 结合移不变函数空间和分数阶变换基函数空间, 给出两种有效的详细的重建方法, 并结合雷达回波信号给出仿真数值实验结果. 本节以线性正则变换为分数阶变换代表进行讨论[35,36]

4.3.1.1 一致性采样定理

对于一般采样定理, 通常采样的信号 $f(t)$ 具有有限的时间长度 T 并且具有有限的能量, 即信号函数属于希尔伯特空间 $H = L^2(0, T)$. 信号采样先在时域有一个卷积操作, 得到一个输出信号函数. 而内积和卷积在数学表达上具有一定的等价关系, 即

$$f(t) * g(t) = \int f(\tau)g(t - \tau)\,\mathrm{d}\tau = \langle f(\tau), g^*(t - \tau) \rangle,$$

因此在一致性采样定理的分析中, 信号的 N 个采样测量值 $\{d_n\}_{n=0}^{N-1}$ 可以用信号与采样函数 $\{\phi_n(t)\}_{n=0}^{N-1}$ 的内积来表示, 即

$$d_n = \langle f(t), \phi_n(t) \rangle.$$

事实上, 采样函数就是信号获取设备的冲激响应, 并且可能会由于设备本身或外界干扰对原信号产生畸变, 使采样测量值与信号在采样时刻的值不同. 一般情况下, 对有限长的信号, 其采样过程可以认为是移不变的, 也就是采样函数具有以下性质:

$$\phi_n(t) = \phi_T(t - t_n), \tag{4.103}$$

其中, $\phi_T(t) = \sum_k \phi(t - kT)$, $\{t_n\}_{n=0}^{N-1}$ 是采样时刻并且满足 $0 = t_0 < t_1 < \cdots < t_{N-1} \leqslant T$, $\phi(t)$ 在区间 $[-r, r]$ 上是具有紧支集的并且满足 $0 < 2r < T/N$. 重建信号 $\tilde{f}(t)$ 可通过重建函数 $\{\varphi_k(t)\}_{k=0}^{N-1}$ 的线性加权和来得到

$$\tilde{f}(t) = \sum_{k=0}^{N-1} c_k \varphi_k(t).$$

可以看出, 在给定采样函数和重建函数的情况下, 信号经过采样函数的作用后, 采样测量值与重建加权系数不一定有一一对应相等的关系. 那么, 信号的重建问题就转化为如何从采样测量值获取、求得与重建函数相对应的最优加权系数.

采样测量值 $\{d_n\}_{n=0}^{N-1}$ 和重建加权系数 $\{c_k\}_{k=0}^{N-1}$ 可分别用向量表示为 $\boldsymbol{d}$ 和 $\boldsymbol{c}$. 如果可以找到匹配的变换或映射 $\boldsymbol{X}$, 使得在一定条件下采样测量值 $\boldsymbol{d}$ 能对应于最优重建系数 $\boldsymbol{c}$, 即 $\boldsymbol{c} = \boldsymbol{X}\boldsymbol{d}$, 那么就可得到最优重建结果. 这里使用的重建条件就是一致性采样准则, 它要求重建信号通过原来的采样获取设备以后能得到原来的采样测量值, 即

$$\langle \tilde{f}(t), \phi_n(t) \rangle = \langle f(t), \phi_n(t) \rangle.$$

针对一致性采样和重建, 还有更多基于不同前提条件的研究, 包括从空间斜映射角度考虑更广义的重建方法、噪声存在情况下的重建研究、建立因果重建核用部分采样值重建全局信号等. 本章对分数阶变换域中的一致性采样重建讨论是针对有限长的分数域带限确定信号进行非均匀采样, 讨论在采样时刻确定情况下的快速重建, 后续的研究也将会从更多角度进行分析讨论.

需要特别指出的是, 本节对一致性采样重建的讨论都将基于如下假设:

$$V_r \cap V_s^\perp = \{0\}, V_r + V_s^\perp = H, \tag{4.104}$$

其中, $V_s = \text{span}\{\phi_n\}_{n=0}^{N-1}$ 和 $V_r = \text{span}\{\varphi_k\}_{k=0}^{N-1}$ 分别表示采样函数空间和重建函数空间. 这就保证了采样测量值与重建函数之间的一一对应关系, 也就保证了满足一致性采样准则的信号重建结果的存在及其唯一性. 事实上信号的重建结果就是原信号沿着 $V_s^\perp$ 在重建函数空间 V_r 中的正交投影.

4.3.1.2 分数域多通道一致性采样和重建

首先是信号的采样过程, 原信号 $f(t)$ 的采样测量值通过具有 m 个通道的线性正则变换滤波器组 $\phi_i(t)$ 获取, $i = 1, 2, \cdots, m$. 为方便讨论分析, 在此假设每个通道中的采样函数和重建函数的个数相同. 通过利用分数阶变换乘法滤波器和分数阶变换卷积, 第 i 个通道中的第 k 个采样值可以表示为

$$
\begin{aligned}
g_i(k) &= (f \overset{M}{*} \phi_i)(t)|_{t=t_{ik}} \\
&= \int_{-r}^{r} f(\tau)\phi_i(t_{ik}-\tau)\mathrm{e}^{-\mathrm{j}\frac{a}{2b}[(t_{ik})^2-\tau^2]}\,\mathrm{d}\tau \\
&= \left\langle f(t), \tilde{\phi}_i(t,k) \right\rangle,
\end{aligned}
$$

其中, $\overset{M}{*}$ 表示 LCT 卷积操作; t_{ik} 表示第 i 个通道中第 k 个采样值的采样时刻, 并且 $\tilde{\phi}_i^*(t,k) = \phi_i(t_{ik}-t)\mathrm{e}^{-\mathrm{j}\frac{a}{2b}[(t_{ik})^2-t^2]}$. 所有的采样测量值可用向量表示为

$$
\boldsymbol{g}_m(k) = (g_1(k), g_2(k), \cdots, g_m(k)), k \in \mathbf{Z}.
$$

可以看出, 这里的采样方式并不局限于完全均匀采样, 也可以是非均匀采样.

接下来先研究信号的重建, 重建信号可以用重建函数的加权和来表示, 多通道情况下其数学表达式如下:

$$
\begin{aligned}
\tilde{f}(t) &= \sum_{k\in\mathbf{Z}} \boldsymbol{c}_m^{\mathrm{T}}(mk)\boldsymbol{\Psi}_m(t,k) = \sum_{k\in\mathbf{Z}} \boldsymbol{\Psi}_m^{\mathrm{T}}(t,k)\boldsymbol{c}_m(mk) \\
&= \sum_{i=1}^{m}\sum_{k\in\mathbf{Z}} c_i(k)\varphi_i(t,k) = \sum_{i=1}^{m} \boldsymbol{c}_i^{\mathrm{T}}\boldsymbol{\Psi}_i \\
&= \sum_{k\in\mathbf{Z}} \boldsymbol{c}_m^{\mathrm{T}}(k)\boldsymbol{\Psi}_m(t,k),
\end{aligned}
$$

其中, $\boldsymbol{c}_i$ 表示加权系数序列; $\boldsymbol{\Psi}_i$ 表示第 i 个通道的重建函数向量; 变量右上角符号正体 T 表示向量的转置 (与斜体字母 T 表示的时间不同); $\boldsymbol{c}_m(k)$ 和 $\boldsymbol{\Psi}_m(t,k)$ 都对应于所有通道中的第 k 个采样值, 也就是

$$
\boldsymbol{c}_m(k) = \begin{pmatrix} c_1(k) \\ c_2(k) \\ \vdots \\ c_m(k) \end{pmatrix}, \boldsymbol{\Psi}_m(t,k) = \begin{pmatrix} \varphi_1(t,k) \\ \varphi_2(t,k) \\ \vdots \\ \varphi_m(t,k) \end{pmatrix}.
$$

注意到这里对信号进行重建时, 并没有直接使用采样测量值, 而是用 $\boldsymbol{c}_i$ 表示加权系数序列. 这是因为在信号获取采样过程中, 由于获取设备或信号预处理过程的作用与影响, 采样测量值可能发生变化, 不是原信号的采样值. 为完全重建原信号, 采样测量值与加权系数不一定完全相等, 因此信号采样后的重建问题就转化为利用采样测量值求解重建加权系数的问题. 由采样测量值得到最优加权系数的过程可以看作一个映射或变换, 可以通过一致性采样准则得到. 以下将详细给出采样测量值与重建加权系数的关系.

多通道系统中的一致性采样准则可表示为

$$
g_i(k) = \left\langle \tilde{f}(t), \tilde{\phi}_i(t,k) \right\rangle = \left\langle f(t), \tilde{\phi}_i(t,k) \right\rangle, \tag{4.105}
$$

即重建信号再次通过多通道采样系统后, 每个通道中的每个采样值都与原测量值完全一致, 或可以用块表示为

$$
\boldsymbol{g}_m(k) = \left\langle \tilde{f}(t), \tilde{\boldsymbol{\Phi}}_m(t,k) \right\rangle = \left\langle f(t), \tilde{\boldsymbol{\Phi}}_m(t,k) \right\rangle,
$$

其中, $k \in \mathbf{Z}$, $i = 1, 2, \cdots, m$, 并且有

$$\tilde{\boldsymbol{\Phi}}_m^*(t, k) = \begin{pmatrix} \tilde{\phi}_1^*(t, k) \\ \tilde{\phi}_2^*(t, k) \\ \vdots \\ \tilde{\phi}_m^*(t, k) \end{pmatrix} = \begin{pmatrix} \phi_1(t_{mk} - t)\mathrm{e}^{-\mathrm{j}\frac{a}{2b}[(t_{mk})^2 - t^2]} \\ \phi_2(t_{mk} - t)\mathrm{e}^{-\mathrm{j}\frac{a}{2b}[(t_{mk})^2 - t^2]} \\ \vdots \\ \phi_m(t_{mk} - t)\mathrm{e}^{-\mathrm{j}\frac{a}{2b}[(t_{mk})^2 - t^2]} \end{pmatrix}.$$

即

$$\tilde{\boldsymbol{\Phi}}_m(t, k) = \left(\tilde{\phi}_1(t, k), \tilde{\phi}_2(t, k), \cdots, \tilde{\phi}_m(t, k) \right)^{\mathrm{T}}.$$

当重建信号 $\tilde{f}(t)$ 通过原来的分数多通道采样系统时, 利用上述一致性采样准则的等价关系, 可得原信号采样测量值与重建加权系数之间的关系:

$$\begin{aligned} \boldsymbol{g}_m(k) &= \left\langle \tilde{f}(t), \tilde{\boldsymbol{\Phi}}_m(t, k) \right\rangle \\ &= \left\langle \sum_{k' \in \mathbf{Z}} \boldsymbol{c}_m^{\mathrm{T}}(k') \boldsymbol{\Psi}_m(t, k'), \tilde{\boldsymbol{\Phi}}_m(t, k) \right\rangle \\ &= \sum_{k' \in \mathbf{Z}} \boldsymbol{c}_m^{\mathrm{T}}(k') \left\langle \boldsymbol{\Psi}_m(t, k'), \tilde{\boldsymbol{\Phi}}_m(t, k) \right\rangle. \end{aligned} \tag{4.106}$$

可以看到此式中的内积表示结果只与采样函数和重建函数有关, 那么在采样函数和重建函数已知的情况下, 就可以求得重建加权系数. 由于是在有限长的时间内对信号进行采样处理, 因此这里假设每个通道都有 N 个采样值, 令 $\boldsymbol{g}_i^N = (g_i(0), g_i(1), g_i(2), \cdots, g_i(N-1))^{\mathrm{T}}$ 表示第 i 个通道中的所有采样测量值, 其对应于重建函数 $\varphi_i(t)$ 的加权系数为 $\boldsymbol{c}_i^N = (c_i(0), c_i(1), c_i(2), \cdots, c_i(N-1))^{\mathrm{T}}$, 则式 (4.106) 就等价于

$$\boldsymbol{g}_i^N = \boldsymbol{A}_i \boldsymbol{c}_i^N, \quad i = 1, 2, \cdots, m, \tag{4.107}$$

其中, $\boldsymbol{A}_i$ 是元素为 $\left\langle \varphi_i(t, k'), \tilde{\phi}_i(t, k) \right\rangle$ 的矩阵:

$$\boldsymbol{A}_i = \begin{pmatrix} \left\langle \varphi_i(t, 0), \tilde{\phi}_i(t, 0) \right\rangle & \left\langle \varphi_i(t, 1), \tilde{\phi}_i(t, 0) \right\rangle & \cdots & \left\langle \varphi_i(t, N-1), \tilde{\phi}_i(t, 0) \right\rangle \\ \left\langle \varphi_i(t, 0), \tilde{\phi}_i(t, 1) \right\rangle & \left\langle \varphi_i(t, 1), \tilde{\phi}_i(t, 1) \right\rangle & \cdots & \left\langle \varphi_i(t, N-1), \tilde{\phi}_i(t, 1) \right\rangle \\ \vdots & \vdots & \vdots & \vdots \\ \left\langle \varphi_i(t, 0), \tilde{\phi}_i(t, N-1) \right\rangle & \left\langle \varphi_i(t, 1), \tilde{\phi}_i(t, N-1) \right\rangle & \cdots & \left\langle \varphi_i(t, N-1), \tilde{\phi}_i(t, N-1) \right\rangle \end{pmatrix}.$$

考虑采样函数和重建函数个数相同的情形, 此时矩阵 $\boldsymbol{A}_i$ 是方阵. 再根据式 (4.104) 给出的采样函数空间和重建函数空间之间的关系, 可得矩阵 $\boldsymbol{A}_i$ 为非奇异矩阵, 从而可求逆, 则 $\boldsymbol{c}_i^N = \boldsymbol{A}_i^{-1}\boldsymbol{g}_i^N$. 也就是测量值通过纠正滤波器 $\boldsymbol{X}_i = \boldsymbol{A}_i^{-1}$ 映射为加权系数. 事实上, 在求解加权系数的过程中, 因设备及外界干扰对信号产生的畸变已经得到纠正与去除, 这是因为在保证采样测量值一致的同时, 信号的畸变在原信号采样和后续重建信号采样中具有同等的作用. 从而, 重建信号可通过采样测量值表示为

$$\tilde{f}(t) = \sum_{i=1}^{m} \left(\boldsymbol{A}_i^{-1}\boldsymbol{g}_i^N \right)^{\mathrm{T}} \boldsymbol{\Psi}_i(t).$$

以上给出了与分数阶变换相关的多通道一致性采样和重建结果, 可以看出此种采样重建方法对是否为均匀采样没有要求, 并且可以去除信号获取过程中采样设备干扰对信号产生的畸变. 同时从分析过程中可以看到, 一致性采样和重建的问题, 其根本在于如何从采样测量值获取最优加权系数. 上述分析给出了二者之间的关系, 并且获取最优重建加权系数时, 需要求解矩阵的逆, 而矩阵求逆是一个复杂的计算问题. 如何高效快速实现采样测量值到重建加权系数的转换, 也是研究的一个主要问题. 接下来, 将针对两种不同的重建函数, 为得到最优的重建效果, 给出其相对应的从采样测量值获取最优加权系数的详细计算过程.

4.3.1.3 一致性采样准则下两种有效重建方法

1. 基于移不变函数空间的快速重建方法

史军教授等人提出了与分数阶变换相关的基于函数空间的非带限信号的采样和重建, 实际上是将其映射到分数域带限函数空间, 称之为非带限信号的近似子空间,

$$V_M = \left\{ \sum_{n \in \mathbf{Z}} q[n] y(t-n) e^{-j\frac{a}{2b}(t^2-n^2)} | q[n] \in l^2(\mathbf{Z}) \right\}. \tag{4.108}$$

可以看出在上述空间 V_M 中信号的采样和重建考虑的是有无限个采样点. 而在本节中需要考虑具有有限时间长度 T 和有限能量, 属于希尔伯特空间 $H = L^2(0, T)$ 的信号 $f(t)$. 类似于式 (4.108) , 将如下子空间

$$V_M = \left\{ \sum_{i=1}^{m} \sum_{k=0}^{N-1} c_i(k) \psi_i(t,k) e^{-j\frac{a}{2b}(t^2-t_{ik}^2)} | c_i(k) \in l^2(0, N-1) \right\}$$

作为一致性采样准则下的重建信号空间, 其中, m 表示通道总数, 每个通道共有 N 个采样点, $\{\varphi_i(t,k) \triangleq \psi_i(t,k) e^{-j\frac{a}{2b}(t^2-t_{ik}^2)}\}_{k=0}^{N-1}$ 表示基于 LCT 滤波器的重建函数. 假设采样函数空间和这里给出的重建函数空间满足式 (4.104) 给定的条件, 并且都是移不变的, 即函数 $\psi_i(t,k)$ 和 $\phi_i(t,k)$ 都具有以下特征:

$$\psi_i(t,k) = \psi_{i,T}(t - t_{ik}), \quad \text{其中}, \psi_{i,T}(t) = \sum_n \psi_i(t - nT).$$

$$\phi_i(t,k) = \phi_{i,T}(t - t_k), \quad \text{其中}, \phi_{i,T}(t) = \sum_n \phi_i(t - nT).$$

一致性采样重建的核心问题在于如何从采样测量值获取重建加权系数, 并且用准确的数学式表示二者之间的关系, 且与采样函数和重建函数紧密相关. 接下来就分析在上述给出的采样函数和重建函数形式下, 如何快速计算加权系数.

不失一般性, 这里假设 $m = 1$, 利用一致性采样准则式 (4.105) , 采样测量值可表示为

$$g(k) = \langle \tilde{f}(t), \tilde{\phi}(t,k) \rangle = \sum_{k'=0}^{N-1} c[k'] \langle \varphi(t,k'), \tilde{\phi}(t,k) \rangle$$

$$= \sum_{k'=0}^{N-1} c[k'] \langle \psi_T(t-t_{k'}) e^{-j\frac{a}{2b}(t^2-t_{k'}^2)}, \tilde{\phi}(t,k) \rangle$$

$$= \sum_{k'=0}^{N-1} c[k'] \int_{-\infty}^{\infty} \psi_T(\tau-t_{k'}) e^{-j\frac{a}{2b}(\tau^2-t_{k'}^2)} \phi_T(t_k-\tau) e^{-j\frac{a}{2b}(t_k^2-\tau^2)} d\tau$$

$$= \sum_{k'=0}^{N-1} c[k'] \int_{-r}^{r} \psi_T(\tau - t_{k'}) \phi_T(t_k - \tau) e^{-j\frac{a}{2b}(t_k^2 - t_{k'}^2)} d\tau.$$

若定义矩阵 $\tilde{A} = \{a_{k,k'}\}_{k',k=0}^{N-1}$, 其中, $a_{k,k'} = \int_{-r}^{r} \psi_T(\tau - t_{k'}) \phi_T(t_k - \tau) d\tau$, 以及对角矩阵 $U_M = \mathrm{diag}(e^{j\frac{a}{2b}t_0^2}, e^{j\frac{a}{2b}t_1^2}, \cdots, e^{j\frac{a}{2b}t_{N-1}^2})$, 则式 (4.109) 可表示为

$$g^N = U_M^{-1} \tilde{A} U_M c^N. \tag{4.109}$$

显然, $U_M^{-1} \tilde{A} U_M$ 就相当于式 (4.107) 中的纠正滤波器. 因此, 可得到重建加权系数

$$c^N = U_M^{-1} \tilde{A}^{-1} U_M g^N.$$

上述重建加权系数的求解过程需要对矩阵 $\tilde{A}$ 求逆, 然而矩阵求逆的计算复杂度高, 因此直接求逆矩阵并不是一个好的选择. 注意到采样函数空间和重建函数空间都是移不变的, 那么矩阵 $\tilde{A}$ 就具有循环矩阵特征, 即

$$\tilde{A} = \begin{pmatrix} a_0 & a_1 & \cdots & a_{N-1} \\ a_{N-1} & a_0 & \cdots & a_{N-2} \\ \vdots & \vdots & & \vdots \\ a_1 & a_2 & \cdots & a_0 \end{pmatrix},$$

其中, $a_i = \int_{-r}^{r} \psi_T(\tau - t_{k'} + t_k) \phi_T(-\tau) d\tau$ 且 $i = (k' - k) \mod N$, $k', k = 0, 1, 2, \cdots, N-1$. 利用代数理论可知, 循环矩阵的特征向量组成的矩阵就是等维度的离散傅里叶变换矩阵 (Discrete Fourier Transform, DFT), 则矩阵 $\tilde{A}$ 可分解为如下形式:

$$\tilde{A} = FWF^{-1},$$

其中, F 表示 DFT 矩阵; $W = \mathrm{diag}(w_0, w_1, \cdots, w_{N-1})$ 为对角矩阵, 矩阵元素为 $w_k = \sum_{k'=0}^{N-1} a_k e^{-j2k'k\pi/N}$, 则式 (4.109) 就等价为

$$g^N = U_M^{-1} F W F^{-1} U_M c^N,$$

从而可求得加权系数序列为

$$c^N = U_M^{-1} F W^{-1} F^{-1} U_M g^N. \tag{4.110}$$

此时从采样测量值求解加权系数的过程就避免了计算矩阵 $\tilde{A}$ 的逆矩阵形式, 而将计算过程转化为计算对角矩阵和 DFT 矩阵的形式, 对角矩阵及其逆矩阵计算简便, 并且 DFT 具有快速傅里叶变换算法, 从而就可以大大降低计算复杂度.

当采样方式为均匀采样时, 即采样间隔为 $\Delta t = T/N$, 所有的采样时刻为

$$t_n = nT/N, n = 0, 1, \cdots, N-1.$$

令 $V_M = \mathrm{diag}(e^{j\frac{d}{2b}u_0^2}, e^{j\frac{d}{2b}u_1^2}, \cdots, e^{j\frac{d}{2b}u_{N-1}^2})$, 其中, $u_n = n\Delta u$, Δu 表示 LCT 域的采样间隔且与时域采样间隔满足关系式 $\Delta u \Delta t = 2\pi b/N$. 此时, 加权系数序列 (4.110) 就等价为

$$\begin{aligned} c^N &= U_M^{-1} F V_M^{-1} W^{-1} V_M F^{-1} U_M g^N \\ &= F_{\tilde{M}} W^{-1} F_{\tilde{M}}^{-1} g^N, \end{aligned}$$

其中, $F_{\tilde{M}} = U_M^{-1} F V_M^{-1}$ 是离散 LCT 矩阵 (Discrete Linear Canonical Transform, DLCT), 并且 $\tilde{M} = (-d, b; c, -a) = -M^{-1}$, 也就是

$$F_{\tilde{M}}(n, m) = \sqrt{\frac{1}{N}} e^{-j\frac{d}{2b} u_m^2} e^{-j\frac{a}{2b} t_n^2} e^{-j\frac{2\pi mn}{N}}.$$

那么利用 LCT 的可逆性及逆变换与正变换的关系, 可得

$$F_{\tilde{M}}^{-1} = F_{\tilde{M}^{-1}} = F_{-M}.$$

这里由采样测量值计算加权系数的过程就转化为利用离散分数阶变换的形式, 结合离散分数阶变换的快速算法, 就可以提高计算效率.

2. 基于 LCT 基函数空间的快速重建方法

本节将指出, 如果将 LCT 的基函数作为重建函数, 在均匀采样的情况下能更简便地求得重建加权系数. 不失一般性, 这里仍令 $m = 1$, 并考虑一共有奇数 N 个采样点 (N 为偶数时的情况相类似, 这里不再讨论).

LCT 的基函数定义为

$$\varphi(t, k') = \begin{cases} \sqrt{\dfrac{1}{N}} e^{-j\frac{d}{2b}(k'\Delta u)^2} e^{-j\frac{a}{2b} t^2} e^{j\frac{1}{b} k'\Delta ut}, & 0 \leqslant k' \leqslant \dfrac{N-1}{2}, \\ \sqrt{\dfrac{1}{N}} e^{-j\frac{d}{2b}(k'-N)^2 (\Delta u)^2} e^{-j\frac{a}{2b} t^2} e^{j\frac{1}{b}(k'-N)\Delta ut}, & \dfrac{N-1}{2} < k' \leqslant N. \end{cases}$$

其中, $\Delta u = 2\pi b / T$. 当 $0 \leqslant k' \leqslant \dfrac{N-1}{2}$ 时, 根据一致性采样准则 (4.105) 可得

$$\begin{aligned} &\langle \varphi(t, k'), \tilde{\phi}(t, k) \rangle \\ =\ & \sqrt{\frac{1}{N}} \int_{-\infty}^{+\infty} e^{-j\frac{d}{2b}(k'\Delta u)^2} e^{-j\frac{a}{2b} t^2} e^{j\frac{1}{b} k'\Delta ut} \phi_T(t_k - t) e^{-j\frac{a}{2b}(t_k^2 - t^2)} \, dt \\ =\ & \sqrt{\frac{1}{N}} \int_{-r}^{r} e^{-j\frac{d}{2b}(k'\Delta u)^2} e^{j\frac{2\pi}{T} k't} e^{-j\frac{a}{2b} t_k^2} \phi_T(t_k - t) \, dt \\ =\ & \sqrt{\frac{1}{N}} \int_{-r}^{r} e^{-j\frac{d}{2b}(k'\Delta u)^2} e^{j\frac{2\pi}{T} k'(t_k - t)} e^{-j\frac{a}{2b} t_k^2} \phi_T(t) \, dt \\ =\ & \sqrt{\frac{1}{N}} e^{-j\frac{d}{2b}(k'\Delta u)^2} e^{-j\frac{a}{2b}(k\Delta t)^2} e^{j\frac{2\pi}{N} k'k} \int_{-\infty}^{+\infty} e^{-j\frac{2\pi}{T} k't} \phi_T(t) \, dt \\ =\ & \sqrt{\frac{1}{N}} e^{-j\frac{d}{2b}(k'\Delta u)^2} e^{-j\frac{a}{2b}(k\Delta t)^2} e^{j\frac{2\pi}{N} k'k} \hat{\phi}\left(k'\frac{2\pi}{T}\right), \end{aligned}$$

其中, $\hat{\phi}$ 表示采样函数 $\phi(t)$ 的傅里叶变换. 同样, 当 $\dfrac{N-1}{2} < k' \leqslant N$ 时,

$$
\begin{aligned}
& \langle \varphi(t,k'), \tilde{\phi}(t,k) \rangle \\
= {} & \sqrt{\frac{1}{N}} \mathrm{e}^{-\mathrm{j}\frac{d}{2b}(k'-N)^2(\Delta u)^2} \mathrm{e}^{-\mathrm{j}\frac{a}{2b}(k\Delta t)^2} \mathrm{e}^{\mathrm{j}\frac{2\pi}{N}(k'-N)n} \hat{\phi}\left[(k'-N)\frac{2\pi}{T}\right] \\
= {} & \sqrt{\frac{1}{N}} \mathrm{e}^{-\mathrm{j}\frac{d}{2b}(k'-N)^2(\Delta u)^2} \mathrm{e}^{-\mathrm{j}\frac{a}{2b}(k\Delta t)^2} \mathrm{e}^{\mathrm{j}\frac{2\pi}{N}k'k} \hat{\phi}\left[(k'-N)\frac{2\pi}{T}\right].
\end{aligned}
$$

因此, 当记

$$
p_{k'} = \begin{cases} \hat{\phi}\left(k'\dfrac{2\pi}{T}\right), & 0 \leqslant k' \leqslant \dfrac{N-1}{2}, \\ \hat{\phi}\left[(k'-N)\dfrac{2\pi}{T}\right], & \dfrac{N-1}{2} \leqslant k' < N. \end{cases}
$$

并且有对角矩阵 $\boldsymbol{P} = \mathrm{diag}(p_0, p_1, p_2, \cdots, p_{N-1})$, 利用 DLCT 矩阵, 采样测量值可表示为

$$
\boldsymbol{g}^N = \boldsymbol{F}_{\tilde{M}} \boldsymbol{P} \boldsymbol{c}^N,
$$

且 $\tilde{M} = (d, -b; -c, a) = \boldsymbol{M}^{-1}$, 则加权系数序列为

$$
\boldsymbol{c}^N = \boldsymbol{P}^{-1} \boldsymbol{F}_{\tilde{M}}^{-1} \boldsymbol{g}^N = \boldsymbol{P}^{-1} \boldsymbol{F}_M \boldsymbol{g}^N.
$$

4.3.2 分数域带限信号的高阶导数周期非均匀采样

定理 4.11 设 $f(t)$ 为周期非均匀采样模型, 并且 $f(t)$ 是满足定理 4.1 中条件的分数域带限信号, 则 $f(t)$ 可以表达如下:

$$
\begin{aligned}
f(t) = {} & \mathrm{e}^{-\frac{\mathrm{j}}{2}t^2\cot\alpha} \sum_{k=-\infty}^{+\infty} \sum_{p=1}^{N} \sum_{l=0}^{n-1} \left\{ \mathrm{e}^{\frac{j}{2}[n(t_p+kNT)]^2\cot\alpha} f[n(t_p+kNT)] \right\}^{(l)} \cdot \\
& \overline{s_{lp}}[t - n(t_p+kNT)],
\end{aligned}
$$

其中,

$$
\overline{s_{lp}}(t) = \sum_{r=l}^{n-1} a_{rp} \overline{\overline{s_{rp}}}(t), l = 0, 1, \cdots, n-1; p = 1, 2, \cdots, N. \tag{4.111}
$$

$$
\overline{\overline{s_{rp}}}(t) = \frac{1}{r!} t^r \left(\frac{\displaystyle\prod_{q=1}^{N} \sin\pi((t+n(t_p-t_q))/(nNT))}{\displaystyle\prod_{\substack{q=1 \\ q\neq p}}^{N} \sin\pi(n(t_p-t_q)/(nNT))} \frac{1}{\pi\left(\dfrac{t}{nNT}\right)} \right)^n. \tag{4.112}
$$

系数 a_{rp} 是下列方程的解:

$$
\overline{s_{lp}}^{(l')}(0) = \sum_{r=l}^{n-1} a_{rp} \overline{\overline{s_{rp}}}^{(l')}(0) = \delta_{ll'}, l' = l, l+1, \cdots, n-1; p = 1, 2, \cdots, N. \tag{4.113}
$$

证明　此证明与定理 4.2 的证明类似.

上述式的计算复杂度与低阶导数采样的相同, 都是 $O(N^2)$ (N 表示采样点数). 但是, 使用高阶导数的周期非均匀采样, 可以使用比奈奎斯特采样率更低的采样率进行重构信号. 因此, 在相同计算复杂度的情况下, 高阶导数采样比低阶导数采样拥有更低的采样率, 可以用于某些带宽光谱传感中.

4.3.2.1　分数域带限随机信号的周期非均匀采样定理

在周期非均匀采样模型中, 每组都有一个周期 NT, 并且每组都有 N 个非均匀采样点, 一个周期内的点可以表示为 $t_p + nNT, p = 1, 2, \cdots, N, n \in (-\infty, +\infty)$.

定理 4.12　令 $x(t)$ 表示满足定理 4.4 中条件的随机信号, 则 $x(t)$ 可以利用周期非均匀采样模型进行重构, 表达式如下:

$$x(t) = \text{l.i.m.} \mathrm{e}^{-\frac{1}{2}t^2 \cot\alpha} \sum_{k=-\infty}^{+\infty} \sum_{l=0}^{n-1} [x(t)\mathrm{e}^{\frac{1}{2}t^2 \cot\alpha}]^{(l)}|_{t=n(t_p+kNT)} \overline{s_{lp}}[t - n(t_p + kNT)],$$

其中

$$\overline{s_{lp}}(t) = \sum_{r=l}^{n-1} a_{rp} \overline{\overline{s_{rp}}}(t), l = 0, 1, \cdots, n-1; p = 1, 2, \cdots, N.$$

$$\overline{\overline{s_{rp}}}(t) = \frac{t^r}{r!} \left\{ \frac{\displaystyle\prod_{q=1}^{N} \sin\pi[(t + n(t_p - t_q))/(nNT)]}{\displaystyle\prod_{\substack{q=1 \\ q\neq p}}^{N} \sin\pi[n(t_p - t_q)/(nNT)]} \frac{1}{\pi\left(\dfrac{t}{nNT}\right)} \right\}^n.$$

系数 a_{rp} 是下列方程的解:

$$\overline{s_{lp}}(0) = \sum_{r=l}^{n-1} a_{rp} \overline{\overline{s_{rp}}}(0) = \delta_{ll'}, l' = l, l+1, \cdots, n-1; p = 1, 2, \cdots, N.$$

这里 l.i.m. 表示均方极限或者概率收敛, 即

$$\lim_{K\to\infty} E\{|x(t) - \mathrm{e}^{-\frac{1}{2}t^2 \cot\alpha} \sum_{k=-K}^{K} \sum_{p=1}^{N} \sum_{l=0}^{n-1} [x(t)\mathrm{e}^{\frac{1}{2}t^2 \cot\alpha}]^{(l)}|_{t=n(t_p+kNT)} \cdot$$

$$\overline{s_{lp}}[t - n(t_p + kNT)]|^2\} = 0.$$

证明　与定理 4.4 的证明类似, 这里不再赘述.

4.3.2.2　仿真验证

假设

$$f(t) = \mathcal{F}^{-\alpha}[F_\alpha(u)](t) = \int_{\mathbf{R}} F_\alpha(u) K_\alpha^*(u, t)\, \mathrm{d}u,$$

并且令 $F_\alpha(u) = 1$. 因此, 可以得到

$$\begin{aligned} f(t) &= \int_{\mathbf{R}} K_\alpha^*(u, t)\, \mathrm{d}u \\ &= \int_{\mathbf{R}} \sqrt{\frac{1 + \mathrm{j}\cot\alpha}{2\pi}} \mathrm{e}^{-\frac{1}{2}(t^2+u^2)+\mathrm{j}tu\csc\alpha}\, \mathrm{d}u. \end{aligned} \tag{4.114}$$

作为非均匀导数采样的情况, 如果令 $n = 2, N = 3, \Omega = 2$, 则可以根据定理 4.1 导出本书的重构式.

首先, 基于式(4.112)和式(4.113), 可以计算出 $a_{rp}, r = l, l - 1, \cdots, 1; l = 0, 1; p = 1, 2, 3$ 的值

$$a_{0p} = 1; a_{1p} = 1; p = 1, 2, 3.$$

其次, 将 a_{rp} 的值代入式(4.111), 可以得到 $\overline{s_{lp}(t)}, l = 0, 1; p = 1, 2, 3$ 的表达式:

$$\overline{s_{0p}(t)} = (1 + t) \left(\frac{\displaystyle\prod_{q=1}^{3} \sin \pi((t + 2(t_p - t_q))/6T)}{\displaystyle\prod_{\substack{q=1 \\ q \neq p}}^{3} \sin \pi(2(t_p - t_q)/6T)} \frac{1}{\pi \dfrac{t}{6T}} \right)^2,$$

$$(4.115)$$

$$\overline{s_{1p}(t)} = t \left(\frac{\displaystyle\prod_{q=1}^{3} \sin \pi((t + 2(t_p - t_q))/6T)}{\displaystyle\prod_{\substack{q=1 \\ q \neq p}}^{3} \sin \pi(2(t_p - t_q)/6T)} \frac{1}{\pi \dfrac{t}{6T}} \right)^2.$$

图 4.13(a) 所示为分数域带宽为 $\Omega = 2$ 的矩形信号; 图 4.13(b) 所示为此矩形信号在时域形式的绝对值, 它的表达式为 $|f(t)|$.

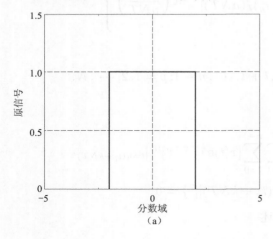
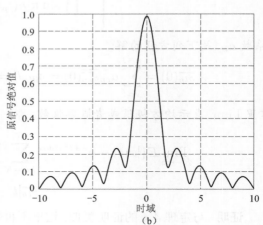

图 4.13 原信号

(a) 分数域带宽为 $\Omega = 2$ 的矩形信号; (b) 此矩形信号在时域形式的绝对值

再次, 根据计算, 得到 $g^{(l)}(t), l = 0, 1$.

$$g(t) = \sqrt{\frac{2\pi}{1 - \mathrm{j} \cot \alpha}} \mathrm{e}^{\frac{\mathrm{j}}{2} t^2 \cot \alpha} f(t),$$

$$g'(t) = \sqrt{\frac{2\pi}{1 - \mathrm{j} \cot \alpha}} \mathrm{e}^{\frac{\mathrm{j}}{2} t^2 \cot \alpha} [\mathrm{j} t \cot \alpha f(t) + f'(t)]. \tag{4.116}$$

最后, 根据定理 4.1 的结果, 可以得到如下表达式:

$$f(t) = \mathrm{e}^{-\frac{1}{2}t^2\cot\alpha}\sum_{k=-\infty}^{+\infty}\sum_{p=1}^{3}\mathrm{e}^{\frac{1}{2}[2(t_p+3kT)]^2\cot\alpha}f[2(t_p+3kT)].$$

$$\{1+[t-2(t_p+3kT)]\}\left(\frac{\displaystyle\prod_{q=1}^{3}\sin\pi((t+2(t_p-t_q))/6T)}{\displaystyle\prod_{\substack{q=1\\q\neq p}}^{3}\sin\pi(2(t_p-t_q)/6T)}\frac{1}{\pi\dfrac{t}{6T}}\right)^2+$$

$$\mathrm{e}^{\frac{1}{2}[2(t_p+3kT)]^2\cot\alpha}\{2\mathrm{j}(t_p+3kT)\cot\alpha f[2(t_p+3kT)]+$$

$$f'[2(t_p+3kT)]\}[t-2(t_p+3kT)]\cdot$$

$$\left(\frac{\displaystyle\prod_{q=1}^{3}\sin\pi((t+2(t_p-t_q))/6T)}{\displaystyle\prod_{\substack{q=1\\q\neq p}}^{3}\sin\pi(2(t_p-t_q)/6T)}\frac{1}{\pi\dfrac{t}{6T}}\right)^2.\tag{4.117}$$

假设 $f(t)$ 是分数域带宽为 $\Omega=2$ 且阶数为 $\alpha=\arcsin(2/\pi)$ 的信号，重构式中选择 $n=2$ 和 $N=3$. 所以时域中原信号的采样点是 $t_p+kNT=t_p+3\cdot1\cdot k, p=1,2,3$ 并且导数的采样点是 $2(t_p+kNT)=2(t_p+3\cdot1\cdot k), p=1,2,3$，即导数的采样率是原采样率的 1/2. 假设采样点是 $t_1=0, t_2=1.05, t_3=1.95$. 将这些值代入式(4.117)，则重构式可以被导出.

图 4.14(a) 与图 4.14(b) 分别表示 $f(t)$ 进行周期非均匀采样的实部和虚部；图 4.14(c) 与图 4.14(d) 分别表示重构信号与原信号之间的实部和虚部的对比. 如图 4.14(c) 与图 4.14(d) 所示，重构信号的波形非常相似于原信号.

接下来，使用原始分数域中带限随机信号的周期非均匀采样定理，可以得到 $x(t)$ 的重构信号. 假设原随机信号如图 4.15(a) 所示，并且分数域带宽为 $u_r=5$.

使用定理 4.12 来重构原随机信号，并得到图 4.16(a) 的结果，其中 $N=3$. 假设时域中的原始采样点为 $t_p+kNT=t_p+3\cdot1\cdot k, p=1,2,3$，则导数采样的点为 $2(t_p+kNT)=2(t_p+3\cdot1\cdot k), p=1,2,3$，也即采样率降为原始采样率的一半. 并且假定 $x_1=0, x_2=0.105, x_3=0.195$. 将这些值代入式(4.114) 中，可以导出重构式.

另外，若是对原信号采用经典的傅里叶高阶导数采样定理，则可以得到如图 4.16(b) 的结果. 发现，使用定理 4.12 比使用经典定理重构的波形要更近似原波形. 最后，计算了分别使用这两种方法带来的每一点的误差并表现在图 4.17 中.

4.3.3　基于线性正则变换的函数空间中信号的非均匀采样理论

设 $x(n)$ 是连续信号 $x(t)$ 以采样间隔为 Δt 采样得到的离散信号，记 $x(n)=x(n\Delta t)$，那么 $x(n)$ 的离散时间线性正则变换定义为

$$\tilde{X}_{\boldsymbol{M}}(\omega)=\sum_{n=-\infty}^{\infty}x(n)K_{\boldsymbol{M}}\left(n\Delta t,\frac{\omega}{\Delta t}\right),\tag{4.118}$$

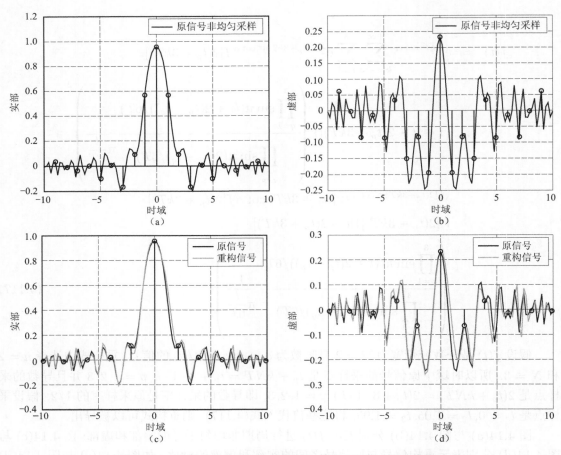

图 4.14　周期非均匀采样：原信号与基于 FRFT 的重构信号

(a) 原信号采样的实部重构; (b) 原信号采样的虚部重构;
(c) 原信号与基于 FRFT 重构信号的实部; (d) 原信号与基于 FRFT 重构信号的虚部

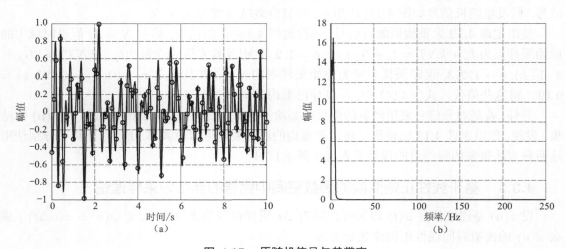

图 4.15　原随机信号与其带宽

(a) 原随机信号; (b) 原随机信号的带宽

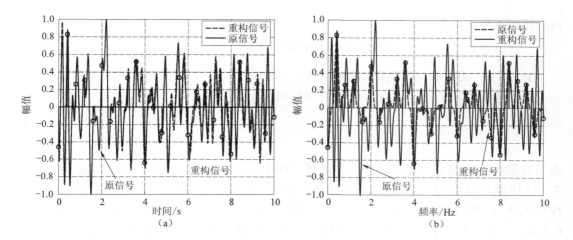

图 4.16 周期非均匀采样：重构信号

(a) 重构的随机信号；(b) 经典采样定理重构的随机信号

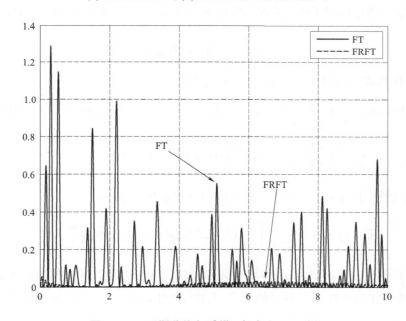

图 4.17 周期非均匀采样：每个点的误差值

相应的逆变换为

$$x(n) = \frac{1}{2\pi b} \int_{-\pi b}^{\pi b} \tilde{X}_{\boldsymbol{M}}(\omega) K_{\boldsymbol{M}}^* \left(n\Delta t, \frac{\omega}{\Delta t} \right) \mathrm{d}t, \tag{4.119}$$

其中，$\boldsymbol{M} = (a, b; c, d)$；$K_{\boldsymbol{M}}(n, \omega) = \mathrm{e}^{\mathrm{j}(\frac{a}{2b} n^2 - \frac{1}{b} \omega n + \frac{d}{2b} \omega^2)}$.

离散信号 $x(n)$ 和 $h(n)$ 的正则卷积定义为

$$y(n) = x(n) \Theta h(n) = \mathrm{e}^{-\mathrm{j} \frac{a}{2b} n^2 \Delta t^2} [x(n) \mathrm{e}^{\mathrm{j} \frac{a}{2b} n^2 \Delta t^2} * h(n) \mathrm{e}^{\mathrm{j} \frac{a}{2b} n^2 \Delta t^2}],$$

为了理论推导的方便，这里假设 $\Delta t = 1$；Θ 表示正则卷积；$*$ 表示经典的卷积. $y(n)$ 的离散

时间线性正则变换为

$$\tilde{Y}_M(\omega) = \tilde{X}_M(\omega)\tilde{H}_M(\omega)\mathrm{e}^{-\mathrm{j}\frac{d}{2b}(\frac{\omega}{\Delta t})^2}. \tag{4.120}$$

4.3.3.1 周期非均匀采样和重构

对于任意信号 $f(t) \in \mathcal{V}_M(\phi)$ 存在一个序列 $\{c_k\}_{k \in \mathbf{Z}} \in l^2$, 有

$$f(t) = \sum_{k \in \mathbf{Z}} c_k \phi(t-k)\mathrm{e}^{-\mathrm{j}\frac{a}{2b}(t^2-k^2)}. \tag{4.121}$$

由于只能得到 $f(t)$ 的采样值, 因此在函数空间中, 存在 $\{c_k\}_{k \in \mathbf{Z}}$ 到 $\{f(t_n)\}_{n \in \mathbf{Z}}$ 的可逆映射 $\mathcal{T}$. 这样就可以利用式 (4.121) 重构信号 $f(t)$. 下面的引理给出了在 L 阶周期非均匀采样情况下 $\mathcal{T}$ 和 $\mathcal{T}^{-1}$ 的表示形式. 这里采样为 $t_{kL+m} = kL + u_m, k \in \mathbf{Z}, u_m \in [0,1], m = 0, 1, 2, \cdots, L-1$. 为了下面推导的简化, 将 $f(n+u)\mathrm{e}^{\mathrm{j}\frac{a}{2b}(2nu+u^2)}$ 表示为 $D^{-u}[f](n)$.

引理 4.1 [37] 算子 $\mathcal{T}: \{c_k\}_{k \in \mathbf{Z}} \to \{D^{-u_m}[f](kL)\}_{k \in \mathbf{Z}}$ 和其逆变换 $\mathcal{T}^{-1}$ 可以通过 L 通道的与 LCT 相关的滤波器组完全重构.

证明 首先, 考虑均匀采样的情况, 即 $t_n = n+u, n \in \mathbf{Z}, u \in [0,1)$. 令 $\tilde{C}_M(\omega)$ 为 c_k 的 LCT,

$$c_k = \frac{1}{2\pi b}\int_{-\pi b}^{\pi b} \tilde{C}_M(\omega)K_M^*(k,\omega)\,\mathrm{d}\omega, \tag{4.122}$$

将式 (4.122) 代入式 (4.121), 并令 $t_n = n+u$, 得

$$
\begin{aligned}
D^{-u}[f](n) &= \frac{1}{2\pi b}\sum_{k \in \mathbf{Z}}\int_{-\pi b}^{\pi b} \tilde{C}_M(\omega)K_M^*(k,\omega) \times \phi(n-k+u)\mathrm{e}^{-\mathrm{j}\frac{a}{2b}(n^2-k^2)}\,\mathrm{d}\omega \\
&= \frac{1}{2\pi b}\sum_{k \in \mathbf{Z}}\int_{-\pi b}^{\pi b} \tilde{C}_M(\omega)K_M^*(k,\omega) \times \phi(n-k+u)\mathrm{e}^{-\mathrm{j}\frac{1}{b}\omega(n-k)}\,\mathrm{d}\omega.
\end{aligned} \tag{4.123}
$$

其次, 令式 (4.121) 中的 $k' = n-k$, 并交换积分和求和次序, 得

$$D^{-u}[f](n) = \frac{1}{2\pi b}\int_{-\pi b}^{\pi b} \tilde{C}_M(\omega)K_M^*(n-k',\omega)\tilde{\Phi}_u\left(\frac{\omega}{b}\right)\,\mathrm{d}\omega, \tag{4.124}$$

其中, $\tilde{\Phi}_u\left(\frac{\omega}{b}\right) = \sum_{k' \in \mathbf{Z}} \phi(k'+u)\mathrm{e}^{-\mathrm{j}\frac{1}{b}k'\omega}$ 表示 $\phi(k'+u)$ 的离散时间傅里叶变换. 为了将式 (4.124) 的右边转化为线性正则卷积的形式, 考虑 $D^{-u}[\phi_0](k) = \phi(k+u)\mathrm{e}^{-\mathrm{j}\frac{a}{2b}(k+u)^2}\mathrm{e}^{\mathrm{j}\frac{a}{2b}(2ku+u^2)} = \phi(k+u)\mathrm{e}^{-\mathrm{j}\frac{a}{2b}k^2}$ 的离散时间线性正则变换函数 $\tilde{\Phi}_M^u\left(\frac{\omega}{b}\right)$, 其中, $\phi_0(t) = \phi(t)\mathrm{e}^{-\mathrm{j}\frac{a}{2b}t^2}$.

根据离散时间线性正则变换和 DFT 之间的关系, $\tilde{\Phi}_M^u(\omega)$ 和 $\tilde{\Phi}_u(\omega/b)$ 有下列关系:

$$
\begin{aligned}
\tilde{\Phi}_M^u(\omega) &= \sum_{k \in \mathbf{Z}} D^{-u}[\phi_0](k)K_M(k,\omega) \\
&= \sum_{k \in \mathbf{Z}} \phi(k+u)\mathrm{e}^{-\mathrm{j}\frac{a}{2b}k^2} \times K_M(k,\omega) = \mathrm{e}^{\mathrm{j}\frac{d}{2b}\omega^2}\tilde{\Phi}_u(\omega/b).
\end{aligned} \tag{4.125}
$$

将式 (4.125) 代入式 (4.124), 得

$$D^{-u}[f](n) = \frac{1}{2\pi b}\int_{-\pi b}^{\pi b} \mathrm{e}^{-\mathrm{j}\frac{d}{2b}\omega^2}\tilde{C}_M(\omega)\tilde{\Phi}_M^u(\omega)K_M^*(n,\omega)\,\mathrm{d}\omega. \tag{4.126}$$

根据式 (4.119) 和式 (4.120), 式 (4.125) 可表示为 $D^{-u}[f](n) = c_k \Theta D^{-u}[\phi_0](k)$. 因此, 在均匀采样的情况下 $\mathcal{T}$ 可用单个数字滤波器 $\tilde{\Phi}_M^u(\omega)$.

再次, 将均匀采样的情况扩充到周期非均匀采样的情况, 相应的采样点为 $t_{kL+m} = kL + u_m, k \in \mathbf{Z}, u_m \in [0,1), m = 0, 1, \cdots, L-1$. 对式 (4.125), 通过简单的代换 $n = kL, u = u_m$, 得

$$D^{-u_m}[f](kL) = \frac{1}{2\pi b} \int_{-\pi b}^{\pi b} \mathrm{e}^{-\mathrm{j}\frac{d}{2b}\omega^2} \tilde{C}_M(\omega) \tilde{\Phi}_M^{u_m}(\omega) K_M^*(kL, \omega) \, \mathrm{d}\omega \tag{4.127}$$

$$= \{c_k \Theta D^{-u_m}[\phi_0](k)\} \downarrow_L .$$

因此, $\{D^{-u_m}[f](kL)\}_{k \in \mathbf{Z}}$ 可表示为与 LCT 相关的 L 信道最大抽取滤波器组的第 M 子带信号. 更进一步的, 当滤波块可完美重构 (即 $\{c_k\}_{k \in \mathbf{Z}}$ 能够通过综合滤波器 $\tilde{G}_M^{u_m}(\omega)$ 从 $\{D^{-u_m}[f](kL)\}_{\in \mathbf{Z}}$ 中重构) 时, 算子 $\mathcal{T}$ 和其逆算子 $\mathcal{T}^{-1}$ 可以通过这个滤波器组很好地重构, 如图 4.18 所示.

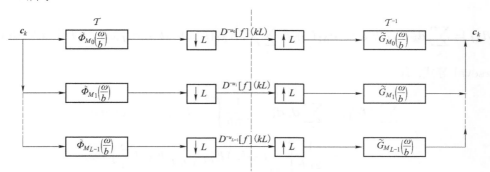

图 4.18　滤波器组的算子解释

为了能找到一个稳定的滤波器组, 这里使用与 LCT 相关联的多速率滤波器组理论. 令

$$\tilde{\Phi}_M^{u_m} = \mathrm{e}^{\mathrm{j}\frac{d}{2b}\omega^2} \sum_{k=0}^{L-1} \mathrm{e}^{-\mathrm{j}k\frac{\omega}{b}} \tilde{E}_{mk}\left(\frac{L\omega}{B}\right),$$

和

$$\tilde{G}_M^{u_m} = \mathrm{e}^{\mathrm{j}\frac{d}{2b}\omega^2} \sum_{k=0}^{L-1} \mathrm{e}^{\mathrm{j}k\frac{\omega}{b}} \tilde{R}_{mk}\left(\frac{L\omega}{B}\right)$$

其是分析和合成滤波器的多相分解, 多相矩阵定义为 $\left[\boldsymbol{E}\left(\frac{\omega}{b}\right)\right]_{kl} = \tilde{E}_{kl}\left(\frac{\omega}{b}\right)$ 和 $\left[\boldsymbol{R}\left(\frac{\omega}{b}\right)\right]_{kl} = \tilde{E}_{kl}\left(\frac{\omega}{b}\right)$. 然后, 调用多速率滤波器组 Noble 等式, 得到了 L 通道滤波器组的等价实现, 用多相矩阵来解释算子 $\mathcal{T}$ 和 $\mathcal{T}^{-1}$, 如图 4.19 所示.

下面两个引理给出了存在唯一的和稳定重构的充分条件.

引理 4.2　如果上述定义的矩阵 $\boldsymbol{E}(\frac{\omega}{b})$ 是非奇异的, 则 $f(t) \in \mathcal{V}_M(\phi)$ 由其周期非均匀样本 $f(t_{kL+m})$ 唯一确定.

证明　设 $\boldsymbol{c}_k = (c_{kL}, c_{kL-1}, \cdots, c_{kL-L+1})^{\mathrm{T}}, \boldsymbol{f}_k = (f_{kL}, f_{kL+1}, \cdots, f_{kL+L-1})^{\mathrm{T}}$, $\boldsymbol{d}_k = (D^0[f](kL), D^{-1}[f](kL), \cdots, D^{-(L-1)}[f](kL))^{\mathrm{T}}$. 同时注意到 $\boldsymbol{d}_\omega(\omega) = \boldsymbol{E}\left(\frac{\omega}{b}\right) \boldsymbol{c}_M(\omega)$,

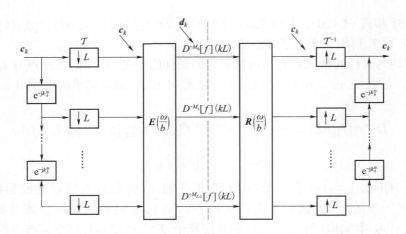

图 4.19 多相位重构算子的解释

这里 $d_M = \sum_k d_k K_M(k, \omega)$, $c_M(\omega) = \sum_k c_k K_M(k, \omega)$. $d_M, c_M(\omega) \in (L^2[-\pi b, \pi b])^L$. 根据 Parseval 等式, 有

$$\sum_k \|f_k\|_2^2 = \sum_k d_k d_k^* = \frac{1}{2\pi b} \int_{-\pi b}^{\pi b} d_M(\omega) d_M^*(\omega) \, d\omega$$
$$= \frac{1}{2\pi b} \int_{-\pi b}^{\pi b} c_M(\omega) E_M^* \left(\frac{\omega}{b}\right) E_M \left(\frac{\omega}{b}\right) \, d\omega,$$

其中, 上角标 $*$ 表示共轭转置.

很显然

$$\|f\|_2^2 = \sum_k \|f_k\|_2^2 = \sum_k f_k f_k^* = \sum_k d_k d_k^* = \|d\|_2^2, \tag{4.128}$$

其中, $f = \{f_n\}_{n \in \mathbf{Z}}$; $d = \{d_n\}_{n \in \mathbf{Z}} = D^{-u_n}[f](n)_{n \in \mathbf{Z}}$. 假设 $E^* \left(\frac{\omega}{b}\right) E \left(\frac{\omega}{b}\right)$ 是非奇异的, 那么 $\|f_k\|_2^2$ 为零的充分必要条件为 $c_M^*(\omega) c_M(\omega)$. 这说明 $\{c_k\}_{k \in \mathbf{Z}}$ 组成了空间 $\mathcal{V}_M(\phi)$ 的 Riesz 基, 并且这些基函数是线性无关的. 因此, $f(t) \in \mathcal{V}_M(\phi)$ 可以有其系数 $\{c_k\}_{k \in \mathbf{Z}}$ 唯一地区分表示. 所以, $f(t)$ 可以由其非均匀采样点的 $f(t_{kL+m})$ 唯一表示.

引理 4.3 信号 $f(t) \in \mathcal{V}_M(\phi)$ 能够从周期非均匀采样 $D^{-u_m}[f](kL)$ 中稳定恢复的充分必要条件是 $\left[\det E \left(\frac{\omega}{b}\right)\right] \neq 0, \omega \in [-\pi b, \pi b]$.

证明 由于集合 $E \left(\frac{\omega}{b}\right)$ 是 l^1 序列作尺度变换为 $\frac{1}{b}$ 的 FT. 所以 $E \left(\frac{\omega}{b}\right)$ 同样是 l^1 序列中 FT 的行列式. 根据 Wiener's 定理, $\left\{\det \left[E \left(\frac{\omega}{b}\right)\right]\right\}$ 的卷积在 l^1 中可逆的充分必要条件为 $\left[\det E \left(\frac{\omega}{b}\right)\right] \neq 0$. 那么, 集合 $E^{-1} \left(\frac{\omega}{b}\right)$ 是 l^1 序列的 FT. 这表明 $R \left(\frac{\omega}{b}\right) = E^{-1} \left(\frac{\omega}{b}\right)$ 是

多输入多输出、边界输入和输出稳定系统. 因此, $c_M(\omega)$ 能从 $d_M(\omega)$ 中得到的充分必要条件为 $\left\{\det\left[E\left(\dfrac{\omega}{b}\right)\right]\right\}\in\neq 0, \omega\in[-\pi b, \pi b]$.

4.3.3.2　合成函数和重构式

接下来将给出合成函数和重构式.

引理 4.4　令 $\tilde{G}_M^m(\omega) = \sum\limits_{k\in\mathbf{Z}} D^{-m}[g_0](k)K_M(k,\omega)$ 是合成滤波器. 那么, 对于任意的 $f(t)\in\mathcal{V}_M(\phi)$, 存在函数 $S_m(t)=\sum\limits_{j\in\mathbf{Z}} g_j^m\phi(t-j)$, 使得

$$f(t) = \sum_{m=0}^{L-1}\sum_{k\in\mathbf{Z}} f(t_kL+m)S_{mk}\mathrm{e}^{-\mathrm{j}\frac{a}{2b}t(t^2-t_{kL+m}^2)}, \tag{4.129}$$

其中, $S_{mk}(t)=S_m(t-kL)$.

证明　由与 LCT 相关的滤波器组的完美重构的性质可知

$$c_n = \sum_{m=0}^{L-1}\mathrm{e}^{-\mathrm{j}\frac{a}{2b}n^2}\sum_{k\in\mathbf{Z}} f(t_{kL+m})\mathrm{e}^{\mathrm{j}\frac{a}{2b}t_{kL+m}^2}g_{n-kL}^m, \tag{4.130}$$

对于任意的 $f(t)\in\mathcal{V}_M(\phi)$, 将式 (4.130) 代入式 (4.121), 得式 (4.129), 其中 $S_{mk}(t)=\sum\limits_{n\in\mathbf{Z}} g_{n-kL}^m\phi(t-n)$.

若定义 $S_m(t)=\sum\limits_{n\in\mathbf{Z}} g_n^m\phi(t-j)$, 则 $S_{mk}(t)=\sum\limits_{n\in\mathbf{Z}} g_{n-kL}^m\phi[t-kL-(n-kL)]=S_m(t-kL)$. 因此, 合成函数可以通过平移函数 $S_m(t)$ 平移 L 的倍数得到.

相应的采样和重构过如图 4.20 所示, 下面以定理的形式给出重构式.

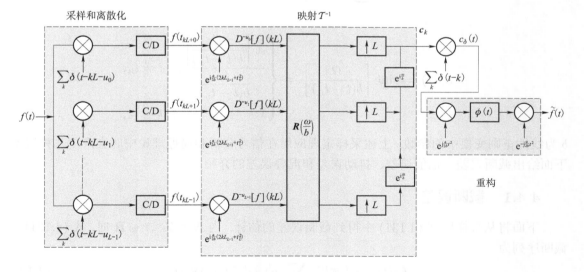

图 4.20　与 LCT 相关的函数空间的重构流程

定理 4.13　设 $\{\phi_k(t)\}_{k\in\mathbf{Z}}$ 是与 LCT 相关的子空间 $\mathcal{V}_M(\phi)$ 的 Riesz 基, 如图 4.18 和图 4.19 所示, $\tilde{\Phi}_M^m\left(\dfrac{\omega}{b}\right)$, $E\left(\dfrac{\omega}{b}\right)$ 和 $\tilde{G}_M^m\left(\dfrac{\omega}{b}\right)$ 分别是分析滤波、相位矩阵和综合滤波器. 如

果对于任意的 $\omega \in [-\pi b, \pi b]$ 行列的值 $\left[\det \boldsymbol{E}\left(\dfrac{\omega}{b}\right)\right] \neq 0$，那么 $f(t)$ 能够从其 LCT 采样值 $D^{-u_m}[f](kL)$ 中重构. 进一步, 对于任意的 $f(t) \in \mathcal{V}_M(\phi)$, 存在式 (4.129) 定义形式的重构函数.

注意 如果可逆的滤波器组 $D^{-u_m}[g_0](k) = g(k+u_m)\mathrm{e}^{-\mathrm{j}\frac{a}{2b}k^2}$ 是滤波器的有限脉冲响应, $\phi(t)$ 是紧支撑的, 那么合成函数也是紧支撑的. 特别是, 如果 ϕ 在 $[0, L]$ 上是紧支撑的, 如 $\tilde{\Phi}_{u_m}\left(\dfrac{\omega}{b}\right) = \sum\limits_{k=1}^{L-1} \phi(k+u_m)\mathrm{e}^{-\mathrm{j}\frac{k\omega}{b}}$, $k = 0, 1, \cdots, L-1$, 那么多相矩阵 $\boldsymbol{E}\left(\dfrac{\omega}{b}\right)$ 是常数矩阵. 因此, 与 LCT 相关的逆滤波器组是有限脉冲响应滤波器. 换句话, 合成函数为紧支撑函数所必需的通道数 L 随 $\phi(t)$ 的支撑长度线性增长.

以上给出了一个稳定的周期非均匀采样和重构定理, 其中紧支撑的综合函数可以通过与 LCT 相关联的 FIR 完美重构滤波器组的存在来保证, 在单图像超分辨率重建、LCT 域多波段信号盲重建、多通道 SAR 成像等方面具有潜在的应用.

4.4 采样误差分析

本节讨论与线性正则变换相关的采样误差. 固定一个 $\Omega \in \mathbf{R}^+$, 用 B_Ω^2 表示线性正则意义下的带限信号, $B_\Omega^2 := \{f(t) \in L^2(\mathbf{R}) : \mathcal{L}_A[f](x) = 0, \forall |x| > \Omega\}$. 那么线性正则意义下的采样定理为: 如果 $f \in B_\Omega^2$, 则有

$$f(t) = \mathrm{e}^{\mathrm{j}(\frac{-a}{2b})t^2} \sum_{n=-\infty}^{+\infty} \mathrm{e}^{\mathrm{j}(\frac{a}{2b})t_n^2} f(t_n) S_n(t), t \in \mathbf{R}, t_n := n\pi b/\Omega, \tag{4.131}$$

$$S_n(t) := \mathrm{sinc}\left[\frac{\Omega}{b(t-t_n)}\right] := \begin{cases} \dfrac{\sin\left[\dfrac{\Omega}{b(t-t_n)}\right]}{\dfrac{\Omega}{b(t-t_n)}}, & t \neq t_n, \\ 1, & t = t_n, \end{cases}$$

b 为线性正则变换中的参数. 上述采样定理应用在信号分析和逼近理论中时会产生几种误差. 下面给出截断误差、幅值误差、抖动误差和混叠误差的介绍.

4.4.1 截断误差

下面将从采样序列 (4.131) 中得到截断误差的估计. 当 $N \in \mathbf{Z}^+, t \in \mathbf{R}$ 时, 式 (4.131) 的截断序列为

$$f_N(t) = \mathrm{e}^{\mathrm{j}(\frac{-a}{2b})t^2} \sum_{n=-N}^{N} \mathrm{e}^{\mathrm{j}(\frac{a}{2b})t_n^2} f(t_n) S_n(t), \tag{4.132}$$

相比于式 (4.131), 该序列只利用了有限数量的样本. 所以截断误差可以表示为

$$T(N, f; t) := f(t) - f_N(t) = \mathrm{e}^{\mathrm{j}(\frac{-a}{2b})t^2} \sum_{|n|>N} \mathrm{e}^{\mathrm{j}(\frac{a}{2b})t_n^2} f(t_n) S_n(t), \tag{4.133}$$

陶然在《分数阶傅里叶变换及其应用》一书中给出了 $T(N, f; t)$ 的估计:

$$|T(N, f; t)| \leqslant \frac{4\mu}{\pi^2 N(1-r)}, \mu := \sup_{t \in \mathbf{R}} |f(t)|, \tag{4.134}$$

当满足 $t < \frac{\pi}{2\Omega}$ 时, 上述估计均成立, 与在信号恢复过程中使用的样本数量多少无关.

下面由定理 4.14 给出了 $T(N, f; t)$ 的局部一致估计.

定理 4.14 取 $f \in B_\Omega^2$, $t^k f(t) \in L^2(\mathbf{R})$, $k \in \mathbf{Z}^+$, 当 $t \in \mathbf{R}$, $|t| < N\pi b/\Omega$ 时, 有

$$|T(N, f; t)| \leqslant \frac{\Omega^{k+1/2} \xi_k \psi_N(t)}{b^{k+1/2} \pi^{k+1} \sqrt{1 - 4^{-k}} (N+1)^k} \tag{4.135}$$

函数 $\psi_N(t)$ 和常量 ξ_k 定义为

$$\psi_N(t) := \frac{|\sin(\Omega/b)t|}{\sqrt{N\pi - (\Omega/b)t}} + \frac{|\sin(\Omega/b)t|}{\sqrt{N\pi + (\Omega/b)t}}, \quad \xi_k := \sqrt{\int_{-\infty}^{+\infty} |t^k f(t)|^2 \, d\mu}$$

证明 $N \in \mathbf{Z}^+$, $t \in \mathbf{R}$ 并且 $|t| < N\pi b/\Omega$. 在式 (4.133) 中应用三角不等式和柯西 -施瓦兹不等式得到

$$
\begin{aligned}
|T(N, f; t)| &\leqslant \sum_{|n| > N} |f(t_n) S_n(t) \\
&\leqslant \sum_{n < -N} \left| \frac{f(t_n) \sin(\Omega/b)t}{(\Omega/b)t - n\pi} \right| + \sum_{n > N} \left| \frac{f(t_n) \sin(\Omega/b)t}{(\Omega/b)t - n\pi} \right| \\
&\leqslant \left(\sum_{n > N} |f(t_n)|^2 \right)^{1/2} \left\{ \sum_{n > N} \frac{|\sin(\Omega/b)t|^2}{[n\pi - (\Omega/b)t]^2} \right\}^{1/2} + \\
&\quad \left(\sum_{n < -N} |f(t_n)|^2 \right)^{1/2} \left\{ \sum_{n > N} \frac{|\sin(\Omega/b)t|^2}{[n\pi + (\Omega/b)t]^2} \right\}^{1/2},
\end{aligned}
\tag{4.136}
$$

当 $|t| < N\pi b\Omega$ 时,

$$\sum_{n > N} \frac{1}{[n\pi - (\Omega/b)t]^2} < \frac{1}{\{\pi[N\pi - (\Omega/b)t]\}}, \sum_{n < -N} \frac{1}{[n\pi - (\Omega/b)t]^2} < \frac{1}{\{\pi[N\pi + (\Omega/b)t]\}}, \tag{4.137}$$

且有以下两个不等式成立:

$$\left(\sum_{n > N} |f(t_n)|^2 \right)^{1/2} \leqslant \frac{(\Omega/b)^{k+1/2} \xi_k}{\pi^{k+1/2} \sqrt{1 - 4^{-k}} (N+1)^k}, \left(\sum_{n < -N} |f(t_n)|^2 \right)^{1/2} \leqslant \frac{(\Omega/b)^{k+1/2} \xi_k}{\pi^{k+1/2} \sqrt{1 - 4^{-k}} (N+1)^k}.$$

与式 (4.137) 一起代入式 (4.136) 得到式 (4.135), 定理得证.

4.4.2 幅值误差

这部分包含了与采样序列 (4.131) 有关的幅值误差的分析. 如果采样序列 (4.131) 中的精确样本 $f(t_n)$ 被它的近似接近值 $\tilde{f}(t_n)$ 替代, 在信号恢复过程中会因此而产生幅值误差. 对

于充分小的 $\varepsilon > 0$, 令 $\varepsilon_n := f(t_n) - \tilde{f}(t_n)$, 且 ε_n 一致有界 $|\varepsilon_n| < \varepsilon$. 通过序列 (4.131) 可定义的幅值误差为

$$A(\varepsilon, f; t) = \sum_{n=-\infty}^{+\infty} e^{j(a/2b)(t_n^2-t^2)}\{f(t_n) - \tilde{f}(t_n)\}S_n(t), t \in \mathbf{R}. \tag{4.138}$$

假定 $f \in B_\Omega^2$, 存在正常数 μ_f 和 $\gamma \in [0,1]$ 使

$$|f(t)| \leqslant \mu_f |t|^{-\gamma} \quad (|t| \geqslant 1), t \in \mathbf{R}. \tag{4.139}$$

更进一步, 假设差值 ε_n 满足

$$|\varepsilon_n| \leqslant |f(t_n)|, \quad n \in \mathbf{Z}, \tag{4.140}$$

当 $f \in B_\Omega^2$ 时, 定义 $\|f(t)\|_\infty := \sup_{-\infty < t < +\infty} |f(t)|$.

定理 4.15 函数 $f \in B_\Omega^2$ 且满足式 (4.139)、式 (4.140). 对于

$$0 < \varepsilon \leqslant \min\{\pi b/\Omega, \Omega/\pi b, 1/\sqrt{e}\} \tag{4.141}$$

有

$$\|A(\varepsilon, f; t)\|_\infty \leqslant \frac{4}{\gamma}(\sqrt{3}e + \sqrt{2}e^{1/4}\mu_f)\varepsilon \log\left(\frac{1}{\varepsilon}\right). \tag{4.142}$$

证明 设 $t \in \mathbf{R}, p, q > 1$ 而且满足 $1/q + 1/p = 1$, 由 Hölder 不等式和 Higgins 不等式

$$\left(\sum_{n=-\infty}^{+\infty} |S_n(t)|^q\right)^{1/q} < p, \tag{4.143}$$

可得

$$|A(\varepsilon, f; t)| \leqslant \left(\sum_{n=-\infty}^{+\infty} |S_n(t)|^q\right)^{1/q}\left(\sum_{n=-\infty}^{+\infty} |\varepsilon_n|^p\right)^{1/p} < p\left(\sum_{n=-\infty}^{+\infty} |\varepsilon_n|^p\right)^{1/p}, \tag{4.144}$$

结合式 (4.140), 有

$$p\left(\sum_{n=-\infty}^{+\infty} |\varepsilon_n|^p\right)^{1/p} \leqslant \frac{4}{\gamma}(\sqrt{3}e + \sqrt{2}e^{1/4}\mu_f)\varepsilon \log\left(\frac{1}{\varepsilon}\right), \tag{4.145}$$

将式 (4.145) 代入式 (4.144) 即得式 (4.142).

定理得证.

4.4.3 抖动误差

抖动误差出现于重构信号 f 时所使用的近似节点与精确节点之间的扰动. 假设近似节点略微偏离精确节点, 令 ε_n 表示一组扰动值, 由采样序列 (4.131) 中得到的抖动误差 $J(\varepsilon, f; t)$ 为

$$J(\varepsilon, f; t) := \sum_{n=-\infty}^{+\infty} e^{j(a/2b)(t_n^2-t^2)}\{f(t_n) - f(t_n + \varepsilon_n)\}S_n(t), t \in \mathbf{R}. \tag{4.146}$$

定理 4.16 假设 ε 充分小, $|\varepsilon_n| \leqslant \varepsilon, n \in \mathbf{Z}, f \in B_\Omega^2$ 满足式 (4.139), ε 满足式 (4.141), 有

$$\|J(\varepsilon, f; t)\|_\infty \leqslant \frac{4}{\gamma}\{3^{\gamma/2}\|f(t_n) - f(t_n + \varepsilon_n)\|_\infty + 2\mu_f 2^{\gamma/2}e^{1/4}\}\left[\varepsilon \log\left(\frac{1}{\varepsilon}\right)\right]. \tag{4.147}$$

证明　对式 (4.146) 用 Hölder 不等式, 然后结合 Higgins 不等式得到

$$|J(\varepsilon, f; t)| \leqslant \left(\sum_{n=-\infty}^{+\infty} |f(t_n) - f(t_n + \varepsilon_n)|^p \right)^{1/p} \left(\sum_{n=-\infty}^{+\infty} |S_n(t)|^q \right)^{1/q}$$

$$\leqslant p \left(\sum_{n=-\infty}^{+\infty} |f(t_n) - f(t_n + \varepsilon_n)|^p \right)^{1/p},$$

$p, q > 1$ 且满足 $1/p + 1/q = 1$,

$$\left(\sum_{n=-\infty}^{+\infty} |f(t_n) - f(t_n + \varepsilon_n)|^p \right)^{1/p} \leqslant \varrho\varepsilon, \tag{4.148}$$

取 $p = (4/\gamma) \log(1/\varepsilon)$, 将式 (4.148) 代入式 (4.147) 即得式 (4.146), 定理得证.

4.4.4　混叠误差

在本节中, 基于基本理论推导出 FRFT 中的混叠误差.

如果采样过程无法收集到原信号的足够信息, 则会发生混叠. 如果采样频率不够高, 则采样点既代表低频信号的采样值, 又代表高频信号的采样值. 当重建信号时, 高频信号会被低频信号代替, 两个波形完全重叠, 从而导致严重的失真. 下面从采样的角度推导混叠误差.

定理 4.17　取窗函数 g_R 和信号函数 f, 则 FRFT 中的采样混叠误差可以表示为

$$\mathcal{F}^\alpha[f \cdot g_R](u) - \mathcal{F}^\alpha[f \cdot g_R]^*(u) = - \sum_{k \in \mathbf{Z}/\{\mathbf{0}\}} \mathcal{F}^\alpha[f \cdot g] \left(\frac{k \sin\alpha}{\Delta t} + u \right) \times e^{\left\{ j\left[\frac{ku\cos\alpha}{\Delta t} + \frac{\cot\alpha}{2}\left(\frac{k\sin\alpha}{\Delta t}\right)^2 \right] \right\}}.$$

$$\tag{4.149}$$

证明

$$\mathcal{F}^\alpha[f \cdot g_R]^*(u)$$

$$= K_\alpha^*(t, u) \sum_{k=-\infty}^{+\infty} e^{\left\{ j\frac{(k\Delta t)^2 + u^2}{2}\cot\alpha - jk\Delta tu\csc\alpha \right\}} \times f(k\Delta t)g_R(k\Delta t)\Delta t$$

$$= K_\alpha^*(t, u)\Delta te^{\left\{ j\frac{\cot\alpha}{2}u^2 \right\}} \times \sum_{k=-\infty}^{+\infty} \left[f(k\Delta t)g_R(k\Delta t)e^{\{-ju\csc\alpha k\Delta t\}} \right] \times e^{\left\{ j\frac{(k\Delta t)^2}{2}\cot\alpha \right\}}$$

$$= \sum_{k=-\infty}^{+\infty} \mathcal{F}^\alpha[f(\cdot)g_R(\cdot)e^{\{-ju\csc\alpha(\cdot)\}}] \left(\frac{k \sin\alpha}{\Delta t} \right) \times e^{\left\{ -j\frac{\cot\alpha}{2}\left(\frac{k\sin\alpha}{\Delta t}\right)^2 \right\}} \times e^{\left\{ j\frac{\cot\alpha}{2}u^2 \right\}}$$

$$= \sum_{k=-\infty}^{+\infty} \mathcal{F}^\alpha[f \cdot g_R] \left(\frac{k \sin\alpha}{\Delta t} + u \right) \times e^{\left\{ -\frac{1}{2}j(u\csc\alpha)^2 \sin\alpha\cos\alpha \right\}} \times$$

$$e^{\left\{ -ju\csc\alpha\frac{k\sin\alpha}{\Delta t}\cos\alpha \right\}} \times e^{\left\{ -j\frac{\cot\alpha}{2}\left(\frac{k\sin\alpha}{\Delta t}\right)^2 \right\}} \times e^{\left\{ j\frac{\cot\alpha}{2}u^2 \right\}}$$

$$= \sum_{k=-\infty}^{+\infty} \mathcal{F}^\alpha[f \cdot g_R] \left(\frac{k \sin\alpha}{\Delta t} + u \right) \times e^{\left\{ j\frac{\cot\alpha}{2}u^2 \right\}},$$

令 $k = 0$, 将上述结果代入误差表达式, 得到

$$
\mathcal{F}^\alpha[f \cdot g_R](u) - \mathcal{F}^\alpha[f \cdot g_R]^*(u)
$$

$$
= \mathcal{F}^\alpha[f \cdot g_R](u) - \sum_{k=-\infty}^{+\infty} \mathcal{F}^\alpha[f \cdot g_R]\left(\frac{k\sin\alpha}{\Delta t} + u\right) \times \mathrm{e}^{\left\{-\mathrm{j}\left[\frac{ku\sin\alpha}{\Delta t} + \frac{\cot\alpha}{2}\left(\frac{k\sin\alpha}{\Delta t}\right)^2\right]\right\}}
$$

$$
= -\sum_{k\in\mathbf{Z}/\{\mathbf{0}\}} \mathcal{F}^\alpha[f \cdot g_R]\left(\frac{k\sin\alpha}{\Delta t} + u\right) \times \mathrm{e}^{\left\{\mathrm{j}\left[\frac{ku\cos\alpha}{\Delta t} + \frac{\cot\alpha}{2}\left(\frac{k\sin\alpha}{\Delta t}\right)^2\right]\right\}},
$$

(4.150)

即定理得证.

参考文献

[1] ZAYED A. Advances in Shannon's samping theory[M]. Boca Raton: CRC Press, 1993.

[2] SHANNON C E. Communication in the presence of noise[J]. Proceedings of the IEEE, 1984, 72(9): 1192-1201.

[3] TAO R, LI X M, LI Y L, et al. Time-delay estimation of chirp signals in the fractional Fourier domain[J]. IEEE Transactions on Signal Processing, 2009, 57(7): 2852-2855.

[4] BARFORD L. Fourier analysis of time-stamped signals using a small number of samples[J]. IEEE Transactions on Instrumentation and Measurement, 2008, 57(5): 884-890.

[5] XIAO C. Reconstruction of bandlimited signal with lost samples at its Nyquist rate the solution to a nonuniform sampling problem[J]. IEEE Transactions on Signal Processing, 1995, 43(4): 1008-1009.

[6] ZHANG S X, XING M D, XIA X G, et al. Multichannel HRWS SAR imaging based on rangevariant channel calibration and multi-Doppler-direction restriction ambiguity suppression[J]. IEEE Transactions on Geoscience and Remote Sensing, 2013, 52(7): 4306-4327.

[7] MARVASTI F A, CHUANDE L. Parseval relationship of nonuniform samples of one and two dimensional signals[J]. IEEE Transactions on Acoustics, Speech, and Signal Processing, 1990, 38(6): 1061-1063.

[8] TAO R, LI B Z, WANG Y. Spectral analysis and reconstruction for periodic nonuniformly sampled signals in fractional Fourier domain[J]. IEEE Transactions on Signal Processing, 2007, 55(7): 3541-3547.

[9] JING R M, FENG Q, LI B Z. Higher-order derivative sampling associated with fractional Fourier transform[J]. Circuits, Systems, and Signal Processing, 2019, 38(4): 1751-1774.

[10] MARVASTI F. Nonuniform sampling: theory and practice[M]. [S.l.]: Springer Science & Business Media, 2012.

[11] 张贤达, 保铮. 非平稳信号分析与处理 [M]. 北京: 国防工业出版社, 1998.

[12] XIA X G. On bandlimited signals with fractional Fourier transform[J]. IEEE Signal Processing Letters, 1996, 3(3): 72-74.

[13] HEALY J J, SHERIDAN J T. Sampling and discretization of the linear canonical transform[J]. Signal Processing, 2009, 89(4): 641-648.

[14] TAO R, DENG B, ZHANG W Q, et al. Sampling and sampling rate conversion of bandlimited signals in the fractional Fourier transform domain[J]. IEEE Transactions on Signal Processing, 2007, 56(1): 158-171.

[15] JENQ Y C, CHENG L. Digital spectrum of a nonuniformly sampled two dimensional signal and its reconstruction[J]. IEEE Transactions on Instrumentation and Measurement, 2005, 54(3): 1180-1187.

[16] TAO R, ZHANG F, WANG Y. Fractional power spectrum[J]. IEEE Transactions on Signal Processing, 2008, 56(9): 4199-4206.

[17] FOGEL L. A note on the sampling theorem[J]. IRE Transactions on Information Theory, 2003, 1(1): 47-48.

[18] JAGERMAN D, FOGEL L. Some general aspects of the sampling theorem[J]. IRE Transactions on Information Theory, 1956, 2(4): 139-146.

[19] LINDEN D, ABRAMSON N. A generalization of the sampling theorem[J]. Information and Control, 1960, 3(1): 26-31.

[20] NATHAN A. On sampling a function and its derivatives[J]. Information and Control, 1973, 22(2): 172-182.

[21] TAO R, ZHANG F, WANG Y. Sampling random signals in a fractional Fourier domain[J]. Signal Processing, 2011, 91(6): 1394-1400.

[22] ZHANG F, TAO R, WANG Y. Multichannel sampling theorems for bandlimited signals with fractional Fourier transform[J]. Science in China: Technological Sciences, 2008, 51(6): 790-802.

[23] XU L, ZHANG F, TAO R. Randomized nonuniform sampling and reconstruction in fractional Fourier domain[J]. Signal Processing, 2016, 120: 311-322.

[24] JING R M, LI B Z. Higher order derivatives sampling of random signals related to the fractional fourier transform.[J]. International Journal of Applied Mathematics, 2018, 48(3): 330-336.

[25] SHI J, LIU X, ZHANG Q, et al. Sampling theorems in function spaces for frames associated with linear canonical transform[J]. Signal Processing, 2014, 98: 88-95.

[26] SHI J, LIU X, SHA X, et al. Sampling and reconstruction of signals in function spaces associated with the linear canonical transform[J]. IEEE Transactions on Signal Processing, 2012, 60(11): 6041-6047.

[27] LIU Y L, KOU K I, HO I T. New sampling formulae for non-bandlimited signals associated with linear canonical transform and nonlinear Fourier atoms[J]. Signal Processing, 2010, 90(3): 933-945.

[28] BHANDARI A, MARZILIANO P. Sampling and reconstruction of sparse signals in fractional Fourier domain[J]. IEEE Signal Processing Letters, 2009, 17(3): 221-224.

[29] WEI D, RAN Q, LI Y. Multichannel sampling and reconstruction of bandlimited signals in the linear canonical transform domain[J]. IET Signal Processing, 2011, 5(8): 717-727.

[30] UNSER M, ALDROUBI A. A general sampling theory for nonideal acquisition devices[J]. IEEE Transactions on Signal Processing, 1994, 42(11): 2915-2925.

[31] HIRABAYASHI A, UNSER M. Consistent sampling and signal recovery[J]. IEEE Transactions on Signal Processing, 2007, 55(8): 4104-4115.

[32] HIRABAYASHI A. Consistent sampling and efficient signal reconstruction[J]. IEEE Signal Processing Letters, 2009, 16(12): 1023-1026.

[33] UNSER M, ZERUBIA J. A generalized sampling theory without bandlimiting constraints[J]. IEEE Transactions on Circuits and Systems II: Analog and Digital Signal Processing, 1998, 45(8): 959-969.

[34] SHI J, LIU X, HE L, et al. Sampling and reconstruction in arbitrary measurement and approximation spaces associated with linear canonical transform[J]. IEEE Transactions on Signal Processing, 2016, 64(24): 6379-6391.

[35] 徐丽云. 非均匀采样的分数域谱分析和重建研究 [D]. 北京: 北京理工大学, 2018.

[36] ZHANG F, TAO R, WANG Y. Multichannel sampling theorems for bandlimited signals with fractional Fourier transform[J]. Science in China Series E: Technological Sciences, 2008, 51(6): 790-802.

[37] WANG J, REN S, CHEN Z, et al. Periodically nonuniform sampling and reconstruction of signals in function spaces associated with the linear canonical transform[J]. IEEE Communications Letters, 2018, 22(4): 756-759.

第 5 章
离散化方法与快速算法

5.1 引言

信息时代数据的增长速度远远大于计算机处理数据能力的增长速度[1], 由此信号处理中, 快速算法设计是研究的关键. 高速、高效算法的提出可以使经典理论更好地实现与应用, 比如快速傅里叶变换 (Fast Fourier Transform, FFT) 的提出使得经典的 FT 理论得以广泛应用. 本章将在第 4 章的基础上, 对现有的傅里叶变换快速算法、分数阶傅里叶变换快速算法和线性正则变换快速算法的相关内容进行总结与介绍.

5.2 离散傅里叶变换和快速算法

5.2.1 离散傅里叶变换

定义 5.1 对于 N 点序列 $x(n)$, $0 \leqslant n \leqslant N-1$, 它的离散傅里叶变换 (Discrete Fourier Transform, DFT) 定义为

$$F(m) = \frac{1}{N} \sum_{n=0}^{N-1} x(n) \mathrm{e}^{-\mathrm{j}2\pi nm/N}, \tag{5.1}$$

$F(m)$ 为第 m 个 DFT 系数, $m = 0, 1, \cdots, N-1$. 离散傅里叶变换的逆变换 (IDFT) 为

$$x(n) = \sum_{m=0}^{N-1} F(m) \mathrm{e}^{\mathrm{j}2\pi nm/N}, \quad 0 \leqslant k \leqslant N-1. \tag{5.2}$$

注意 DFT 和 IDFT 前面的系数分别为 1 和 $1/N$, 有时会将这两个系数都改成 $1/\sqrt{N}$.

从函数空间角度来分析, 周期为 N 的离散信号构成一个 N 维欧几里得空间 C^N, 这一空间上两个信号 $\boldsymbol{x}$ 和 $\boldsymbol{y}$ 的内积定义为

$$< \boldsymbol{x}, \boldsymbol{y} > = \sum_{n=0}^{N-1} x(n) y^*(n), \tag{5.3}$$

给出 C^N 上一组正交基

$$\boldsymbol{e}_m(n) = \mathrm{e}^{\mathrm{j}\frac{2\pi}{N}mn}, \quad m = 0, 1, \cdots, N-1,$$

将信号 $\boldsymbol{x}$ 在这组基上分解, 得

$$\boldsymbol{x} = \sum_{n=0}^{N-1} \frac{<\boldsymbol{x}, \boldsymbol{e}_m>}{\|\boldsymbol{e}_m\|^2} \boldsymbol{e}_m, \tag{5.4}$$

令

$$\boldsymbol{X}(m) = <\boldsymbol{x}, \boldsymbol{e}_m> = \sum_{n=0}^{N-1} x(n) \mathrm{e}^{-\mathrm{j}\frac{2\pi}{N}mn}, \tag{5.5}$$

此即离散傅里叶变换.

又

$$\|\boldsymbol{e}_m\|^2 = N, \tag{5.6}$$

则有

$$x(n) = <\boldsymbol{x}, \boldsymbol{e}_m> = \frac{1}{N} \sum_{n=0}^{N-1} \boldsymbol{X}(m) \mathrm{e}^{\mathrm{j}\frac{2\pi}{N}mn}, \tag{5.7}$$

此即离散傅里叶变换的逆变换.

从正交分解的角度上说, 离散周期信号 $\boldsymbol{x}$ 的离散傅里叶变换 $\boldsymbol{X}$, 实质上是 $\boldsymbol{x}$ 在正交基 $\boldsymbol{e}_m$ 上的分解. 而从线性变换的角度上说, $\boldsymbol{e}_m$ 是圆周卷积的特征向量, $\boldsymbol{X}$ 则是对应的特征值.

5.2.1.1 连续 FT 到离散 FT

连续时间信号 $x(t)$ 和对应的连续 FT $F(\omega)$ 都是连续函数. 由于数字系统只能处理有限长的离散信号, 因此必须将 $x(t)$ 和 $F(\omega)$ 都离散化, 并且建立对应的 FT.

假设 $x(t)$ 定义在区间 $[0, T]$ 上, 通过时域采样将 $x(t)$ 离散化, 得有限长离散序列 $\tilde{x}(t)$, 设采样周期为 $1/\Delta t$, 那么时域采样点数为 $N = T/\Delta t$,

$$\tilde{x}(t) = x(t) \sum_{n=0}^{N-1} \delta(t - n\Delta t) = \sum_{n=0}^{N-1} x(n\Delta t) \delta(t - n\Delta t), \tag{5.8}$$

上式的 FT 为

$$\tilde{F}(\omega) = \sum_{n=0}^{N-1} x(n\Delta t) \mathrm{e}^{-\mathrm{j}2\pi n\Delta t\omega}. \tag{5.9}$$

式 (5.9) 称为 $x(t)$ 的离散时间傅里叶变换 (Discrete Time Fourier Transform, DTFT). 这里 $x(t)$ 在时域离散后信号的 FT, 在频域仍然是连续的. 进一步, 同样假设频域信号是带限的, 经过离散化, 得到时域和频域都离散的信号. 因此, 接下来将式 (5.9) 中频域信号转化为有限长离散信号.

依据采样定理, 时域采样若要能完全重建原信号, 频域信号 $F(\omega)$ 应当带限于 $(0, 1/(2\Delta t))$. 由于时域信号时限于 $[0, T]$, 由采样定理以及时频对偶的关系得, 频域的采样间隔应为 $1/T$. 因此, 频域采样点数为 $\dfrac{1/\Delta t}{1/T} = N$, 即频域采样的点数和时域采样的点数同为 N, 频域采样点为 $\omega_m = 2\pi m/(N\Delta t)$, 从而 DTFT 在频域上采样, 得

$$F(m) = \frac{1}{\Delta t} \tilde{F}(\omega_m) \sum_{n=0}^{N-1} x(n) \mathrm{e}^{-\mathrm{j}2\pi nm/N}, \tag{5.10}$$

令 $\Delta t = 1$, 就得到前面定义的 DFT. 因此, DFT 就是先将信号在时域离散化, 求其连续 FT 后, 再在频域离散化的结果.

5.2.1.2 DFT 和连续 FT

由前述可知, 定义在有限区间上的 FT 为

$$F(\omega) = \frac{1}{T} \int_0^T x(t) \mathrm{e}^{-\mathrm{j}2\pi t\omega} \,\mathrm{d}t, \tag{5.11}$$

式 (5.11) 的采样为

$$F(\omega_m) = \frac{1}{T} \int_0^T x(t) \mathrm{e}^{-\mathrm{j}2\pi t\omega_m} \,\mathrm{d}t, \tag{5.12}$$

将这个积分以黎曼和的形式近似, 可表示为

$$F(\omega_m) = \frac{1}{T} \sum_{n=0}^{N-1} x(n\Delta t) \mathrm{e}^{-\mathrm{j}2\pi n\Delta t\omega_m} \Delta t, \tag{5.13}$$

这一结论指出 DFT 确实是连续 FT 在某种意义上的近似, 但要满足以下条件:

(1) 时域采样必须满足采样定理;

(2) DFT 的处理对象是时域带限的.

为此, 通常对连续信号的时域采样再作一次加窗处理 (Windowing), 就得到有限长离散信号.

5.2.1.3 DFT 和 DTFT

离散时间傅里叶变换是在时域上对连续 FT 的采样, 而 DFT 则是在频域上对 DTFT 的均匀采样. 离散信号 $x(n)$, $n = 0, 1, \cdots, N-1$ 的 DTFT 为

$$F(\omega) = \sum_{n=0}^{N-1} x(n) \mathrm{e}^{-\mathrm{j}2\pi n\omega}, \tag{5.14}$$

对式 (5.14) 在离散频点 $\{\omega_m = m/N\}_{m=0,1,2,\cdots,N-1}$ 进行采样, 得

$$F(m) = \sum_{n=0}^{N-1} x(n) \mathrm{e}^{-\mathrm{j}2\pi nm/N}, \tag{5.15}$$

上式即 $x(t)$ 的 DFT. 由于 DTFT 在频域是周期的, 因此在 DTFT 频域上的均匀采样也应是周期的. $F(m)$ 实际上是这个周期序列的主值序列. 因此, 一个域的离散化必将导致另一个域的周期化, 这将对应于傅里叶分析理论体系四种不同类型信号的 FT, 即连续周期信号、连续非周期信号、离散非周期信号、离散周期信号, 其特性见表 5.1.

5.2.2 傅里叶变换的快速算法

FT 分析已有 200 多年的发展历史, 目前已经在应用数学、信号处理、图像处理、光学和通信等领域获得非常广泛的应用. 离散傅里叶变换是数字信号处理领域中应用最为广泛的离散变换, 是 FT 分析发展史上第一个里程碑. 它使得长度有限的离散信号能够被变换

表 5.1 不同类型信号的傅里叶分析

变换类型	时域	变换域
FS	连续周期	离散非周期
FT	连续非周期	连续
DTFT	离散非周期	连续周期
DFT	离散周期	离散周期

到频域进行分析和处理. 起初 DFT 计算量比较大, 当时硬件技术水平比较有限, 无法完成大规模的计算, 这使得 DFT 经历了极其漫长的理论研究阶段. 但是电子计算机的出现及其发展有力地推动了 DFT 算法的工程应用. 1965 年 Cooley、Turkey 在 Mathematic of Computation 杂志上发表了著名的 "An algorithm for the machine calculation of complex Fourier series", 提出一种快速计算 DFT 的方法和计算机程序, 揭开了快速傅里叶变换 (Fast Fourier Transform, FFT) 的发展史. 该算法使得 N 点的 DFT 运算复杂度由 N^2 降低到了 $N \log N$, 这给傅里叶分析方法赋予了新的生命力, 成为傅里叶分析理论发展的第二个里程碑. 从 FFT 提出之后, 其他研究人员也相继提出了不同于 FFT 的快速算法, 主要包括以下几类:

(1) 素因子算法 (Prime Factor Algorithm, PFA): 该算法将 N 分解为两个或者多个互素因子的短序列的 DFT 情况, 进而实现降低计算量的目的. 此算法适用于变换长度 N 不是 2 的整数次幂的情况.

(2) Winograd 傅里叶变换算法 (Winograd Fourier Transform Algorithm, WFTA): 该算法是以数据寻址理论进行卷积运算为基础的一种算法. 使用 WFTA 方法, 计算一个 N 点的 DFT 所需的乘法次数正比于 N, 而不是 $N \log N$, 但是与 FFT 相比加法次数明显增加. 此方法适合于乘法运算比加法运算慢很多的情况.

(3) 分裂基 FFT 算法 (Split Radix FFT, SRFFT): 基 -2 和基 -4 DFT 算法两者结合, 将序列号为奇数的 DFT 系数利用基 -4 算法, 将序列号为偶数的 DFT 系数利用基 -2 算法实现, 形成一种新的算法——分裂基 FFT 算法. 这类算法相比于基 -2 和基 -4 具有较低的计算复杂度.

(4) 整数 FFT (Integer FFT, IntFFT): 该类算法是 DFT 的整数近似, 它可以通过仅包含移位和相加的运算实现, 而不使用乘法, 与定点 FFT 不同, IntFFT 具有功率自适应和可逆性. 当变换系数被量化为固定的比特时, IntFFT 与固定点 FFT 具有相同精度, 复杂度要比固定点 FFT 低很多.

以上提到的快速算法重点是减少复乘、复加次数, 降低计算的复杂度, 数据的传输是全局性. 然而随着超大规模技术的快速发展和并行计算技术的使用, 不仅要求降低算法的计算复杂度, 而且要提高算法的并行度和使之模块化, 减少模块间的耦合度, 同时还要满足实时处理的要求. 针对这样的需求, Jacobsen 等人相继提出了不同的滑动 DFT 快速算法. 此外, DFT 是复运算, 具有正交性和可分性, 这些特性使得从一维 DFT 推广到多维 DFT 非常容易, 多维 DFT 可以通过使用一系列的一维 DFT 实现, 相应的一维 DFT 快速计算也可以进一步运用多维 DFT 计算.

随着工程应用的不断发展, 出现了对非均匀离散傅里叶变换 (Nonuniform DFT, NDFT)

的需求, 如雷达信号处理、超声成像、磁共振成像等, 所得到的数据往往呈现出非均匀性. 早在 1975 年 Brouw 就提出了 gridding 方法, 用于实现极坐标网格采样的离散傅里叶变换. 1993 年, Dutt 等首次正面研究了 NDFT[2], 针对数据在时域或者频域是非均匀或者在两个域都是非均匀的情况, 分别提出了五种 NDFT 算法. 从此, 非均匀快速傅里叶变换算法的研究得到了广泛关注, 新的研究成果不断涌现 [3].

5.3　离散分数阶傅里叶变换和快速算法

在 20 世纪 90 年代分数阶傅里叶理论发展的早期, 就已经被大量应用于光学信号处理和光学仪器实现中, 但是 FRFT 真正走向数字信号处理实际应用, 还要归功于土耳其比尔肯大学的 H. M. Ozaktas 等人于 1996 年提出的一种计算量与快速傅里叶变换相当的离散算法 [4]. 分数阶傅里叶变换快速算法的研究重点体现在以下几个方面: 提高计算效率, 使离散分数阶傅里叶变换的计算结果逼近连续 FRFT 、保持连续 FRFT 的性质等. 近年来国内外学者对该领域进行了广泛研究, 提出了多种离散分数阶傅里叶变换的定义, 包括: 采样型离散分数阶傅里叶变换、特征分解型离散分数阶傅里叶变换、线性加权型离散分数阶傅里叶变换、Chirp-z 变换型离散分数阶傅里叶变换、二次相位变换型离散分数阶傅里叶变换和群论型离散分数阶傅里叶变换等 [5]. 本节主要介绍应用较为广泛的采样型和特征分解型算法.

5.3.1　采样型离散分数阶傅里叶变换和快速算法

对连续 FRFT 进行采样是获得离散分数阶傅里叶变换的直接方法, 然而由于变换核的快速振荡, 使得该方法对采样率有很高的要求. 与此同时, 用这种方法得到的离散分数阶傅里叶变换不能保持连续 FRFT 的许多性质, 如酉性、可逆性、可加性等. 这部分首先给出两种常用的采样型离散分数阶傅里叶变换 (Discrete Fractional Fourier Transform, DFRFT): 改善的离散分数阶傅里叶变换 (Improved-sampling Discrete Fractional Fourier Transform, IP-DFRFT) 和闭合形式的离散分数阶傅里叶变换 (Closed-form Discrete Fractional Fourier Transform, CF-DFRFT)[6].

5.3.1.1　改善的离散分数阶傅里叶变换和快速算法

1996 年, Ozaktas 在文献 [4] 中提出采样型离散化算法, 该算法通过将 FRFT 算子分解成 Chirp 调制、 Chirp 卷积和 Chirp 乘积三个简单算子的级联, 实现对信号的 DFRFT 的计算, 这种 DFRFT 用到如下等式:

$$\cot \alpha = \csc \alpha - \tan(\alpha/2). \tag{5.16}$$

此算法 [4] 需要对原信号进行量纲归一化处理, 相应的量纲归一化的详细过程可参阅文献 [4], 这里假设无量纲的归一化区间为 $[-\Delta x/2, \Delta x/2]$. 为了方便, 将 FRFT 的定义式重新表示为

$$F^\alpha(u) = A_\alpha \mathrm{e}^{\mathrm{j}\pi u^2 \cot \alpha} \int_{-\infty}^{\infty} [x(t)\mathrm{e}^{\mathrm{j}\pi t^2 \cot \alpha}]\mathrm{e}^{-2\mathrm{j}\pi ut \csc \alpha}\, \mathrm{d}t, \tag{5.17}$$

其中, $A_\alpha = \sqrt{(1 - \mathrm{j}\cot \alpha)/(2\pi)}$, $\alpha = p\pi/2, 0.5 \leqslant p \leqslant 1.5$. 经 $\mathrm{e}^{\mathrm{j}\pi t^2 \cot \alpha}$ 对信号 $x(t)$ 调制后信号的带宽变为原来的两倍. 因此, 为了避免混叠, 根据采样定理, 信号 $x(t)$ 应该以 $1/(2\Delta x)$ 为

间隔采样. 如果原来信号 $x(t)$ 是采样间隔为 $1/\Delta x$ 的离散信号, 就可通过插值的方法实现采样间隔为 $1/(2\Delta x)$ 的采样. 然后在变换域中再进行 2 倍抽取, 得到 DFRFT, 表达式为

$$F_I^\alpha\left(\frac{m}{2\Delta x}\right) = \sum_{n=-N}^{N} x\left(\frac{n}{2\Delta x}\right) F_I^\alpha(m,n), \tag{5.18}$$

其中

$$F_I^\alpha(m,n) = \frac{A_\alpha}{2\Delta x} e^{j\pi(\frac{m}{2\Delta x})^2 \cot\alpha} e^{j\pi(\frac{n}{2\Delta x})^2 \cot\alpha} e^{-j\pi\csc\alpha\frac{2mn}{(2\Delta x)^2}}, \tag{5.19}$$

若利用直接求和计算式 (5.18), 所需要的计算量为 $O(2N+1)^2$.

结合式 (5.16), 式 (5.18) 可以化简为

$$F_I^\alpha\left(\frac{m}{2\Delta x}\right) = \frac{A_\alpha}{2\Delta x} e^{j\pi(\cot\alpha-\csc\alpha)(\frac{m}{2\Delta x})^2} \sum_{n=-N}^{N}\left[x\left(\frac{n}{2\Delta x}\right) e^{j\pi(\cot\alpha-\csc\alpha)(\frac{n}{2\Delta x})^2}\right] e^{-j\pi\csc\alpha(\frac{m-n}{2\Delta x})^2}. \tag{5.20}$$

式 (5.20) 可以利用两个 Chirp 乘积和一个卷积实现, 而卷积运算可通过 FFT 快速计算, 因此, 整个计算过程的复杂度为 $O[(2N+1)\log_2(2N+1)]$. Ozaktas 的采样型算法可以将信号的 N 个采样点映射为其 FRFT 的 N 个采样点, 计算复杂度与 FFT 相当, 具有计算速度快、精度高的优点, 是目前 FRFT 数值计算中应用范围最广的算法之一. 但是该算法不满足阶次的可加性质和可逆性质. 若在 $0.5 \leqslant p \leqslant 1.5$ 范围之外, 可利用 FRFT 的可加性质 $F^\alpha = F^{\alpha-1+1} = F^{\alpha-1}F$ 将变换阶数转化到给定的区间 $[0.5, 1.5]$ 上. 在 2000 年, Pei 提出了另外一种采样型离散 FRFT[7].

5.3.1.2 闭合形式的离散分数阶傅里叶变换

与前述方法不同的是, Pei 方法没有对连续 FRFT 算子进行分解, 而是直接从输入输出变量实现采样, 通过限制输入输出间隔保持变换的可逆性, 具体如下:

先作变量代换 $t = t/\sqrt{2\pi}, u = u/\sqrt{2\pi}$, 再对连续 FRFT 的输入信号 $x(t)$ 和输出信号 $F^\alpha(u)$ 进行采样, 采样间隔分别为 Δt 和 Δu, 得如下 CF-DFRFT:

$$F^\alpha(m) = \sum_{n=-N}^{N} x(n)K_\alpha(m,n), \tag{5.21}$$

这里 $K_\alpha(m,n) = A_\alpha \Delta t e^{\frac{j}{2}\cot\alpha(m\Delta u)^2} e^{\frac{j}{2}(n\Delta t)^2\cot\alpha} e^{-jmn\Delta t\Delta u\csc\alpha}$,

$$F^\alpha(m) = F^\alpha(m\Delta u), x(n) = x(n\Delta t), A_\alpha = \sqrt{\frac{1-j\cot\alpha}{2\pi}}, m = -M, -M+1, \cdots, M. \tag{5.22}$$

如果式 (5.21) 具有可逆性质, 那么其逆变换核矩阵等于 $K_\alpha(m,n)$ 的共轭转置, 即

$$x(n) = \sum_{n=-M}^{M} F^\alpha(m)K_\alpha^*(m,n), \tag{5.23}$$

结合式 (5.21) 和式 (5.23) 得到算法可逆的条件为

$$M \geqslant N, \quad \Delta u\Delta t = \frac{2\pi S\sin\alpha}{2M+1}, \tag{5.24}$$

其中, S 是与 $2M+1$ 互质的整数, 因此式 (5.22) 可以化简为

$$K_\alpha(m,n) = \sqrt{\frac{1-\mathrm{j}\cot\alpha}{2\pi}}\Delta t \mathrm{e}^{\frac{1}{2}(m\Delta u)^2\cot\alpha}\mathrm{e}^{\frac{1}{2}(n\Delta t)^2\cot\alpha}\mathrm{e}^{-\mathrm{j}mn\frac{2\pi S}{2M+1}}, \tag{5.25}$$

进一步对式 (5.25) 作归一化处理, 同时, 对于 $\sin\alpha \neq 0$ 选择 $S=\mathrm{sgn}(\sin\alpha)$, 那么式 (5.23) 可转化为

$$F^\alpha(m) = \sqrt{\frac{|\sin\alpha|-\mathrm{jsgn}(\sin\alpha)\cos\alpha}{2M+1}}\Delta t \sum_{n=-N}^{N} x(n)\mathrm{e}^{\frac{1}{2}(m\Delta u)^2\cot\alpha}\mathrm{e}^{\frac{1}{2}(n\Delta t)^2\cot\alpha}\mathrm{e}^{-\mathrm{j}mn\frac{2\pi\mathrm{sgn}(\sin\alpha)}{2M+1}}. \tag{5.26}$$

当 $\alpha=k\pi$ 时, 式 (5.26) 定义 DFRFT 将不再适用, 此时可利用式 (5.27) 和式 (5.28) 计算, 得

$$F^\alpha(m) = x(m), \qquad \alpha=2k\pi, \tag{5.27}$$

$$F^\alpha(m) = x(-m), \qquad \alpha=(2k+1)\pi, \tag{5.28}$$

此外, 当 $|\sin\alpha|$ 很小时, Δt 和 Δu 也必须很小, 这导致采样点数增多, 计算量增加. 为了避免这一问题, 可利用 $F^\alpha = F^{\alpha-\frac{\pi}{2}}F^{\frac{\pi}{2}}$ 来实现, 也即首先作 DFT, 然后作角度为 $\alpha-\pi/2$ 的 DFRFT. 利用该算法得到的 DFRFT 具有正交性和可逆性, 只需进行两次 Chirp 乘积和一次快速傅里叶变换运算, 计算复杂度为 $2N+N/2\cdot\log_2 N$. 这种算法是目前为止计算复杂度最低的 FRFT 数值计算方法, 而缺点是不完全满足阶次可加性 (但是可以利用一定的转换关系, 从一个域得到另一个域的结果).

5.3.1.3　IP-DFRFT 和 CF-DFRFT 的比较和分析

以上是两种采样型的 DFRFT, 实际应用中, 我们不但对它们的优缺点感兴趣, 而且对它们在实际用中的计算技巧也同样感兴趣. 接下来, 将进一步从约束条件、p 的范围和计算表达式三个方面讨论 IP-DFRFT 和 CF-DFRFT 之间的密切关系, 并给出采样型 DFRFT 算法的关键.

(1) IP-DFRFT 和 CF-DFRFT 的约束条件都是保证时域和频域采样不会产生混叠效应, 同时使得计算量较低.

这一点可以从以下情况来说明: 在频域, 就 IP-DFRFT 而言, 信号 $x(t)$ 的能量主要集中在区间 $[-\Delta x/2, \Delta x/2]$ (这里 Δx 是无量纲的), 由于信号 $x(t)$ 被调频信号 $\mathrm{e}^{\mathrm{j}\pi t^2\cot\alpha}$ 调制, 且 $0.5\leqslant p \leqslant 1.5$, 这使得信号的带宽变为原来带宽的几乎 2 倍, 也即 $2\Delta x$. 这样以 $1/\Delta x$ 采样得到的 N 个 $x(t)$ 的采样值, 需对离散序列进行 2 倍插值才可避免频域产生混叠效应. 就 CF-DFRFT 而言, 算法的主要约束是信号 $x(t)$ 的能量限制在时域区间 $[-L, L]$, 同样线性调频信号对 $x(t)$ 调制的影响, 使得信号的带宽增加, 采样间隔 Δt 需满足以下条件:

$$1/\Delta t \geqslant 2W + |\cot\alpha|\cdot 2L, \tag{5.29}$$

其中, W 是信号 $x(t)$ 的带宽. 如果 W 比较大使得采样间隔变小, 则计算所需的采样点数增加, 进而增加算法的计算量. 因此, W 被限定在频域的包含信号能量的有限区间内.

相应的, 在时域, 就 IP-DFRFT 而言, 信号 $x(t)$ 在频率域的采样间隔满足 $1/\Delta x$ 时可避免信号在时域产生混叠. 因此, 式 (5.18) 将实现输入和输出具有相同的采样点数. 就

CF-DFRFT 而言, 由于在频域的采样间隔要大于时频带宽乘积的两倍, 从而导致时域和频域采样点数可能不相等, 但是满足 $M \geqslant N$, 这样时域混叠现象也可以避免. 从减少算法的计算量来看, IP-DFRFT 的量纲归一化处理后时域和分数域的采样间隔相同, 这个约束在减少计算量方面具有很重要的作用, 使 DFRFT 直接求和计算转化为利用 Chirp 乘积和卷积计算, 计算复杂度由原来的 $O((2N+1)^2)$ 转为 $(2N+1)\log(2N+1)$. CF-DFRFT 限制 $\Delta t \Delta u = 2\pi \mid \sin \alpha \mid /(2M+1)$, 这使得 CF-DFRFT 可利用 Chirp 乘积和 FFT 快速实现, 相应的计算复杂度由 $O((2N+1)(2M+2))$ 减少到 $O((2M+1)\log(2M+1))$.

(2) IP-DFRFT 和 CF-DFRFT 对分数阶限制的范围是一致的.

IP-DFRFT 算法中分数阶 p 的范围为 $0.5 \leqslant p \leqslant 1.5$, 一方面是为了保证 2 倍插值不会产生混叠; 另一方面, 在 p 逼近 0 和 ± 2 时, 变换核具有强烈的振荡, 导致采样点数变得非常大. 为了避免这种情况发生, 通常 p 满足 $0.5 \leqslant p \leqslant 1.5$. 而在 CF-DFRFT 中, 对于分数阶 p 似乎没什么限制, 但是从式 (5.24) 中可以看出, 当 $\mid \sin \alpha \mid$ 逼近 0 时 Δt 和 Δu 都会很小, 这样采样点数增加, 计算时间也会很大, 这和前面分析的 p 逼近 0 和 ± 2 的情况是一致的. 所以, $0.5 \leqslant p \leqslant 1.5$ 的约束对于两种 DFRFT 都是较好的选择.

(3) 当 IP-DFRFT 中的采样空间 $\Delta x = 1/\sqrt{4 \mid \sin \alpha \mid - 1}$ 时, 其与 CF-DFRFT 是等价的.

这是因为在 CF-DFRFT 中 $\Delta t = \Delta u = 1/(2\Delta x)$, 当 $M = N$ 时, 式 (5.21) 为

$$F^\alpha(m) = A_\alpha/(2\Delta x)\mathrm{e}^{\frac{1}{2}\cot\alpha[\tilde{m}/(2\Delta x)]^2} \sum_{\tilde{n}=-N}^{N} x(\tilde{n})\mathrm{e}^{\frac{1}{2}(\tilde{n}/2\Delta x)^2 \cot\alpha}\mathrm{e}^{-\mathrm{j}\tilde{n}\tilde{m}/(2\Delta x)^2 \csc\alpha}, \qquad (5.30)$$

其中, $\tilde{n} = n/\sqrt{2\pi}$; $\tilde{m} = m/\sqrt{2\pi}$, 此时 CF-DFRFT 就是 IP-DFRFT. 换句话, 也即 IP-DFRFT 是 CF-DFRFT 的特殊形式. 另外, 若 IP-DFRFT 具有可逆性, 则以下式子成立:

$$x(n) = \sum_{m=-M}^{M} \sum_{k=-N}^{N} F_I^p(m,n)F_I^{p^*}(m,k)x(k), \qquad (5.31)$$

进而可以得出

$$\mathrm{e}^{-\mathrm{j}2\pi\csc\alpha\frac{mn}{(2\Delta x)^2}} = \mathrm{e}^{-\mathrm{j}2\pi\frac{\mathrm{sgn}(\sin\alpha)mn}{2N+1}}, \qquad (5.32)$$

由 $N = (\Delta x)^2$, 可以得到如下关系:

$$\frac{1}{(2\Delta x)^2} = \frac{\sin\alpha\,\mathrm{sgn}(\sin\alpha)}{2M+1}, \qquad (5.33)$$

即

$$\Delta x = \frac{1}{\sqrt{4\mid \sin\alpha \mid - 1}}. \qquad (5.34)$$

这两种采样型算法处理的核心是 Chirp 调制 $\mathrm{e}^{-2\mathrm{j}\pi ut\csc\alpha}$ 对信号采样点数的影响.

这两种方法各有优劣. 在实际应用中选择算法的依据为: 当处理离散采样点时, 不考虑采样点限制的情况下, 优先选择 IP-DFRFT; 当需要重构信号 $x(t)$ 时, 此时优先选择 CF-DFRFT. 综合来看, 虽然 IP-DFRFT 和 CF-DFRFT 在一定条件是等价的, 但是 IP-DFRFT 的采样要求比 CF-DFRFT 低, 对 Chirp 信号的聚集性比 CF-DFRFT 要好.

5.3.2　特征分解型离散分数阶傅里叶变换

为了使定义的 DFRFT 具有酉性和旋转相加性, Pei 首先提出了特征分解型 DFRFT. 这类算法的基本思想是根据连续 FRFT 和连续 FT 特征方程之间的关系, 得到 DFRFT 矩阵和 DFT 矩阵特征方程之间的关系, 基于矩阵的特征分解形式来定义并计算矩阵的分数阶幂. 从而将构造 DFRFT 矩阵特征向量问题, 转化为求解一组正交的 DFT 矩阵特征向量的问题. 1982 年, Dickinson 通过引入与 DFT 矩阵 $\boldsymbol{F}$ 可交换的矩阵 $\boldsymbol{S}$, 来求解 DFT 矩阵的特征向量, 得到 $\boldsymbol{F}$ 的特征值为 $1, -\mathrm{j}, -1, \mathrm{j}$, 其重数如表 5.2 所示. 每个特征值的特征向量全体构成了一个特征子空间 $\boldsymbol{E}_k, k = 1, 2, 3, 4$, 而每个特征值的重复度决定了相应特征子空间的秩. 由于 FRFT 算子与 FT 算子具有相同的特征函数和不同的特征值, 因此类似的 DFRFT 矩阵与 DFT 矩阵具有相同的特征向量和不同的特征值. DFRFT 特征值的分配规则如表 5.3 所示. 现有很多探究 DFRFT 特征向量的文献. 本节分以下两类详细分析, 即基于矩阵 $\boldsymbol{F}$ 的可交换矩阵的 DFRFT 和基于采样 Hermite 高斯函数的 DFRFT.

表 5.2　DFT 矩阵特征值的多样性 [8]

N	1 的重复度	-1 的重复度	$-\mathrm{j}$ 的重复度	j 的重复
$4m$	$m+1$	m	m	$m-1$
$4m+1$	$m+1$	m	m	m
$4m+2$	$m+1$	m	$m+1$	m
$4m+3$	$m+1$	$m+1$	$m+1$	m

表 5.3　DFRFT 特征值的分配规则 [9,10]

N	DFRFT 的特征值
$4m$	$\mathrm{e}^{-\mathrm{j}k\alpha}, \quad k = 0, 1, \cdots, 4m-2, 4m$
$4m+1$	$\mathrm{e}^{-\mathrm{j}k\alpha}, \quad k = 0, 1, \cdots, 4m-1, 4m$
$4m+2$	$\mathrm{e}^{-\mathrm{j}k\alpha}, \quad k = 0, 1, \cdots, 4m, 4m+2$
$4m+3$	$\mathrm{e}^{-\mathrm{j}k\alpha}, \quad k = 0, 1, \cdots, 4m+1, 4m+2$

5.3.2.1　基于 F 交换矩阵的 DFRFT

基于 $\boldsymbol{F}$ 交换矩阵的 DFRFT 是直接利用 $\boldsymbol{F}$ 的可交换矩阵的特征向量作为 $\boldsymbol{F}$ 的特征向量, 从而实现 DFRFT, 具体分析如下:

Pei 等人首先基于 FRFT 的定义, 提出了特征向量型的 DFRFT. 特征分解型 DFRFT 的关键就是如何使得这种类型的 DFRFT 逼近连续 FRFT. 从表 5.2 已经得到 DFT 矩阵的特征值的多样性. 那么利用特征分解去构造 DFRFT 变换核所剩下的工作就是寻找合适的特征向量, 并且对于不同的 N 去合理地分配特征值和特征向量, 其中最重要的是寻找逼近 Hermite 高斯函数的 DFT 矩阵的特征向量 [11~14]. 由矩阵分析可知, 如果两个矩阵是可交换的, 那么它们具有相同的特征量 [8]. 因为 $\boldsymbol{S}$ 与 $\boldsymbol{F}$ 是可交换的, 且 $\boldsymbol{S}$ 是对称矩阵, 所以对于不同的 N 可利用 $\boldsymbol{S}$ 找到唯一完备的矩阵 $\boldsymbol{F}$ 的特征向量集. DFRFT 的变换核可表示为

$$\boldsymbol{F}^p = \sum_{k=0, k \neq [N-1+(N)_2]}^{N} \mathrm{e}^{-\mathrm{j}k\alpha} \boldsymbol{v}_k \boldsymbol{v}_k^{\mathrm{T}}, \tag{5.35}$$

其中, $\boldsymbol{v}_k$ 是矩阵 $\boldsymbol{S}$ 的特征向量; $(N)_2 = N \mod 2$. 有关 $\boldsymbol{S}$ 的分析可参考文献 [9]. 连续的 Hermite 高斯函数 (Hermite-Gauss Function, HGFs) 是连续 FT 的特征函数, 同时也是以下二阶微分方程的特征函数

$$\mathcal{S}f(t) = \lambda f(t), \tag{5.36}$$

其中

$$\mathcal{S} = \mathcal{D}^2 + \mathcal{F}\mathcal{D}^2\mathcal{F}^{-1}, \tag{5.37}$$

$\mathcal{D} = \mathrm{d}/\mathrm{d}t$ 是微分算子; $\mathcal{F}$ 是连续的 FT 算子.

因此, 离散 HGFs 既可以看作 $\boldsymbol{S}$ 的特征向量, 也可以看作连续算子 $\mathcal{S}$ 的离散化. $\boldsymbol{S}$ 可以从式 (5.37) 用 DFT 矩阵 $\boldsymbol{F}$ 和二阶差分矩阵 $\tilde{\boldsymbol{D}}^2$ 分别代替 $\mathcal{S}$ 和 $\mathcal{D}$ 导出. $\tilde{\boldsymbol{D}}^2$ 可以从 $\mathcal{D}^2 f(t)$ 的二阶 Taylor 展开式 (5.38), 以 $\Delta = 1/\sqrt{N}$ 得到. 最后, 所得到的 $\boldsymbol{S}$ 以 $O(\Delta^2)$ 的精度逼近连续算子 $\mathcal{S}$.

$$\mathcal{D}^2 f(t) = \frac{\mathrm{d}^2 f(t)}{\mathrm{d}^2 t} = \frac{f(t-\Delta) - 2f(t) + f(t+\Delta)}{\Delta^2} + O(\Delta^2), \tag{5.38}$$

为了得到更加精确的 DFRFT, 可通过改进二阶微分算子 $\mathcal{D}$ 的离散化方法和选择其他类型的可交换矩阵 $\boldsymbol{F}$. 目前有关这方面的研究主要包括两方面: 一是选择更小的采样间隔 $1/\sqrt{rN}$, $r > 1$; 二是 $\mathcal{D}^2 f(t)$ Taylor 展开时选择更高阶的逼近. 文献 [9] 基于 2 阶导数的高阶逼近, 给出了 $\boldsymbol{F}$ 的可交换矩阵 $\boldsymbol{K}$,

$$\boldsymbol{K} = \boldsymbol{M} + \boldsymbol{F}^2\boldsymbol{M}\boldsymbol{F}^{-2} + \boldsymbol{F}^3\boldsymbol{M}\boldsymbol{F}^{-3}, \tag{5.39}$$

这里的 $\boldsymbol{M}$ 是从式 (5.40)

$$f'' = \left\{ \sum_{m=1}^{k} (-1)^{m-1} \frac{2[(m-1)!]^2 \Delta^{2m}}{(2m)!} \right\} \frac{f_k}{\Delta^2} + O(\Delta^{2k}), \tag{5.40}$$

中得到的, 其中, $\Delta^2 f_k = f_{k-1} - 2f_k + f_{k+1}$ 是二阶中心差分算子. 这使得 $\boldsymbol{F}$ 的可交换矩阵 $\boldsymbol{S}$ 是 $\boldsymbol{K}$ 的特殊情况. 但是在 $2k+1 < N$ 时, 所提出的 $N \times N$ 的高阶 $\boldsymbol{F}$ 可交换矩阵具有更好的逼近性能. 基于这个新的交换矩阵, Pei 等人在文献 [15] 中提出了 $\boldsymbol{M}$ 的如下简化形式:

$$\bar{\boldsymbol{K}} = \boldsymbol{M} + \boldsymbol{F}\boldsymbol{M}\boldsymbol{F}^{-1}, \tag{5.41}$$

那么 $N \times N$ 的 $O(\Delta^{2k})$ 的生成矩阵 $\boldsymbol{M}^{2k}$ 可以通过假设令 $\boldsymbol{M}^2 = \tilde{\boldsymbol{D}}$ ($\tilde{\boldsymbol{D}}$ 可通过式 (5.38) 得到) 得到

$$\boldsymbol{M}^{2k} = \sum_{m=1}^{k} (-1)^{m-1} \frac{2[(m-1)!]^2}{(2m)!} (\boldsymbol{M}_2^m), \tag{5.42}$$

但是处理过程中, 当 k 很大时, 有很高的计算负担, 并且不能给出 $\boldsymbol{M}$ 任何阶的闭合表达式. 针对这些问题, Serbes 等人提出了具有闭合表达式的 $O(\Delta^{\infty})$ 阶 Taylor 逼近.

当式 (5.42) 中的 $k \to \infty$ 时, 无穷阶差分矩阵的闭合表达式为

$$\boldsymbol{M}^{\infty} = \lim_{k \to \infty} \boldsymbol{M}^{2k} = -\arccos^2[(\boldsymbol{M}_2 + 2)/2], \tag{5.43}$$

这样可得 $\boldsymbol{F}$ 的可交换矩阵为

$$\boldsymbol{K} = \boldsymbol{M}^{\infty} + \boldsymbol{F}\boldsymbol{M}^{\infty}\boldsymbol{F}^{-1} = \boldsymbol{E} + \boldsymbol{F}\boldsymbol{E}\boldsymbol{F}^{-1}, \tag{5.44}$$

其中, $\boldsymbol{E}$ 是对角矩阵, 定义如下:

$$\text{diag}(\boldsymbol{E}) = \begin{cases} -(2\pi n/N)^2, & 0 < n < \lfloor N/2 \rfloor, \\ -[2\pi(N-n)/N]^2, & \lceil N/2 \rceil < n < N-1. \end{cases} \tag{5.45}$$

式 (5.44) 得到的特征向量相比于其他的可交换矩阵获得的特征向量更加逼近连续的 HGFs.

以上分析的关键是构造可交换矩阵算子使其更加逼近连续算子 $\mathcal{S}$, 整个发展过程如图 5.1 所示. 除了利用可交换矩阵得到 $\boldsymbol{F}$ 的正交特征向量之外, 还有一些研究利用可交换矩阵的特征向量作为初始向量基去生成矩阵 $\boldsymbol{F}$ 的特征向量, 所用到的方法主要包括正交化方法和优化方法. 相关详细介绍可参阅文献 [12,14,16,17]. 在文献[12] 中, 首先对连续的 HGFs 采样, 再对采样后的向量进行处理, 得到了基于采样 Hermite 函数的 DFRFT, 下面将针对这部分研究给予详细的介绍.

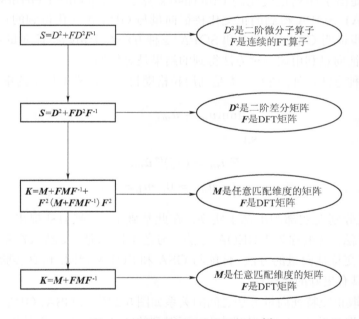

图 5.1 可交换矩阵的发展过程 [6]

5.3.2.2 基于采样 Hermite 函数的 DFRFT

文献 [12] 以采样间隔为 $\sqrt{2\pi/N}$ 对连续 Hermite 函数进行采样, 结果表示为 $\tilde{\boldsymbol{u}}_m, m = 1, 2, \cdots, N$. 但是 $\{\tilde{\boldsymbol{u}}_m\}$ 仅仅是矩阵 $\boldsymbol{F}$ 的近似特征向量, 也即 $(-\text{j})^m\tilde{\boldsymbol{u}}_m \approx \boldsymbol{F}\tilde{\boldsymbol{u}}_m$. 然后, 计算向量 $\tilde{\boldsymbol{u}}_m$ 在 DFT 特征子空间的投影, 从而得到 DFT 的 Hermite 特征向量 $\bar{\boldsymbol{u}}_m$, 即

$$\bar{\boldsymbol{u}}_m = \sum_{(m-k) \mod 4 = 0} <\tilde{\boldsymbol{u}}_m, \boldsymbol{v}_k> \boldsymbol{v}_k. \tag{5.46}$$

其中, $k = m \mod 4$; $(-\mathrm{j})^m \bar{\boldsymbol{u}}_m = \boldsymbol{F}\bar{\boldsymbol{u}}_m$; $\boldsymbol{v}_k$ 是矩阵 $\boldsymbol{S}$ 的特征向量, 它被看作完备正交特征向量集的初始向量集. 结合表 5.2 可知, 特征向量 $\bar{\boldsymbol{u}}_m$ 对于不同的 $k(k = 1, 2, 3, 4)$ 可组成四个不同的特征子空间 $\{\bar{\boldsymbol{U}}_k, k = 1, 2, 3, 4\}$. 此外, 注意到式 (5.46) 并不一定是特征子空间的正交基. 若要使得到的 DFRFT 具有酉性和可加性, Hermite 特征向量必须是正交的. 因此, 需要对式 (5.46) 得到的向量正交化处理. 很容易证明, 不同特征子空间的向量是相互正交的, 因此只需要在每个特征子空间内部进行正交化处理. 为此, Pei 等人在文献 [12] 中提出了两种正交化方法: Gram-Schmite 方法和 Orthogonal Procrustes 方法, 将这两种算法分别简化为 GSA 和 OPA 算法. 正交化之后的特征子空间的特征向量为 $\{\hat{\boldsymbol{u}}_m\}$. GSA 正交化方法是最小化从低阶到高阶的采样 GHFs 和正交特征向量之间的误差得到的. OPA 正交化方法是最小化采样 HGFs 的 $\tilde{\boldsymbol{U}}_k$ 和 $\hat{\boldsymbol{U}}_k$ 之间的误差. 因此, DFRFT 最终可定义为

$$\boldsymbol{F}^{2\alpha/\pi} = \hat{\boldsymbol{U}} \boldsymbol{D}^{2\alpha/\pi} \hat{\boldsymbol{U}}^{\mathrm{T}}, \tag{5.47}$$

其中, 式 (5.35) 中的 $\boldsymbol{V}$ 被 $\hat{\boldsymbol{U}}$ 代替. 基于 GSA 和 OPA 得到的 DFRFT 具有可加性, 且计算结果更加逼近连续的 FRFT. 除了上述两种正交化方法以外, 在文献 [14] 中作者基于 OPA 序列估计提出了序列正交化的 Procrustes 算法 (Sequential Orthogonal Procrustes Algorithm, SOPA). SOPA 得到的正交化特征向量与 OPA 正交化得到的正交特征向量是相等的. 也可进一步证明 GSA、OPA 和 SOPA 三种方法对于初始特征向量是不变的, 也即选择不同的初始特征向量利用这三种方法得到的结果是等价的.

除了上述三种方法以外, 还有一类是利用拉格朗日乘子法求解如下约束最小化问题得到:

$$\begin{aligned}
&\min \hat{\boldsymbol{u}}_m - \tilde{\boldsymbol{u}}_m, \\
&\text{s.t} \\
&\boldsymbol{F}\hat{\boldsymbol{u}}_m = (-\mathrm{j})^m \hat{\boldsymbol{u}}_m, \\
&\hat{\boldsymbol{u}}_{m_1} \hat{\boldsymbol{u}}_{m_2} = 0, \ m_1 \neq m_2,
\end{aligned} \tag{5.48}$$

上式的两个约束分别在实部和虚部上实现. 在此基础上, 文献 [18] 提出了最佳正交特征向量的优化估计方法, 这里称为 DBEOA 方法. 与之不同的是, 文献 [17] 基于序列算子提出了 DSEOA 的正交特征向量的方法, 性能与 GSA 和 SOPA 相同, 仿真实验验证 DSEOA 比 GSA 和 SOPA 具有更好的鲁棒性.

以上所有获取正交特征向量方法之间的关系如图 5.2 所示. GSA、OPA、SOPA、DBEOA 和 DSEOA 对所选择的不同初始特性向量, 而得到的特征向量的结果是相同的. 相比于正交投影的算法, 以上提到的算法可以节省计算时间, 但计算复杂度仍然为 $O(N^2)$.

文献 [19] 结合采样型 DFRFT 和特征分解型算法的优势提出了具有闭合形式的 HGFs 的 DFT 特征向量, 该方法利用一个生成矩阵代替采样上述 HGFs 来获得 DFT 闭合形式的特征向量, 这里生成矩阵为 $\boldsymbol{S}_{\bar{T}}$

$$\boldsymbol{S}_{\bar{T}} = -\mathrm{j}\boldsymbol{F}^{-1}\bar{T}\boldsymbol{F} + \bar{T} \tag{5.49}$$

其中, $\bar{T} = \sin(2n\pi/N)$. $\boldsymbol{S}_{\bar{T}}$ 的性质为: 对于 DFT 的特征向量 $\boldsymbol{v}$ 和特征值 λ_v 生成的特征向量 $\boldsymbol{S}_{\bar{T}}\boldsymbol{v}$ 是 DFT 的相应的特征值 $-\mathrm{j}\lambda_v$ 的特征向量.

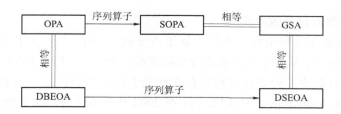

图 5.2　所有基于采样 HGFs 函数的 DFRFT 正交技术之间的关系

对于 $N = 4L + 1$, 选择 g_0

$$g_0 = \prod_{s=L+1}^{2L} \left[\cos\left(n\frac{2\pi}{N}\right) - \cos\left(s\frac{2\pi}{N}\right) \right],\tag{5.50}$$

作为初始的特征向量. 它可看作零阶 HGF 的离散化形式. 这样生成向量 $\{g_m = S_{\bar{T}} g_{m-1},$ $m = 1, 2, \cdots, N-1\}$ 组成了 HGL DFT 线性无关的特性向量集. 最后, 利用 GSA 正交化 $\{g_m\}$ 得到 $\hat{u}_m$, 进而得到新的 DFRFT. 同时在文献 [20] 中也证明了这种方法构造的 DFRFT 几乎和 IP-DFRFT、FC-DFRFT 具有相同的性能. 从现有的研究成果看, 除了本节所提到的研究 $\boldsymbol{F}$ 特征向量的方法之外, 还有一些其他类型的方法, 这里不再一一列举. 图 5.3 给出了特征分解型的 DFRFT 框架. 这些 DFRT 算法满足如下性质: 所得结果能很好地逼近连续变换的情况; 当参数取特殊情况时可退化 FT 等特殊情况的变换; 具有酉性和可加性, 但是具有较高的计算复杂度. 这也是该类算法有待进一步改进和完善的方面.

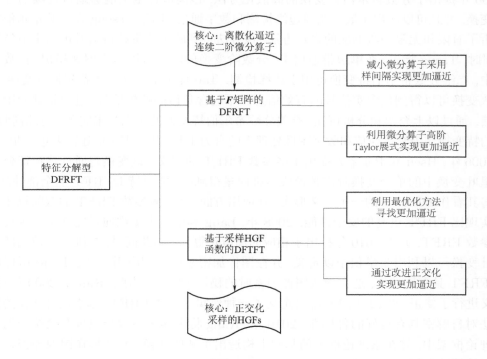

图 5.3　特征分解型的 DFRFT 框架

5.3.2.3 其他离散分数阶变换

正弦变换、余弦变换和哈特莱变换都属于酉变换, 利用它们与 FT 之间的关系, 可以对这些变换进行拓展研究, 从而定义出新的分数阶变换. 1998 年, Pei 从特征分解的角度定义了分数哈特莱变换, 并解决了分数化过程中存在的关于特征值和特征向量的两个模糊问题. 基于 McClellan 和 Dickinson 的研究成果, Pei 在 2001 年研究了离散余弦变换和 DFRFT 的特征值以及特征向量之间的关系, 进而提出了特征分解型离散分数余弦变换的定义. 同时, Pei 也给出了他所定义的离散分数余弦变换和离散 FRFT 之间的关系. 随后, Pei 于 2002 年给出了一系列分数阶变换的定义, 包括分数余弦变换、分数哈特莱变换、线性正则余弦变换、线性正则哈特莱变换和简化分数哈特莱变换, 这些分数阶变换的定义都是基于经典变换的定义给出的. 同年, Tseng 研究了一般化离散傅里叶变换、离散哈特莱变换和特征分解型离散傅里叶变换的特征值和特征向量的性质. 基于离散余弦变换的结构特征, Tomaso 于 2006 年从另一个角度给出了离散分数余弦变换的定义. 上述分数阶变换的核函数与 DFRFT 的核函数相似, 它们的变换矩阵之间往往也存在一定的关系, 因此有关分数阶变换的更为深入的研究大多集中在可交换矩阵、特征值和特征向量上 [21].

希尔伯特变换是一种非常重要的信号处理工具, 在通信、图像边缘检测等领域有很多应用. 1996 年, Lohmann 利用分数参数修正空间滤波器, 给出了分数希尔伯特变换的定义. 同时, 他还基于 FRFT 给出了分数希尔伯特变换的另一种定义, 并分析了这两种定义的性质以及它们的光学实现. 1998 年, Davis 研究了分数希尔伯特变换对一维矩形函数的作用效果, 并展示了其可选择的边缘增强的性能. 基于特征分解型离散分数阶傅里叶变换的定义方式, Pei 于 2000 年提出了分数希尔伯特变换的离散化方法, 该离散化定义能够逼近连续的分数希尔伯特变换, 并且可以应用于数字图像边缘检测和数字通信. 同年, Tseng 在分数希尔伯特变换域分析了有限和无限冲激响应的设计方法, 该方法得到的单边带解析信号可用于节省通信带宽. 同时, Tseng 指出, 在单边带通信中, 分数阶变换的阶次可以用作解调秘钥; 在数字图像处理中, 二维分数希尔伯特变换可用于边缘检测. Tao 提出了广义分数希尔伯特变换的定义, 利用该变换可以得到包含实信号的有效信息且不包含负谱的解析信号, 进而将其应用于单边带通信. 通过以上介绍和分析可知, 有关分数希尔伯特变换的研究尚未完善. 与此同时, 分数希尔伯特变换作为数字通信和数字图像处理中的有力工具, 其应用价值还需要进一步挖掘.

2006 年, Hseu 和 Pei 率先提出了多参数 FRFT 的定义. 该变换是通过将特征分解型离散傅里叶变换中的单个变换阶次替换成多维向量得到的, 能保持 DFRFT 的全部性质, 因此可以将其看作 DFRFT 的一种广义形式. 在应用方面, 基于多参数 FRFT 的双随机相位编码可以实现比 FRFT 更高的安全性能. 2008 年, Lang 利用两个多维向量定义了一种线性加权型多参数 FRFT, 并于 2010 年提出了相应的离散化算法. 与此同时, 二维多参数离散分数阶傅里叶变换可以利用张量积予以定义, 并在图像加密领域得到应用. 但是 Lang 所提出的多参数 FRFT 具有周期性, 这会导致图像加密时的秘钥不唯一. 为此, Ran 于 2009 年对 Lang 的定义进行了修正. 2012 年, Lang 又定义了一种保实多参数 FRFT. 基于这种变换的图像加密算法对盲解密具有良好的鲁棒性. 2016 年, Kang 将上述多参数分数阶变换统一到一个一般的理论框架中, 并在该理论框架的基础上构造出了新的变换. 新变换在图像加密、图像特征提取等领域中得到了应用.

Liu 率先提出了离散分数随机变换的定义. 这种变换的特征值采用的是 DFRFT 的特征

值, 特征向量则是通过构造对称随机矩阵得到的, 因此信号经离散分数随机变换后得到的结果具有随机性, 而这种随机性恰好可以用于图像加密. 随后, Liu 又用类似的方式定义了随机分数余弦变换, 并证明随机分数余弦变换可以看作离散分数随机变换的一种特殊形式. 通过随机化 FRFT 的核函数, Liu 定义了随机 FRFT, 并讨论了其光学实现. Pei 通过随机化 FRFT 的特征值和特征向量得到了随机 FRFT 的另一种定义. 在这种定义下, 信号的随机 FRFT 的幅度和相位也具有随机性. 基于上述研究成果, Kang 于 2015 年提出了一种多通道随机 DFRFT, 并研究了该变换的性质和光学实现. Pei 于 1999 年提出了离散分数哈达玛变换的定义, 并分析了该变换所具有的性质. Tseng 随后研究了该变换的特征值和特征向量所具有的性质. Tao 于 2009 年定义了多参数离散分数哈达玛变换, 分析了该变换所具有的性质, 并将其应用于双随机相位编码中. Liu 于 2008 年提出了离散分数阶变换的定义. 该变换的特征值为分数余弦变换的特征值, 特征向量取自一个由任意角度生成的正交矩阵列向量. Lammers 于 2014 年研究了分数 Zark 变换, 并分析了该变换所具有的性质. 上述离散分数阶变换都是基于特征分解型 DFRFT 的定义方式得到的. 这些分数阶变换体现了以 DFRFT 为核心的离散分数阶变换的多样性, 同时也为分数域数字信号处理奠定了基础 [22].

5.4　离散线性正则变换和快速算法

LCT 的研究最早始于 20 世纪 60 年代 Bargmann 等人发表在应用数学期刊上的文章 [23], 刚开始 LCT 是被用于微分方程求解和光学系统分析、量子力学等方面. 由于当时 LCT 缺少明晰的物理含义, 因此虽然其在光学信号处理领域用不同的名字给出了一些零碎的应用, 但是一直未引起信号处理领域广大研究学者的重视和关注. 随着 LCT 离散化方法的提出和其特殊形式理论研究的不断深入, LCT 的研究日渐得到国内外学者的广泛重视. 近年来, 南开大学孙文昌教授、西安电子科技大学魏德运教授、哈尔滨工业大学史军教授、北京理工大学陶然教授和李炳照教授团队、广东工业大学凌永权教授、大连舰艇学院王孝通教授、台湾大学 Pei 教授、土耳其比尔肯大学 Ozaktas 教授、爱尔兰都柏林大学 Sheridan 教授等团队从事 LCT 相关研究, 并取得了标志性学术成果. 这些成果正逐渐完善 LCT 的理论体系, 进一步促进了 LCT 在实际工程领域的广泛应用. 类似于 FT 和 FRFT, 其快速算法是推进其广泛应用的关键. 本节将针对 LCT 的离散化方法和快速算法进行详细的介绍.

5.4.1　线性正则变换的离散化方法

为了保证 LCT 离散化的结果与连续 LCT 一致, 通常要求离散 LCT 同时具有以下四个特性:(1) 离散变换的结果逼近连续变换且具有较高的计算速度, 这是定义离散变换的出发点.

(2) 酉性, 这是连续线性正则变换的基本性质.

(3) 可加性, 这能保证将线性正则算子分解为特殊算子组合的有效性.

(4) 离散变换的参数取特殊情况时, 能与现有的算法保持一致, 这是离散线性正则变换为普通线性积分推广的必然条件. 从工程应用角度来看, 希望离散 LCT 的计算复杂度与传统 DFT 相当.

目前有关 LCT 的离散化方法主要有以下三种 [7,24,25]:

(1) 直接对积分变量中的 t 和 u 进行离散化, 将积分转化为有限项求和.

(2) 先得到离散时间线性正则变换 (Discrete Time Linear Canonical Transform, DTLCT), 再对变量 u 进行离散化, 进而得到离散线性正则变换 (Discrete Linear Canonical Transform, DLCT).

(3) 先得到 LCT 核的谱分解形式, 再对特征函数进行离散化进而得到 DLCT. Pei 教授团队、Sheridan 教授团队、李炳照教授团队针对上述三种方式分别给出了如下 LCT 的离散化形式.

5.4.1.1 Pei 离散化方法

2000 年, Pei 教授等人[7] 首次用直接离散化的方法 (第一种方法) 给出了 DLCT 的闭合形式, 并发表在信号处理顶级期刊 IEEE Transactions on Signal Processing 上. 文中首先针对 $b \neq 0$ 情况, 对式 (3.19) 中的连续变量 t 和 u 分别以采样间隔为 Δt、Δu 进行 N 点采样, 得如下具有酉性质的 DLCT:

$$X^{\boldsymbol{M}}\left(m \Delta u\right)=\frac{1}{\sqrt{\mathrm{j} 2 \pi b}} \sum_{n=-N/2}^{N/2-1} \mathrm{e}^{\mathrm{j}\frac{d}{2b}(m\Delta u)^2 + \mathrm{j}\frac{a}{2b}(n\Delta t)^2 - \frac{\mathrm{j}2\pi mn\operatorname{sgn}(b)}{M}} x\left(n\Delta t\right), \tag{5.51}$$

其中, Δt、Δu 满足 $\Delta t \Delta u = \dfrac{2\pi |b|}{M}$; $\operatorname{sgn}(\cdot)$ 是符号函数.

相应的逆变换为

$$x\left(n\Delta t\right)=\sqrt{\frac{1}{-\mathrm{j} 2 \pi b N}} \sum_{m=-M/2}^{M/2-1} \mathrm{e}^{-\mathrm{j}\frac{a}{2b}(n\Delta t)^2 - \mathrm{j}\frac{d}{2b}(m\Delta u)^2 + \frac{\mathrm{j}2\pi \operatorname{sgn}(b)mn}{M}}, \tag{5.52}$$

其中, $M \geqslant N$. 当 $M = N$, 参数 $\boldsymbol{M} = (0, 1; -1, 0)$ 时, 式 (5.51) 退化为 DFT.

然后, 对于 $b = 0$ 情况, Pei 教授团队[7] 基于指标 n 和 m 必须是整数的要求, 根据 d 是否为整数分情况给出了如下 DLCT 的定义. 针对 d 是整数的情况, 直接将变量 u 离散得

$$X^{\boldsymbol{M}}\left(m\Delta u\right)=\sqrt{d}\,\mathrm{e}^{\frac{\mathrm{j}}{2}cd(m\Delta u)^2} x\left(dm\Delta u\right). \tag{5.53}$$

针对 d 是非整数的情况, 利用如下矩阵分解:

$$\begin{pmatrix} a & 0 \\ c & d \end{pmatrix} = \begin{pmatrix} 0 & -a \\ d & -c \end{pmatrix}\begin{pmatrix} 0 & 1 \\ -1 & 0 \end{pmatrix},$$

先对 $x(t)$ 作 FT, 然后再作参数为 $(0, -a; d, -c)$ 的 LCT, 这样将 $b = 0$ 的情况转化为 $b \neq 0$, 其闭合形式为

$$X^{\boldsymbol{M}}\left(m\Delta u\right)=\sqrt{\frac{1}{MN}}\,\mathrm{e}^{\mathrm{j}\frac{c}{2a}(m\Delta u)^2} \sum_{n=-N/2}^{N/2-1} \sum_{k=-N/2}^{N/2-1} x(k\Delta t)\mathrm{e}^{-\mathrm{j}2\pi\frac{nk}{N}}\mathrm{e}^{\mathrm{j}2\pi\operatorname{sgn}(a)\frac{mn}{M}},$$

其中, $\Delta u = \dfrac{|a|\,\Delta t N}{M}$.

为了 DLCT 能够逼近连续 LCT, 这类 DLCT 有如下约束条件:

$$\int_{-T/2}^{T/2} |x(t)|\,\mathrm{d}t \Big/ \int_{-\Omega_{\boldsymbol{M}}/2}^{\Omega_{\boldsymbol{M}}/2} |x(t)|\,\mathrm{d}t \approx 1; \quad \frac{1}{\Delta t} > \Omega_{\boldsymbol{M}} + \left|\frac{a}{b}\right| \cdot T, \tag{5.54}$$

其中, T 和 Ω_M 分别为信号的时宽和在变换参数 M 下的 LCT 域带宽. 此离散化方式简单且便于操作, 具有 $O(N \log N)$ 的计算复杂度, 该成果在 LCT 离散化研究中起奠基性作用. 下面将针对不同类型的离散化方法给予详细介绍.

5.4.1.2　Sheridan 离散化方法

若 $x(t)$ 是连续信号, 则利用采样冲激串 $\delta_{\Delta t}(t)$ 对 $x(t)$ 以采样间隔 Δt 进行采样, 得到采样函数 $\tilde{x}(t)$:

$$\tilde{x}(t) = x(t)\delta_{\Delta t}(t) = \sum_{n=-\infty}^{+\infty} x(n\Delta t)\delta(t - n\Delta t), \tag{5.55}$$

其中

$$\delta_{\Delta t}(t) = \sum_{n=-\infty}^{+\infty} \delta(t - n\Delta t), \tag{5.56}$$

$$\delta(t) = \begin{cases} 1, & t = 0, \\ 0, & t \neq 0. \end{cases} \tag{5.57}$$

对式 (5.55) 作 LCT 得

$$\tilde{X}^{\boldsymbol{A}}(u) = \sum_{n=-\infty}^{+\infty} x(n\Delta t)K_{\boldsymbol{A}}(u, n\Delta t), \tag{5.58}$$

其中

$$K_{\boldsymbol{A}}(u, n\Delta t) = \sqrt{\beta}\mathrm{e}^{\frac{-\mathrm{j}\pi}{4}}\mathrm{e}^{\mathrm{j}\pi[\alpha u^2 - 2\beta n\Delta t u + \gamma(n\Delta t)^2]}.$$

定义式 (5.58) 为信号 $x(t)$ 的 DTLCT, 且可证明 DTLCT 具有以下重要性质 [24]:

(1) 时移性质: $y(n\Delta t) = x[(n - l)\Delta t] \Rightarrow \tilde{Y}^{\boldsymbol{A}}(u) = \mathrm{e}^{\mathrm{j}\pi(l\Delta t)^2(\gamma - \frac{\alpha\gamma^2}{\beta^2})}\mathrm{e}^{\mathrm{j}2\pi u(\Delta t l)(\frac{\alpha\gamma}{\beta} - \beta)}\tilde{X}^{\boldsymbol{A}}\left(u - \frac{l\Delta t\gamma}{\beta}\right)$, 其中, l 为任意常数.

(2) 调制性质: $y(n\Delta t) = \mathrm{e}^{\mathrm{j}2\pi\mu\Delta t}x(\Delta t) \Rightarrow \tilde{Y}^{\boldsymbol{A}}(u) = \mathrm{e}^{\mathrm{j}2\pi\alpha u\frac{\mu}{\beta}}\mathrm{e}^{-\mathrm{j}\pi\alpha\frac{\mu^2}{\beta^2}}\tilde{X}^{\boldsymbol{A}}\left(u - \frac{\mu}{\beta}\right)$.

(3) Chirp 周期性质: $\tilde{X}^{\boldsymbol{A}}(u)\mathrm{e}^{-\mathrm{j}\pi\alpha u^2} = \tilde{X}^{\boldsymbol{A}}\left(u - \frac{1}{\Delta t|\beta|}\right)\mathrm{e}^{-\mathrm{j}\pi\alpha(u - \frac{1}{\Delta t|\beta|})^2}$. $\tilde{X}^{\boldsymbol{A}}(u)$ 以 $\frac{1}{\Delta t|\beta|}$ 为 Chirp 周期.

上述性质中 $\tilde{Y}^{\boldsymbol{A}}(u)$ 和 $\tilde{X}^{\boldsymbol{A}}(u)$ 分别表示信号 $y(n\Delta t)$ 和 $x(n\Delta t)$ 变换参数为 $\boldsymbol{A}$ 的 DTLCT. 进一步对 LCT 域变量 u 以采样间隔为 $\frac{1}{N\Delta t|\beta|}$ 进行 N 点均匀离散化得

$$X^{\boldsymbol{A}}(m\Delta u) = \sum_{n=-N/2}^{N/2-1} x(n\Delta t)K_{\boldsymbol{A}}(m\Delta u, n\Delta t). \tag{5.59}$$

其中

$$K_{\boldsymbol{A}}(m\Delta u, n\Delta t) = \sqrt{\beta}\mathrm{e}^{\frac{-\mathrm{j}\pi}{4}}\mathrm{e}^{\mathrm{j}\pi[\alpha(m\Delta u)^2 - \frac{2\mathrm{sgn}(\beta)nm}{N} + \gamma(n\Delta t)^2]}.$$

称式 (5.59) 为离散线性正则变换.

此定义在采样点数和采样区间方面也有如下两个限制: 要求输入、输出采样点数相同; 时域和 LCT 域之间的采样间隔满足 $\Delta t \Delta u = \frac{1}{N|\beta|}$. Sheridan 等团队针对这两个限制给出了一些改进的定义, 相关结果可参考文献 [26].

5.4.1.3 Li 离散化方法

很容易验证当 $|a+d| < 2$ 时, 如下 LCT 的特征函数 $\phi_m^{\vartheta,\tau}(t)$ 是正交的, $\phi_m^{\vartheta,\tau}(t)$ 如下:

$$\phi_m^{\vartheta,\tau}(t) = \frac{1}{\sqrt{\vartheta 2^m m! \sqrt{\pi}}} e^{\frac{-(1+j\tau)t^2}{2\vartheta^2}} H_m\left(\frac{t}{\vartheta}\right), \tag{5.60}$$

相应的特征值为 $e^{-\frac{j\theta}{2}} e^{-j\theta m}$, 其中, $H_m(t)$ 是 Hermite 高斯函数.

$$H_m(t) = (-1)^m e^{t^2} \frac{d^m}{dt^m} e^{-t^2}. \tag{5.61}$$

LCT 的变换核可利用其特征函数表示为 [25]

$$K^{\boldsymbol{M}}(t,u) = \sum_{m=0}^{+\infty} e^{-\frac{j\theta}{d2}} e^{-j\theta m} \phi_m^{\vartheta,\tau}(t) \phi_m^{\vartheta,\tau}(u), \tag{5.62}$$

分别对式 (5.62) 中变量 t 和 u 进行离散化得 DLCT 核的谱展开形式:

$$K^{\boldsymbol{M}}(n,m) = \sum_{k=0}^{N-1} e^{-\frac{j\theta}{2}} e^{-j\theta k} \phi_k^{\vartheta,\tau}(n\Delta t) \phi_k^{\vartheta,\tau}(m\Delta u). \tag{5.63}$$

基于上式, 李炳照教授团队 [25] 给出了以下 DLCT 定义:

$$X^{\boldsymbol{M}}(m\Delta u) = \sum_{n=0}^{N-1} e^{-j\theta(1/2+n)} \Delta t \phi_n^{\vartheta,\tau}(n\Delta t) (\phi_n^{\vartheta,\tau})^{\mathrm{T}}(n\Delta t) x(n\Delta t), \tag{5.64}$$

这里 $\phi_n^{\vartheta,\tau}(n\Delta t)$ 是 $\phi_n^{\vartheta,\tau}(t)$ 以 $\Delta t = \sqrt{\frac{2\pi}{N}}$ 为间隔的均匀采样序列. 在此离散化算法的基础上, 魏德运等人 [27] 将 LCT 的特征向量、特征值和变换参数随机化, 提出一种自由度更高的随机离散 LCT 算法, 但算法具有 $O(N^2)$ 的计算复杂度.

以上三种离散化方法都能很好地逼近连续的 LCT. 当 $N = M$ 时, Pei 离散化方法和 Sheridan 离散化方法是等价的, 都具有酉性和快速计算方法. Li 的算法要求 $|a+d| < 2$, 且缺少相应的快速算法, 因此在参数选择和计算效率方面还有待进一步研究. 下面针对线性正则变换的快速算法研究现状给予详细分析. Pei 教授团队通过对时域和 LCT 域进行合适间隔的采样首次得到了 DLCT 的闭合形式定义. 针对所得的 DLCT, 利用 Chirp 乘积、FFT 得到计算复杂度为 $O(N \log N)$ 的快速算法. 随后, LCT 的多种快速算法相继被提出 [24,28~32]. 从已发表的研究成果来看, 现有的 LCT 快速算法可分为以下几类:

(1) 算子分解型的 LCT 快速算法 [28,30,31]: 利用 LCT 的可加性, 将连续 LCT 算子分解为具有快速算法的特殊算子 (Fourier 算子、分数阶 Fourier 算子、 Fresnel 算子、 Chirp 乘积、尺度变换算子等) 的乘积, 得到可以实现 LCT 整体频谱计算的快速算法. 此类算法在计算过程中考虑每一步采样要满足 Shannon-Nyquist 准则, 输出结果能够很好地逼近连续

LCT, 且具有与 FFT 相同的计算复杂度. 这类算法虽然在计算精度和计算速度方面可称为是最优的, 但缺乏简洁闭合型表达式, 这对实际应用中需要利用算法推导一些性质造成较大困难. 另外, 此类算法在计算过程中需要改变采样频率, 使得算法不满足连续 LCT 的可加性和可逆性. 因此, 这类算法比较适合于 LCT 的数值计算对算法可加性和可逆性要求不高的情况.

(2) 基分解型的 LCT 快速算法 [24]: 此类算法与算子分解型 LCT 快速算法的不同之处在于前者具有简洁的闭合形式. 这种算法思想类似于 FFT 算法 [33], 即结合离散变换核的对称性质, 根据输入的离散数据长度得到了基 -2 、基 -4 时间抽取, LCT 域抽取和时域 LCT 频域同时抽取的 LCT 快速算法. 这些算法的优点体现在: 一方面在计算过程中不需要采样率转换, 利用 LCT 采样定理代替算子分解算法的 Shannon-Nyquist 采样, 这使得算法逼近连续变换需要更少的采样点数. 另一方面, 计算结果能很好地逼近连续 LCT, 算法具有可逆性和酉性, 计算复杂度为 $O(N \log N)$. 但是这类算法的不足之处是具有较多的参数, 如算法与采样点数 N、采样间隔 Δt、 Δu 和变换参数 α、 β、 γ 相关.

(3) 混合型的 LCT 快速算法 [30]: 这类算法具有闭合表达式且可通过算子分解实现快速计算, 具有上述两类算法的很多优点. 此类算法给出具有酉性的 DLCT 定义以及保证 DLCT 能够恢复 LCT 的最小采样点数的选择方法; 并将 LCT 的计算分解为仅包含 Chirp 乘积和 FT 的情况, 利用 FFT 实现固定 LCT 分辨率快速算法. 优点主要体现在: 计算不需要任何采样频率的转换, 计算复杂度为 $O(N \log N)$. 更为重要的是, 该类型的算法可实现纯数据 DLCT 快速计算, 克服了算子分解型算法没有闭合式的不足, 解决了基分解算法具有较多参数的困难. 因此, 混合型 LCT 快速算法是目前性能较好的算法, 称为快速离散 LCT (Fast Discrete Linear Canonical Transform, FDLCT).

(4) 局部线性正则变换的快速算法: 这种类型的算法可以看作上述三类算法的提升和进一步的改进, 上述三种类型的算法能够实现线性正则变换整体频谱的快速计算, 但是根据需要有选择地计算局部线性正则频谱方面具有一定的局限性. 而这类算法正好克服了这一不足. 它是通过数学技巧, 实行离散线性正则变换频谱计算的灵活性, 如可以有选择地计算线性正则变换的局部频谱; 可以使算法在分辨率的选择上具有一定的灵活性; 可实现局部线性正则变换频谱的连续分析和计算.

针对前三种类型的算法在文献 [34, 35] 中已有详细介绍, 这里主要介绍第四种类型的算法.

5.4.2　固定分辨率的分段线性正则变换快速算法

为了算法研究的需要, 将式 (5.51) 改写为

$$X^{\boldsymbol{A}}(m\Delta u) = \sum_{n=-N/2}^{N/2-1} K_{\boldsymbol{A}}(m\Delta u, n\Delta t)x(n\Delta t), \tag{5.65}$$

其中, $K_{\boldsymbol{A}}(m\Delta u, n\Delta t) = \mathrm{e}^{\mathrm{j}\pi[\alpha(m\Delta u)^2 - 2\beta mn\Delta t\Delta u + \gamma(n\Delta t)^2]}$; $\Delta t, \Delta u$ 分别是时域和线性正则域采样间隔, 且 $\Delta u = \dfrac{1}{N\Delta t|\beta|}$, $m = -N/2, \cdots, N/2 - 1$. 这里省略了 LCT 的系数 $\sqrt{\beta}\mathrm{e}^{\frac{-\mathrm{j}\pi}{4}}$, 因为常数项除了会影响计算结果的幅值外, 对算法的计算性能没有影响. 从式 (5.65) 可以看出,

此 DLCT 定义不仅与参数 α、β、γ 有关, 而且与采样间隔 Δt 和 Δu 有关. 为了减少算法对参数的依赖性, 土耳其比尔肯大学 Ozaktas 教授团队 [30] 提出了与采样间隔无关的 DLCT:

$$X^{\boldsymbol{A}}(m) = \sum_{k=-N/2}^{N/2-1} K_{\boldsymbol{A}}^N(m,n)x(n),\tag{5.66}$$

其中, $K_{\boldsymbol{A}}^N(m,n) = \mathrm{e}^{\frac{\mathrm{j}\pi}{N|\beta|}(\alpha m^2 - 2\beta nm + \gamma n^2)}$, 同样, 这里省略了系数 $\dfrac{\sqrt{\beta}\mathrm{e}^{-\frac{\mathrm{j}\pi}{4}}}{\sqrt{N|\beta|}}$. 这两种不同形式的 DLCT 都可以通过 Chirp 乘积和 FFT 快速实现, 其计算复杂度为 $O(N\log N)$. 但其算法是计算整体线性正则频谱的有效方法. 接下来将详细介绍两种局部频谱计算性能的离散线性正则变换快速算法 [36].

5.4.2.1　第一类型分段线性正则变换算法

1. 算法推导

利用 LCT 的移位性质, 给出如下与式 (5.65) 和式 (5.66) 等价的 DLCT:

$$X^{\boldsymbol{A}}(m) = \sum_{n=0}^{N-1} K_{\boldsymbol{A}}(m,n)x(n),\tag{5.67}$$

$$X^{\boldsymbol{A}}(m) = \sum_{n=0}^{N-1} K_{\boldsymbol{A}}^N(m,n)x(n),\tag{5.68}$$

其中, $x(n) = x(n\Delta t)$; $X^{\boldsymbol{A}}(m) = X^{\boldsymbol{A}}(m\Delta u)$; $K_{\boldsymbol{A}}(m,n) = K_{\boldsymbol{A}}(m\Delta u, n\Delta t)$.

引理 5.1　如果在式 (5.68) 中 $\alpha = \alpha\dfrac{\Delta u}{\Delta t}, \beta = \beta, \gamma = \gamma\dfrac{\Delta t}{\Delta u}$, 那么式 (5.67) 等价于式 (5.68) 且能利用 FDLCT 快速实现.

此引理将 DLCT 与采样间隔相关转化为与采样间隔无关的情况. 本节将基于式 (5.67) 和引理 5.1 进行算法推导. 信号 $x(t)$ 以 Δt 为间隔均匀采样 N 个点, 得序列 $x(n) = x(n\Delta t)$, $n = 0, 1, 2, \cdots, N-1$, $x(n)$ 的 DLCT 为式 (5.67), 相应的 LCT 域频率分辨率为

$$\Delta u = \frac{1}{N\Delta t|\beta|}.\tag{5.69}$$

设 $N = pq$ 是一个合数, 则通过变量代换

$$n = sp + v, \quad s = 0, 1, 2, \cdots, q-1; v = 0, 1, 2, \cdots, p-1,\tag{5.70}$$

式 (5.67) 可转化为

$$X^{\boldsymbol{A}}(m) = \sum_{v=0}^{p-1}\sum_{s=0}^{q-1} K_{\boldsymbol{A}}(m, sp+v)x(sp+v).\tag{5.71}$$

由引理 5.1 及 Δu 与 Δt 之间的关系, 离散变换核 $K_{\boldsymbol{A}}(m, sp+v)$ 可化简为

$$K_{\boldsymbol{A}}(m, sp+v) = K_{\boldsymbol{B}}^N(m, sp+v)$$
$$= \mathrm{e}^{\mathrm{j}\pi\alpha'\frac{m^2}{N|\beta|}}\mathrm{e}^{\mathrm{j}\pi\gamma'\frac{(sp+v)^2}{N|\beta|}}\mathrm{e}^{-\mathrm{j}2\pi\frac{m(sp+v)}{N}},\tag{5.72}$$

其中

$$\alpha' = \alpha \frac{\Delta u}{\Delta t}, \gamma' = \gamma \frac{\Delta t}{\Delta u}, \boldsymbol{B} = [\alpha', \beta, \gamma'].$$

结合式 (5.72) 可将式 (5.71) 转化为

$$X^{\boldsymbol{A}}(m) = \sum_{v=0}^{p-1} \sum_{s=0}^{q-1} K_{\boldsymbol{B}}^N(m, sp+v) x(sp+v). \tag{5.73}$$

从式 (5.71) 中可以看出, 将长度为 N 的数据分解为 p 个长度为 q 的短数据.

为了利用 FDLCT 计算式 (5.73)[30], 将 LCT 域的频率指标 m 变换为

$$m = \tilde{s}q + \tilde{v}; \quad \tilde{s} = 0, 1, 2, \cdots, p-1; \quad \tilde{v} = 0, 1, 2, \cdots, q-1, \tag{5.74}$$

将式 (5.74) 代入式 (5.73), 得

$$\begin{aligned}
X^{\boldsymbol{A}}(\tilde{s}q + \tilde{v}) =& \mathrm{e}^{\mathrm{j}\pi\alpha' \frac{2\tilde{s}\tilde{v}}{p|\beta|}} \sum_{v=0}^{p-1} \mathrm{e}^{\mathrm{j}\pi\left[\frac{\alpha'(\tilde{s}q)^2}{N|\beta|} - \frac{2\tilde{s}v}{p} + \frac{\gamma'v^2}{N|\beta|}\right]} \times \\
& \mathrm{e}^{-\mathrm{j}2\pi\frac{\tilde{v}v}{N}} \sum_{s=0}^{q-1} x(sp+v) \mathrm{e}^{\mathrm{j}\pi\gamma' \frac{2sv}{q|\beta|}} \mathrm{e}^{\mathrm{j}\pi\left[\frac{\gamma'(sp)^2}{N|\beta|} - \frac{2s\tilde{v}}{q} + \frac{\alpha'\tilde{v}^2}{N|\beta|}\right]}.
\end{aligned} \tag{5.75}$$

由式 (5.75) 可以看出, 第一个求和是对指标 s 的, 且包含双边因子 $\mathrm{e}^{\mathrm{j}\pi\gamma' \frac{2sv}{q|\beta|}}$, 这样 $x(v), x(p+v), x(2p+v), \cdots, x(N-p+v)$ 作为输入, 计算序列长度由 N 变为 q, 相比于原序列缩短到原来的 $1/p$, 采样间隔由 Δt 变为 $p\Delta t$, 扩大到 p 倍. 因此 LCT 域的分辨率仍保持直接计算 N 点时的分辨率, 即 $\Delta u = \frac{1}{N\Delta t|\beta|}$. 为了使得形式简化, 式 (5.75) 可以重新表示为

$$X^{\boldsymbol{A}}(\tilde{s}q + \tilde{v}) = \mathrm{e}^{\mathrm{j}\pi\alpha' \frac{2\tilde{s}\tilde{v}}{p|\beta|}} \sum_{v=0}^{p-1} Y(\tilde{v}, v) K_{\boldsymbol{B}_2}^p(\tilde{s}, v) \mathrm{e}^{-\mathrm{j}2\pi\frac{\tilde{v}v}{N}}, \tag{5.76}$$

其中

$$Y(\tilde{v}, v) = \sum_{s=0}^{q-1} x(sp+v) \mathrm{e}^{\mathrm{j}\pi\gamma' \frac{2sv}{q|\beta|}} K_{\boldsymbol{B}_1}^q(\tilde{v}, s), \tag{5.77}$$

$$K_{\boldsymbol{B}_1}^q(\tilde{v}, s) = \mathrm{e}^{\mathrm{j}\pi\alpha' \frac{\tilde{v}^2}{N|\beta|}} \mathrm{e}^{\mathrm{j}\pi\gamma' \frac{(sp)^2}{N|\beta|}} \mathrm{e}^{-\mathrm{j}2\pi\frac{s\tilde{v}}{q}}; \quad K_{\boldsymbol{B}_2}^p = \mathrm{e}^{\mathrm{j}\pi\alpha' \frac{(aq)^2}{N|\beta|}} \mathrm{e}^{\mathrm{j}\pi\gamma' \frac{v^2}{N|\beta|}} \mathrm{e}^{-\mathrm{j}2\pi\frac{\tilde{s}v}{p}},$$

$$\boldsymbol{B}_1 = (\alpha'/p, \beta, p\gamma'), \boldsymbol{B}_2 = (\alpha'q, \beta, \gamma'/q).$$

根据式 (5.76) 可知, 对于每一个 $\tilde{v}$, 式 (5.76) 计算一个长度为 p 的 DLCT. 当 $\tilde{v}$ 取遍 $0, 1, 2, \cdots, q-1$ 所有值时, 需要计算 q 个 DLCT, 这样式 (5.76) 和式 (5.77) 可表示为如下矩阵形式:

$$\boldsymbol{Y}_v(\tilde{v}) = (Y(v, 0), Y(v, 1), \cdots, Y(v, q-1))^{\mathrm{T}} = \boldsymbol{V}\boldsymbol{x}_v(s), \tag{5.78}$$

$$\tilde{\boldsymbol{Y}}_v(\tilde{v}) = (Y(v, 0), Y(v, 1)\mathrm{e}^{-\mathrm{j}2\pi\frac{v}{N}}, \cdots, Y(v, q-1)\mathrm{e}^{-\mathrm{j}2\pi\frac{(q-1)v}{N}})^{\mathrm{T}}, \tag{5.79}$$

$$\boldsymbol{X}_{\tilde{v}}^{\boldsymbol{A}}(\tilde{s}) = \boldsymbol{D}^{\tilde{v}}\boldsymbol{U}\tilde{\boldsymbol{Y}}_{\tilde{v}}(v), \tag{5.80}$$

其中

$$\tilde{\boldsymbol{Y}}_{\tilde{v}}(v) = (Y(0,\tilde{v}), Y(1,\tilde{v})\mathrm{e}^{-\mathrm{j}2\pi\frac{\tilde{v}}{N}}, \cdots, Y(p-1,\tilde{v})\mathrm{e}^{-\mathrm{j}2\pi\frac{(p-1)\tilde{v}}{N}})^{\mathrm{T}},$$

$$\boldsymbol{x}_v(s) = (x(v), x(p+v)\mathrm{e}^{\mathrm{j}\pi\gamma'\frac{2v}{q|\beta|}}, \cdots, x(N-p+v)\mathrm{e}^{\mathrm{j}\pi\gamma'\frac{2(q-1)v}{q|\beta|}})^{\mathrm{T}},$$

$$\boldsymbol{X}_{\tilde{v}}^{\boldsymbol{A}}(\tilde{s}) = (X^{\boldsymbol{A}}(\tilde{v}), X^{\boldsymbol{A}}(q+\tilde{v}), \cdots, X^{\boldsymbol{A}}[(p-1)q+\tilde{v}])^{\mathrm{T}}, \tag{5.81}$$

$\boldsymbol{D}^{\tilde{v}}$ 是 $p \times p$ 对角矩阵

$$\{\boldsymbol{D}^{\tilde{v}}\}_{\tilde{s},\tilde{s}} = \mathrm{e}^{-\mathrm{j}2\pi\alpha'\frac{\tilde{s}\tilde{v}}{p|\beta|}}, \tilde{s}=0,1,2,\cdots,p-1; \tilde{v}=0,1,\cdots,q-1. \tag{5.82}$$

矩阵 $\boldsymbol{U}$ 为参数 $\alpha'q,\ \beta$ 和 γ'/q 的 p 点 DLCT 核矩阵; 矩阵 $\boldsymbol{V}$ 为参数 $\alpha'/p,\ \beta$ 和 $p\gamma'$ 的 q 点 DLCT 核矩阵.

式 (5.78) 与式 (5.80) 组成多对 p 点和 q 点数据的 DLCT. 这些 DLCT 都可以利用 FDLCT 实现 [30]. 式 (5.79)、式 (5.80) 称为第一类型分段快速 LCT (Segmented Fast Linear Canonical Transform-I, SFLCT-I). 由于仅需要计算短数据的 DLCT, 因此 SFLCT-I 算法能够减少数据存储空间. 由式 (5.77) 可知, 计算序列长度变为 q, 采样间隔变为 $p\Delta t$, 为原序列长度的 $1/p$, 时域采样间隔扩大了 p 倍, 因此算法保证了直接计算 N 点 LCT 频谱的计算分辨率.

2. 算法实现和复杂度分析

矩阵 $\boldsymbol{x}_{q\times p} = \{x(sp+v)\}_{s=v=0}^{q-1,p-1}$ 可看作离散序列 $x(n)$ 的二维表示, 将其第 s 行第 v 列元素乘以 $\mathrm{e}^{\mathrm{j}\pi\gamma'\frac{2sv}{q|\beta|}}$ 得矩阵 $\boldsymbol{x}_{q\times p}$, 即 $\boldsymbol{x}_{q\times p} = \{x(sp+v)\mathrm{e}^{\mathrm{j}\pi\gamma'\frac{2sv}{q|\beta|}}\}_{s=v=0}^{q-1,p-1}$. 首先, 对矩阵 $\boldsymbol{x}_{q\times p}$ 的每一列作参数为 $\alpha'/p, \beta, p\gamma'$ 的 q 点 FDLCT, 得

$$\boldsymbol{Y} = (\boldsymbol{Y}_0(\tilde{v}), \boldsymbol{Y}_1(\tilde{v}), \boldsymbol{Y}_2(\tilde{v}), \cdots, \boldsymbol{Y}_{p-1}(\tilde{v})).$$

然后, $\boldsymbol{Y}$ 的每个元素乘以相位旋转因子 $\mathrm{e}^{-\mathrm{j}2\pi\frac{\tilde{v}}{N}}$, $\tilde{v}=0,1,2,\cdots,q-1; v=0,1,2,\cdots,p-1$, 可得

$$\tilde{\boldsymbol{Y}} = (\tilde{\boldsymbol{Y}}_0(\tilde{v}), \tilde{\boldsymbol{Y}}_1(\tilde{v}), \cdots, \tilde{\boldsymbol{Y}}_{p-1}(\tilde{v})).$$

如果需要计算输入数据 $x(n)$ 的所有 LCT 谱, 那么可以对矩阵 $\boldsymbol{Y}$ 转置的每一列元素作变换参数为 $\alpha'q, \beta, \gamma'/q$ 的 FDLCT, 所得结果用 $\mathrm{e}^{\mathrm{j}\pi\alpha'\frac{2\tilde{s}\tilde{v}}{p|\beta|}}$ 进行调制, 得

$$\boldsymbol{X}_{p\times q}^{\boldsymbol{A}} = (\boldsymbol{X}_0^{\boldsymbol{A}}(\tilde{s}), \boldsymbol{X}_1^{\boldsymbol{A}}(\tilde{s}), \cdots, \boldsymbol{X}_{q-1}^{\boldsymbol{A}}(\tilde{s}))^{\mathrm{T}},$$

其中, $\boldsymbol{X}_{\tilde{v}}^{\boldsymbol{A}}(\tilde{s}), \tilde{v}=0,1,2,\cdots,q-1$ 是式 (5.81). 矩阵 $\boldsymbol{X}_{p\times q}^{\boldsymbol{A}}$ 的每行元素称为 LCT 频谱单元, 所有行的元素组成了整体 LCT 频谱.

如果需要计算 LCT 局部频谱, 可以选择特定 $\tilde{s}_0$, 利用式 (5.76) 加权求和得到, 主要计算流程如下:

步骤 1: 将输入一维序列 $x(n)$ 分解为 $q\times p$ 矩阵形式, 即 $\boldsymbol{x}_{q\times p} = \{x(sp+v)\}_{s=v=0}^{q-1,p-1}$, s 和 v 分别表示矩阵 $\boldsymbol{x}_{q\times p}$ 的行和列, $s=0,1,2,\cdots,q-1; v=0,1,2,\cdots,p-1$.

步骤 2: 矩阵 $\boldsymbol{x}_{q\times p}$ 的第 s 行 v 列元素乘以 $\mathrm{e}^{\mathrm{j}\pi\gamma'\frac{2sv}{q|\beta|}}$, 所得结果表示为 $\tilde{\boldsymbol{x}}_{q\times p} = \{x(sp+v)\mathrm{e}^{\mathrm{j}\pi\gamma'\frac{2sv}{q|\beta|}}\}_{s=v=0}^{q-1,p-1}$.

步骤 3: 对矩阵 $\tilde{x}_{q\times p}$ 的每一列作参数为 $\alpha'/p, \beta, p\gamma'$ 的 FDLCF, 所得结果表示为

$$Y = (Y_0(\tilde{v}), Y_1(\tilde{v}), Y_2(\tilde{v}), \cdots, Y_{p-1}(\tilde{v})).$$

步骤 4: 步骤 3 的结果 Y 乘以相位旋转因子 $\mathrm{e}^{-\mathrm{j}2\pi\frac{\tilde{v}v}{N}}$, 得 $\tilde{Y}$.

步骤 5: 对于选定的 $\tilde{s}_0$, 对矩阵 $\tilde{Y}$ 的第 $\tilde{s}_0$ 行利用式 (5.76) 直接求和变换参数为 $\alpha'q$, β 和 γ'/q 的 DLCT, 所得结果为 $X_{\tilde{s}_0}^{A}(\tilde{v}), \tilde{v} = 0, 1, \cdots, q-1$.

步骤 6: 步骤 5 计算结果乘相位旋转因子 $\mathrm{e}^{\mathrm{j}\pi\alpha'\frac{2\tilde{s}_0\tilde{v}}{p|\beta|}}$ 可得特定单元频谱, 即式 (5.83):

$$X_{\tilde{s}_0}^{A}(\tilde{v}) = (X^{A}(\tilde{s}_0 q), X^{A}(\tilde{s}_0 q + 1), \cdots, X^{A}(\tilde{s}_0 q + q - 1))^{\mathrm{T}}. \tag{5.83}$$

从以上计算流程可以看出, 通过选择不同 $\tilde{s}$ 计算不同的 LCT 频谱单元, 实现频谱输出的可选择性, 且 LCT 域的频率分辨率为 $1/(N|\beta|\Delta t)$. 因此, 当输入数据的长度超出了存储设备的存储能力时, 所提算法仍然能够在保证分辨率的情况下有效地计算局部 LCT 频谱或者所有 LCT 频谱.

为了快速计算 LCT 局部频谱, SFLCT-I 首先计算了 p 个 q 点 DLCT 得到 Y. 然后, Y 的第 v 列 $Y_v^{A}(\tilde{v})$ 通过 $\mathrm{e}^{-\mathrm{j}2\pi\frac{bv}{N}}$ 调制, 再通过直接求和得到特定的频谱单元 $X_{\tilde{s}_0}^{A}(\tilde{v})$. 用 T_i 和 $M(i)$ 分别表示 i 点 FDLCT 和 i 点调制的计算量, 那么总的计算量为

$$\mathrm{Total} = pT_q + 2qM(p) + M(q) + pq = 5N + \frac{N}{2}\log_2 q + q.$$

如果输入数据的长度没有超出分析设备的存储能力, 则直接利用 FDLCT 计算 LCT 频谱, 相应的计算量为

$$T_N = 2N + \frac{N}{2}\log_2 p + \frac{N}{2}\log_2 q.$$

与 FDLCT 相比, SFLCT-I 计算量节省了

$$T_N - \mathrm{Total} = \frac{N}{2}\log_2 p - q - 3N,$$

其中, N 和 p, q 满足 $N = pq$. 对于固定 N, 可以改变 p 和 q 来改变频谱输出单元的长度.

5.4.2.2 第二类型分段线性正则变换算法

为了提高 SFLCT-I 的计算效率, 利用另外一种分段方法提出第二类型分段线性正则变换快速算法 (Segmented Fast Linear Canonical Transform-II, SFLCT-II). 在算法推导过程中, 首先假设双边因子和一个与 LCT 参数相关的指数因子 $\mathrm{e}^{\mathrm{j}\pi\alpha'\frac{2\tilde{s}qb}{N|\beta|}}$ 为 1. 然后, 为了保证计算精度, 需要推导算法矫正项, 此算法定义为 CSFLCT-II. 最后, 对于 SFLCT-II 和 CSFLCT-II, 利用仿真实验分析其对线性调频信号参数估计方面的影响.

1. 算法推导

本节输入序列 $x(n)$ 利用不同于 SFLCT-I 的另外一种分段方法进行研究, 即分解为 q 个长度为 p 的数据单元. 时域和 LCT 域的指标变量 n 和 m 仍然为式 (5.70) 和式 (5.74), 式 (5.67) 可以重新表示为

$$X^{A}(\tilde{s}q + \tilde{v}) = \mathrm{e}^{\mathrm{j}\pi\alpha'\frac{2\tilde{s}\tilde{v}}{p|\beta|}}\sum_{s=0}^{q-1}K_{B_1}^{q}(\tilde{v}, s)\sum_{v=0}^{p-1}K_{B_2}^{p}(\tilde{s}, v)\mathrm{e}^{-\mathrm{j}2\pi\frac{v\tilde{v}}{N}}x(sp + v)\mathrm{e}^{\mathrm{j}\gamma'\frac{2sv}{q|\beta|}}. \tag{5.84}$$

从式 (5.84) 中可以看出, 双边因子 $\mathrm{e}^{-\mathrm{j}2\pi\frac{v\tilde{v}}{N}}$ 包含在第一个对 v 的求和中, 当 $\tilde{s}$ 和 $\tilde{v}$ 取遍所有值后, 计算得到的频谱覆盖所有的 LCT 频率分量.

当对 v 求和 $\max(\tilde{s}) = p-1$ 和 $\max(\tilde{v}) = q-1$ 时, 计算所有 LCT 频谱需存储 $pq = N$ 个点, 与直接利用 FDLCT 计算 N 点 DLCT 一样, 这对于计算已经分段的数据是不可取的. 因此, 假设式 (5.84) 中的 $\mathrm{e}^{-\mathrm{j}\pi\frac{2v\tilde{v}}{N}} = 1$ 和 $\mathrm{e}^{\mathrm{j}\pi\alpha'\frac{2\tilde{s}q\tilde{v}}{N|\beta|}} = 1$, 使得式 (5.84) 对 v 的求和独立于 $\tilde{v}$, 则式 (5.84) 可重新表示为

$$Y_1(\tilde{s}, s) = \sum_{v=0}^{p-1} x'(sp+v) K_{B_2}^p(\tilde{s}, v), \tag{5.85}$$

$$Z^A(\tilde{s}q + \tilde{v}) = \sum_{s=0}^{q-1} K_{B_1}^q(\tilde{v}, s) Y_1(\tilde{s}, s), \tag{5.86}$$

其中, $x'(sp+v) = x(sp+v)\mathrm{e}^{\mathrm{j}\pi\gamma'2sv/(q|\beta|)}$. 式 (5.86) 这种分段计算方法为 SFLCT-II.

从求和式 (5.86) 中可以看出, 输入的数据是按照顺序输入的, 不必进行数据的重新排列, 这一点不同于 SFLCT-I. 由于用到了较少的调制计算, 故在一些情况下 SFLCT-II 计算量要比 SFLCT-I 低.

实际上, $\tilde{s}$ 是第 s 个变换参数为 $\alpha'q, \beta, \gamma'/q$ 的 p 点 LCT 频率指标. 当 $s = 0, 1, \cdots, q-1$ 时组成了 q 个这样的变换. 如果选择所有 s 的第 $\tilde{s}$ 个频率成分组成一个 q 点的序列, 将这 q 个点作为输入进行 FDLCT, 那么可得第 $\tilde{s}$ 个频率单元的 LCT 频谱 $Z^A(\tilde{s}q + \tilde{v})$. 注意到, 为了得到预先设定频率范围内的 LCT 频谱, 所有的 N 个采样点都被利用到, 因此, 计算分辨率等于直接对长度为 N 的数据作 FDLCT 的分辨率. 然而, 在计算过程中假设 $\mathrm{e}^{-\mathrm{j}\pi\frac{2v\tilde{v}}{N}} = 1$ 和 $\mathrm{e}^{\mathrm{j}\pi\alpha'\frac{2\tilde{s}q\tilde{v}}{N|\beta|}} = 1$, 使得输出结果不等于实际的输入数据的 LCT 频谱. 为了利用式 (5.86) 计算离散序列的 LCT, 必须推导矫正项补偿 $\mathrm{e}^{-\mathrm{j}\pi\frac{2v\tilde{v}}{N}} = 1$ 和 $\mathrm{e}^{\mathrm{j}\pi\alpha'\frac{2\tilde{s}q\tilde{v}}{N|\beta|}} = 1$ 的影响. 接下来将推导线性调频信号的 SFLCT-II 矫正项 [36].

2. 算法矫正项推导

假设线性调频信号模型为

$$x(t) = \mathrm{e}^{\mathrm{j}\pi\mu t^2 + \mathrm{j}2\pi f_0 t}, \tag{5.87}$$

其中, μ 是调频率; f_0 是中心频率. 根据线性调频基函数的正交性质, 当 $\mu = -\gamma$ 时, 式 (5.87) 在 LCT 域 $u = f_0/\beta$ 处产生冲激. 利用这一特点, 设 $\mu = -\gamma$ 为推导线性调频信号的矫正项.

首先, 对信号进行有限点采样, 得

$$x[(sp+v)\Delta t] = \mathrm{e}^{\mathrm{j}\pi\mu[(sp+v)\Delta t]^2 + \mathrm{j}2\pi f_0(sp+v)\Delta t}. \tag{5.88}$$

设 $\tilde{s}_0$ 是离 $f_0 p\Delta t$ 最近的整数, 并且如下等式成立:

$$f_0 p\Delta t = \tilde{s}_0 + \delta, \quad \tilde{v}_0 = q\delta. \tag{5.89}$$

将式 (5.89) 代入式 (5.88), 得

$$x[(sp+v)\Delta t] = \mathrm{e}^{\mathrm{j}\pi\mu(sp\Delta t)^2}\mathrm{e}^{\mathrm{j}2\pi s\delta}\mathrm{e}^{\mathrm{j}\pi\mu\Delta t^2 2spv}\mathrm{e}^{\mathrm{j}\pi\mu(v\Delta t)^2}\mathrm{e}^{\mathrm{j}2\pi v\left(\frac{\tilde{s}_0+\delta}{p}\right)}. \tag{5.90}$$

将式 (5.90) 代入式 (5.85), 得

$$Y_1(s, \tilde{s}_0) = \mathrm{e}^{\mathrm{j}\pi\mu(sp\Delta t)^2} \mathrm{e}^{\mathrm{j}2\pi s\delta} \mathrm{e}^{\mathrm{j}\pi\alpha' \frac{(\tilde{s}_1 q)^2}{N|\beta|}} \mathrm{e}^{\mathrm{j}\pi(\frac{\tilde{v}_0}{q} - \frac{\tilde{v}_0}{N})} \frac{\sin(\pi\delta)}{\sin\left(\pi\dfrac{\delta}{p}\right)}, \tag{5.91}$$

再将式 (5.91) 代入式 (5.86), 得

$$Z^{\boldsymbol{A}}(\tilde{s}_0 q + \tilde{v}) = \mathrm{e}^{\mathrm{j}\pi\alpha' \frac{(a_0 q)^2}{N|\beta|}} \mathrm{e}^{\mathrm{j}\pi\alpha' \frac{\tilde{v}^2}{N|\beta|}} \mathrm{e}^{\mathrm{j}\pi(\tilde{v}_0 - \frac{\tilde{v}_0}{N} + \frac{\tilde{v}}{q})} \times \frac{\sin(\pi\delta)}{\sin\left(\pi\dfrac{\delta}{p}\right)} \frac{\sin(\pi\tilde{v}_0)}{\sin\left(\pi\dfrac{\tilde{v} - \tilde{v}_0}{q}\right)}, \tag{5.92}$$

其中, $\tilde{v} = 0, 1, \cdots, q - 1$.

其次, 可利用式 (5.84) 计算 N 点 DLCT 得到 $\tilde{s}_0 q + \tilde{v}$ 的 LCT 频率成分为

$$X^{\boldsymbol{A}}(\tilde{s}_0 q + \tilde{v}) = \mathrm{e}^{\mathrm{j}\pi\alpha' \frac{(\tilde{s}_0 q)^2}{N|\beta|}} \mathrm{e}^{\mathrm{j}\pi\alpha' \frac{2q\tilde{s}\tilde{v}}{N|\beta|}} \mathrm{e}^{\mathrm{j}\pi\alpha' \tilde{v}^2} \mathrm{e}^{\mathrm{j}\pi(\tilde{v}_0 + \frac{\tilde{v}}{N} - \frac{\tilde{v}_0}{N})} \frac{\sin(\pi\tilde{v}_0)}{\sin\left(\pi\dfrac{\tilde{v} - \tilde{v}_0}{N}\right)}. \tag{5.93}$$

通过比较式 (5.92) 和式 (5.93) 可得

$$\left| \frac{R_X}{R_Z} \right| = \left| \frac{\sin\left(\pi\dfrac{\tilde{v}_0}{N}\right) \sin\left[\pi\left(\dfrac{\tilde{v}}{q} - \dfrac{\tilde{v}_0}{q}\right)\right]}{\sin\left[\pi\left(\dfrac{\tilde{v}}{N} - \dfrac{\tilde{v}_0}{N}\right)\right] \sin\left(\pi\dfrac{\tilde{v}_0}{q}\right)} \right|, \tag{5.94}$$

$$\Delta\theta = \pi\tilde{v}\left(\alpha' \frac{2\tilde{s}_0 q}{N|\beta|} + \frac{1}{N} - \frac{1}{q}\right), \tag{5.95}$$

其中, $|R_X|$ 和 $|R_Z|$ 分别表示 $X^{\boldsymbol{A}}(\tilde{s}_0 q + \tilde{v})$ 和 $Z^{\boldsymbol{A}}(\tilde{s}_0 q + \tilde{v})$ 的幅值. SFLCT-II 的幅值矫正项可通过式 (5.94) 得到, 而相位矫正项为式 (5.95). 它们保证了算法 SFLCT-II 计算结果的精确性. 矫正项与算法 SFLCT-II 结合称为 CSFLCT-II. 下面将讨论所提算法的计算复杂度和计算流程.

3. 算法实现和复杂度分析

首先将式 (5.86) 表示为如下矩阵形式:

$$\boldsymbol{Y}1_s^{\boldsymbol{B}_2}(\tilde{s}) = \boldsymbol{U}\boldsymbol{x}_s(v); \quad \boldsymbol{Z}_{\tilde{s}}^{\boldsymbol{A}}(\tilde{v}) = \boldsymbol{V}\boldsymbol{Y}1_{\tilde{s}}^{\boldsymbol{B}_2}(s), s = 0, 1, \cdots, q - 1; \quad \tilde{v} = 0, 1, \cdots, q - 1; \tag{5.96}$$

$\tilde{s} = 0, 1, \cdots, p - 1$.

$$\boldsymbol{Y}1_s^{\boldsymbol{B}_2}(\tilde{s}) = (Y1(0, s), Y1(1, s), Y1(2, s), \cdots, Y1(p - 1, s))^{\mathrm{T}},$$

$$\boldsymbol{Y}1_{\tilde{s}}^{\boldsymbol{B}_2}(s) = (Y1(\tilde{s}, 0), Y1(\tilde{s}, 1), Y1(\tilde{s}, 2), \cdots, Y1(\tilde{s}, q - 1))^{\mathrm{T}},$$

$$\boldsymbol{x}_s(v) = (x(sp), \mathrm{e}^{\mathrm{j}\pi\gamma' \frac{2s}{N|\beta|}} x(sp + 1), \cdots, \mathrm{e}^{\mathrm{j}\pi\gamma' \frac{2s(p-1)}{N|\beta|}} x(sp + p - 1))^{\mathrm{T}},$$

$$\boldsymbol{Z}_{\tilde{s}}^{\boldsymbol{A}}(\tilde{v}) = (z(\tilde{s}q), z(\tilde{s}q + 1), \cdots, z(\tilde{s}q + q - 1))^{\mathrm{T}}.$$

矩阵 $\boldsymbol{U}$ 是参数为 $\alpha'q$, β , γ'/q 的 p 点 DLCT 核矩阵; $\boldsymbol{V}$ 表示参数为 α'/p, $\beta, p\gamma'$ 的 q 点 DLCT 的变换核矩阵.

基于上述分析, 对于某一个确定的 $\tilde{s}_0$, 计算 LCT 域的频带 $\tilde{s}_0 q + \tilde{v}, \tilde{v} = 0, 1, 2, \cdots, q-1$, 可以通过以下计算流程实现:

步骤 1: 将输入序列 $x(n)$ 分解为 $p \times q$ 矩阵, 表示为 $\boldsymbol{x}_{p \times q} = \{x(sp+v)\}_{v=s=0}^{p-1, q-1}$, s 和 v 分别是 $\boldsymbol{x}_{p \times q}$ 的行与列, $s = 0, 1, \cdots, q-1; v = 0, 1, \cdots, p-1$.

步骤 2: 矩阵 $\boldsymbol{x}_{p \times q}$ 的每一个元素 $\{x(sp+v)\}_{v=s=0}^{p-1, q-1}$ 乘以 $\mathrm{e}^{\mathrm{j}\pi\gamma' \frac{2sv}{q|\beta|}}$, 即

$$\boldsymbol{x}_{p \times q} = \{x(sp+v)\mathrm{e}^{\mathrm{j}\pi\gamma' \frac{2sv}{q|\beta|}}\}_{v=s=0}^{p-1, q-1},$$

$$s = 0, 1, \cdots, q-1; v = 0, 1, \cdots, p-1.$$

步骤 3: 对矩阵 $\boldsymbol{x}_{p \times q}$ 的所有列执行参数为 $\alpha' q$, β 和 γ'/q 的 FDLCTs, 所得结果表示为 $\boldsymbol{Y}1 = (\boldsymbol{Y}1_0^{B_2}(\tilde{s}), \boldsymbol{Y}1_1^{B_2}(\tilde{s}), \cdots, \boldsymbol{Y}1_{q-1}^{B_2}(\tilde{s}))$.

步骤 4: 将矩阵 $\boldsymbol{Y}1$ 转置, 并且对第 $\tilde{s}_0$ 列执行参数为 α'/p, β 和 $\gamma' p$ 的 FDLCT, 得到特定频谱区间的频谱 $\boldsymbol{Z}_{\tilde{s}_0}^{A}(\tilde{v})$.

从上述分析可以得出, SFLCT-II 利用式 (5.96) 执行了 q 个 p 点 DLCT, 得到 $\boldsymbol{Y}1$. 利用 $\boldsymbol{Y}1$ 作为中间结果, 计算第 $\tilde{s}$ 个频率单元的频谱 $\boldsymbol{Z}_{\tilde{s}}^{A}(\tilde{v})$, 相应的计算分辨率为 $\frac{1}{N|\beta|\Delta t}$, 整个计算过程所需的计算量为

$$qT_p + T_q + M(N) = 3N + \frac{N}{2}\log_2 p + 2q + \frac{q}{2}\log_2 q.$$

利用 FDLCT 直接计算 N 点 DLCT, 所需计算量为

$$T_N = 2N + \frac{N}{2}\log_2 p + \frac{N}{2}\log_2 q.$$

这样所提算法相比于 FDLCT 计算量的节省为

$$T_N - (qT_p + T_q + N) = \frac{1}{2}(N-q)\log_2 q - 2q - N.$$

对于线性调频信号, 利用 CSFLCT-II 计算所选定频带 $\tilde{s}_0 q + \tilde{v}, \tilde{v} = 0, 1, 2, \cdots, q-1$ 的频谱, 即 $\boldsymbol{Z}_{\tilde{s}_0}^{A}(\tilde{v})$. 为了得到精确的相位和幅值, 需要利用式 (5.95) 和式 (5.94) 进行处理. 这样, 所需计算量为 $3N + \frac{N}{2}\log_2 p + 3q + q/2\log_2 q$, 计算量的节省为 $1/2(N-q)\log_2 q - N - 3q$. 当 $2N - \frac{N}{2}\log_2 N > 2q + q/2\log_2 q - N\log_2 q$ 时, CSFLCT-II 的计算复杂度低于 SFLCT-I.

5.4.3 灵活分辨率线性正则变换离散化方法与快速算法

2005 年, Sheridan 教授团队 [24] 提出线性正则变换快速算法. 该算法主要通过以下两步完成 LCT 的离散化: 第一步, 利用理想抽样函数对时域信号 $x(t)$ 以 Δt 为间隔均匀采样, 得采样序列 $x(n\Delta t)$, 对得到的离散序列作 LCT, 得到 DTLCT, 见式 (5.58); 第二步, 在保证离散化对 LCT 域频谱不产生混叠的情况下, 选择 LCT 域整体频谱区间为 $\left[-\frac{1}{2\Delta t|\beta|}, \frac{1}{2\Delta t|\beta|} - \frac{1}{N\Delta t|\beta|}\right]$, 对变量 u 以 $\frac{1}{N|\beta|\Delta t}$ 为采样间隔均匀采样, 从而得到 DLCT.

经研究发现, 在很多应用中往往对局部频谱感兴趣, 比如调频信号的参数估计等希望在局部区间内谱线越密越好. 5.4.2 节提出了在保证已有分辨率情况下, 可计算局部 LCT 频谱的快速算法. 本节利用与上节不同的方法, 研究具有灵活分辨率可实现 LCT 域局部频谱分析性能的 DLCT 算法 [37].

5.4.3.1　高分辨率离散线性正则变换算法

本节可计算 LCT 域局部频谱和具有灵活分辨率性能的算法, 称为高分辨率 DLCT (Zoom-in Discrete Linear Canonical Transform, ZDLCT). 由于所提算法涉及 LCT 域局部谱区间和分辨率, 因此定义了与这两个量相关的平移因子和 zoom 因子, 以便调整观测区间和分辨率, 具体定义如下 [37]:

定义 5.2　对于给定的区间 $[-L/2, L/2]$ 和其任意子区间 $[\tilde{L}_1, \tilde{L}_2] \subseteq [-L/2, L/2]$, $l_i = (\tilde{L}_1 + \tilde{L}_2)/2$ 是区间 $[\tilde{L}_1, \tilde{L}_2]$ 的中点, 定义 $\lambda = l_i/L$ 满足 $-0.5 \leqslant \lambda \leqslant 0.5$, 称 λ 为移位因子, 这里 L 为任意的非负实数.

由定义 5.2 可知, 移位因子是任意子区间的中点相对于整个区间的位置, 其可以将计算移位到以零点为中心的对称区间内, 进而简化计算. 为了高分辨观测局部区间的频谱细节, 下面定义与采样频率相关的 zoom 因子.

定义 5.3　如果连续信号 $x(t)$ 在区间 $[-T/2, T/2]$ 上是紧支撑的, 在定义区间上以 Δ 为间隔采样; 在支撑区间的任意子区间 $[t_1, t_2] \subseteq [-T/2, T/2]$ 上对信号进行重新采样, 采样间隔为 $\tilde{\Delta}$, 那么采样间隔比值 $P = \Delta/\tilde{\Delta}$ 称为 zoom 因子. 如果 $P > 1$, 则称为放大 (Zoom-in) 因子; 如果 $P < 1$, 则称为放缩 (Zoom-out) 因子.

以上两个因子分别与区间和分辨率相关, 下面以定理的形式给出基于 λ 和 P 得到的 ZDLCT.

定理 5.1　如果信号 $x(t)$ 在区间 $[-L/2, L/2]$ 上是紧支撑的, 以采样间隔为 Δt 进行采样得到离散序列 $x(n) = x(n\Delta t)$, 为了避免离散化产生频谱混叠, LCT 域频谱区间选择为 $\left[-\dfrac{1}{2\Delta t|\beta|}, \dfrac{1}{2\Delta t|\beta|} - \dfrac{1}{N\Delta t|\beta|}\right]$, 那么 $x(t)$ 在 LCT 域任意的局部频谱区间 $[u_1, u_2] \subseteq \left[-\dfrac{1}{2\Delta t|\beta|}, \dfrac{1}{2\Delta t|\beta|} - \dfrac{1}{N\Delta t|\beta|}\right]$ 上的 ZDLCT 为

$$\boldsymbol{X^A} = \sqrt{\beta}\,\mathrm{e}^{-\mathrm{j}\pi/4} \boldsymbol{x} \boldsymbol{D}_{\lambda,P}^{\gamma} \boldsymbol{K} \boldsymbol{D}_{\lambda,P}^{\alpha,\beta}, \tag{5.97}$$

其中, $\boldsymbol{x}$ 是信号 $x(t)$ 采样点的值 $x(n)$ 组成的 $1 \times N$ 向量, $-\dfrac{N}{2} \leqslant n \leqslant \dfrac{N}{2} - 1$; $\boldsymbol{K}$ 是 $N \times M$ 矩阵, $\boldsymbol{K}_{n,m} = \mathrm{e}^{\mathrm{j}\pi\mathrm{sign}(\beta)\frac{(m-n)^2}{NP}}$; $\boldsymbol{D}_{\lambda,P}^{\gamma}$ 和 $\boldsymbol{D}_{\lambda,P}^{\alpha,\beta}$ 分别是 $N \times N$ 和 $M \times M$ 对角矩阵:

$$\{\boldsymbol{D}_{\lambda,P}^{\gamma}\}_{n,n} = \left\{\mathrm{e}^{\mathrm{j}\pi[\gamma(nT)^2 - 2\lambda\mathrm{sign}(\beta)n - \frac{\mathrm{sign}(\beta)n^2}{PN}]}\right\}_{n=-\frac{N}{2}}^{\frac{N}{2}-1},$$

$$\{\boldsymbol{D}_{\lambda,P}^{\alpha,\beta}\}_{m,m} = \left\{\mathrm{e}^{\mathrm{j}\pi\alpha(\frac{\lambda}{T|\beta|} - \frac{m}{PNT|\beta|})^2 - \mathrm{j}\frac{\pi\mathrm{sign}(\beta)m^2}{PN}}\right\}_{m=-\frac{M}{2}}^{\frac{M}{2}-1},$$

$\mathrm{sign}(\cdot)$ 是符号函数; λ 是移位因子; P 是 zoom 因子.

证明　Sheridan 教授 [24] 团队分析了 DTLCT 性质, 得出离散化的 Chirp 周期为 $1/(\Delta t|\beta|)$, DLCT 算法计算不产生混叠 LCT 的整体频谱区间为 $\left[-\dfrac{1}{2\Delta t|\beta|}, \dfrac{1}{2\Delta t|\beta|} - \dfrac{1}{N\Delta t|\beta|}\right]$. 首先,

设需计算局部区间 $[u_1, u_2] \subseteq \left[-\dfrac{1}{2\Delta t |\beta|}, \dfrac{1}{2\Delta t |\beta|} - \dfrac{1}{N\Delta t\,|\beta|} \right]$ 上的频谱, u_1、 u_2 是任意常数.

在区间 $[u_1, u_2]$ 上以采样间隔 $\Delta I = \dfrac{u_2 - u_1}{M}$ 对式 (5.58) 中的变量 u, 重新均匀采样, 得

$$
\begin{aligned}
&\boldsymbol{X^A}(u_i + m\Delta I) \\
&= \sqrt{\beta}\mathrm{e}^{-\mathrm{j}\pi/4}\mathrm{e}^{\mathrm{j}\pi\alpha(u_i + m\Delta I)^2} \sum_{n=-N/2}^{N/2-1} x(n) \times \mathrm{e}^{\mathrm{j}\pi\gamma(n\Delta t)^2}\mathrm{e}^{-\mathrm{j}2\pi\beta u_i(n\Delta t)}\mathrm{e}^{-\mathrm{j}2\pi\beta mn\Delta I\Delta t} \\
&= \sqrt{\beta}\mathrm{e}^{-\mathrm{j}\pi/4}\mathrm{e}^{\mathrm{j}\pi\alpha(u_i + m\Delta I)^2}\mathrm{e}^{-\mathrm{j}\pi\beta\Delta I\Delta t m^2} \times \\
&\quad \sum_{n=-N/2}^{N/2-1} x(n) \times \mathrm{e}^{\mathrm{j}\pi\gamma(n\Delta t)^2}\mathrm{e}^{-\mathrm{j}2\pi\beta u_i(n\Delta t)}\mathrm{e}^{-\mathrm{j}\pi\beta\Delta I\Delta t n^2}\mathrm{e}^{\mathrm{j}\pi\beta\Delta I\Delta t(m-n)^2},
\end{aligned}
\tag{5.98}
$$

其中, $u_i = \dfrac{u_1 + u_2}{2}$; $-M/2 \leqslant m \leqslant M/2 - 1$.

结合 zoom 因子和平移因子定义, 得

$$
\lambda = u_i(\Delta t|\beta|), P = \frac{1}{N\Delta t|\beta|\Delta I},
\tag{5.99}
$$

这里 P 可以看作 LCT 域局部频谱分辨率 ΔI 相对于固定分辨率 $\dfrac{1}{N\Delta t|\beta|}$ 放大的倍数, 一般 P 为大于 1 的自然数.

然后, 将式 (5.99) 代入式 (5.98), 得

$$
\begin{aligned}
&\boldsymbol{X^A}\left(\frac{\lambda}{\Delta t|\beta|} + \frac{m}{PN\Delta t|\beta|} \right) \\
&= \sqrt{\beta}\mathrm{e}^{-\mathrm{j}\pi/4}\mathrm{e}^{\mathrm{j}\pi\alpha\left(\frac{\lambda}{\Delta t|\beta|} + \frac{m}{PN\Delta t|\beta|}\right)^2}\mathrm{e}^{-\mathrm{j}\pi\frac{\Delta t m^2 \beta}{PN\Delta t|\beta|}} \times \\
&\quad \sum_{n=-N/2}^{N/2-1} x(n) \times \mathrm{e}^{\mathrm{j}\pi\gamma(n\Delta t)^2}\mathrm{e}^{-\mathrm{j}2\pi\beta\frac{\lambda}{\Delta t|\beta|}(n\Delta t)}\mathrm{e}^{-\mathrm{j}\pi\beta\Delta t\frac{n^2}{PN\Delta t|\beta|}}\mathrm{e}^{\mathrm{j}\pi\beta\Delta t\frac{(m-n)^2}{N\Delta tP|\beta|}}.
\end{aligned}
\tag{5.100}
$$

令 $\dfrac{\beta}{|\beta|} = \mathrm{sign}(\beta)$, 则式 (5.100) 化简为

$$
\begin{aligned}
&\boldsymbol{X^A}\left(\frac{\lambda}{\Delta t|\beta|} + \frac{m}{PN\Delta t|\beta|} \right) \\
&= \sqrt{\beta}\mathrm{e}^{-\mathrm{i}\pi/4}\mathrm{e}^{\mathrm{j}\pi\alpha\left(\frac{\lambda}{\Delta t|\beta|} + \frac{m}{PN\Delta t|\beta|}\right)^2}\mathrm{e}^{-\mathrm{j}\pi\mathrm{sign}(\beta)\frac{m^2}{PN}} \times \\
&\quad \sum_{n=-N/2}^{N/2-1} x(n)\mathrm{e}^{\mathrm{j}\pi\gamma(n\Delta t)^2}\mathrm{e}^{-\mathrm{j}2\pi\lambda n\,\mathrm{sign}(\beta)}\mathrm{e}^{-\mathrm{j}\pi\mathrm{sign}(\beta)\frac{n^2}{PN}}\mathrm{e}^{\mathrm{j}\pi\mathrm{sign}(\beta)\frac{(m-n)^2}{NP}},
\end{aligned}
\tag{5.101}
$$

进一步将式 (5.101) 重新表示为如下矩阵形式:

$$
\boldsymbol{X^A} = \sqrt{\beta}\mathrm{e}^{-\mathrm{j}\pi/4}\boldsymbol{x}\boldsymbol{D}_{\lambda,P}^{\gamma}\boldsymbol{K}\boldsymbol{D}_{\lambda,P}^{\alpha,\beta},
$$

其中，$\boldsymbol{x}$ 是离散序列 $x(n)$ 组成的 $1 \times N$ 向量，$-N/2 \leqslant n \leqslant N/2 - 1$；$\boldsymbol{K}$ 是 $N \times M$ 矩阵，$\boldsymbol{K}_{n,m} = \mathrm{e}^{\mathrm{j}\pi\mathrm{sign}(\beta)\frac{(m-n)^2}{NP}}$；$\boldsymbol{D}_{\lambda,P}^{\gamma}$ 和 $\boldsymbol{D}_{\lambda,P}^{\alpha,\beta}$ 分别是 $N \times N$ 和 $M \times M$ 的对角矩阵

$$\{\boldsymbol{D}_{\lambda,P}^{\gamma}\}_{n,n} = \{\mathrm{e}^{\mathrm{j}\pi[\gamma(n\Delta t)^2 - 2\lambda\mathrm{sign}(\beta)n - \frac{\mathrm{sign}(\beta)n^2}{PN}]}\}_{n=-N/2}^{N/2-1},$$

$$\{\boldsymbol{D}_{\lambda,P}^{\alpha,\beta}\}_{m,m} = \{\mathrm{e}^{\mathrm{j}\pi\alpha(\frac{\lambda}{\Delta t|\beta|} - \frac{m}{PN\Delta t|\beta|})^2 - \mathrm{j}\pi\mathrm{sign}(\beta)\frac{m^2}{PN}}\}_{m=-M/2}^{M/2-1}.$$

定理得证.

在式 (5.97) 中，当 $\lambda = 0, P = 1$ 和 $M = N$ 时，所提算法退化为文献 [24] 中的算法. 当变换参数 $\alpha = \gamma = \cot\tilde{\alpha}$，$\beta = \csc\tilde{\alpha}$ 时，算法退化为高分辨率 FRFT 快速算法. 因此，此算法是传统 LCT 算法和 FRFT 的推广. 从定理 5.1 可以看出，通过调整 λ 可以改变观测的局部频谱区间，通过调整 P 改变 LCT 频谱的分辨率. 因此，本节算法采用了更加灵活的离散化方法，允许在 LCT 域的任意局部频谱区间上做任意间隔的均匀采样. 这样可根据需要选择频谱范围和采样间隔，当采样间隔选择很小时，就可实现对 LCT 局部频谱的高分辨精细分析.

以上所提 ZDLCT 的计算流程如下:

步骤 1: 选择合适的变换参数 α, β, γ 和采样间隔 Δt，计算 LCT 域整体频谱区间 $\left[-\dfrac{1}{2\Delta t|\beta|}, \dfrac{1}{2\Delta t|\beta|} - \dfrac{1}{N\Delta t|\beta|}\right]$；

步骤 2: 选择感兴趣的 LCT 域局部频谱区间 $[u_1, u_2] \subseteq \left[-\dfrac{1}{2\Delta t|\beta|}, \dfrac{1}{2\Delta t|\beta|} - \dfrac{1}{N\Delta t|\beta|}\right]$、信号在此区间的采样点数 M，基于定义 5.2 和 5.3 计算 λ 和 P；

步骤 3: 计算对角矩阵 $\boldsymbol{D}_{\lambda,P}^{\gamma}, \boldsymbol{D}_{\lambda,P}^{\alpha,\beta}$ 和 $N \times M$ 矩阵 $\boldsymbol{K}$；

步骤 4: 计算矩阵 $\boldsymbol{D}_{\lambda,P}^{\gamma}\boldsymbol{K}\boldsymbol{D}_{\lambda,P}^{\alpha,\beta}$ 的乘积；

步骤 5: 步骤 4 的结果乘以离散信号 $\boldsymbol{x}$ 和常数项 $\sqrt{\beta}\mathrm{e}^{-\mathrm{j}\pi/4}$，得在所选择区间 $[u_1, u_2]$ 的局部频谱.

从算法的实现可以看出，计算 ZDLCT 应用到 3 个矩阵与向量相乘，其中矩阵 $\boldsymbol{D}_{\lambda,P}^{\gamma}$ 和 $\boldsymbol{D}_{\lambda,P}^{\gamma}$ 是对角矩阵. 因此计算量主要集中在 $N \times M$ 矩阵和向量 $\boldsymbol{x}$ 的相乘. 传统的矩阵和向量相乘的计算复杂度为 $O(MN)$.

从上述分析可知，本章 ZDLCT 具有很好的计算精度，在频谱区间和分辨率选择方面具有灵活性. 但是，算法要求采样间隔必须是均匀的，那么计算所选择 LCT 域局部区间采样间隔为非均匀 LCT 频谱时将具有局限性. 因此，接下来将基于 Goertzel 算法提出可计算 LCT 域任意采样点的单点 LCT 快速算法 (Single-Point LCT Based on Goertzel, G-Sp-LCT).

5.4.3.2　基于 Goertzel 算法单点线性正则变换快速算法

1. Goertzel 算法

Goertzel 算法 [38] 是为了快速求解三角级数 (5.102)，由 Goertzel 在 1958 年提出的，下面简要概述 Goertzel 的思想:

$$F(\omega_m) = \sum_{n=0}^{N-1} x_n \mathrm{e}^{\mathrm{j}(N-1-n)\omega_m}. \tag{5.102}$$

首先, 利用欧拉公式将式 (5.102) 分解为正余弦两部分求和:

$$F_m = C_m + \mathrm{j}S_m, \tag{5.103}$$

其中

$$C_m = \sum_{n=0}^{N-1} x_n \cos[(N-1-n)\omega_m],$$

$$S_m = \sum_{n=0}^{N-1} x_n \sin[(N-1-n)\omega_m].$$

其次, 为了减少计算复杂度, 定义如下部分和:

$$C_m^i = \sum_{n=0}^{i} x_n \cos[(N-1-n)\omega_m], \tag{5.104}$$

$$S_m^i = \sum_{n=0}^{i} x_n \sin[(N-1-n)\omega_m], \tag{5.105}$$

其中, $i = 0, 1, \cdots, N-1$.

借助于三角恒等式

$$\cos(a+b) = \cos a \cos b - \sin a \sin b, \quad \cos(a-b) = \cos a \cos b + \sin a \sin b,$$

式 (5.104) 和式 (5.105) 可转化为如下形式:

$$C_m^i = f_i \cos[(N-i)\omega_m] + y_i \cos[(N-1-i)\omega_m], \tag{5.106}$$

$$S_m^i = f_i \sin[(N-i)\omega_m] + y_i \sin[(N-1-i)\omega_m], \tag{5.107}$$

其中, $i = 1, 2, \cdots, N-1$; $f_1 = x_0$; $y_1 = x_1$;

$$f_i = 2f_{i-1} \cos(\omega_m) + y_{i-1};$$

$$y_i = x_i - f_{i-1}, i = 2, 3, \cdots, N-1.$$

通过迭代计算, 当 $i = N-1$ 时, 得

$$C_m = C_m^{N-1} = f_{N-1} \cos \omega_m + y_{N-1}, \quad S_m = S_m^{N-1} = f_{N-1} \sin \omega_m, \tag{5.108}$$

将上式代入式 (5.103) 可得 $F(\omega_m)$.

上述方法计算得到 $F(\omega_m)$ 的过程称为 Goertzel 算法[38]. 此算法将计算复杂度降低到 $O(N)$, 总计算量为 $2N$ 次实数乘法和 $4N-6$ 次实数加法. 本节将 Goertzel 算法的思想应用于求解式 (5.58), 详细的推导过程如下.

2. 单点线性正则变换快速算法推导

通过适当的变形, 式 (5.58) 可转化为

$$\boldsymbol{X^A}(u_m) = \sqrt{\beta}\mathrm{e}^{-\mathrm{j}\pi/4}\mathrm{e}^{\mathrm{j}\pi\alpha u_m^2}\sum_{n=-N/2}^{N/2-1}b_n\mathrm{e}^{-\mathrm{j}2\pi\beta u_m\Delta tn}$$

$$= \sqrt{\beta}\mathrm{e}^{-\mathrm{j}\pi/4}\mathrm{e}^{\mathrm{j}\pi\alpha u_m^2}\mathrm{e}^{\mathrm{j}\pi\beta u_m\Delta tN}B(u_m),$$

(5.109)

其中

$$b_n = x(n\Delta t)\mathrm{e}^{\mathrm{j}\pi\gamma(n\Delta t)^2},$$

(5.110)

$$B(u_m) = \sum_{n=0}^{N-1}b_{n-N/2}\mathrm{e}^{-\mathrm{j}2\pi(\beta u_m\Delta t)n}.$$

(5.111)

从式 (5.110) 可以看出, b_n 依赖于变换参数 γ. 当 γ 发生变化时, 需要重新计算幂指数得序列 b_n, 为了避免这种运算, 给出以下引理

引理 5.2　若 $D_n = \mathrm{e}^{\mathrm{j}\pi\gamma(2n+1)\Delta t^2}$, $h_n = \mathrm{e}^{\mathrm{j}\pi\gamma(n\Delta t)^2}$, $n = -N/2,\cdots,N/2$, 则 D_n 和 h_n 有如下递推关系:

$$D_{n+1} = \mathrm{e}^{\mathrm{j}2\pi\Delta t^2}D_n, h_{n+1} = h_nD_n,$$

(5.112)

这里 $D_0 = \mathrm{e}^{\mathrm{j}\pi\gamma\Delta t^2}$; $h_0 = 1$.

由上述引理 5.2 可知, h_n 是偶序列, 即 $h_n = h_{-n}$, 那么只需计算 $0 \leqslant n \leqslant \dfrac{N}{2}$ 的 h_n 便可得到整个序列 h_n, $-N/2 \leqslant n \leqslant N/2$. 因此, 利用递推关系得到序列 h_n, 避免了参数改变时重新计算幂指数的问题, 节省了计算时间.

为了利用 Gozertzel 算法减少计算单个 LCT 域频谱的计算量, 首先计算两个中间结果:

$$g(n) = 2g(n-1)\cos(2\pi\omega_m) + r(n-1),$$

(5.113)

$$r(n) = b_{n-N/2} - g(n-1),$$

(5.114)

$$g(1) = b_{-N/2}, r(1) = b_{1-N/2}, n = 2,3,\cdots,N-1.$$

(5.115)

然后, 利用 $g(n)$, $r(n)$ 得到 $y(n)$

$$y(n) = \mathrm{e}^{-\mathrm{j}2\pi n\omega_m}[g(n)\mathrm{e}^{-\mathrm{j}2\pi\omega_m} + r(n)], \quad n = 1,2,\cdots,N-1,$$

(5.116)

其中, $\omega_m = \beta u_m\Delta t$. 当迭代到 $n = N-1$ 次时, $y(n)$ 即 $B(u_m)$, 图 5.4 所示为基于 Gozertzel 算法计算式 (5.111) 的实现方式. 最后, $B(u_m)$ 乘以 $\sqrt{\beta}\mathrm{e}^{-\mathrm{j}\pi}\mathrm{e}^{\mathrm{j}\pi\alpha u_m^2}\mathrm{e}^{\mathrm{j}\pi\beta u_m\Delta tN}$ 得到 LCT 域特定频点的频谱.

在计算 LCT 域特定频点的频谱过程中, G-Sp-LCT 计算主要包含相位的调制和计算 $B(u_m)$. 要计算式 (5.111), 式 (5.113) 需要循环 $N-2$ 次, 式 (5.116) 需要计算一次, 那么循环计算需要的计算量为 $2N-4$ 次实数乘法和 $4N-8$ 次实数加法, 调制运算所需要的计算量为 12 次实数乘法和 8 次实数加法. 所以, 基于 Gozertzel 算法的整个计算量为 $2N+8$ 次实数乘法和 $4N$ 次实数加法.

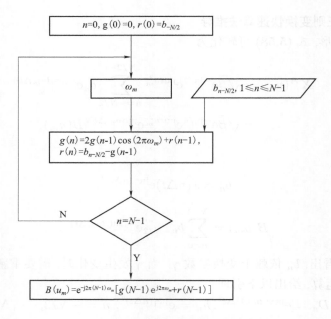

图 5.4   Gozertzel 算法的实现结构

5.4.4   滑动离散线性正则变换快速算法

5.4.4.1   基于 Horner 算法的单点线性正则变换

针对连续计算单个 LCT 频谱的问题, 提出基于 Horner 算法的单点线性正则变换 (Single-Point DLCT, Sp-DLCT). 此算法与 G-Sp-LCT 的不同之处在于, 本节所提算法主要从节省存储空间的角度出发, 而 G-Sp-LCT 主要考虑的是计算量减少.

Horner 算法是以英国数学家 Horner 命名的一种多项式求值的快速算法, 即求解如下幂次多项式:

$$B(z) = \sum_{i=0}^{N} b_i z^i, \tag{5.117}$$

其中, b_i 是多项式的系数, $i = 0, 1, 2, \cdots, N$. 当计算特定点 z 处多项式的值时, 可以通过如下递推算法实现:

$$\begin{aligned} &B(z) = 0, \\ &for \ \ i = N, N-1, \cdots, 0, \\ &B(z) = b_i + B(z)z. \end{aligned} \tag{5.118}$$

在计算复杂度方面和直接计算相同, 但是在存储空间方面优于直接求和计算. 本节考虑将此算法应用于滑动窗内单点 LCT 频谱计算, 这里窗函数为矩形窗.

首先, 通过变量代换, 将式 (5.66) 转化为如下形式:

$$X^{\boldsymbol{A}}(m_0) = C\mathrm{e}^{\mathrm{j}\pi \frac{\alpha m_0^2}{N|\beta|}} \sum_{k=-N/2}^{N/2-1} b_k z^k = C\mathrm{e}^{\mathrm{j}\pi \frac{\alpha m_0^2}{N|\beta|}} B(z),$$

其中，$k = -N/2, \cdots, N/2 - 1$；$C = \dfrac{\sqrt{\beta}\mathrm{e}^{-\frac{\mathrm{j}\pi}{4}}}{\sqrt{N|\beta|}}$；

$$B(z) = \sum_{k=-N/2}^{N/2-1} b_k z^k; \tag{5.119}$$

$$b_k = x(k)\mathrm{e}^{\mathrm{j}\pi \frac{\gamma k^2}{N|\beta|}}; \quad z = \mathrm{e}^{\mathrm{j}\pi \frac{1}{N|\beta|}(-2\beta m_0)}. \tag{5.120}$$

序列 b_k 依赖于变换参数 β 和 γ. 当 β 和 γ 改变时，同样需要重新计算幂指数得到序列 b_k，这将导致算法不够灵活，为了克服这一不足，令 $\Delta t = \sqrt{\dfrac{1}{N|\beta|}}$，给出以下引理来迭代计算 b_k.

引理 5.3　[39] 若 $D_k = \mathrm{e}^{\mathrm{j}\pi \frac{\gamma(2k+1)}{N|\beta|}}$ 和 $g_k = \mathrm{e}^{\mathrm{j}\pi \frac{\gamma k^2}{N|\beta|}}$，$k = -\dfrac{N}{2}, \cdots, \dfrac{N}{2} - 1$，则 D_k 和 g_k 有如下递推关系：

$$D_{k+1} = \mathrm{e}^{\mathrm{j}\pi \frac{2\gamma}{N|\beta|}} D_k, \qquad g_{k+1} = g_k D_k, \tag{5.121}$$

并且 $D_0 = \mathrm{e}^{\mathrm{j}\pi \frac{\gamma}{|\beta|}}$；$g_0 = 1$.

从上述递归过程可知，当变换参数变化时仅需重新计算 D_0 和 g_0 就可获得序列 g_k，这避免了重新计算幂指数的问题. 图 5.5 给出了 g_k 的实现结构. 然后利用 g_k 便可获得 b_k，见式 (5.120).

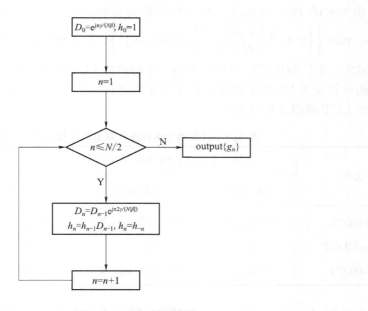

图 5.5　g_k 的实现结构

定理 5.2　[39] 设第 $n - 1$ 个时刻加窗数据 $x(n-1, k)$ 的参数 $\boldsymbol{A} = (\alpha, \beta, \gamma)$ 的 DLCT 为 $X_{n-1}^{\boldsymbol{A}}(m)$；第 n 个时刻加窗数据 $x(n, k)$ 的 DLCT 为 $X_n^{\boldsymbol{A}}(m)$. 那么 $X_{n-1}^{\boldsymbol{A}}(m)$ 和 $X_n^{\boldsymbol{A}}(m)$ 有如下递推关系：

$$X_n^{\boldsymbol{A}}(m) = \mathrm{e}^{\mathrm{j}\pi\frac{1}{N|\beta|}\left[-\alpha\left(2m\frac{\gamma}{\beta}+\frac{\gamma^2}{\beta^2}\right)+2m\beta+\gamma\right]} X_{n-1}^{\boldsymbol{A}}\left(m+\frac{\gamma}{\beta}\right) -$$

$$Cx(n-N)K_{\boldsymbol{A}}\left(m, \frac{-N}{2}-1\right) + Cx(n)K_{\boldsymbol{A}}\left(m, \frac{N}{2}-1\right),$$

当 $\frac{\gamma}{\beta}$ 为非整数时

$$X_n^{\boldsymbol{A}}(m) = \mathrm{e}^{\mathrm{j}\pi\frac{(2\beta m+\gamma)}{N|\beta|}} G_{n-1}^{\boldsymbol{A}}(m) -$$

$$Cx(n-N)K_{\boldsymbol{A}}\left(m, \frac{-N}{2}-1\right) + Cx(n)K_{\boldsymbol{A}}\left(m, \frac{N}{2}-1\right),$$

其中, N 是选定的窗口长度; $X_n^{\boldsymbol{A}}(m)$ 是新的 LCT 频谱成分; $X_{n-1}^{\boldsymbol{A}}\left(m+\frac{\gamma}{\beta}\right)$ 是前一个时刻的 LCT 频谱成分; m 表示第 m 个 LCT 频谱; $G_{n-1}^{\boldsymbol{A}}(m)$ 是 $n-1$ 时刻, 信号 $g(n-1,k) = x\left[n-1-\left(\frac{N}{2}-1\right)+k\right]\mathrm{e}^{-\mathrm{j}2\pi\frac{\gamma k}{N|\beta|}}$ 第 m 个 LCT 频谱.

5.4.4.2　滑动离散线性正则变换算法复杂度分析

本节将详细分析 Sp-DLCT 和 SDLCT 计算单个和多个 LCT 频谱的复杂度. 利用 Sp-DLCT 计算单个 LCT 频谱需要计算量为 $4N+8$ 次实数乘法和 $2N$ 次实数加法, 计算量和窗口长度 N 相关. 当输出 LCT 频谱为 M' 时, 所需计算量为 $(4N+8)M'$ 次实数乘法和 $2NM'$ 次实数加法. 通过数学推导可得, 如果需要计算的 LCT 频谱的个数满足 $M' < \min\left\{\left\lceil 2+\frac{N\log_2 N-8}{2N+4}\right\rceil, \lceil(\log_2 N)\rceil\right\}$, 那么 Sp-DLCT 比 FDLCT[30] 具有更高的计算效率. 对于 SDLCT, 只要获得前一个时刻的 LCT 频谱, 计算下一个时刻单个 LCT 频谱需要的计算量为 24 次实数乘法和 4 次实数加法. 表 5.4 给出了利用所提算法和现有算法计算单个 LCT 频谱计算量的比较.

表 5.4　计算单个线性正则频谱的计算复杂度比较

方法	计算单个线性正则频谱 $X_n(m)$		计算相邻时刻线性正则频谱 $X_{n+1}(m)$	
	实数加法	实数乘法	实数加法	实数乘法
FDLCT	$2N\log_2 N$	$8N+2N\log_2 N$	$2N\log_2 N$	$8N+2N\log_2 N$
Sp-DLCT	$2N$	$4N+8$	$2N$	$4N+8$
SDLCT	$2N\log_2 N$	$8N+2N\log_2 N$	4	24

对于计算 M 个时刻单个 LCT 频谱, 利用 Sp-DLCT 算法所需要的计算量为 $(4N+8)M$ 次实数乘法和 $2NM$ 次实数加法; 利用 SDLCT 算法所需要的计算量为 $12M(M+1)$ 次实数乘法和 $2M(M+1)$ 次实数加法. 当 $M \leqslant \left\lfloor\frac{N-1}{3}\right\rfloor$ (符号 $\lfloor\cdot\rfloor$ 表示不超过 $\cdot$ 的最大整数) 时, SDLCT 计算效率高于 Sp-DLCT.

当计算整个窗口内所有 LCT 频谱时, 对于 M 个连续时刻, 利用不同的方法计算所有 LCT 频谱的计算量: 只要知道前一时刻 LCT 频谱, 利用 SDLCT 迭代一次所需计算量为 $24N$ 次实数乘法和 $4N$ 次实数加法, 那么计算所有 LCT 频谱所需要的总计算量为 $24NM$ 次实数乘法和 $4NM$ 次实数加法; 而 Sp-DLCT 和 FDLCT 需要单独计算每一个时刻的频谱, Sp-DLCT 所需要的总计算量为 $(4N+8)NM$ 次实数乘法和 $2N^2M$ 次实数加法; FDLCT 所需计算量为 $(8N+2N\log_2 N)M$ 次实数乘法和 $2MN\log_2 N$ 次实数加法.

综合以上分析, Sp-DLCT 和 SDLCT 在计算单个或者多个 LCT 频谱单元时比 FDLCT 在计算速度方面具有一定优势. 当窗口滑动次数非常大时, Sp-DLCT 的计算效率优于 SDLCT. 当计算窗口内所有 LCT 频谱时, SDLCT 相比于 Sp-DLCT 具有较高的计算效率.

Sp-DLCT 和 SDLCT 在进行连续频谱分析时各自具有其优势. 然而, 类似于 DFT, SDLCT 所处理的信号是时域带限, 相当于对信号增加了矩形窗进行截断. 对数据加窗截断会导致频谱泄露, 因此下面将讨论 LCT 频谱泄露问题.

5.4.4.3　滑动离散线性正则变换算法的频谱泄露效应

长度为 N 的 DLCT 是对采样间隔为 Δt, 采样数据的长度为 N 的离散信号进行离散线性正则变换, 得到 N 个变换结果, 这 N 个结果对应如下 N 个 LCT 频率:

$$u_m = m\Delta u = \frac{m}{N\Delta t|\beta|}, m = 0, 1, 2, \cdots, N-1. \tag{5.122}$$

理论上, 只有输入信号的所有 LCT 频率成分都精确等于式 (5.122), DLCT 的输出结果才能够无失真地反映输入信号的真实 LCT 频谱. 如果输入信号存在一个 LCT 频率成分不等于任何一个 u_m, 那么此 LCT 频率成分就会分散到 N 个分析频率上, 这种现象称为 LCT 频谱泄漏效应.

在 DLCT 算法设计中对于选定的变换参数, 若时域采样频率、采样点数 N 确定了, Δu 也就确定了. 但实际上很难保证信号的所有 LCT 频率成分都为 Δu 的整数倍, 因此 LCT 频率泄露是必然会发生的. 只是需要考虑用什么有效的方法能够尽可能减少泄露, 使得 LCT 频谱输出更加接近连续 LCT. 通常情况下减少频谱泄露的方法是加窗技术, 选择窗函数的依据是第一旁瓣衰减幅度比较大, 旁瓣峰值衰减速度较快的窗函数. 但往往同时具有这两个特性的窗函数主瓣宽度相应的会比较大, 这样会导致变换域分辨率降低. 因此在实际应用中要根据需要选择合适的窗函数.

1. 加窗技术

图 5.6 给出了矩形窗、汉宁窗、汉明窗和布莱克曼窗四种窗函数的波形图和 FT 后的频谱图 [1,40]. 从图 5.6 可以看到, 矩形窗的主瓣宽度最窄, 但其第一旁瓣水平高度较高, 汉宁窗、汉明窗和布莱克曼窗的第一旁瓣比矩形窗降低了很多, 但是它们的主瓣宽度要比矩形窗函数宽, 这说明加窗可以减少频谱泄漏, 但是使得分辨率降低了.

由于 LCT 参数选择的灵活性, 图 5.7 进一步给出了汉明窗和布莱克曼窗在不同变换参数下的 LCT 频谱. 从图中可以看出, 通过选择参数可以改变主瓣的宽度和旁瓣的水平高度. 因此可通过选择合适的参数和窗函减少 LCT 频谱泄露. 下面给出对信号加非矩形窗函数 SDLCT 的理论推导.

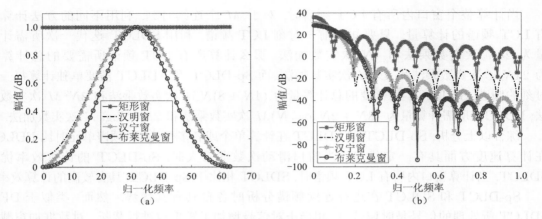

图 5.6　四种常见窗函数

(a) 时域; (b)FT 域

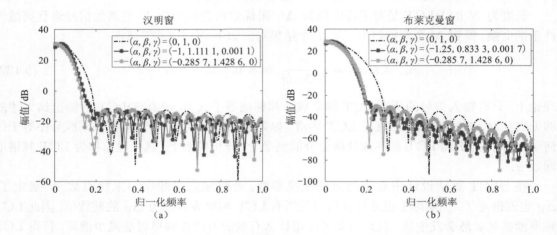

图 5.7　线性正则变换参数对窗函数 LCT 频谱影响

(a) 汉明窗; (b) 布莱克曼窗

2. 频谱泄露处理

对时域数据加非矩形窗暗示着定理 5.2 递推关系式不再成立, 这样导致计算的简便性不再保持. 基于此, 为了保证定理 5.2 的优势, 考虑到经典的卷积定理, 时域相乘相应于频域卷积. 因此, 利用 LCT 卷积将时域相乘转化为 LCT 域相卷进行计算.

目前国内外研究学者已提出很多不同形式的 LCT 卷积定理 [41~44]. 现有的卷积定理都以连续形式给出, 本节将在邓兵等人 [41] 的基础上给出其相应的离散形式, 即

$$S^{A}(m) = X^{A}[x(k)w(k)](m) = |C|^2 e^{\frac{j\pi\alpha m^2}{N|\beta|}} \left[e^{-\frac{j\pi\alpha m^2}{N|\beta|}} X^{A}(m) * W\left(\frac{\beta}{|\beta|}m\right) \right], \quad (5.123)$$

式中, $X^{A}(m)$ 是 $x(k)$ 的 DLCT; $W(m)$ 是窗函数 $w(k)$ 的 DFT, $k, m = -N/2, \cdots, N/2-1$; $*$ 是经典的卷积运算.

减少 LCT 频谱泄露问题可以通过 $X^{A}(m)$ 和非矩形窗函数的 DFT 卷积实现. 考虑到汉

宁窗、汉明窗、布莱克曼窗是一类 $\cos^\alpha(t)$ 窗函数 [45], 在经典的频率域可以减少频谱泄露并且硬件实现比较容易, 选择这些函数作为窗函数来解决上述问题. 这些窗函数的 N 点时域采样定义为

$$w(k) = \sum_{l=0}^{J-1} (-1)^l \alpha_l \cos\left(\frac{2\pi lk}{N}\right),\tag{5.124}$$

式中, $k = -N/2, \cdots, N/2 - 1$; α_l 为窗函数系数; 整数 J 是窗函数中函数的个数. 加非矩形窗函数 $w(k)$ 的信号 DLCT 结合上述的离散卷积可以通过以下定理实现.

定理 5.3　如果 $s(n,k) = x(n,k)w(k)$ 是第 n 个时刻的加窗离散信号, $w(k)$ 是式 (5.124) 定义的窗函数, $S_n^{\boldsymbol{A}}(m)$ 是 $s(n,k)$ 的参数为 $\boldsymbol{A} = (\alpha, \beta, \gamma)$ 的 DLCT, 那么 $s(n,k)$ 的 DLCT 结果 $S_n^{\boldsymbol{A}}(m)$ 可以通过以下方式实现:

$$S_n^{\boldsymbol{A}}(m) = |C|^2 \mathrm{e}^{\mathrm{j}\pi \frac{\alpha m^2}{N|\beta|}} \frac{1}{2} \sum_{l=0}^{K-1} (-1)^l \alpha_l \times$$

$$\left[\mathrm{e}^{-\mathrm{j}\pi\frac{\alpha(m+l)^2}{N|\beta|}} X_n^{\boldsymbol{A}}(m+l) + \mathrm{e}^{-\mathrm{j}\pi\frac{\alpha(m-l)^2}{N|\beta|}} X_n^{\boldsymbol{A}}(m-l)\right],$$

式中, $X_n^{\boldsymbol{A}}(m)$ 是第 n 个时刻离散信号 $x(n,k)$ 的第 m 个 DLCT 频率单元 [39].

基于定理 5.3, 可以利用 $W(m)$ 和 $X_n^{\boldsymbol{A}}(m)$ 卷积减少 LCT 频率泄露. 例如, 汉宁窗的 DFT 仅有 3 个非零值: $-0.25, 0.5$ 和 -0.25. 结合 3 点卷积计算 $S_n^{\boldsymbol{A}}(m)$, 得

$$S_n^{\boldsymbol{A}}(m) = \frac{1}{4} |C|^2 \mathrm{e}^{\mathrm{j}\pi\frac{\alpha m^2}{N|\beta|}} \left[2\mathrm{e}^{-\mathrm{j}\pi\frac{\alpha m^2}{N|\beta|}} X_n^{\boldsymbol{A}}(m) - \mathrm{e}^{-\mathrm{j}\pi\frac{\alpha(m+1)^2}{N|\beta|}} X_n^{\boldsymbol{A}}(m+1) -\right.$$

$$\left. \mathrm{e}^{-\mathrm{j}\pi\frac{\alpha(m-1)^2}{N|\beta|}} X_n^{\boldsymbol{A}}(m-1)\right].$$

如果输出允许有增益 4, LCT 域卷积计算结构可以进一步简化为

$$S_n^{\boldsymbol{A}}(m) = |C|^2 \mathrm{e}^{\mathrm{j}\pi\frac{\alpha m^2}{N|\beta|}} \left[2\mathrm{e}^{-\mathrm{j}\pi\frac{\alpha m^2}{N|\beta|}} X_n^{\boldsymbol{A}}(m) -\right.$$

$$\left. \mathrm{e}^{-\mathrm{j}\pi\frac{\alpha(m+1)^2}{N|\beta|}} X_n^{\boldsymbol{A}}(m+1) - \mathrm{e}^{-\mathrm{j}\pi\frac{\alpha(m-1)^2}{N|\beta|}} X_n^{\boldsymbol{A}}(m-1)\right].\tag{5.125}$$

由式 (5.125) 可知, LCT 域的卷积可以通过邻近的 SDLCT 单元 $m-1, m, m+1$ 实现. 在实现过程中需要 4 次复数乘法和 2 次复数加法运算, 代替了窗函数系数与输入信号的 N 次复数乘法. 这保证了 SDLCT 计算的简便性, 减少了 LCT 频谱泄露和乘法运算的计算次数, 提高了计算效率.

参考文献

[1] 胡广书. 数字信号处理: 理论算法、算法与实现 [M]. 北京: 清华大学出版社, 2016.

[2] DUTT A, ROKHLIN V. Fast fourier transforms for nonequispaced data[J]. SIAM Journal on Scientific Computing, 1993, 14(6): 1368-1393.

[3] CHEEMA U I, NASH G, ANSARI R, et al. Memory optimized regridding architecture for nonuniform fast fourier transform[J]. IEEE Transactions on Circuits and Systems I: Regular Papers, 2017, 64(7): 1853-1864.

[4] OZAKTAS H M, ARIKAN O, KUTAY M A. Digital computation of the fractional fourier transform[J]. IEEE Transactions on Signal Processing, 1996, 44(9): 2141-2150.

[5] 陶然, 张峰, 王越. 分数阶 Fourier 变换离散化的研究进展 [J]. 中国科学 (E 辑: 信息科学), 2008, 38(4): 481-503.

[6] SUXH, TAOR,KANGXJ. Analysis and comparison of discrete fractional Fourier transforms[J]. Signal Processing, 2019, 160: 284-298.

[7] PEI S C, DING J J. Closed-form discrete fractional and affine Fourier transforms[J]. IEEE Transactions on Signal Processing, 2000, 48(5): 1338-1353.

[8] BRADLEY D, KENNETH S. Eigenvectors and functions of the discrete Fourier transform[J]. IEEE Transactions on Acoustics, Speech, and Signal Processing, 1982, 30(1): 25-31.

[9] CANDAN C, KUTAYMA, OZAKTAS H M. The discrete fractional Fourier transform[J]. IEEE Transactions on Signal Processing, 2000, 48(5): 1329-1337.

[10] PEI S C, YEH M H. Improved discrete fractional Fourier transform[J]. Optics Letters, 1997, 22(14): 1047-1049.

[11] PEI S C,TSENGCC,YEHMH.A new discrete fractional Fourier transform based on constrained eigendecomposition of DFT matrix by Lagrange multiplier method[J]. IEEE Transactions on Circuits Systems, 1999, 46(9): 1240-1245.

[12] PEI S C, YEH M H, TSENG C C. Discrete fractional Fourier transform based on orthogonal projections[J]. IEEE Transactions on Signal Processing, 1999, 47(5): 1335-1348.

[13] PEI S C, HSUE W L, DING J J. Discrete fractional Fourier transform based on new nearly tridiagonal commuting matrices[J]. IEEE Transactions on Signal Processing, 2006, 54(10): 3815-3828.

[14] HANNA M T, SEIF N P A, AHMED W A E M. Hermite-Gaussian-like eigenvectors of the discrete Fourier transform matrix based on the singular-value decomposition of its orthogonal projection matrices[J]. IEEE Transactions on Circuits and Systems I: Regular Papers, 2004, 51(11): 2245-2254.

[15] PEI S C, HSUE W L, DING J J. DFT-commuting matrix with arbitrary or infinite order second derivative approximation[J]. IEEE Transactions on Signal Processing, 2008, 57(1): 390-394.

[16] PEI S C,TSENGCC,YEHMH.A new discrete fractional Fourier transform based on constrained eigendecomposition of DFT matrix by Lagrange multiplier method[J]. IEEE Transactions on Circuits and Systems II: Analog and Digital Signal Processing, 1999, 46(9): 1240-1245.

[17] HANNA M T. Direct sequential evaluation of optimal orthonormal eigenvectors of

the discrete Fourier transform matrix by constrained optimization[J]. Digital Signal Processing, 2012, 22(4): 681-689.

[18] HANNAMT. Direct batch evaluation of optimal orthonormal eigenvectors of the DFT matrix[J]. IEEE Transactions on Signal Processing, 2008, 56(5): 2138-2143.

[19] De OLIVEIRA NETO J R, LIMA J B. Discrete fractional Fourier transforms based on closedform Hermite-Gaussian-like DFT eigenvectors[J]. IEEE Transactions on Signal Processing, 2017, 65(23): 6171-6184.

[20] NETO J R D, LIMA J B. Discrete fractional Fourier transforms based on closed-form Hermite-Gaussian-like DFT eigenvectors[J]. IEEE Transactions on Signal Processing, 2017, 65(23): 6171-6184.

[21] 马金铭, 苗红霞, 苏新华, 等. 分数傅里叶变换理论及其应用研究进展 [J]. 光电工程, 2018, 45(6): 170747.

[22] 康学净. 离散分数变换及其在图像加密中的应用 [D]. 北京: 北京理工大学, 2016.

[23] BARGMANNV. On a Hilbert space of analytic functions and an associated integral transform[J]. Communications on Pure and Applied Mathematics, 1961, 14: 187-214.

[24] HENNELLY B M, SHERIDAN J T. Fast numerical algorithm for the linear canonical transform[J]. Journal of the Optical Society of America A: Optics Image Science & Vision, 2005, 22(5): 928-937.

[25] ZHANG W L, LI B Z, CHENG Q Y. A new discretization algorithm of linear canonical transform[J]. Procedia Engineering, 2012, 29(4): 930-934.

[26] HEALY J J, SHERIDAN J T. Sampling and discretization of the linear canonical transform[J]. Signal Processing, 2009, 89(4): 641-648.

[27] WEI D Y, WANG R K, LI Y M. Random discrete linear canonical transform[J]. Journal of the Optical Society of America A: Optics Image Science & Vision, 2016, 33(12): 2470-2476.

[28] KOC A, OZAKTAS H M, CANDAN C, et al. Digital computation of linear canonical transforms[J]. IEEE Transactions on Signal Processing, 2008, 56(6): 2383-2394.

[29] ZHANG F, TAO Y, Ran and Wang. Discrete linear canonical transform computation by adaptive method[J]. Optics Express, 2013, 21(15): 18138-18151.

[30] OKTEM F S, OZAKTAS H M. Exact relation between continuous and discrete linear canonical transforms[J]. IEEE Signal Processing Letters, 2009, 16(8): 727-730.

[31] KOCA, OZAKTAS H M, LAMBERTUS H. Fast and accurate computation of two-dimensional non-separable quadratic-phase integrals[J]. Journal of the Optical Society of America A: Optics Image Science & Vision, 2010, 27(6): 1288-1302.

[32] 孙艳楠, 李炳照, 陶然. 线性正则变换的离散化研究进展 [J]. 光电工程, 2018, 45(6): 170738.

[33] COOLEY J W, W T J. An algorithm for the machine calculation of complex Fourier series[J]. Mathematics of Computation, 1965, 19(90): 297-301.

[34] HEALY J J, KUTAY M A, OZAKTAS H M, et al. Linear canonical transforms : theory and applications[M]. New York: Springer, 2016.

[35] 许天周, 李炳照. 线性正则变换及其应用 [M]. 北京: 科学出版社, 2013.

[36] SUN Y N, LI B Z. Segmented fast linear canonical transform[J]. Journal of the Optical Society of America A: Optics Image Science & Vision, 2018, 35(8): 1346-1355.

[37] SUN Y, LI B. Digital computation of linear canonical transform for local spectra with flexible resolution ability[J]. Science China Information Sciences, 2019, 62(4): 49301.

[38] GOERTZEL G. An algorithm for the evaluation of finite trigonometric series[J]. American Mathematical Monthly, 1958, 65(1): 34-35.

[39] SUN Y N, LI B Z. Sliding discrete linear canonical transform[J]. IEEE Transactions on Signal Processing, 2018, 66(17): 4553-4563.

[40] SHENG M, LI H B, ZHAO J M. Windowed Fourier Transform and general wavelet algorithms in quantum[J]. Quantum Information & Computation, 2019, 19(3-4): 237-251.

[41] DENG B, TAO R, WANG Y. Convolution theorems for the linear canonical transform and their applications[J]. Science China-Information Sciences, 2006, 49(5): 592-603.

[42] SHI J, LIU X P, ZHANG N T. Generalized convolution and product theorems associated with linear canonical transform[J]. Signal Image & Video Processing, 2014, 8(5): 967-974.

[43] ZHANG Z C. New convolution and product theorem for the linear canonical transform and its applications[J]. Optik-International Journal for Light and Electron Optics, 2016, 127(11): 4894-4902.

[44] FENG Q, LI B Z. Convolution and correlation theorems for the two-dimensional linear canonical transform and its applications[J]. IET Signal Processing, 2016, 10(2): 125-132.

[45] GOEL N, SINGHK. Analysis of dirichlet, generalized hamming and triangular windowfunctions in the linear canonical transform domain[J]. Signal Image & Video Processing, 2013, 7(5): 911-923.

第 6 章

分数域信号处理理论的应用初步

6.1　引言

分数域信号处理理论与方法已经被广泛用于科学研究和工程应用中的众多领域, 如相位恢复、信号重构、信号检测和参数估计、分数域滤波器设计、神经网络、数字图像水印、图像加密、油气勘测等. 本节主要介绍分数域信号处理理论在数字图像水印、参数估计和单边带调制中的应用.

6.2　分数域数字图像水印技术

如今, 各种信息可以通过互联网在世界范围内广泛传播. 因此, 如何保护信息所有者的版权, 隐秘通信以及身份认证成为信息安全领域亟待解决的问题. 信息隐藏技术正是基于上述背景而提出的保护信息安全的技术, 主要包括隐写术、数字水印技术、可视密码、潜信道、隐匿协议等. 数字水印技术是将机密信息, 如数字、序列号和图像等嵌入公开的图像, 使得人类视觉器官无法感知机密信息的存在, 从而达到防伪溯源、版权保护、隐藏标识、认证和安全隐蔽通信等目的, 已经成为信息安全领域的重要分支. 如图 6.1 所示, 一个完整的数字图像水印系统应该包括水印的生成、水印的嵌入和水印的提取三部分. 通常情况下, 数字图像水印系统还应该满足以下特性:

(1) 嵌入的有效性: 水印嵌入算法应具有一定的有效性, 即嵌入的水印能够被提取或者检测.

(2) 不可见性: 水印应从视觉上是无法感知的, 即视觉上不能分辨出嵌入水印的宿主图像和原宿主图像之间的差异. 而且嵌入的水印不会影响宿主图像的正常使用, 不会导致宿主图像出现明显的降质.

(3) 鲁棒性: 该特性适用于鲁棒水印, 鲁棒性是指嵌入水印的宿主图像在经历一种或多种无意或有意的攻击后, 水印仍能保持部分完整并能被准确提取或检测. 常见的攻击包括几何攻击、噪声攻击、 JPEG 压缩攻击、图像处理攻击等.

不可见性和鲁棒性作为数字图像水印的基本要求, 是相互制约的, 因此如何根据实际需求来均衡二者是难点之一. 按照水印嵌入位置的不同, 数字图像水印方法分为空域法和变换域法. 空域数字水印是直接在图像空间上叠加水印信息, 而变换域数字水印方法是先对宿主图像进行变换得到变换系数, 然后将水印嵌入到变换系数上. 与空域法相比, 变换域法具有以下优势:

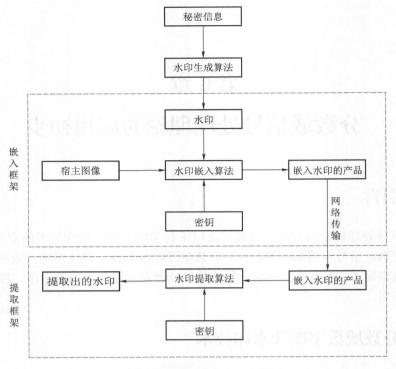

图 6.1　数字图像水印系统基本框架

(1) 能够将水印信息分布到空域的所有像素中去, 有利于提高水印的不可见性.

(2) 嵌入水印在高频或者低频部分可以很好地均衡不可见性和鲁棒性.

(3) 可与国际数据压缩标准兼容, 如基于 DCT 的 JPEG 国际图像压缩标准和升级版的基于 DWT 的 JPEG2000 国际图像压缩标准, 有利于提高水印系统抵抗压缩攻击的能力.

已有的变换域水印方法中涉及的变换主要包括余弦变换、FT、小波变换和基于小波变换发展而来的多尺度几何分析, 如脊波变换、曲波变换、轮廓波变换以及条带波变换等. 小波变换具有时频局部化特性、"变焦"特性以及灵活的小波基等优点, 使得基于小波变换的数字图像水印方法有着很好的发展前景, 从而引起了越来越多科研人员的重视. 由小波变换发展而来的线性正则小波变换 (LCWT) 不仅继承了小波变换的多分辨分析的优势, 还具有在 LCT 域表征图像的能力. 因此, 提出了一种基于 LCWT 的数字水印方法, 并通过仿真实验验证了该方法的可行性, 包括不可见性和嵌入的有效性. 通过与文献 [1] 和 [2] 中所提的数字水印方法进行比较, 探索研究了基于 LCWT 的数字水印方法的鲁棒性.

6.2.1　二维 LCWT 的离散算法

首先, 将给出二维 LCWT 的分解和重构算法. 类似于 DWT , LCWT 同样分解图像为 4 个子带, 包括线性正则低频子带 LL', 水平线性正则高频子带 HL', 垂直线性正则高频子带 LH', 对角线性正则高频子带 HH'. 设 $LL'_j(m,n)(m,n \in \mathbf{N})$ 为线性正则小波分解得到的低频子带系数, 与 $\mathrm{e}^{\frac{i}{2}[(m \cdot 2^j)^2 \frac{a_1}{b_1} + (n \cdot 2^j)^2 \frac{a_2}{b_2}]}$ 相乘得到 $LL_j(m,n)$. 然后应用 DWT 得到 4 个子带 $LL_{j+1}(m,n), HL_{j+1}(m,n), LH_{j+1}(m,n), HH_{j+1}(m,n)$. 最后, 与 $\mathrm{e}^{-\frac{i}{2}[(2m \cdot 2^j)^2 \frac{a_1}{b_1} + (2n \cdot 2^j)^2 \frac{a_2}{b_2}]}$ 相

乘得到第 $j+1$ 层的 4 个子带. 上述分解算法可以归纳为图 6.2(a), 类似可得如图 6.2(b) 所示的 LCWT 重构算法.

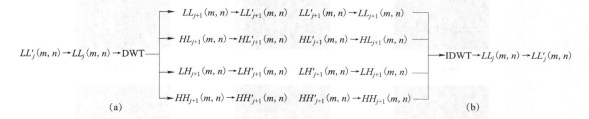

图 6.2　LCWT 的离散算法

(a) LCWT 的分解算法; (b) LCWT 的重构算法

根据 LCWT 的定义可知, 矩阵参数的变化将会影响分解得到的各个子带的能量分布. 如图 6.3 (a) 所示, 随着参数 $\alpha = a_1/b_1$ 的增加, 分解得到的对角高频图像包含更多的原图像信息, 其能量随着参数 $\alpha = a_1/b_1$ 的增加而增加 (见图 6.3 (b)). 因为 LCWT 满足 Parseval 定理, 所以分解得到的低频图像的能量随着参数 $\alpha = a_1/b_1$ 的增加而减少 (见图 6.3 (b)).

6.2.2　水印嵌入和提取算法

下面给出基于 LCWT 的数字水印方法的水印嵌入和提取算法. 假设宿主图像 X 是大小为 512×512 的灰度图像, 嵌入的水印 $W = \{w_{ij}\}$ 是大小为 64×64 的二值图像. 水印嵌入的具体流程如下:

步骤 1: 将宿主图像 X 转换为一个列向量 Y, 其大小为 $512^2 \times 1$.

步骤 2: 对 Y 中的元素按照从小到大的排序得到 Y', 同时记录 Y' 中元素在 Y 中的原始位置为 P, 即 $Y(i,1) = Y'[P(i,1),1], i = 1, 2, \cdots, 512^2$.

步骤 3: 按照步骤 1 的相反做法, 把 Y' 恢复为 512×512 的图像 X'.

步骤 4: 对 X' 进行一层 LCWT 分解, 得到子带 LL'、HL'、LH' 和 HH', 每个子带的大小为 256×256.

步骤 5: 划分 LL' 为不重叠的大小为 4×4 的子块 $\{b_{ij}\}$, 得到的子块数量为 64^2.

步骤 6: 应用 QR 分解到每一个子块, 得到 Q_{ij} 和 R_{ij}, 其中 R_{ij} 表示得到的上三角矩阵.

步骤 7: 选取每一个 R_{ij} 的第一行作为水印嵌入的位置, 嵌入方法如下:

$$R_{ij}^w(1,:) = \begin{cases} R_{ij}(1,:) + \lambda \cdot \boldsymbol{K}, & w_{ij} = 1, \\ R_{ij}(1,:) - \lambda \cdot \boldsymbol{K}, & w_{ij} = 0, \end{cases} \tag{6.1}$$

其中, $\boldsymbol{K}$ 是一个 1×4 的随机向量, 其值独立且均匀地分布在区间 $[-1,1]$ 上; $R_{ij}(1,:)$ 表示 R_{ij} 的第一行, R_{ij}^w 表示嵌入水印之后的子块; λ 表示水印嵌入强度, 它可以调节水印系统的不可见性和鲁棒性.

步骤 8: 应用逆 QR 分解到每一个子块, 得到嵌入水印的子块 $b_{ij}^w = Q_{ij}R_{ij}^w$.

步骤 9: 将所有子块组合在一起, 得到嵌入水印的线性正则子带 $\{LL'\}^w$.

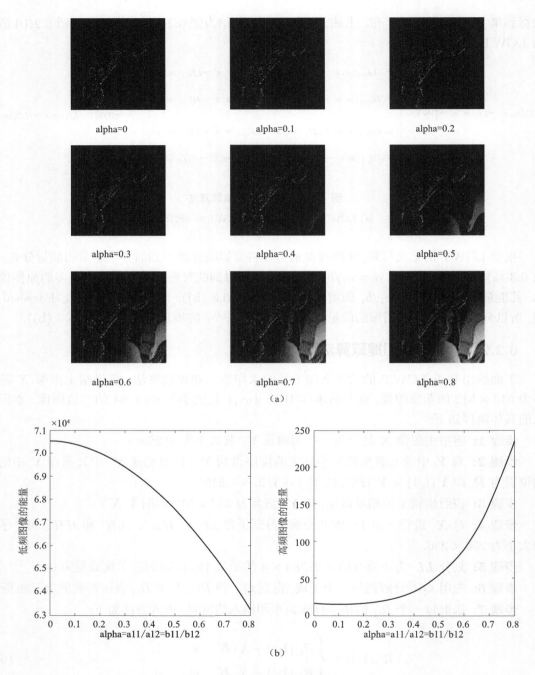

图 6.3   基于 LCWT 的图像分解

(a) 不同参数的 LCWT 分解得到的对角高频图像; (b) 低频图像和对角高频图像的能量变化趋势

步骤 10: 利用上述得到的 $\{LL'\}^w$ 和步骤 4 中得到的其余 3 个子带 HL'、LH'、HH', 按照 LCWT 的重构算法得到 $\{X'\}^w$.

步骤 11: 利用步骤 2 中所记录的初始位置, 恢复 $\{X'\}^w$ 中的元素位置, 得到嵌入水印的宿主图像 X^w.

下面给出相应的水印提取算法, 其中需要位置向量 $\boldsymbol{P}$ 和嵌入水印的宿主图像 $\boldsymbol{X}^w$. 位置向量 $\boldsymbol{P}$ 不仅可以作为密钥提高水印方法的安全性, 而且可以降低原始水印与提取水印之间的误码率. 具体流程如下:

步骤 1: 利用位置向量 $\boldsymbol{P}$ 和嵌入水印的宿主图像 $\boldsymbol{X}^w$, 得到 $\{\boldsymbol{X}'\}^w$.

步骤 2: 应用一层 LCWT 分解到 $\{\boldsymbol{X}'\}^w$, 得到 4 个子带 $LL1'$、$HL1'$、$LH1'$ 和 $HH1'$, 每个子带的大小为 256×256.

步骤 3: 划分 $LL1$ 为 64^2 个不重叠的子块 $\{a_{ij}\}$, 每一个子块的大小为 4×4.

步骤 4: 应用 QR 分解到每一个 4×4 的子块 a_{ij}, 得到 $Q1_{ij}$ 和 $R1_{ij}$.

步骤 5: 从 $R1_{ij}$ 的第一行提取水印, 具体方法为

$$w'(i,j) = \begin{cases} 1, & \mathrm{corrcoef}[R1_{ij}(1,:), \boldsymbol{K}] \geqslant 0, \\ 0, & \mathrm{corrcoef}[R1_{ij}(1,:), \boldsymbol{K}] < 0, \end{cases} \tag{6.2}$$

其中, $\mathrm{corrcoef}(\cdot, \cdot)$ 表示两个变量之间的标准相关系数.

步骤 6: 对得到的水印进行如下处理以降低误差, 如果某个元素周围的像素值之和大于 6, 则 $w'(i,j) = 1$, 如果某个元素周围的像素值之和小于 3, 则 $w'(i,j) = 0$.

6.2.3　仿真实验

本节通过仿真实验分析该水印方法的可行性和鲁棒性, 其中可行性包括水印的不可见性和水印嵌入的有效性. 5 幅常用的大小为 512×512 的图像作为宿主图像 (见图 6.4 (a)~图 6.4 (e)), 大小为 64×64 的二值图像作为水印 (见图 6.4 (f)). LCWT 的矩阵参数设置为 $a_1/b_1 = 0.05$, 水印嵌入强度为 $\lambda = 15$. 这里与基于小波变换和 QR 分解的水印方法 (记为 DWT+QR) 以及基于 QR 分解的水印方法 (记为 QR) 进行比较. 下面的内容分为两部分:

(1) 将水印嵌入 5 幅宿主图像中, 采用峰值信噪比 (Peak Signal to Noise Ratio, PSNR) 量化分析该水印方法的不可见性. 进一步基于嵌入水印的宿主图像提取水印, 采用归一化系数 (Normalized Coefficient, NC) 和结构相似性指数 (Structural Similarity, SSIM) 来衡量原始水印和提取出的水印之间的相似度.

(2) 分别对嵌入水印的宿主图像进行攻击, 检测该水印方法对几何攻击 (旋转、平移、裁剪、缩放) 和图像处理攻击 (JPEG 压缩、滤波、噪声、 Sobel 锐化、伽马校正、直方图均衡和运动模糊) 的鲁棒性.

(a)　　　　(b)　　　　(c)　　　　(d)　　　　(e)　　　　(f)

图 6.4　测试图像

(a) ~ (e) 宿主图像; (f) 水印图像

6.2.3.1 可行性

水印方法的可行性包括水印的不可见性和水印嵌入的有效性. 为了保证水印信息的安全, 水印嵌入人眼是不可见的, 因此水印不可见性是衡量水印方法性能的一个重要指标. 此外, 为了保证水印嵌入的有效性, 提取出水印与原始水印的相似度是另一个需要考虑的指标. 因此, 下面使用三个指标来具体衡量这两个方面.

首先, PSNR 通常被用来衡量嵌入水印的宿主图像的质量, 其定义为

$$\mathrm{PSNR}(f, f^w) = 10 \log_{10} \frac{MN\{\max[f(m,n)]\}^2}{\sum\limits_{n=1}^{N}\sum\limits_{m=1}^{M}[f(m,n) - f^w(m,n)]^2}, \tag{6.3}$$

式中, f 和 f^w 分别表示大小为 $M \times N$ 的宿主图像和嵌入水印的宿主图像. 此外, NC 和 SSIM 用来衡量提取出的水印与原始水印的相似度, 其值位于 [0,1], 值越靠近 1 说明相似度越高. 其定义分别为

$$\mathrm{NC}(w, w') = \frac{\sum\limits_{m=1}^{M}\sum\limits_{n=1}^{N} w(m,n) \cdot w'(m,n)}{\sqrt{\sum\limits_{m=1}^{M}\sum\limits_{n=1}^{N}[w(m,n)]^2} \cdot \sqrt{\sum\limits_{m=1}^{M}\sum\limits_{n=1}^{N}[w'(m,n)]^2}}, \tag{6.4}$$

$$\mathrm{SSIM}(w, w') = \frac{(\mu_w \mu_{w'} + c_1)(2\sigma_{ww'} + c_2)}{(\mu_w^2 + \mu_{w'}^2 + c_1)(\sigma_w^2 + \sigma_{w'}^2 + c_2)},$$

式中, μ_w 和 $\mu_{w'}$ 分别表示原始水印 w 和提取出的水印 w' 的均值; σ_w 和 $\sigma_{w'}$ 分别表示原始水印 w 和提取出的水印 w' 的方差; $\sigma_{ww'}$ 表示 w 和 w' 的协方差; c_1 和 c_2 是为了保证除法有意义而加的弱扰动.

按照水印方法的嵌入和提取算法, 将水印分别嵌入 5 幅宿主图像中, 然后直接提取水印. 得到的嵌入水印的宿主图像以及相应的 PSNR 值列于图 6.5 中. 一般来说, 当 PSNR 值大于 30 dB 时, 人眼无法分辨出原始宿主图像和嵌入水印的宿主图像之间的差异, 并且得到的 PSNR 值越大, 说明水印方法的不可见性越好. 从图 6.5 中可以发现, 直接观察无法分辨出其中的差异并且得到的 PSNR 值全部高于 30 dB, 这意味着基于 LCWT 的数字水印方法具有很好的不可见性. 此外, 提取出的水印以及相应的 NC 、SSIM 值也列于图 6.5 中. 从图中可得, 直接观察提取出的水印和原始水印并无明显的差异, 而且得到的 NC 和 SSIM 值都等于 1, 这说明基于 LCWT 的数字水印方法可以完全提取水印. 综合以上的主观和客观结果, 可得基于 LCWT 的数字水印方法是可行的.

6.2.3.2 鲁棒性

鲁棒性是衡量水印方法抵抗各种攻击的能力, 也是显示水印方法性能的一个关键方面. 本节中, 通过对嵌入水印的宿主图像进行不同类型的攻击, 然后再提取水印, 分析基于 LCWT 的数字水印方法的鲁棒性, 并与基于 DWT+QR[1] 和 QR[2] 的水印方法进行比较. 为了保证比较的公平性, 选取三种方法中的嵌入强度以实现嵌入水印的宿主图像的 PSNR 值均为 40 dB. 基于以上假设, 基于 LCWT 的水印方法中的嵌入强度为 $\lambda = 15$, 对比文献 [1] 和 [2] 中的嵌入强度为 $S = 35$.

嵌入水印后的图像					
PSNR	40.568 0	40.494 3	40.856 8	40.706 3	39.709 5
提取出的水印	BIT	BIT	BIT	BIT	BIT
NC	1	1	1	1	1
SSIM	1	1	1	1	1

图 6.5　数字水印方法的可行性分析

1. 旋转鲁棒性

首先探索研究当嵌入水印的宿主图像遭到旋转攻击后, 基于 LCWT 的数字水印方法抵抗旋转攻击的能力. 旋转攻击的参数为顺时针旋转 $5° \sim 90°$, 间隔为 $5°$. 基于不同角度的旋转攻击下得到的 NC 和 SSIM 值, 绘制了 NC 和 SSIM 值随着角度变化的趋势图, 分别见图 6.6 (a) 和图 6.6 (b). 为了更加直观地比较三种方法, 选取了基于三种方法提取出的部分水印列于表 6.1 中. 通过分析比较可知, 基于 LCWT 的数字水印方法得到的 NC 和 SSIM 值均高于其他两种方法. 在主观感知方面, 基于 LCWT 的图像水印方法提取出的水印比其他两种方法得到的更为清晰. 上述分析表明, 基于 LCWT 的数字水印方法对旋转攻击具有较好的鲁棒性.

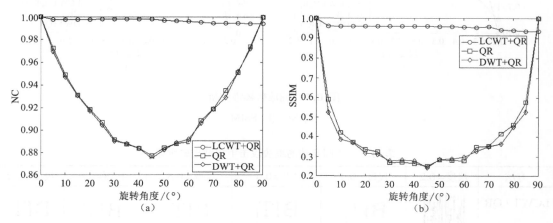

图 6.6　旋转鲁棒性分析

(a) NC; (b) SSIM

2. 缩放鲁棒性

图像缩放在图像处理和计算机图形学中十分常见, 因此有必要探索研究基于 LCWT 的数字水印方法抵抗缩放攻击的能力. 缩放的参数为 $0.2 \sim 1.2$, 间隔为 0.1, 同样绘制了 NC 和 SSIM 值随着缩放参数变化的趋势图, 分别见图 6.7 (a) 和图 6.7 (b). 为便于直观地比较三种方法的缩放鲁棒性, 选取了提取出的部分水印列于表 6.2 中. 通过对 NC 和 SSIM 值的比较分析, 可得基于 LCWT 的数字水印方法在缩放因子为 0.4 时出现跳跃式上升, 从而快速达到良好的缩放鲁棒性. 基于主观感知, 基于 LCWT 的数字水印方法提取出的水印在尺度因子 0.4, 0.6, 0.8 和 1.2 时比其他两种方法得到的更为清晰. 基于上述结果, 可得基于 LCWT 的数字水印方法的旋转鲁棒性优于其他两种方法.

表 6.1   不同角度的旋转攻击下提取出的水印

方法	旋转角度=15°	旋转角度=30°	旋转角度=45°	旋转角度=60°	旋转角度=75°	旋转角度=90°
LCWT+QR	BIT	BIT	BIT	BIT	BIT	BIT
DWT+QR	BIT	BIT	BIT	BIT	BIT	BIT
QR	BIT	BIT	BIT	BIT	BIT	BIT

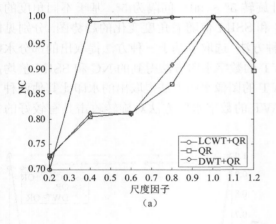
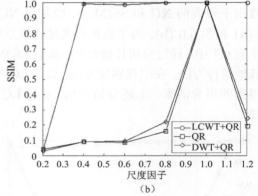

图 6.7   缩放鲁棒性分析

(a) NC; (b) SSIM

表 6.2   不同参数的缩放攻击下提取出的水印

方法	尺度=0.2	尺度=0.4	尺度=0.6	尺度=0.8	尺度=1.0	尺度=1.2
LCWT+QR		BIT	BIT	BIT	BIT	BIT
DWT+QR				BIT	BIT	BIT
QR					BIT	BIT

3. JPEG 压缩鲁棒性

当图像通过网络传输时, 图像通常被压缩以加快传输速率和节省传输时间, 因此有必要研究基于 LCWT 的数字水印方法的 JPEG 压缩鲁棒性. 压缩比变化范围为 5~ 90, 间隔为 5, 得到的 NC 和 SSIM 值随着压缩比变化的趋势如图 6.8 (a)、图 6.8 (b) 所示, 同时提取出的水印列于表 6.3 中. 通过对 NC 和 SSIM 值比较分析可得, 总体上 NC 和 SSIM 值随着压缩因子的增大而增大. 当压缩比大于 30 时, 基于 LCWT 的数字水印方法得到的 NC 和 SSIM 值高于其他两种方法. 从表 6.3 可知, 当压缩比大于 30 时提取出的水印变得越来越清晰, 与分析数据得到的结论一致. 尤其是当压缩因子为 30、 45 时, 基于 LCWT 的数字水印方法提取出的水印比其他两种方法更为清晰. 总之, 与基于 DWT+QR 和 QR 的数字水印方法相比, 基于 LCWT 的数字水印方法的 JPEG 压缩鲁棒性更好.

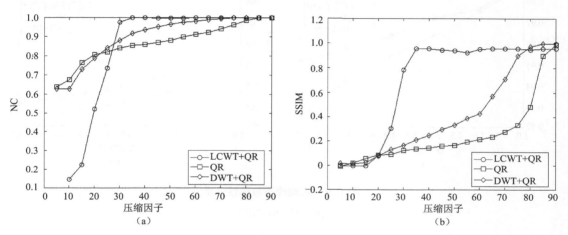

图 6.8　JPEG 压缩鲁棒性分析

(a) NC; (b) SSIM

表 6.3　不同参数的 JPEG 压缩攻击下提取出的水印

方法	JPEG=15	JPEG=30	JPEG=45	JPEG=60	JPEG=75	JPEG=90
LCWT+QR	|	BIT|	BIT|	BIT|	BIT	BIT
DWT+QR		BIT	BIT	BIT	BIT	BIT
QR		BIT	BIT	BIT	BIT	BIT

4. 噪声鲁棒性

图像的传输往往不可避免地受到噪声的污染, 因此当嵌入水印的宿主图像受到不同类型的噪声污染时, 有必要研究基于 LCWT 的数字水印方法的噪声鲁棒性. 下面针对三种不同类型的噪声攻击进行分析, 包括高斯噪声、椒盐噪声和乘性噪声. 首先, 考虑图像遭到椒盐噪声的攻击, 噪声强度从 0.1% 变化到 0.6%, 间隔为 0.1%. 得到的 NC 和 SSIM 值随着噪声强度的变化趋势如图 6.9 (a) 、图 6.9 (b) 所示, 提取出的水印列于表 6.4 中. 通过对得到的 NC 和 SSIM 值进行比较分析可得, NC 和 SSIM 值随着椒盐噪声强度的增大而减小, 但基于 LCWT 的数字水印方法得到的 NC 和 SSIM 值高于其他两种方法. 从表 6.4 中可知, 基于 LCWT 的数字水印方法所提取的水印比其他两种方法更清晰, 特别是在噪声密度为 0.6% 时. 综合主观和客观得到的结果, 基于 LCWT 的数字水印方法对椒盐噪声攻击具有较好的鲁棒性.

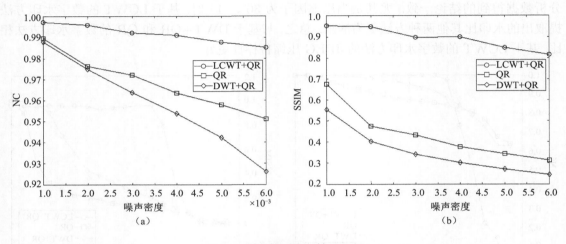

图 6.9　椒盐噪声鲁棒性分析

(a) NC; (b) SSIM

表 6.4　不同参数的椒盐噪声攻击下提取出的水印

方法	$\sigma=0.1\%$	$\sigma=0.2\%$	$\sigma=0.3\%$	$\sigma=0.4\%$	$\sigma=0.5\%$	$\sigma=0.6\%$
LCWT+QR	BIT	BIT	BIT	BIT	BIT	BIT
DWT+QR	BIT	BIT	BIT	BIT	BIT	BIT
QR	BIT	BIT	BIT	BIT	BIT	BIT

其次, 考虑嵌入水印的宿主图像遭到高斯噪声的攻击, 噪声强度从 0.1% 变化到 0.6%, 间隔为 0.1%. NC 和 SSIM 值随着噪声强度的变化趋势如图 6.10 (a) 、图 6.10 (b) 所示, 提取出的水印列于表 6.5 中. 从图 6.10 (a) 、图 6.10(b) 中可知, 基于 LCWT 得到的 NC 和 SSIM 远高于其他两种方法. 直接观察可得, 基于 LCWT 的水印方法所提取的水印比较清晰, 而基于其他两种方法提取的水印比较模糊, 无法分辨. 这意味着基于 LCWT 的水印方法的高斯噪声鲁棒性高于其他两种方法.

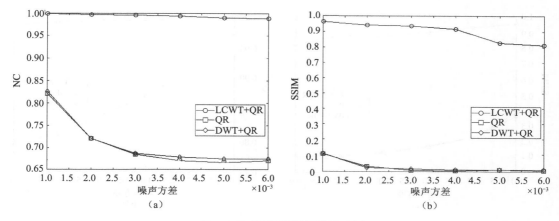

图 6.10　高斯噪声鲁棒性分析

(a) NC; (b) SSIM

表 6.5　不同参数的高斯噪声攻击下提取出的水印

方法	$\sigma=0.1\%$	$\sigma=0.2\%$	$\sigma=0.3\%$	$\sigma=0.4\%$	$\sigma=0.5\%$	$\sigma=0.6\%$
LCWT+QR	BIT	BIT	BIT	BIT	BIT	BIT
DWT+QR						
QR						

最后, 考虑嵌入水印的宿主图像遭到乘性噪声的攻击, 噪声强度从 0.1% 变化到 0.6%, 间隔为 0.1%. 如图 6.11 (a) 、图 6.11 (b) 所示, 总的来说, NC 和 SSIM 值随着噪声强度的增加而减小. 但是, 基于 LCWT 的数字水印方法得到的 NC 和 SSIM 值均高于其他两种方法. 基于三种方法提取出的水印列于表 6.6 中, 通过观察可得, 随着噪声强度的增加, 提取的水印清晰度下降. 基于 LCWT 的数字水印方法所提取的水印的清晰度均高于其他两种方法, 尤其是 $\sigma = 0.6\%$ 时, 基于其他两种方法提取的水印十分模糊, 而基于 LCWT 提取的水印仍然清晰可见. 基于上述事实可得, 基于 LCWT 的数字水印方法对乘性噪声具有较好的鲁棒性.

5. 滤波鲁棒性

滤波是常见的图像去噪工具之一, 常用的滤波包括中值滤波、高斯滤波和均值滤波. 当嵌入水印的宿主图像受到滤波攻击后, 有必要探索研究基于 LCWT 的数字水印方法的滤波鲁棒性. 下面针对上述三种滤波进行分析. 首先, 研究基于 LCWT 的数字水印方法抵抗高斯低通滤波攻击的能力, 高斯低通滤波器的参数从 0.6 变化到 3.6, 间隔为 0.6. 得到的 NC 和 SSIM 值随着参数变化的趋势分别如图 6.12 (a) 、图 6.12 (b) 所示, 提取出的水印列于表 6.7 中. NC 和 SSIM 值随着高斯低通滤波器标准差的增加而缓慢下降, 基于 LCWT 的数字水印方法得到的 NC 和 SSIM 值均高于其他两种方法. 基于主观观察可得, 基于 LCWT 的数字水

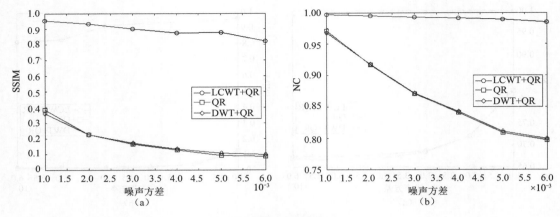

图 6.11　乘性噪声鲁棒性分析

(a) NC; (b) SSIM

表 6.6　不同参数的乘性噪声攻击下提取出的水印

方法	$\sigma=0.1\%$	$\sigma=0.2\%$	$\sigma=0.3\%$	$\sigma=0.4\%$	$\sigma=0.5\%$	$\sigma=0.6\%$
LCWT+QR	BIT	BIT	BIT	BIT	BIT	BIT
DWT+QR	BIT	BIT	BIT	BIT	BIT	BIT
QR	BIT	BIT	BIT	BIT	BIT	BIT

印方法提取出的水印比其他两种方法更清晰, 尤其是在标准差为 3.6 的情况下, 基于 LCWT 的数字水印方法提取出的水印比较清晰, 而基于其他两种方法提取出的水印模糊不清. 上述分析表明, 基于 LCWT 的数字水印方法对高斯滤波攻击具有较好的鲁棒性.

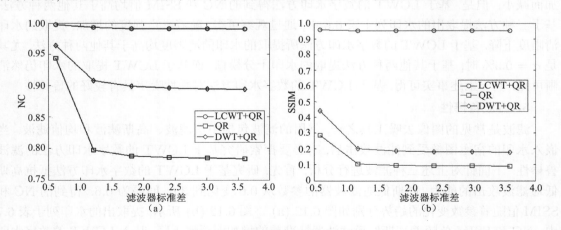

图 6.12　高斯低通滤波鲁棒性分析

(a) NC; (b) SSIM

表 6.7 不同参数的高斯低通滤波攻击下提取出的水印

方法	std=0.6	std=1.2	std=1.8	std=2.4	std=3.0	std=3.6
LCWT+QR	BIT	BIT	BIT	BIT	BIT	BIT
DWT+QR	BIT	BIT	BIT	BIT	BIT	BIT
QR	BIT					

其次, 在中值滤波和均值滤波的攻击下提取出的水印和相应的 NC 、 SSIM 值列于表 6.8 中. 通过主观比较, 基于 LCWT 的数字水印方法所提取出的水印的清晰度是最好的, 并且相应的 SSIM 和 NC 值均高于其他两种方法. 这说明了基于 LCWT 的数字水印方法可以有效地抵抗中值滤波和均值滤波的攻击.

表 6.8 中值滤波和均值滤波鲁棒性分析

攻击类型	LCWT+QR	DWT+QR	QR
中值滤波	BIT	BIT	BIT
NC	0.997 7	0.935 6	0.900 6
SSIM	0.959 7	0.252 8	0.191 5
均值滤波	BIT	BIT	BIT
NC	0.998 2	0.893 6	0.784 3
SSIM	0.959 8	0.179 5	0.090 2

6. 平移和裁剪鲁棒性

平移和裁剪是两种常见的几何攻击. 当嵌入水印的宿主图像遭受平移和裁剪攻击时, 需要检测基于 LCWT 的图像水印方法对于平移和裁剪攻击的抵抗能力. 下面, 考虑嵌入水印的宿主图像向右下平移 16×16 像素单位和右上角裁剪 1/4. 提取出的水印和相应的 NC 、 SSIM 值列于表 6.9 中. 对于平移攻击, 三种方法都可以提取出较清晰的水印, 基于 LCWT 的数字水印方法略优于其他两种方法. 对于裁剪攻击, 基于 LCWT 的数字水印方法可以提取出清晰完整的水印, 而基于其他两种方法提取的水印并不完整. 综上所述, 基于 LCWT 的数字水印方法具有较好的平移和裁剪鲁棒性.

7. 常见的图像处理攻击鲁棒性

在实际操作中, 常常使用一些工具来处理图像, 例如使用直方图均衡来增强图像的整体对比度, Sobel 锐化增强图像的轮廓和细节, 因此有必要针对一些常见的图像处理攻击, 包括 Sobel 锐化、运动模糊、直方图均衡和伽马校正 $(\gamma = 0.6)$, 探索研究基于 LCWT 的数字水

表 6.9　平移和裁剪鲁棒性分析

攻击类型	LCWT+QR	DWT+QR	QR
平移	BIT	BIT	BIT
NC	0.999 6	0.997 0	0.997 0
SSIM	1	0.975 5	0.975 3
裁剪	BIT	BIT	BIT
NC	0.994 3	0.982 9	0.982 9
SSIM	0.995 6	0.888 2	0.888 2

印方法抵抗这些攻击的能力. 提取的水印和相应的 NC 、 SSIM 值列于表 6.10 中. 从表 6.10 中可得, 对于上述四种图像处理攻击, 基于 LCWT 的数字水印方法优于其他两种方法, 这意味着基于 LCWT 的数字水印方法在一定程度上能够抵抗 Sobel 锐化、运动模糊、直方图均衡和伽马校正的攻击.

表 6.10　常见的图像处理攻击鲁棒性分析

攻击类型	LCWT+QR	DWT+QR	QR
Sobel 锐化	BIT		
NC	0.915 1	0.666 3	0.732 5
SSIM	0.346 9	0.003 5	0.015 4
运动模糊	BIT		
NC	0.941 0	0.732 9	0.739 0
SSIM	0.600 3	0.030 7	0.043 2
直方图均衡	BIT		
NC	0.991 2	0.670 3	0.670 1
SSIM	0.996 5	0.014 5	0.013 1
伽玛校正	BIT		
NC	0.999 7	0.554 0	0.702 4
SSIM	0.999 6	0.038 9	0.027 9

6.3　分数域 LFM 信号的检测和参数估计技术

本节介绍分数域线性调频信号 (LFM) 的检测和参数估计技术, 提出了一种基于简化线性正则变换 (Simplified Linear Canonical Transform, SLCT) 的 LFM 信号检测和参数估计方法. 下面分别从时频分析和频谱定义两个角度给出有限长 LFM 信号的 SLCT 域频谱特征, 并根据此特征建立基于 SLCT 的 LFM 信号检测和参数估计模型. 针对该优化模型的求解, 提出了基于水循环数值优化的搜索算法, 有效地提高了估计的稳定性和精度.

6.3.1　频谱特征分析

简化线性正则变换是一个取特殊参数的线性正则变换, 它的定义如下:

定义 6.1　$\forall f(t) \in L^2(\mathbf{R})$ 的 α 阶 SLCT 定义为

$$L_f^\alpha(u) = \mathscr{L}^\alpha[f(t)](u) = \int_{\mathbf{R}} f(t) \mathrm{e}^{\mathrm{j}\pi \cot \alpha t^2 - 2\mathrm{j}\pi tu} \, \mathrm{d}t, \quad \alpha \in (0, \pi) \tag{6.5}$$

SLCT 可以由 LCT 取特殊参数而得, 即 $L_f^\alpha(u) = \sqrt{\mathrm{j}} \cdot L_f^{A_0}(u)$, 其中 $A_0 = (\cot \alpha, 1; -1, 0)$.

下面给出可用于处理数字信号的离散时间 SLCT 算法和离散 SLCT 算法. 类似于 Ozaktas 提出的离散 FRFT 算法 [3], 离散 SLCT 算法同样需要先对原信号做量纲归一化处理. 文献 [4] 提出了两种实用的量纲归一化方法: 离散尺度化法和数据补零 / 截取法. 本书使用的是离散尺度化法, 具体方法如下: 假设原信号的时宽和带宽分别为 T 和 F, 即 $t \in [-T/2, T/2], u \in [-F/2, F/2]$. 令信号的带宽 $F = f_s$, 其中, f_s 表示采样频率. 时域和频域具有不同的量纲, 为了使得 SLCT 的计算处理更加方便, 将时域和频域都转换成量纲为 1 的域. 引入一个量纲归一化因子 S, 定义新的坐标系为

$$t \to t/S, \ u \to u \cdot S, \tag{6.6}$$

其中, $S = \sqrt{T/f_s}$. 基于以上新定义的坐标系, 信号在时域和频域具有相同的变化区间 $[-\Delta x/2, \Delta x/2]$, 其中 $\Delta x = \sqrt{T f_s}$. 采样点数和采样间隔分别为 $N = \Delta x^2, f_s' = 1/\Delta x$. 因此, 原信号 $f(t)$ 的离散时间 SLCT(Discrete Time SLCT, DTSLCT) 可以表示为

$$L_f^\alpha(u) = \sum_{n=-N/2}^{N/2} f(n/\Delta x) \mathrm{e}^{\mathrm{j}\pi \cot \alpha (n/\Delta x)^2 - 2\mathrm{j}\pi un/\Delta x}. \tag{6.7}$$

按照同样的方法对变量 u 进行离散, 可得离散 SLCT(Discrete SLCT, DSLCT) 为

$$L_f^\alpha(m) = \sum_{n=-N/2}^{N/2} f(n/\Delta x) \mathrm{e}^{\mathrm{j}\pi \cot \alpha (n/\Delta x)^2 - 2\mathrm{j}\pi mn/\Delta x^2} = \mathbf{fft}[f(n/\Delta x) \mathrm{e}^{\mathrm{j}\pi \cot \alpha (n/\Delta x)^2}]. \tag{6.8}$$

进一步地, DSLCT 的逆变换 (Inverse Discrete SLCT, IDSLCT) 可以表示为

$$f(n/\Delta x) = \sum_{m=-N/2}^{N/2} L_f^\alpha(m) \mathrm{e}^{-\mathrm{j}\pi \cot \alpha (n/\Delta x)^2 + 2\mathrm{j}\pi mn/\Delta x^2} = \mathbf{ifft}[L_f^\alpha(m)] \mathrm{e}^{-\mathrm{j}\pi \cot \alpha (n/\Delta x)^2}. \tag{6.9}$$

其中, **fft** 和 **ifft** 分别表示快速傅里叶变换和快速傅里叶逆变换.

不失一般性, 有限长单分量 LFM 信号可表示为

$$f(t) = A \cdot \text{rect}(t/T) e^{j(\pi k t^2 + 2\pi \omega t)}. \tag{6.10}$$

其中, A 为振幅; T 为时宽; k 为调频率; ω 为初始频率; $\text{rect}(\cdot)$ 为矩形函数. 有限长单分量 LFM 信号的 SLCT 域频谱特征可以利用 WVD 在时频平面进行分析, $\text{WVD}_f(t, \mu)$ 和 $\text{WVD}_{L_f^\alpha}(u, v)$ 之间的关系可以表示为

$$\begin{pmatrix} u \\ v \end{pmatrix} = \frac{1}{\sin\alpha} \begin{pmatrix} \cos\alpha & \sin\alpha \\ -\sin\alpha & 0 \end{pmatrix} \begin{pmatrix} t \\ \mu \end{pmatrix}. \tag{6.11}$$

$$\text{WVD}_{L_f^\alpha}(u, v) = \text{WVD}_f \left[\frac{1}{\sin\alpha}(t\cos\alpha + \mu\sin\alpha), -t \right]. \tag{6.12}$$

有限长 LFM 信号的时频分布如图 6.13 所示, 其中背鳍状的直线表示 LFM 的时频分布线, ω 为其时频分布线的中点, $\pi - \beta \in (0, \pi)$ 为其时频分布线与 t 轴的夹角, $k = \tan(\pi - \beta)$ 为其时频分布线的斜率. 参数为 α 的 SLCT 的作用可表示为: 在坐标系 (t, μ) 下, 时间轴 t 逆时针旋转角度 α 并拉伸 $1/\sin\alpha$, 频率轴 μ 逆时针旋转 $\pi/2$, 得到新的坐标系 (u, v), 信号在 u 轴上的频谱分布即信号的 SLCT.

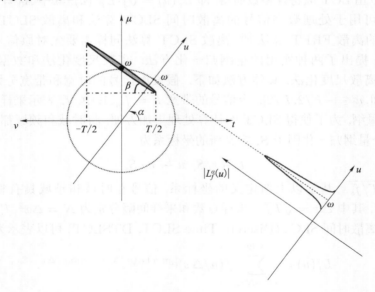

图 6.13 单分量 LFM 信号的时频分布

因此, 当 u 轴垂直于 LFM 的时频分布线, 即 $\alpha = \pi/2 - \beta$ 时, 该时频分布线在 u 轴上的投影会聚集在一个点 $u = \omega$ 上, 其 SLCT 域幅度谱呈现为一个尖峰. 由于 SLCT 可以理解为时频平面上时间轴和频率轴分别进行不同角度的旋转, 随着角度 α 的变化, 一个有限长的 LFM 信号的 SLCT 域频谱具有不同的聚集特性: 频谱的支撑区宽度与频谱的幅值随着角度 α 变化, 只在与其匹配的 SLCT 域内才出现频谱尖峰, 呈现最佳的能量聚集. 正是根据该特性, 利用 SLCT 实现了对 LFM 信号的检测与参数估计. 在图 6.13 中, 设信号的时频分布线的长度为 ρ, 则 $\rho = \dfrac{T}{|\cos\beta|}$. 当旋转角度为 α 时, 信号的时频分布线与 SLCT 域 u 轴的夹角为 $\beta + \alpha$. 信号在 SLCT 域的支撑区间宽度为 $\rho_\alpha = \left| \dfrac{T\cos(\alpha + \beta)}{\cos\beta} \right|$. 由此可知, 支撑区间宽度

ρ_α 随着角度 α 的变化而变化, 其变化区间为 $[0, T/|\cos\beta|]$. 当 $\alpha + \beta = \pi/2$ 时, $\rho_\alpha = 0$, 此时 LFM 信号的 SLCT 域幅度谱为一个尖峰, 即 LFM 信号的 SLCT 域幅度谱具有能量聚集特性.

　　下面从频谱定义的角度入手分析有限长 LFM 信号的 SLCT 域频谱特征. 根据 LFM 信号的数学模型和 SLCT 的定义, 可得单分量 LFM 信号的 SLCT 域频谱为

$$L_f^\alpha(u) = \int_{\mathbf{R}} A \cdot \mathrm{rect}(t/T) \mathrm{e}^{\mathrm{j}(\pi k t^2 + 2\pi\omega t)} \mathrm{e}^{\mathrm{j}\pi\cot\alpha t^2 - 2\mathrm{j}\pi t u} \, \mathrm{d}t$$
$$= A \int_{-T/2}^{T/2} \mathrm{e}^{\mathrm{j}(\pi k t^2 + 2\pi\omega t)} \mathrm{e}^{\mathrm{j}\pi\cot\alpha t^2 - 2\mathrm{j}\pi t u} \, \mathrm{d}t.$$

　　(1) 当 $\cot\alpha = -k$ 时, 则

$$L_f^\alpha(u) = \int_{-\frac{T}{2}}^{\frac{T}{2}} A \mathrm{e}^{\mathrm{j}2\pi(\omega-u)t} \, \mathrm{d}t = \frac{A\sin[\pi T(\omega-u)]}{\pi(\omega-u)} = AT\mathrm{sinc}[\pi T(\omega-u)]. \tag{6.13}$$

上式说明了有限长的 LFM 信号在其匹配的 SLCT 域频谱服从 sinc 函数分布. 又根据 SLCT 域的 Parseval 定理 ($\int_{\mathbf{R}} |L_f^\alpha(u)|^2 \, \mathrm{d}u = \int_{\mathbf{R}} |f(t)|^2 \, \mathrm{d}t$) 可得, 当 $\cot\alpha = -k$ 时, 信号 $f(t)$ 的 SLCT 域幅度谱在 $u = \omega$ 达到全局最大值.

　　(2) 当 $\cot\alpha \neq -k$ 时, 则

$$L_f^\alpha(u) = A \int_{-T/2}^{T/2} \mathrm{e}^{\mathrm{j}\pi[(\cot\alpha+k)t^2 + 2(\omega-u)t]} \, \mathrm{d}t$$
$$= A\mathrm{e}^{-\mathrm{j}\pi\frac{(\omega-u)^2}{\cot\alpha+k}} \int_{-T/2}^{T/2} \mathrm{e}^{\mathrm{j}\pi(\cot\alpha+k)\left(t+\frac{\omega-u}{\cot\alpha+k}\right)^2} \, \mathrm{d}t$$
$$= \frac{A}{\sqrt{2(\cot\alpha+k)}} \mathrm{e}^{-\mathrm{j}\pi\frac{(\omega-u)^2}{\cot\alpha+k}} \int_{-T_1}^{T_2} \mathrm{e}^{\mathrm{j}\frac{\pi}{2}z^2} \, \mathrm{d}z.$$

其中

$$T_1 = \sqrt{2(\cot\alpha+k)}\left(\frac{T}{2} - \frac{\omega-u}{\cot\alpha+k}\right),$$
$$T_2 = \sqrt{2(\cot\alpha+k)}\left(\frac{T}{2} + \frac{\omega-u}{\cot\alpha+k}\right),$$
$$z = \sqrt{2(\cot\alpha+k)}\left(t - \frac{\omega-u}{\cot\alpha+k}\right).$$

由此得到有限长 LFM 信号的 SLCT 域频谱可表示为

$$L_f^\alpha(u) = \frac{A}{\sqrt{2(\cot\alpha+k)}} \mathrm{e}^{-\mathrm{j}\pi\frac{(\omega-u)^2}{\cot\alpha+k}} [c(T_1) + c(T_2) + \mathrm{j}s(T_1) + \mathrm{j}s(T_2)]. \tag{6.14}$$

式中, $c(T) = \int_0^T \cos\frac{\pi z^2}{2} \, \mathrm{d}z$; $s(T) = \int_0^T \sin\frac{\pi z^2}{2} \, \mathrm{d}z$ 为菲涅尔积分函数. 由式 (6.14) 可得有限长 LFM 信号的 SLCT 域幅度谱为

$$|L_f^\alpha(u)| = \frac{A}{\sqrt{2(\cot\alpha+k)}} \sqrt{[c(T_1)+c(T_2)]^2 + [s(T_1)+s(T_2)]^2}. \tag{6.15}$$

当 $u = \omega$ 时, $T_1 = T_2 = \dfrac{\sqrt{2}}{2}T\sqrt{\cot\alpha + k}$. 所以当 $T\sqrt{\cot\alpha + k} \gg 1$ 时, 根据菲涅尔积分函数的性质知 $c(T) = s(T) \approx 0.5$, 其幅度谱为 $\left|L_f^\alpha(\omega)\right| = \dfrac{A}{\sqrt{\cot\alpha + k}}$. 当 $u = \omega - \dfrac{\rho_\alpha\csc\alpha}{2}$ 时, $T_1 = 0, T_2 = \sqrt{2}\cdot T\sqrt{\cot\alpha + k}$. 当 $u = \omega + \dfrac{\rho_\alpha\csc\alpha}{2}$ 时, $T_1 = \sqrt{2}\cdot T\sqrt{\cot\alpha + k}, T_2 = 0$, 其幅度谱为 $\left|L_f^\alpha\left(\omega \pm \dfrac{\rho_\alpha\csc\alpha}{2}\right)\right| = \dfrac{A}{2\sqrt{\cot\alpha + k}}$, 是 $u = \omega$ 时幅度谱的一半. 随着 $T\sqrt{\cot\alpha + k}$ 的增大, 在支撑区间 $\left(\omega - \dfrac{\rho_\alpha\csc\alpha}{2}, \omega + \dfrac{\rho_\alpha\csc\alpha}{2}\right)$ 内, 式 (6.14) 中的菲涅尔积分函数值的波动减小, 信号的频谱趋于平坦. 而在支撑区间以外, 信号的频谱幅度下降得很快, 频谱形状更接近于矩形. 这表明信号的能量主要集中于支撑区间内, 而在支撑区间以外, 信号的能量很小. 综上所述, 可得有限长 LFM 信号的 SLCT 域频谱特征为:

(1) 在匹配的 SLCT 域内, 有限长的 LFM 信号的幅度谱服从 sinc 函数分布. 进一步根据 SLCT 域的 Parseval 定理, 可知当 $\cot\alpha = -k$ 时, 信号 $f(t)$ 的 SLCT 域幅度谱在 $u = \omega$ 达到全局最大值, 即能量聚集.

(2) 当 $T\sqrt{\cot\alpha + k} \gg 1$ 时, 在频谱支撑区间内, 随着 $T\sqrt{\cot\alpha + k}$ 的增大, 菲涅尔积分函数值的波动减小, 信号的频谱趋于平坦, 而在支撑区间外, 频谱下降得越快, 频谱形状越接近于矩形.

(3) 当 $T\sqrt{\cot\alpha + k}$ 逐渐减小至 0, 即变换阶数向匹配阶数靠近时, 频谱形状由矩形逐渐向 sinc 函数形状转变, 幅值也迅速增大.

6.3.2 检测和参数估计

基于上面得到的 LFM 信号在 SLCT 域的频谱特征, 建立如下的单分量 LFM 信号参数估计模型:

$$\begin{cases} \{\alpha_0, u_0\} = \arg\max\limits_{\alpha, u} |L_f^\alpha(u)|, \\ k_0 = -\cot\alpha_0, \\ \omega_0 = u_0. \end{cases} \tag{6.16}$$

式中, $\alpha \in (0, \pi); u \in [-F/2, F/2]$; k_0 和 ω_0 分别为调频率和初始频率的估计值. 在本书中, 利用基于蒸发速率的水循环算法 (Evaporation Rate Based Water Cycle Algorithm, ER-WCA) 解该优化模型. 水循环算法 (WCA) 是一种新颖的元启发式算法, 其基本概念和思想来源于观察自然界的水循环过程及河流和溪流汇入大海的过程. 在 WCA 的基础上, 定义了不同河流的蒸发速率这个新概念, 得到的 ER-WCA 进一步提升了算法的性能. 相比于 DE, GA, PSO, ABC 等优化算法, ER-WCA 收敛到全局最优解的速度更快, 精度更高[5].

为了更好地说明基于 SLCT 的参数估计方法的性能, 选取了两组单分量 LFM 信号来分析其估计结果的误差, 即估计值和精确值的 MSE. 第一组单分量 LFM 的参数为 $A_1 = 1, \omega_1 = 0.05/\pi$, 调频率 k_1 从 $0.01/\pi$ 变化到 $0.03/\pi$, 间隔为 $0.001/\pi$. 第二组单分量 LFM 的参数为 $A_2 = 1, k_2 = 0.01/\pi$, 初始频率 ω_2 从 $0.05/\pi$ 变化到 $1.05/\pi$, 间隔为 $0.05/\pi$. 离散信号的采样参数为 $T = 65$ 和 $f_s = 1$, 设置 ER-WCA 的初始化参数为

$$(LB, UB, n_{\mathrm{vars}}, N_{\mathrm{pop}}, N_{\mathrm{sr}}, d_{\max}, N_{\max}) = ([0, -\Delta x/2], [\pi, \Delta x/2], 2, 400, 2, 10^{-26}, 20).$$

本书所提方法与文献 [6] 中基于 FRFT 的方法进行比较, 其中粗搜索中角度 α 的步长为 $0.01\pi/2$. 基于 FRFT 的 LFM 信号参数估计方法是基于拟牛顿法的两级搜索算法, 首先使用固定步长进行粗搜索来得到匹配阶的粗略估计值, 以此作为拟牛顿法的初始值进行迭代优化得到全局最优解. 由于拟牛顿法对初始值设置比较敏感, 故如果初始值设置不合理, 那么基于 FRFT 的 LFM 信号参数估计方法可能收敛不到全局最优点. 对于 ER-WCA, 变量的初始种群随机产生于上限和下限之间, 该方法避免了拟牛顿法对初值设置敏感的缺点. 如图 6.14 和图 6.15 所示, 与基于 FRFT 的方法相比, 基于 SLCT 的 LFM 信号参数估计方法得到的调频率和初始频率具有更低的 MSE, 也就是说该方法具有更高的精度.

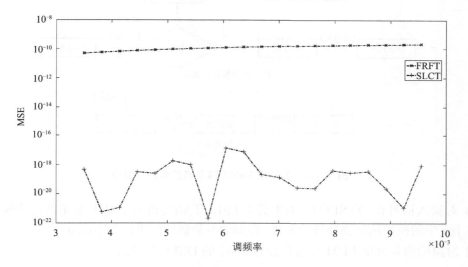

图 6.14　调频率估计值的 MSE

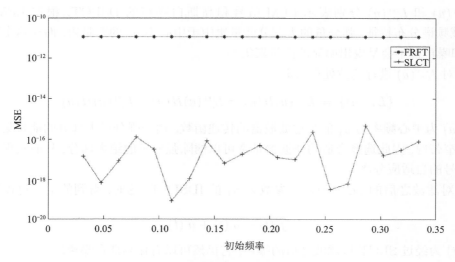

图 6.15　初始频率估计值的 MSE

结合信号分离技术, 上述的单分量 LFM 参数估计方法可以推广到多分量 LFM 信号参数估计中. 含有噪声的多分量 LFM 信号可以表示为

$$f(t) = g(t) + n(t) = \sum_{m=1}^{M} A_m e^{j\pi k_m t^2 + 2j\pi \omega_m t} + n(t), \tag{6.17}$$

其中, $n(t)$ 为均值为 0, 方差为 σ^2 的复高斯白噪声. 对于多分量 LFM 信号, 强分量可能影响弱分量的检测和参数估计. 如图 6.16 所示, 结合信号分离技术对多分量 LFM 信号的每个分量从强到弱依次进行参数估计, 具体步骤如下:

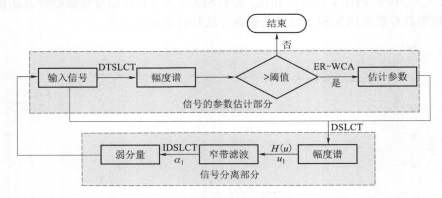

图 6.16　多分量 LFM 信号的参数估计流程

(1) 对输入信号作 DTSLCT, 如果其 DTSLCT 幅度谱大于某个事先设定的阈值, 则根据式 (6.16) 中的模型估计强分量的参数, 得到的参数估计结果记为 $\{\alpha_1, u_1\}$.

(2) 对原始的多分量 LFM 信号作参数为 α_1 的 DSLCT, 表示为

$$L_f^{\alpha_1}(u) = L_g^{\alpha_1}(u) + L_n^{\alpha_1}(u), -F/2 \leqslant u \leqslant F/2, \tag{6.18}$$

式中, $L_g^{\alpha_1}(u)$ 和 $L_n^{\alpha_1}(u)$ 分别表示 LFM 信号和高斯白噪声的 DSLCT. 根据 LFM 信号的 SLCT 域频谱分布特征, 强分量的大部分能量集中于中心为 u_1 的窄带内, 而在这个窄带内其他分量和噪声都不会呈现出明显的能量聚集.

(3) 对 $L_f^{\alpha_1}(u)$ 进行滤波处理, 即

$$\{L_f^{\alpha_1}(u)\}' = L_f^{\alpha_1}(u)H(u) = L_g^{\alpha_1}(u)H(u) + L_n^{\alpha_1}(u)H(u), \tag{6.19}$$

式中, $H(u)$ 为中心频率为 u_1 的带通滤波器的传递函数. 由于强分量大部分的能量集中于中心为 u_1 的窄带内, 因此选择合适的滤波器带宽可以滤除强分量的绝大部分, 从而实现对多分量 LFM 信号的自适应分离.

(4) 对滤波之后的 $\{L_f^{\alpha_1}(u)\}'$ 作参数为 α_1 的 IDSLCT. 这时, 得到的信号可以近似地表示为

$$f'(t) = g'(t) + n'(t), \tag{6.20}$$

式中, $n'(t)$ 为经过 SLCT 域滤波之后的噪声, 它仍然可以看作高斯白噪声.

(5) 重复以上过程直到剩余信号的 DTSLCT 幅度谱小于事先设定的阈值, 最终得到了所有分量的参数估计值.

　　下面选取了一个双分量 LFM 信号作为原信号来说明上述理论的有效性. 两个分量信号的原始参数分别为 $A_1 = 1, \omega_1 = 0.05/\pi, k_1 = 0.03/\pi, A_2 = 0.25, \omega_2 = 0, k_2 = 0.001/\pi$. 采样点数为 65, 采样间隔为 1, 输入的信噪比 (Signal-noise Radio, SNR) 从 -6 dB 变化到 10 dB, 间隔为 1 dB. 分别进行 100 次蒙特卡洛实验, 得到的估计参数的均方差 (Mean Square Error, MSE) 分别如图 6.17 和图 6.18 所示, MSE 的定义为

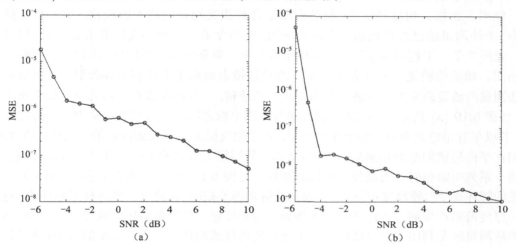

图 6.17　强分量参数估计的误差分析

(a) 调频率; (b) 初始频率

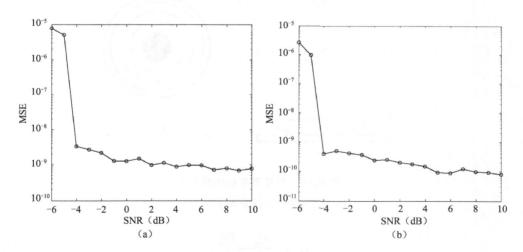

图 6.18　弱分量参数估计的误差分析

(a) 调频率; (b) 初始频率

$$\text{MSE} = \frac{1}{M} \sum_{m=1}^{M} |\xi - \xi_m|^2, \tag{6.21}$$

式中,ξ_m 是 ξ 的估计值; M 是蒙特卡洛实验的次数. 对强分量和弱分量, 其 MSE 的总体变化趋势都是随着信噪比的上升而下降. 当输入信噪比大于 -4 dB 时, 调频率和初始频率的

MSE 均低于 10^{-6}, 估计值十分接近精确值.

6.4 分数域干涉测量技术

干涉测量法 (Interferometry) 是根据电磁波干涉理论, 通过检测相干电磁波的干涉图样、频率、振幅、相位等属性, 将其应用于各种相关测量的技术的统称. 由于科学技术的进步, 干涉测量法已经得到相当广泛的应用, 在当今多个领域都发挥着重要作用, 包括天文学、光纤光学、工程测量学等. 牛顿环作为其中一类重要的干涉图样, 常被用来判断透镜表面凸凹、精确检验光学元件表面质量、测量透镜表面曲率半径和液体折射率. 传统的牛顿环法测量凸透镜曲率半径的装置是由一块平凸透镜, 以其凸面放在一块光学玻璃平板上构成的, 如图 6.19 (a) 所示. 平凸透镜的凸面与玻璃平板之间的空气层厚度从中心到边缘逐渐增加, 若以平行单色光垂直照射到牛顿环上, 则经空气层上、下表面反射的二光束存在光程差, 它们在平凸透镜的凸面相遇后, 将发生干涉. 从透镜上看到的干涉图样是以玻璃接触点为中心的一系列明暗相间、内疏外密的同心圆环（见图 6.19 (b) ）, 称为牛顿环. 由于同一干涉半径的圆环处空气膜厚度相同, 上下表面反射光程差相同, 因此使干涉图样呈圆环状. 这种由同一厚度薄膜产生同一干涉条纹的干涉属于等厚干涉. 根据牛顿环的成像原理可知, 传统的牛顿环测量法是利用读数显微镜测量牛顿环的明环或暗环半径, 进而凸透镜的曲率半径可由第 m, n 级暗环或明环的半径计算而得, 即

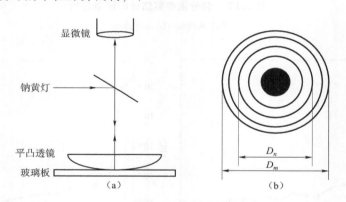

图 6.19　传统的牛顿环测量法

(a) 传统的牛顿环测量装置; (b) 牛顿环

$$R = \frac{D_m^2 - D_n^2}{4(m-n)\lambda},$$ (6.22)

式中, D_m, D_n 分别表示第 m, n 级暗环或明环半径; λ 表示入射光的波长.

利用读数显微镜对牛顿环干涉图像进行测量, 为了测量结果的精确性, 通常需要较多的环数, 而这会给读环计数带来极大的困难, 而且测量过程中镜面灰尘以及镜面表面的磨损会导致干涉图样的变形, 整个测量过程费时费力而且精度还无法保证. 随着 CCD 图像传感器的发明, 它能够把光学影像转化为电信号. 因此, 数字信号处理技术得以应用到牛顿环实验中 (见图 6.20 (a)), 它克服了传统装置人工操作的诸多缺点, 其自动化程度高, 并且效率得到了

极大的提高. 当入射光为钠黄灯时, 得到的数字牛顿环图像如图 6.20 (b) 所示. 因为 CCD 图像传感器的应用, 一些现代的信号处理工具得以应用到牛顿环干涉测量领域, 例如 FT[7]、Chirp-Fourier 变换 (CFT)[8] 和 FRFT[9~11]. 这些方法对噪声和干扰具有很好的鲁棒性, 但仍存在依赖于初值、用时过长等缺点, 不利于快速实时处理. 例如, 基于 FT 的方法需要三次迭代来分离单边分量, 而迭代是十分费时的; 基于 FRFT 的方法采用等步长搜索获得匹配的角度, 速度和精度不能同时保证; 基于 CFT 的方法使用单纯形法搜索有优点, 而单纯形法依赖于初值的设置且收敛速度较慢, 所以造成基于 CFT 的测量方法不稳定且速度较慢.

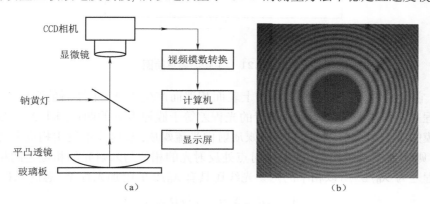

图 6.20　现代的牛顿环测量法

(a) 现代牛顿环法测量平凸透镜曲率半径的装置示意图; (b) 数字牛顿环图像

因此, 本节根据线性正则域的参数估计理论, 提出了一种基于 SLCT 的凸透镜曲率半径测量方法. 由于传统牛顿环测量法依赖于牛顿环的物理特征——明环或暗环半径, 因此要求牛顿环中心必须在视野内且不能有明显的噪声干扰. 与此不同的是, 基于 SLCT 的测量方法是基于牛顿环更本质的数学特征——频谱特征, 因此极大地降低了对噪声和牛顿环中心的要求. 仿真实验结果表明, 基于 SLCT 的测量方法不仅对噪声具有较高的鲁棒性, 而且对于中心不在视野内的牛顿环仍然可以实现曲率半径的高精度测量, 而这些优势都是传统牛顿环测量法所不具有的. 相比于基于 FRFT 的测量方法, 基于 SLCT 的测量方法具有精度高、速度快等优势, 有利于实现工程应用中的实时高精度测量.

6.4.1　牛顿环特征分析

首先, 给出如何根据牛顿环的光学成像原理得到牛顿环的数学模型. 如图 6.21 所示, 在平板玻璃面上放一个曲率半径很大的平凸透镜, C 点为接触点, R 为平凸透镜的曲率半径, r 为干涉条纹的半径, d 为空气层厚度, 由图中可得

$$R^2 = r^2 + (R-d)^2 = r^2 + R^2 - 2Rd + d^2. \tag{6.23}$$

当平凸透镜的曲率半径 R 远大于空气层厚度 d 时, d^2 项可忽略不计, 因此可得

$$R^2 = r^2 + R^2 - 2Rd \Rightarrow d = \frac{r^2}{2R}. \tag{6.24}$$

这样在平凸透镜和玻璃板之间形成一层厚度不均匀的空气薄膜, 单色光从上方垂直入射到透镜上, 透过透镜近似垂直地入射于空气膜. 分别从膜的上下表面反射的两条光线来自同一条

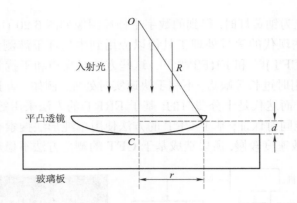

图 6.21   牛顿环装置简图

入射光线, 它们满足相干条件并在膜的上表面相遇而产生干涉, 干涉后的强度由相遇的两条光线的光程差决定, 由图 6.21 可知二者的光程差等于膜厚度 d 的两倍, 即 $\Delta' = 2d$. 此外, 当光在空气膜的上表面反射时, 是从光密媒质射向光疏媒质, 反射光不发生相位突变, 而在下表面反射时, 则会发生相位突变, 即在反射点处反射光的相位与入射光的相位之间相差 π, 与之对应的光程差为 $\lambda_0/2$, 所以相干的两条光线还具有 $\lambda_0/2$ 的附加光程差, 总的光程差为

$$\Delta = 2d + \lambda/2 = r^2/R + \lambda_0/2, \tag{6.25}$$

式中, Δ 为总的光程差; λ_0 为入射光的波长. 两个光束之间的相位差由总的光程差决定, 即

$$\Delta\phi = \frac{2\pi\Delta}{\lambda_0} = \frac{2\pi r^2}{\lambda_0 R} + \pi. \tag{6.26}$$

根据光波叠加原理, 频率相同、光振动方向相同且相位差恒定的两束光相遇叠加形成稳定的干涉条纹, 其叠加后的光强为

$$I = I_0 + I_1 \cos(\Delta\phi) = I_0 - I_1 \cos\left(\frac{2\pi r^2}{\lambda_0 R}\right). \tag{6.27}$$

假设 (x_0, y_0) 为牛顿环的中心位置坐标, 则 $r^2 = (x - x_0)^2 + (y - y_0)^2$, 代入上式可得

$$\begin{aligned}
I(x,y) &= I_0 - I_1 \cos\left\{\frac{2\pi}{\lambda_0 R}[(x-x_0)^2 + (y-y_0)^2]\right\} \\
&= I_0 - \frac{I_1}{2}\left\{e^{i\pi\frac{2}{\lambda_0 R}[(x-x_0)^2+(y-y_0)^2]} + e^{-i\pi\frac{2}{\lambda_0 R}[(x-x_0)^2+(y-y_0)^2]}\right\}.
\end{aligned} \tag{6.28}$$

进一步根据 CCD 的成像原理, 可得物理尺寸为 T 的牛顿环的数学模型为

$$I(x,y) = \left[I_0 - \frac{I_1}{2}\cdot\left(e^{i\pi\frac{2}{\lambda_0 R}[(x-x_0)^2+(y-y_0)^2]} + e^{-i\pi\frac{2}{\lambda_0 R}[(x-x_0)^2+(y-y_0)^2]}\right)\right](x,y \in [0,T]). \tag{6.29}$$

对照上式和 LFM 信号的数学表达式, 可得物理尺寸为 T 的牛顿环可以看作一个时宽为 T 的二维多分量 LFM 信号, 它包含三个分量信号, 即

$$I(x,y) = f_1(x,y) + f_2(x,y) + f_3(x,y), \tag{6.30}$$

每个分量信号为

$$f_1(x,y) = \text{rect}(x/T)\text{rect}(y/T) \cdot I_0,$$

$$f_2(x,y) = -\frac{I_1}{2} \cdot \text{rect}(x/T)e^{i\pi(k_2 x^2 - 2k_2 x_0 x + k_2 x_0^2)} \cdot \text{rect}(y/T)e^{i\pi(k_2 y^2 - 2k_2 y_0 y + k_2 y_0^2)},$$

$$f_3(x,y) = -\frac{I_1}{2} \cdot \text{rect}(x/T)e^{-i\pi(k_3 x^2 - 2k_3 x_0 x + k_3 x_0^2)} \cdot \text{rect}(y/T)e^{-i\pi(k_3 y^2 - 2k_3 y_0 y + k_3 y_0^2)}.$$

(6.31)

分量信号 $f_2(x,y)$ 和 $f_2(x,y)$ 的调频率分别为 $k_2 = \dfrac{2}{\lambda_0 R}$，$k_3 = -\dfrac{2}{\lambda_0 R}$.

根据牛顿环的数学模型和 SLCT 的定义，可知牛顿环的 SLCT 域频谱为

$$L_{f_2}^\alpha(u,v) = \mathscr{L}^\alpha[f_2(x,y)](u,v)$$

$$= \mathscr{L}^\alpha\left\{ -\frac{I_1}{2}\text{rect}(x/T)\text{rect}(y/T)e^{i\pi\left[\frac{2}{\lambda_0 R}(x-x_0)^2 + \frac{2}{\lambda_0 R}(y-y_0)^2\right]} \right\}(u,v)$$

$$= -\frac{I_1}{2}\int_{\mathbf{R}^2}\text{rect}(x/T)\text{rect}(y/T)e^{i\pi\left[\frac{2}{\lambda_0 R}(x-x_0)^2 + \frac{2}{\lambda_0 R}(y-y_0)^2\right]}e^{i\pi[\cot\alpha(x^2+y^2)-2(xu+vy)]}\mathrm{d}x\mathrm{d}y$$

$$= -\frac{I_1}{2}\int_{\mathbf{D}^2}e^{i\pi\left[\left(\frac{2}{\lambda_0 R}+\cot\alpha\right)x^2 - 2\left(u+\frac{2}{\lambda_0 R}x_0\right)x + \frac{2x_0^2}{\lambda_0 R}\right]}e^{i\pi\left[\left(\frac{2}{\lambda_0 R}+\cot\alpha\right)y^2 - 2\left(v+\frac{2}{\lambda_0 R}y_0\right)y + \frac{2y_0^2}{\lambda_0 R}\right]}\mathrm{d}x\mathrm{d}y$$

$$= -\frac{I_1}{2}e^{i\pi\left(\frac{2x_0^2}{\lambda_0 R}+\frac{2y_0^2}{\lambda_0 R}\right)}\int_{\mathbf{D}^2}e^{i\pi\left[\left(\frac{2}{\lambda_0 R}+\cot\alpha\right)x^2 - 2\left(u+\frac{2}{\lambda_0 R}x_0\right)x\right]}e^{i\pi\left[\left(\frac{2}{\lambda_0 R}+\cot\alpha\right)y^2 - 2\left(v+\frac{2}{\lambda_0 R}y_0\right)y\right]}\mathrm{d}x\mathrm{d}y,$$

其中

$$D^2 = [-T/2, T/2] \times [-T/2, T/2].$$

进而，基于 LFM 信号的 SLCT 域频谱特征，可知 $L_{f_2}^\alpha(u,v)$ 的大部分能量集中于

$$\left[-\frac{2}{\lambda_0 R}x_0 - X, -\frac{2}{\lambda_0 R}x_0 + X \right] \times \left[-\frac{2}{\lambda_0 R}y_0 - X, -\frac{2}{\lambda_0 R}y_0 + X \right],$$

(6.32)

其中

$$X = \left(\frac{2}{\lambda_0 R} + \cot\alpha \right)T/2.$$

因此，当 $\cot\alpha = -\dfrac{2}{\lambda_0 R}$ 时，可得

$$L_{f_2}^\alpha(u,v) = \mathscr{L}^\alpha\left\{ -\frac{I_1}{2}e^{i\pi\left[\frac{2}{\lambda_0 R}(x-x_0)^2 + \frac{2}{\lambda_0 R}(y-y_0)^2\right]} \right\}(u,v)$$

$$= -\frac{I_1}{2}e^{i\pi\left(\frac{2x_0^2}{\lambda_0 R}+\frac{2y_0^2}{\lambda_0 R}\right)}\int_{-\frac{T}{2}}^{\frac{T}{2}}\int_{-\frac{T}{2}}^{\frac{T}{2}}e^{-i\pi\left[2\left(u+\frac{2}{\lambda_0 R}x_0\right)x\right]}e^{-i\pi\left[2\left(v+\frac{2}{\lambda_0 R}y_0\right)y\right]}\mathrm{d}x\mathrm{d}y$$

$$= -\frac{I_1}{2}e^{i\pi\left(\frac{2x_0^2}{\lambda_0 R}+\frac{2y_0^2}{\lambda_0 R}\right)}\frac{\sin\left[\pi T\left(u+\frac{2}{\lambda_0 R}x_0\right)\right]}{2\pi\left(u+\frac{2}{\lambda_0 R}x_0\right)} \cdot \frac{\sin\left[2\pi T\left(v+\frac{2}{\lambda_0 R}y_0\right)\right]}{2\pi\left(v+\frac{2}{\lambda_0 R}y_0\right)}$$

$$= -\frac{I_1}{2} \cdot \frac{T^2}{4}e^{i\pi\left(\frac{2x_0^2}{\lambda_0 R}+\frac{2y_0^2}{\lambda_0 R}\right)}\text{sinc}\left[\pi T\left(u+\frac{2}{\lambda_0 R}x_0\right)\right] \cdot \text{sinc}\left[\pi T\left(v+\frac{2}{\lambda_0 R}y_0\right)\right].$$

(6.33)

类似于上面的推导过程, 可得其他分量的 SLCT 域频谱.

综上所述, 牛顿环在某些参数下的 SLCT 域频谱会出现明显的冲激, 称这些参数为匹配阶. 根据上述分析, 牛顿环的匹配阶为

$$\alpha_1 = \pi - \text{arccot}\frac{2}{\lambda_0 R}, \alpha_2 = \pi/2, \alpha_3 = \text{arccot}\frac{2}{\lambda_0 R}. \tag{6.34}$$

基于牛顿环的数学模型, 离散得到像素为 512×512 的数字牛顿环图像 (见图 6.22 (a)), 图 6.22 (a) 在匹配阶和非匹配阶下的 SLCT 域频谱如图 6.22 (b)~ 图 6.22(e) 所示, 其中图 6.22(b)~ 图 6.22(d) 所示为匹配阶 $\alpha_1 = 0.888\ 1\pi/2, \alpha_2 = \pi/2, \alpha_3 = 1.111\ 9\pi/2$ 下的 SLCT 域幅度谱, 图 6.22(e) 所示为非匹配阶 $\alpha_4 = 1.2\pi/2$ 下的 SLCT 域幅度谱. 从这些图中可知, 牛顿环在匹配阶下的 SLCT 域幅度谱可以观察到明显的冲激, 而非匹配阶下不会出现明显的冲激, 这进一步说明了上述理论推导得到的结果是正确的. 图 6.22 (f) 所示为牛顿环减去平均光强 I_0 之后的参数为 $\alpha_2 = \pi/2$ 的 SLCT 域幅度谱. 和图 6.22 (c) 比较可得, 图 6.22 (f) 中没有出现冲激现象. 因此, 在下面的算法中, 提出了一种方法来减小平均光强 I_0 对测量结果的影响. 不失一般性, 下面所说的牛顿环的 SLCT 幅度谱是指牛顿环减去平均光强 I_0 之后的幅度谱.

6.4.2　数学模型及其算法

基于牛顿环的数学模型和 SLCT 域频谱特征, 凸透镜曲率半径的测量可以转换为一个数值优化问题. 因此, 本节提出了一种基于 SLCT 的凸透镜曲率半径测量方法, 其数学模型为

$$\begin{cases} \alpha_0 = \arg \max\limits_{\pi/2 \leqslant \alpha \leqslant \pi} \{|\mathscr{L}^\alpha[f(x,y) - I_0'](u,v)|\}, \\ R_0 = -\dfrac{2}{\lambda_0 \cot \alpha_0}, \end{cases} \tag{6.35}$$

式中, I_0' 为近似的平均光强; α_0 为估计的匹配阶; λ_0 为入射光的波长; R_0 为估计得到的凸透镜的曲率半径. 在本书中, 使用基于蒸发速率的水循环算法 (ER-WCA) 来解该优化模型. ER-WCA 是一种新型的启发式优化算法, 它启发于对自然界水循环过程的观察, 以及河流如何流向海洋的过程. 相比其他优化算法, 如遗传法、粒子群优化算法、差分进化算法和人工蜂群算法, 在大多数情况下它收敛到全局解的速度更快, 并且得到的解也更精确 [5].

下面给出上述模型的算法, 假设数字牛顿环图像的像素为 $N \times N$, 物理尺寸为 T mm $\times$ T mm, 具体流程如下:

步骤 1: 转换数字牛顿环图像为灰度图, 并变换其灰度值到 [0,1], 记为 $f(m,n)$, 其中 m, n 是正整数且 $1 \leqslant m, n \leqslant N$.

步骤 2: $f(m,n)$ 减去近似的平均光强 I_0', 然后乘以参数为 α 的 LFM 信号, 即

$$g(m,n) = [f(m,n) - I_0'] \mathrm{e}^{\mathrm{j}\pi \cot \alpha (m/f_s')^2} \cdot \mathrm{e}^{\mathrm{j}\pi \cot \alpha (n/f_s')^2}, \tag{6.36}$$

式中, $f_s' = \sqrt{N}$; $I_0' = 1/2$; $\alpha \in [\pi/2, \pi]$.

步骤 3: 利用 **fft**2 计算 $g(m,n)$ 的幅度谱, 即 $G_\alpha(p,q) = |\mathbf{fft}2[g(m,n)]|$, 其中 **fft**2 表示二维快速傅里叶变换, p, q 是正整数且 $1 \leqslant p, q \leqslant N$.

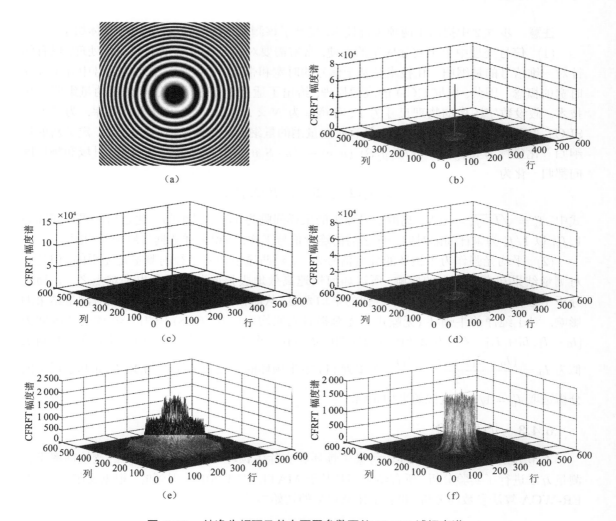

图 6.22 纯净牛顿环及其在不同参数下的 SLCT 域幅度谱

(a) 牛顿环; (b) $\alpha = 0.888\ 1\pi/2$;(c) $\alpha = \pi/2$;(d) $\alpha = 1.111\ 9\pi/2$;(e) $\alpha = 1.2\pi/2$;(f) 牛顿环减去平均光强后 $\alpha = \pi/2$

步骤 4： 令 $F(x) = -\max\{G_\alpha(p, q)\}$ 为数值优化算法 ER-WCA 的适应度函数, 优化变量为 α, 设置 ER-WCA 的初始参数并运行得到全局最优值 α_0, 即

$$\alpha_0 = \arg \max_{\pi/2 \leqslant \alpha \leqslant \pi} \{G_\alpha(p, q)\}, \tag{6.37}$$

数值优化算法 ER-WCA 的初始参数包括优化变量的上界 UB 和下界 LB 、优化变量个数 n_{vars} 、粒子群规模 N_{pop} 、河流和海洋的个数 N_{sr} 、蒸发条件常数 $d_{\max}$ 以及最大迭代次数 $N_{\max}$ [5].

步骤 5： 由于步骤 2 中使用了量纲归一化技术, 因此凸透镜曲率半径的测量式修正为

$$R_0 = -\frac{2S^2}{\lambda_0 \cot \alpha_0}, \tag{6.38}$$

式中, R_0 表示得到的凸透镜曲率半径; S 表示量纲归一化因子; λ_0 表示入射光的波长.

注意 步骤 2 中提出了两项关键技术, 提升了该测量方法的精度和速度, 具体如下:

(1) 信号处理中为了实际应用的方便, 常常需要对信号先进行量纲归一化处理, 现有的针对一维信号的量纲归一化技术是基于信号的时宽和带宽[4], 但是二维图像信号中并不存在时宽的概念. 因此, 根据 CCD 的成像原理, 给出了适用于二维图像信号处理的量纲归一化技术. 假设数字图像的物理尺寸为 T, 分辨率为 $N \times N$, $f_s = N/T$ 为采样频率. 为了方便 SLCT 处理二维的图像信号, 引入具有时间量纲的量纲归一化因子 $S = \sqrt{T/f_s}$, 定义新的量纲归一化坐标为 $(x, y) \to (x/S, y/S), (u, v) \to (u \cdot S, v \cdot S)$. 基于新的坐标系, 时域和频域区间都归一化为

$$[-f_s'/2, f_s'/2] \times [-f_s'/2, f_s'/2],$$

式中, $f_s' = \sqrt{T \cdot f_s} = \sqrt{N}$. 离散信号原来的采样间隔为 $1/f_s$, 量纲归一化之后的采样间隔为 $1/f_s'$, 以 $1/f_s'$ 为采样间隔对归一化之后的连续信号采样, 所得采样数据与原来的相同.

(2) 平均光强作为牛顿环的分量信号之一, 对凸透镜曲率半径的测量是无用的, 但是它对测量结果却有着极大的影响, 所以如何快速高效地去掉此分量信号也是难点之一. 通过分析牛顿环的数学模型, 给出了近似的平均光强, 从而极大地降低了平均光强对测量结果的影响. 对于纯净的牛顿环 (无噪声、无遮挡且光照均匀), 式 (6.28) 中 $I(x, y)$ 的变化区间为 $[I_0 - I_1, I_0 + I_1]$. 又因为余弦函数为周期函数且在一个周期内均值为 0, 所以牛顿环的均值近似为 $I_0 = \dfrac{(I_0 - I_1) + (I_0 + I_1)}{2}$. 在步骤 (1) 中牛顿环的灰度值区间为 $[0,1]$, 因此基于以上的分析选取 $I_0' = 1/2$ 为近似的平均光强.

6.4.3 仿真实验

本节分别基于纯净牛顿环、污染牛顿环和实际牛顿环对基于 SLCT 的凸透镜曲率半径测量方法进行了实验分析, 所有结果都是基于 MATLAB R2014a 得到的. 根据文献 [5] 中对 ER-WCA 算法参数的分析, 设置 ER-WCA 的初始参数为

$$(\text{LB}, \text{UB}, n_{\text{vars}}, N_{\text{pop}}, N_{\text{sr}}, d_{\max}, N_{\max}) = (\pi/2, \pi, 1, 50, 4, 10^{-26}, 20). \tag{6.39}$$

1. 纯净牛顿环

像素为 $N \times N$ 的纯净数字牛顿环图像由式 (6.40) 生成, 即

$$f(m, n) = I_0 - I_1 \cos\left[\pi \frac{2}{\lambda_0 R}(m/f_s - f_{0,x}/f_s)^2 + \pi \frac{2}{\lambda_0 R}(n/f_s - f_{0,y}/f_s)^2\right], \tag{6.40}$$

式中, $m, n \in [-N/2, N/2 - 1]$; $f_s = N/T$ 表示采样频率; T 表示牛顿环的物理尺寸; $(f_{0,x}, f_{0,y})$ 表示牛顿环的中心位置坐标. 下面的实验中, 选取的参数为 $I_0 = I_1 = 2, N = 512, R = 0.86$ m, $\lambda_0 = 586.3$ nm, $T = 4.8$ mm. 当 $f_{0,x} = f_{0,y} = 0$ 时, 得到的纯净数字牛顿环图像如图 6.23 (a) 所示. 当 $f_{0,x} = -265, f_{0,y} = 0$ 时, 得到的纯净数字牛顿环图像的中心不在图上 (见图 6.23 (c)). 当 $f_{0,x} = 265, f_{0,y} = 100$ 时, 得到的纯净数字牛顿环图像的中心同样不在图上 (见图 6.23 (e)).

基于图 6.23 (a)、图 6.23 (c) 和图 6.23 (e), 得到的曲率半径分别为 0.859 7 m, 0.86 m, 0.860 1 m, 用时大约为 24 s. 特别地, 由于传统的牛顿环方法是基于牛顿环的表层物理特

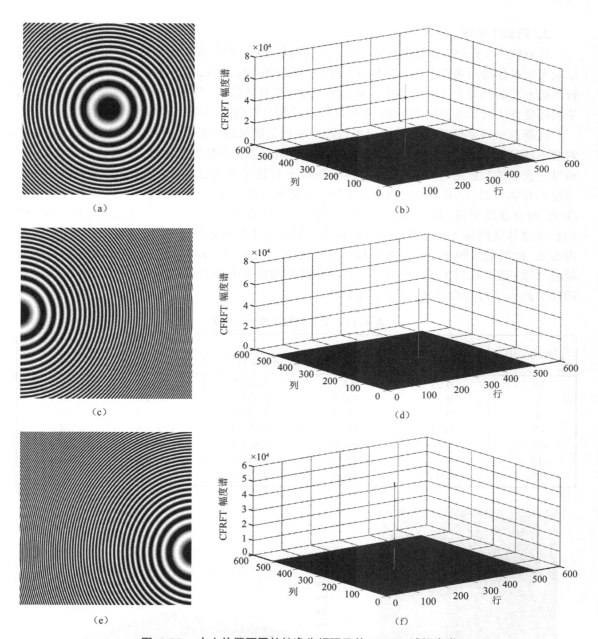

图 6.23　中心位置不同的纯净牛顿环及其 SLCT 域幅度谱

(a) (0,0); (b) 图 (a) 的 SLCT 幅度谱;(c) (-265,0);(d) 图 (c) 的 SLCT 幅度谱;(e) (265,100);(f) 图 (e) 的 SLCT 幅度谱

征——明环或暗环的半径, 因此对于中心不在图上的牛顿环 (见图 6.23 (c) 和图 6.23 (e)), 传统的牛顿环方法无法测量明环或暗环的半径, 也就无法估计曲率半径. 然而, 所提方法是基于牛顿环的深层数学特征——频谱特征的, 因此对于中心不在图上的牛顿环, 该方法仍然可以得到高精度的曲率半径估计值. 基于所提方法得到的匹配阶 α_0, 分别绘制纯净牛顿环 6.23 (a)、图 6.23 (c)、图 6.23 (e) 对应的 SLCT 域幅度谱, 见图 6.23 (b)、图 6.23(d)、图 6.23(f). 从图中可知, 三幅图中都可以观察到明显的冲激, 这也说明了得到的匹配阶是正确的.

2. 污染牛顿环

针对纯净牛顿环, 上面分析了所提方法的测量精度. 但是在实际测量中, 环境、光学仪器以及人工操作等因素会不可避免地导致牛顿环受到污染. 因此, 在牛顿环被污染的情况下, 分析所提方法的性能是十分必要的. 下面分三部分来具体分析: 牛顿环受到高斯白噪声的污染; 牛顿环受到大面积遮挡物的污染; 牛顿环同时受到高斯白噪声和大面积遮挡物的污染.

高斯白噪声是信息论中用来模拟自然界中许多随机过程的基本噪声模型. 因此, 首先针对被不同参数的高斯白噪声污染的牛顿环, 分析所提方法的精度和速度, 结果列于表 6.11 中. 通过对表中的数据进行分析和比较可得, 与基于 FRFT 的方法相比, 基于该方法得到的曲率半径相对误差更小, 并且用时也大幅下降. 这意味着基于 SLCT 的曲率半径测量方法不仅更准确, 而且速度更快, 处理速度的大幅提高有利于实现凸透镜曲率半径的实时测量. 为了更加直观地体现所提方法的优势, 图 6.24 (a) 展示了牛顿环被信噪比为 -20 dB 的高斯白噪声污染, 此时的牛顿环已完全被高斯白噪声淹没. 然而, 其 SLCT 域幅度谱仍然可以看到明显的冲激 (见图 6.24 (b)). 此时基于该方法得到的曲率半径的相对误差为 0.232 6%, 而基于 FRFT 的方法得到的相对误差高达 34%.

表 6.11 高斯白噪声鲁棒性分析

信噪比 /dB	FRFT		本文方法		
	相对误差 /%	时间 /s	曲率半径 /m	相对误差 /%	时间 /s
10	0.22	981.7	0.859 7	0.034 9	24.1
5	0.22	990.9	0.859 8	0.023 3	23.9
0	0.22	983.2	0.859 8	0.023 3	24.1
-5	0.41	983.1	0.859 4	0.069 8	23.9
-10	1.3	999.0	0.859 5	0.058 1	24.0
-15	0.15	990.2	0.859 0	0.116 3	23.9
-20	34	992.6	0.858 0	0.232 6	24.2

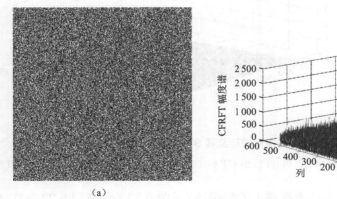
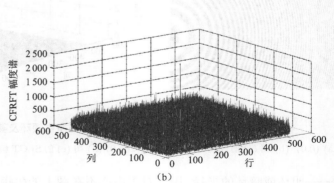

图 6.24 被高斯白噪声污染的牛顿环及其 SLCT 域幅度谱

(a) 被高斯白噪声污染的牛顿环 (SNR=-20 dB); (b) 图 (a) 的 SLCT 域幅度谱

其次, 选取了 5 幅不同位置被遮挡的牛顿环 (见图 6.25), 其中遮挡物是半径为 100 像素单位的圆. 基于这 5 幅被遮挡的牛顿环得到的曲率半径估计值列于表 6.12 中. 与基于纯净牛顿环得到的结果相比, 遮挡物对估计结果的精度影响很小. 需要指出的是, 当牛顿环的中心被遮挡时 (见图 6.25 (c)～ 图 6.25(d)), 传统的牛顿环测量法无法测量, 而所提方法仍然可以得到精度较高的测量值. 与基于 FRFT 的测量方法相比, 测量的精度和速度都优于它, 尤其是速度得到了大幅提升.

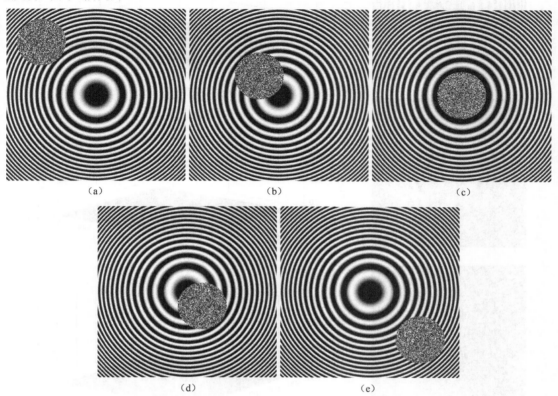

图 6.25　不同位置被遮挡的牛顿环

(a) (100,100); (b) (200,200);(c) (256,256);(d) (300,300);(e) (400,400)

表 6.12　遮挡鲁棒性分析

遮挡/像素	FRFT		本文方法		
	相对误差 /%	时间 /s	曲率半径 /m	相对误差 /%	时间 /s
(100,100)	0.41	990.4	0.859 7	0.034 9	24.0
(200,200)	0.41	982.5	0.859 8	0.023 3	24.1
(256,256)	0.22	976.7	0.860 1	0.011 6	24.7
(300,300)	0.41	980.0	0.859 9	0.011 6	24.0
(400,400)	0.41	983.8	0.859 7	0.034 9	24.2

最后, 由于实际实验中得到的牛顿环并不仅仅是上述的单一情况, 因此下面针对复杂情况下的牛顿环进行分析, 具体包括:

(1) 牛顿环的中心在图上, 同时被遮挡物和不同参数的高斯白噪声污染 (见图 6.26 (a) 和图 6.26 (c)).

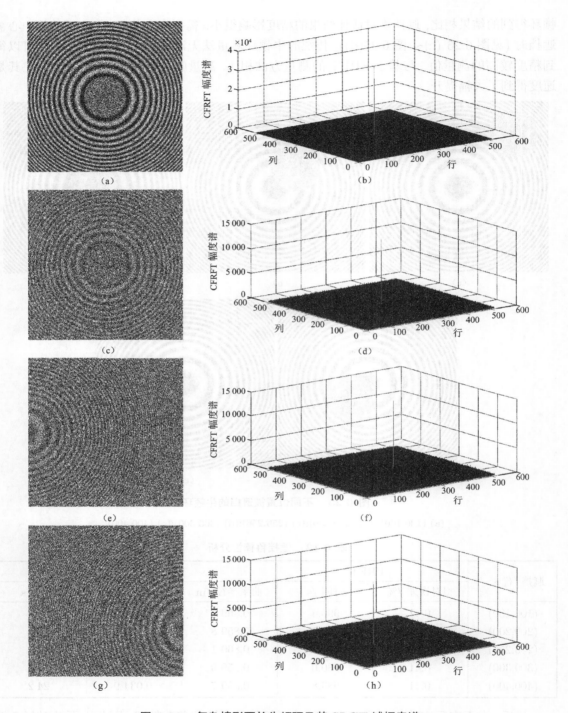

图 6.26 复杂情形下的牛顿环及其 SLCT 域幅度谱

(a) 高斯白噪声 (SNR=5 dB)+ 遮挡; (b) 图 (a) 的 SLCT 域幅度谱; (c) 高斯白噪声 (SNR=-5 dB)+ 遮挡;

(d) 图 (c) 的 SLCT 域幅度谱; (e) 高斯白噪声 (SNR=-5 dB); (f) 图 (e) 的 SLCT 域幅度谱;

(g) 高斯白噪声 (SNR=-5 dB); (h) 图 (g) 的 SLCT 域幅度谱

(2) 牛顿环的中心不在图上, 同时牛顿环被不同参数的高斯白噪声污染(见图 6.26 (e) 和图 6.26 (g)).

所有情况下得到的结果列于表 6.13 中. 在这些情况下, 所提方法仍然可以得到精度较高的曲率半径. 如图 6.26 (b) 、图 6.26(d) 、图 6.26(f) 、图 6.26(h) 所示, 在复杂情况下, 相应的 SLCT 域幅度谱仍然可以观察到明显的冲激, 这也说明所提方法对噪声和遮挡都具有良好的鲁棒性.

表 6.13 复杂情况下的鲁棒性分析

图 6.26	整体描述			性能指标		
	遮挡/像素	$(f_{0,x}, f_{0,y})$	信噪比 /dB	曲率半径 /m	相对误差 /%	时间 /s
(a)	(256,256)	(0,0)	5	0.86	0	24.0
(c)	(256,256)	(0,0)	−5	0.860 2	0.023 3	24.2
(e)	无	(−265,0)	−5	0.860 3	0.030 9	24.0
(g)	无	(265,100)	−5	0.859 4	0.068 9	24.2

3. 实际牛顿环

针对实际牛顿环分析所提方法的性能. 如图 6.20 (a) 所示, 凸透镜的曲率半径为 0.86 m, 钠黄灯的波长为 589.3 nm. CCD 相机的分辨率分别为 1 600 × 1 200 像素 (每一个像素的尺寸为 6.4 μm×6.4 μm), 1 920 × 1 080 像素 (每一个像素的尺寸为 3.9 μm×3.9 μm), 1 280 × 720 像素 (每一个像素的尺寸为 5.9 μm×5.9 μm). 为了实验方便, 对得到的实际牛顿环图像进行裁剪, 使得其分辨率分别为 720 × 720, 1 200 × 1 200, 1 080 × 1 080 像素, 中心分别位于 (324, 192), (576, 452), (487, 289) (见图 6.27 (a)∼ 图 6.27(c)).

对于中心在图上的牛顿环, 光照不均匀可能会影响测量的精度. 所以, 提出了一种预处理技术来降低光照不均匀对测量精度的影响. 假设 $f(m,n)$ $(1 \leqslant m, n \leqslant N)$ 是实际牛顿环, 具体的预处理方式为

$$f'(m,n) = \begin{cases} f(m,n) - f(m,n+1), & n \leqslant x_0, \\ f(m,n+1) - f(m,n), & n > x_0, \end{cases} \tag{6.41}$$

式中,(x_0, y_0) 为牛顿环的中心位置; $f'(m,n)(1 \leqslant m, n \leqslant N-1)$ 为预处理之后的实际牛顿环. 由于牛顿环 $f(m,n)$ 的每一行或每一列都是具有相同调频率的 LFM 信号, 因此 $f'(m,n)$ 仍然可以视作 LFM 信号, 其调频率等于原始的 $f(m,n)$. 图 6.28 (a) 所示为实际牛顿环图像 6.27 (b) 的灰度图. 观察可知, 图 6.28 (a) 中越靠近中心的像素点其亮度越高. 经过预处理之后的牛顿环图像 (见图 6.28 (b)) 的亮度比较均匀. 这也是说明了所提预处理技术可以改善实际牛顿环光照不均匀的现象, 下面的仿真实验进一步说明了该预处理技术可以提高测量精度.

基于以上阐述, 针对图 6.27 (a)∼ 图 6.27(c), 分别使用所提方法和所提方法并结合预处理技术, 得到的结果列于表 6.14 中. 通过对表中的数据进行分析和比较可得:

(1) 对于实际的牛顿环图像, 基于所提方法得到的曲率半径的相对误差分别为 0.162 8%, 2.162 8% , 0.476 7%, 基于 FRFT 的方法得到的相对误差分别为 0.34%, 0.9% , 1.27%. 对于像素为 1 200 ×1 200 和 720 ×720 的实际牛顿环图像, 该方法的测量精度优于基于 FRFT 的方法.

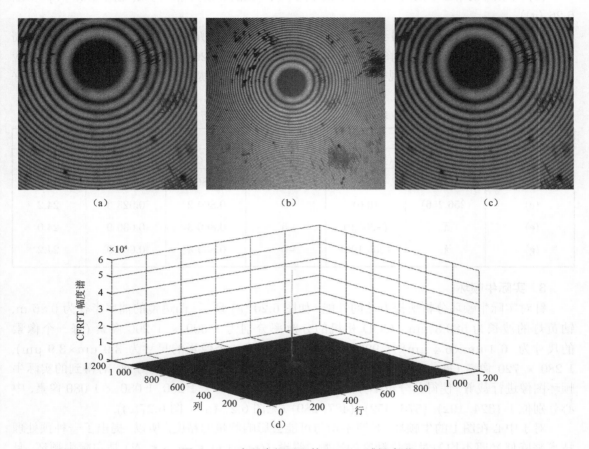

图 6.27　实际牛顿环及其 SLCT 域幅度谱

(a) 720 × 720; (b) 1 200 × 1 200; (c) 1 080 × 1 080; (d) 图 (c) 的 SLCT 域幅度谱

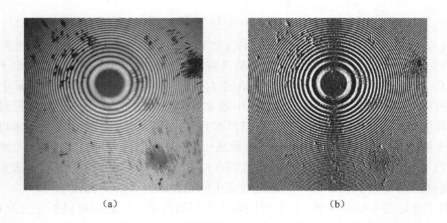

图 6.28　牛顿环灰度图和相应的预处理之后的图像

(a) 1 200 × 1 200; (b) 1 199 × 1 199

表 6.14　基于实际牛顿环的测量结果分析

图 6.27	本文方法			本文方法 + 预处理		
	曲率半径 /m	相对误差 /%	时间 /s	曲率半径 /m	相对误差 /%	时间 /s
(a)	0.855 9	0.476 7	52.1	0.857 6	0.279 1	67.0
(c)	0.841 4	2.162 8	114.8	0.852 4	0.883 7	151.1
(b)	0.861 4	0.162 8	150.3	0.861 1	0.127 9	189.9

(2) 预处理技术可以提高估计精度, 同时所提方法结合预处理技术得到的曲率半径估计值均优于基于 FRFT 的方法得到的结果.

根据上面的分析可得, 预处理技术可以有效地提高测量精度. 因为预处理技术依赖于牛顿环的中心位置, 所以有必要验证: 如果牛顿环的中心位置有误差, 那么使用预处理技术得到的结果是否稳定. 对于图 6.27 (a)∼ 图 6.27(c), 假设其中心位置至多有 7 个像素的误差. 基于所提方法并结合预处理技术得到的结果列于表 6.15 中. 通过与表 6.14 中的数据比较可得, 当中心位置至多有 7 个像素的误差时, 其得到的估计结果仍然稳定.

表 6.15　基于中心位置具有不同误差的实际牛顿环的测量结果分析

分辨率	中心位置误差 /像素	曲率半径 /m	相对误差 /%	时间 /s
720×720	1	0.857 6	0.279 1	69.3
	3	0.857 6	0.279 1	70.7
	5	0.857 6	0.279 1	71.8
	7	0.857 6	0.279 1	70.2
1 080×1 080	1	0.852 4	0.883 7	153.1
	3	0.852 4	0.883 7	153.0
	5	0.852 4	0.883 7	163.5
	7	0.852 4	0.883 7	153.2
1 200×1 200	1	0.861 1	0.127 9	198.1
	3	0.861 1	0.127 9	197.2
	5	0.861 1	0.127 9	207.2
	7	0.861 1	0.127 9	192.4

为了分析和验证所提方法在处理中心不在图上的实际牛顿环的性能, 从 1 600 × 1 200 的实际牛顿环中裁剪了 2 幅中心不在图上的像素为 512 × 512 的实际牛顿环 (见图 6.29). 基于所提方法得到的曲率半径分别为 0.857 9 m 和 0.857 3 m, 用时大约为 28 s, 这进一步证实了所提方法对于处理中心不在图上的牛顿环具有很好的优势.

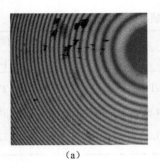 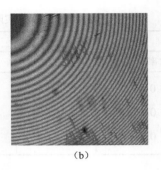

(a)   (b)

图 6.29   中心不在图上的实际牛顿环

(a) 512×512; (b) 512×512

6.5   分数域 ISAR 成像技术

本节将进一步阐述分数域信号处理方法在雷达成像方面的应用. 雷达成像是从所接收的目标回波信号中重建雷达目标图像, 常见的成像雷达是合成孔径雷达 (Synthetic Aperture Radar, SAR) 和逆合成孔径雷达 (Inverse SAR, ISAR). 其中, SAR 可以产生固定表面目标和地形的高分辨图像, 而 ISAR 利用几何学上的逆过程来产生目标图像, 即雷达是固定的, 目标是运动的. 下面以海上舰船目标的 ISAR 成像为例, 介绍分数域信号处理雷达成像上的应用 [12].

6.5.1   信号模型

假设舰船目标在海上匀速前行, 雷达位于岸基上对运动目标进行探测. 但是由于海面有不同程度的波浪涌动, 故除了正常的轨迹外, 目标还会伴有偏航、俯仰或摇摆, 这导致目标的运动更为复杂, 多普勒频率不再是常数. 为简化几何模型, 可在运动补偿后, 建立复杂运动目标的 ISAR 成像几何模型, 如图 6.30 所示. 在目标中心 O 建立直角坐标系 $O - XYZ$, $P(x,y,z)$ 是舰船目标上任一散射点, r_p 是散射点 P 到目标中心的距离向量. R 是目标中心与雷达之间的距离向量, 其方向是雷达视线方向. ω 是由围绕 X, Y, Z 旋转向量的合成向量, ω_R 和 ω_e 是 ω 沿雷达视线及其垂直方向分解的向量, 其中 ω_e 是有效旋转向量. 雷达发射线性调频信号为

$$s_t(t) = \mathrm{e}^{\mathrm{j}2\pi(f_0 t + 1/2 K t^2)}, \tag{6.42}$$

式中, f_0 和 K 是发射 LFM 信号的中心频率和调频率. 假设在某一个特定的距离单元内有 K 个散射点, 则雷达天线接收信号为

$$s_r(t) = \sum_{k=1}^{K} A_k \mathrm{e}^{-\mathrm{j}2\pi f_0 \frac{2R(t)}{c}} = \sum_{k=1}^{K} A_k \mathrm{e}^{-\mathrm{j}\frac{4\pi R(t)}{\lambda}}, \qquad t \in [0, T_a], \tag{6.43}$$

式中, T_a 为相干处理时间 (成像时间). 在高海况 (海面波浪较大) 下, 将 $R(t)$ 近似 Tayor 展开为

$$R(t) = R_0 + v_1 t + v_2 t^2 + v_3 t^3,$$

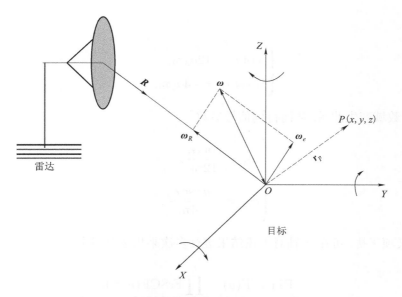

图 6.30　复杂运动目标的 ISAR 成像几何模型

则回波信号为

$$s_r(t) = \sum_{i=1}^{K} A_k \mathrm{e}^{\mathrm{j}2\pi(a_0 + a_{i1}t + a_{i2}t^2 + a_{i3}t^3)}, \qquad t \in [0, T_a]. \tag{6.44}$$

6.5.2　信号参数估计

采用对称相关 (Symmetric Correlated Function, SCF) 对回波信号 (6.44) 降阶处理,

$$
\begin{aligned}
\mathrm{SCF}(t, \tau) &= s_r(t+\tau)s_r^*(t-\tau) \cdot [s_r(t+\tau+\tau_0)s_r^*(t-\tau-\tau_0)]^* \\
&= \mathrm{SCF}_{\mathrm{auto}}(t, \tau) + \mathrm{SCF}_{\mathrm{cross}}(t, \tau) \\
&= \sum_{i=1}^{K} A_i^4 \phi_i(\tau) \cdot \mathrm{e}^{-\mathrm{j}2\pi(4a_{i2}\tau_0 t + 6a_{i3}\tau_0 t^2)} + \mathrm{SCF}_{\mathrm{cross}}(t, \tau),
\end{aligned}
\tag{6.45}
$$

式中,$\phi_i(\tau) = \mathrm{e}^{-\mathrm{j}2\pi(2a_{i1}\tau_0 + 2a_{i3}\tau_0^3)}\mathrm{e}^{-\mathrm{j}2\pi(6a_{i3}\tau_0^2\tau + 6a_{i3}\tau_0\tau^2)}$. 从式 (6.45) 可以看出, 自项在 t, τ 轴上都是 LFM 信号. 交叉项在时域、分数域的相关分析特性请参考文献 [12]. 为了更高效地估计信号参数, 可沿 t 轴进行 FRFT, 即

$$
\begin{aligned}
\mathrm{FrSCF}(u, \tau) &= \int_{-T_a/2}^{T_a/2} \mathrm{SCF}(t, \tau)K(u, t)\mathrm{dt} \\
&= \mathrm{FrSCF}_{\mathrm{auto}}(u, \tau) + \mathrm{FrSCF}_{\mathrm{cross}}(u, \tau) \\
&= \sum_{i=1}^{K} T_a A_i^4 A_{\alpha_i} \phi_i(\tau) \mathrm{e}^{\mathrm{j}\pi u^2 \cot \alpha_i} \cdot \mathrm{sinc}[\pi T_a(u \csc \alpha_i + 2a_{i2}\tau_0)] + \\
&\quad \mathrm{FrSCF}_{\mathrm{cross}}(u, \tau).
\end{aligned}
$$

当满足

$$\begin{cases} \cot \alpha = 12a_3\tau_0, \\ u\csc \alpha = -4a_2\tau_0. \end{cases} \tag{6.46}$$

时, 信号在分数域产生冲激, 从而得到信号参数

$$\begin{cases} \hat{a_{i3}} = \dfrac{\cot \alpha_i}{12\tau_0}, \\ \hat{a_{i2}} = -\dfrac{u\csc \alpha_i}{4\tau_0}. \end{cases} \tag{6.47}$$

为了抑制交叉项干扰, 可在 τ 轴对上述结果进行多次乘积运算, 即

$$\mathrm{PFrSCF}(u) = \prod_{l=1}^{L} \mathrm{FrSCF}(u, \tau_l), \tag{6.48}$$

式中, L 是沿着 τ 所选择的时刻数目. 以 $K = 2$ 为例, 信号的参数如表 6.16 所示. 对经过降阶处理后的两个分量的回波信号沿 t 轴进行 FrFT, 结果如图 6.31 所示. 从图 6.31(a) 和图 6.31(b) 可以看出此信号中含有两个分量, 但是交叉项干扰严重. 在图 6.32 (a) 和图 6.32(b) 中, 选择不同的 τ 轴上的时刻, 在分数域实施乘积运算, 交叉项得到有效抑制, 信号得到更精准的检测与估计.

表 6.16 仿真信号参数

参数	A_i	a_{i1}	a_{i2}	a_{i3}
$s_1(t)$	1	$1/64$	$1/5N$	$1/2N^2$
$s_2(t)$	1	$-1/64$	$-3/20N$	$1/5N^2$

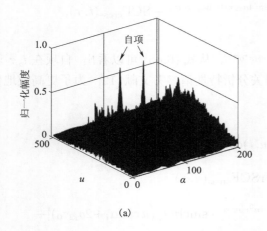

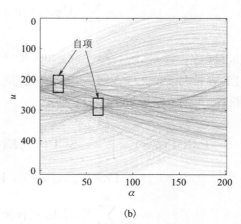

(a)   (b)

图 6.31   FrSCF: 未抑制交叉项结果

(a) 3–D; (b) $u - \alpha$ 平面

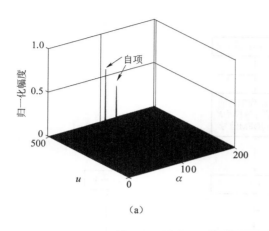 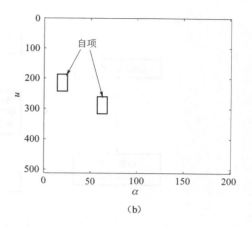

(a)　　　　　　　　　　　　　　　(b)

图 6.32　PFrSCF: 抑制交叉项结果

(a) 3-D; (b) $u - \alpha$ 平面

在不同程度的噪声环境中, 与现有的一些参数估计方法——PHMT (Product High-order Matched-phase Transform)[13] 、 MCPF (Modified Cubic Phase Function)[14] 和 MLVD (Modified Lv's Distribution)[15] 进行对比. 以 MSE 为测量标准, 从图 6.33 中可以看出, 基于 FRFT 的 PFrSCF 方法, 在噪声中具有更好的稳健性.

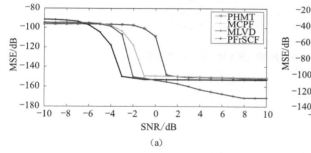 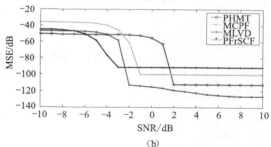

(a)　　　　　　　　　　　　　　　(b)

图 6.33　噪声中的稳健性能

(a) a_3 的 MSE; (b) a_2 的 MSE

6.5.3　基于 PFrSCF 的 ISAR 成像

本节基于上述参数估计方法 (PFrSCF) 提出了一种新的 ISAR 成像算法, 算法流程见图 6.34. 为了更好地说明基于此算法能够得到高质量的聚焦的 ISAR 图像, 采用仿真数据和实测数据进行了验证, 并与基于 PHMT 、 MCPF 、 MLVD 的成像算法得到的图像进行图像视觉对比和量化验证. 图像熵是进行 ISAR 图像的量化标准, 其值越小, 对应的图像质量越好.

对于仿真数据, 图 6.35(a) 所示为一个简单船目标模型, 其运动参数参见表 6.17. 在实际环境中存在噪声和其运动的复杂性和波动性, 图 6.35(b) 所示为 RD 成像图, 产生明显的严重散焦. 图 6.36~ 图 6.39 分别是在不同时刻基于 PHMT 、 MCPF 、 MLVD 和 PFrSCF 算法的 ISAR 成像结果. 从结果可见, 基于 PFrSCF 算法得到的 ISAR 图像更加聚焦. 同时, 表 6.18 中的图像熵进一步证明了本算法可以得到更高质量的 ISAR 图像.

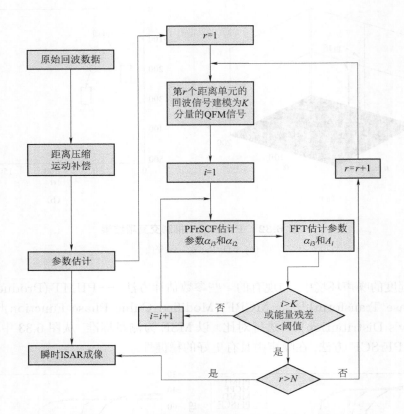

图 6.34　基于 PFrSCF 的 ISAR 成像算法流程

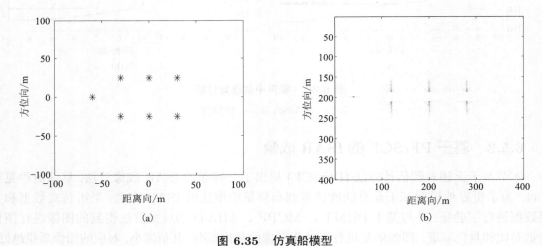

图 6.35　仿真船模型

(a) 船目标; (b) RD 图像

表 6.17　雷达和目标的参数

雷达		目标	
载频 /GHz	10	初始距离 /km	10
带宽 /MHz	150	目标 /m	100
脉冲重复频率 /Hz	500	旋转速度 /(rad·s^{-1})	0.01
脉宽 /μs	0.5	旋转加速度 /(rad·s^{-2})	0.08
距离单元数	400	旋转加速度率 /(rad·s^{-3})	0.03
脉冲数	400		

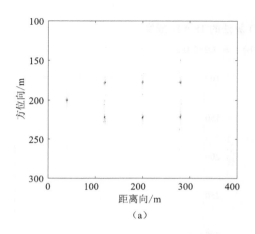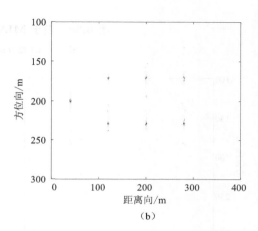

（a）　　　　　　　　　　　　（b）

图 6.36　基于 PHMT 算法的 ISAR 成像

(a) $t = 0.192\ 0$ s; (b) $t = 0.282\ 0$ s

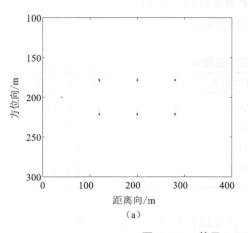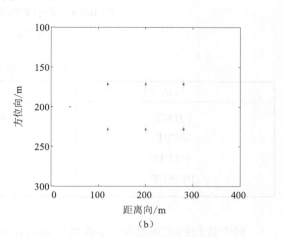

（a）　　　　　　　　　　　　（b）

图 6.37　基于 MCPF 算法的 ISAR 成像

(a) $t = 0.192\ 0$ s; (b) $t = 0.282\ 0$ s

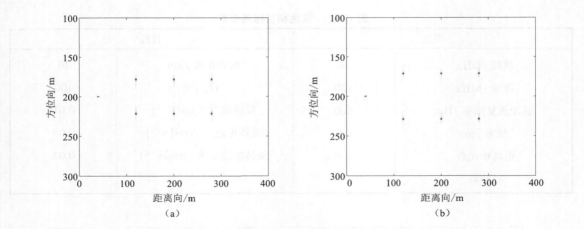

图 6.38 基于 MLVD 算法的 ISAR 成像

(a) $t = 0.192\ 0$ s; (b) $t = 0.282\ 0$ s

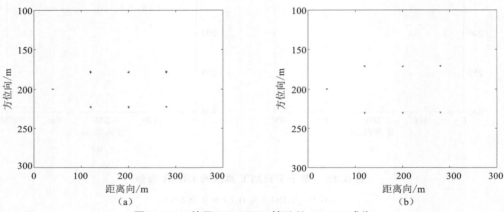

图 6.39 基于 PFrSCF 算法的 ISAR 成像

(a) $t = 0.192\ 0$ s; (b) $t = 0.282\ 0$ s

表 6.18 仿真数据的图像熵

算法	$t = 0.192\ 0$ s	$t = 0.282\ 0$ s
PHMT	4.658 0	4.694 6
MCPF	4.492 8	4.507 3
MLVD	4.461 3	4.221 3
PFrSCF	4.269 1	3.845 8

对于接收的实测数据, 参数列于表 6.19 中. 首先进行脉冲压缩和运动补偿, 如图 6.40 所示, 矫正了目标散射点跨越距离单元. 图 6.41 所示为传统的 RD 成像. RD 图像中散焦严重, 存在很多虚假散射点. 图 6.42~ 图 6.45 分别为基于 PHMT 、 MCPF 、 MLVD 和 PFrSCF 算法重构的海上船目标 ISAR 图像. 表 6.20 所示为其对应的图像熵. 从其重构的雷达目标和图像熵来看, PFrSCF 具有更好的 ISAR 图像重构性能, 在实际应用中具有很大潜力.

表 6.19　雷达和目标的参数

雷达		实际船目标	
载频 /GHz	9.25	船目标尺寸 /m	24
带宽 /MHz	500	速度 /(m·s⁻¹)	8
脉冲重复频率 /Hz	200	初始距离 /km	6
脉宽 /μs	600		
距离单元数	256		
脉冲数	256		

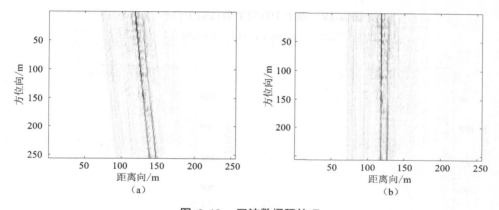

图 6.40　回波数据预处理

(a) 距离压缩; (b) 运动补偿

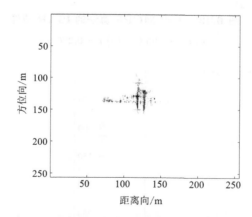

图 6.41　传统的 RD 成像

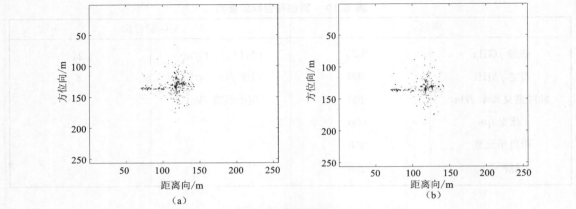

图 6.42　基于 PHMT 算法的 ISAR 成像

(a) $t = 0.195\ 0$ s; (b) $t = 0.270\ 0$ s

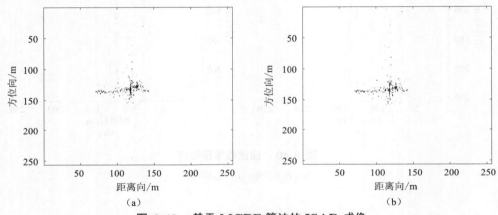

图 6.43　基于 MCPF 算法的 ISAR 成像

(a) $t = 0.195\ 0$ s; (b) $t = 0.270\ 0$ s

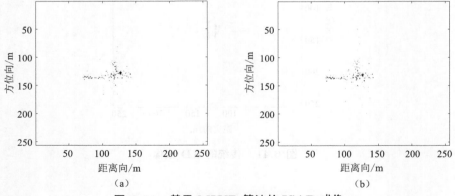

图 6.44　基于 MLVD 算法的 ISAR 成像

(a) $t = 0.195\ 0$ s; (b) $t = 0.270\ 0$ s

表 6.20 实测数据的图像熵

方法	$t = 0.195\ 0\ \text{s}$	$t = 0.270\ 0\ \text{s}$
PHMT	4.533 5	4.561 4
MCPF	4.200 1	4.148 4
MLVD	4.191 8	4.220 9
PFrSCF	3.652 7	3.660 7

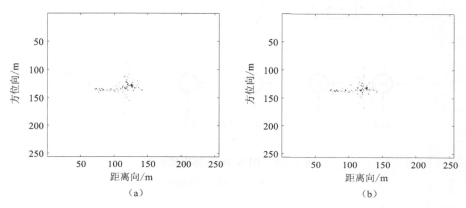

图 6.45 基于 PFrSCF 算法的 ISAR 成像

(a) $t = 0.195\ 0$ s; (b) $t = 0.270\ 0$ s

6.6 分数域多密钥单边带调制技术

基于 LCT 域解析信号的构造方法, 满足条件的线性正则角度解析信号就可用于信号的单边带调制. 基于 LCT 的单边带调制系统不仅保留了传统单边带调制系统节省频带的优点, 同时还可以利用旋转参数和 LCT 矩阵参数作为密钥, 增加了系统的安全性能. 因为密钥具有多个参数, 所以该系统又被称为多密钥单边带调制系统. 本节主要讨论线性正则角度解析信号在单边带调制中的应用原理和具体实现.

6.6.1 原理

单边带调制理论最关键的是要求信号在变换域具有单边频谱且保证原信号包含的信息不丢失, 这样可以节省传递带宽, 提高系统效率. 文献 [16] 中的第一种和第三种线性正则角度解析信号都满足该要求. 因为两者具有相似性, 所以选择其中一个即可. 此处, 选用 $z3_{A,\phi}(t)$ 来构造 LCT 域广义单边带调制系统, 如图 6.46 所示.

矩阵参数 a、b 和角度参数 ϕ 可视为系统的密钥, f_c 是载波频率. 图 6.46 实际上包含了信号调制发射和恢复解调两个过程, 子过程细节见图 6.47. 在调制发射过程中, 得到线性正则角度解析信号, 然后发送并传输. 系统接收到信号后, 接收端需要输入正确的密钥对传输信号进行恢复解调.

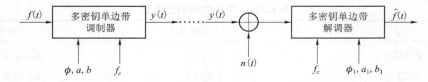

图 6.46　基于线性正则角度解析信号多密钥单边带调制框图

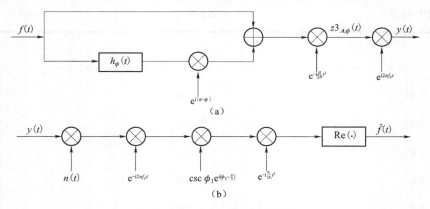

图 6.47　图 6.46 具体实现框图

(a) 调制发射; (b) 恢复解调

解调原理如下: 若令信号 $x(t)$ 为

$$x(t) = \mathrm{e}^{\mathrm{j}\frac{a_1}{2b_1}t^2} \cdot \mathrm{e}^{\mathrm{j}\left(\phi_1 - \frac{\pi}{2}\right)} \csc \phi_1 \, z3_{\boldsymbol{A},\phi}(t), \tag{6.49}$$

当 $a_1 = a$, $b_1 = b$, $\phi_1 = \phi$ 时, $f(t)$ 能够从 $x(t)$ 中恢复, 即

$$f(t) = \mathrm{Re}[x(t)]. \tag{6.50}$$

式中, $\mathrm{Re}(\cdot)$ 表示一个复数的实部.

证明　将 $z3_{\boldsymbol{A},\phi}(t) = \mathrm{e}^{-\mathrm{j}\frac{a}{2b}t^2}\mathrm{j}\sin\phi\,\mathrm{e}^{-\mathrm{j}\phi}z(t)$ 代入式 (6.49), 可得

$$x(t) = \mathrm{e}^{\mathrm{j}\frac{a}{2b}t^2} \cdot \mathrm{e}^{\mathrm{j}\left(\phi - \frac{\pi}{2}\right)} \csc\phi\, z3_{\boldsymbol{A},\phi}(t) = z(t), \tag{6.51}$$

根据实信号与经典解析信号的关系, 可得 $f(t) = \mathrm{Re}[x(t)]$.

由式 (6.49) 和式 (6.50) 可知, 当解调参数与调制参数不相等时, 恢复信号将与输入信号 $f(t)$ 不同, 记恢复信号为 $\hat{f}(t)$. 由此说明, 基于线性正则角度解析信号的单边带调制系统中不但能够节省频带, 同时增加了三个加密密钥, 有且只有 $\Delta\phi = 0$, $\Delta a = 0$, $\Delta b = 0$ 时, 才能精确重构原信号. 基于该系统特点, 调制过程又称为加密, 解调过程又称为解密.

6.6.2　仿真实验

本节通过仿真实验来验证上述所提结论的正确性, 并对基于线性正则角度解析信号的多密钥单边带传输系统的安全性能进行分析.

在解调过程中, 若输入参数与密钥不相同, 系统恢复信号和原信号相比是有误差的. 这里采用误差函数的能量 (误差能量) 来衡量密钥扰动对恢复信号准确度的影响情况. 误差能量的

数学表达式为

$$E(f, \hat{f}) = \int_{\mathbf{R}} \left| f(t) - \hat{f}(t) \right|^2 \mathrm{d}t, \tag{6.52}$$

式中, $f(t)$ 为输入信号; $\hat{f}(t)$ 为恢复信号. 仿真实验中输入信号 $f(t)$ 为

$$f(t) = [1 + 0.5\cos(10\pi t)] \cdot \cos(50\pi t), \quad t \in [-1, 1], \tag{6.53}$$

采样频率为 $f_s = 1\,000\,\mathrm{Hz}$. 图 6.48 给出了无噪条件下误差能量随各个密钥扰动的变化情况. 例如, 在研究旋转参数 ϕ 造成的密钥扰动时, 调制过程中给定了密钥 ϕ, a, b, 解密过程中密钥 a 和 b 是正确的, 而密钥 ϕ 是不同的 ($\Delta a = 0, \Delta b = 0, \Delta \phi_1 \neq 0$), 从而给出了 $\hat{f}(t)$ 随 ϕ 的相对误差变化情况, 如图 6.48(a) 所示. 同理, 图 6.48(b) 和图 6.48(c) 给出了参数 a 和 b 在解调过程中输入不正确时对恢复信号造成的误差情况. 综合实验结果发现, 无论是哪种密钥, 一旦在解调输入和调制输入不同, 都会造成极大的误差. 换言之, 只有正确输入密钥才能解密正确. 此外, 通过仿真实验发现, 在解密相对误差相同时, 正确密钥 ϕ 和 a 在调制过程中输入值越大, 解调

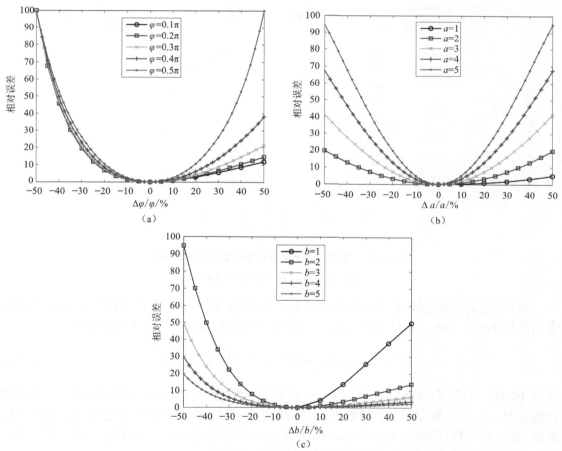

图 6.48　无噪条件下误差能量随各个密钥扰动的变化情况

(a) 旋转角度 ϕ;(b) 参数 a;(c) 参数 b

不正确时误差能量就越大; b 恰好相反.

上述对系统密钥扰动情况的分析是在无噪声情况下, 是一种理想的情况. 通常信号在传输过程中不可避免会受到噪声的干扰. 因此, 接下来分析多密钥单边带传输系统在噪声环境下的稳定性. 实验中, 用均值为零, 方差为 σ^2 的高斯白噪声模拟系统信道噪声 $n(t)$. 图 6.49 给出了不同密钥在正确解密过程中受噪声干扰的情况. 仿真结果表明, 随着信噪比的增加, 误差能量在不断减小.

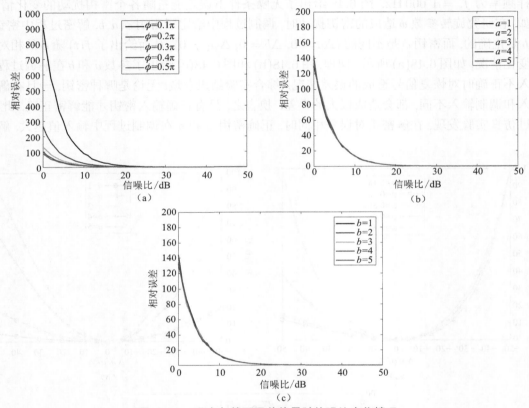

图 6.49   噪声条件下误差能量随信噪比变化情况

(a) 旋转角度 ϕ;(b) 参数 a;(c) 参数 b

另外, 给定信噪比情况, 不同密钥的表现是不同的. 以下通过理论分析进行说明, 假设解密后信号 $\hat{f}(t) = f(t) + g(t)$, 其中, $g(t)$ 是因噪声产生的干扰信号, 具体表达如下:

$$g(t) = \csc \phi \, \mathrm{Re} \left[\mathrm{e}^{\mathrm{j}\frac{a}{2b}t^2} \cdot \mathrm{e}^{\mathrm{j}\left(\phi - \frac{\pi}{2}\right)} \mathrm{e}^{-\mathrm{j}2\pi f_c t} n(t) \right]. \tag{6.54}$$

由式 (6.54) 可得, 若 ϕ 逐渐趋于 0, $\csc \phi$ 会趋于无穷大, 所以 $\csc \phi$ 导致误差能量变化趋势比较明显. 由于参数 a 和 b 在指数形式上, 故关于 a 和 b 的误差能量变化态势会比较平稳. 此外, 给定信噪比环境时, 如 $\mathrm{SNR} = 8\,\mathrm{dB}$, 密钥的扰动情况如图 6.50 所示. 由图可知, 参数 a、b 较于角度参数 ϕ 在噪声环境下对系统干扰较小.

综上所述, 密钥在单边带调制系统中是非常重要的参数, 保障了传输系统的安全性. 另外, 本例选中的线性正则角度解析信号在 LCT 域的频谱是 FT 的尺度形式, 因此适当地选取

参数 b 能够进一步缩减带宽从而节约系统传输的成本, 这对实际中正确设置密钥有非常重要的指导意义.

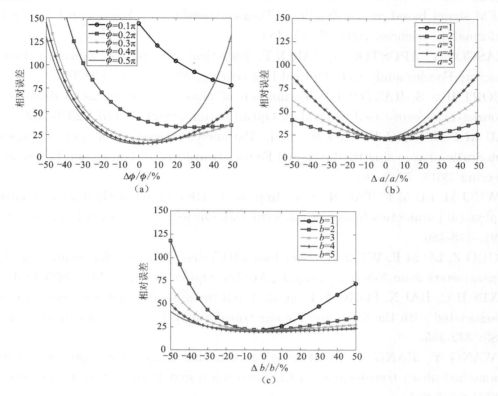

图 6.50　噪声条件下误差能量随密钥扰动变化情况

(a) 旋转角度 ϕ;(b) 参数 a;(c) 参数 b

参考文献

[1] NADERAHMADIAN Y, HOSSEINI-KHAYAT S. Fast watermarking based on QR decomposition in wavelet domain [C]//2010 Sixth international conference on intelligent information hiding and multimedia signal processing. [S.l.: s.n.],2010: 127-130.

[2] NADERAHMADIAN Y, HOSSEINI-KHAYAT S. Fast and robust watermarking in still images based on QR decomposition[J]. Multimedia Tools and Applications, 2014, 72 (3): 2597-2618.

[3] OZAKTAS H M, ARIKAN O,KUTAY M A. Digital computation of the fractional Fourier transform [J]. IEEE Transactions on Signal Processing, 1996,44(9):2141-2150.

[4] 赵兴浩, 邓兵, 陶然. 分数阶傅里叶变换数值计算中的量纲归一化 [J] . 北京理工大学学报, 2005, 25 (4): 360-364 .

[5] SADOLLAH A, ESKANDAR H, BAHREININEJAD A, et al. Water cycle algorithm with evaporation rate for solving constrained and unconstrained optimization problems

[J]. Applied Soft Computing, 2015, 30: 58-71.

[6] QI L, TAO R, ZHOU S, et al. Detection and parameter estimation of multicomponent LFM signal based on the fractional Fourier transform[J]. Science in China series F: information sciences, 2004, 47 (2): 184.

[7] NASCOV V, APOSTOL D, GAROI F. Statistical processing of Newton's rings using discrete Fourier analysis[J]. Optical Engineering, 2007, 46 (2): 028201.

[8] GORTHI S S, RASTOGI P. Estimation of phase derivatives using discrete chirp-Fourier-transform-based method[J]. Optics Letters, 2009, 34 (16): 2396-2398.

[9] LU M F, ZHANG F, TAO R, et al. Parameter estimation of optical fringes with quadratic phase using the fractional Fourier transform[J]. Optics and Lasers in Engineering, 2015, 74: 1-16.

[10] WU J M, LU M F, TAO R, et al. Improved FRFT-based method for estimating the physical parameters from Newton's rings[J]. Optics and Lasers in Engineering, 2017, 91: 178-186.

[11] GUO Z, LU M F, WU J M, et al. Fast FRFT-based method for estimating physical parameters from Newton's rings[J]. Applied Optics, 2019, 58(14): 3926-3931.

[12] XIN H C, BAI X, SONG Y E, et al. ISAR imaging of target with complex motion associated with the fractional Fourier transform[J]. Digital Signal Processing, 2018, 83: 332-345.

[13] WANG Y, JIANG Y. ISAR imaging of a ship target using product high-order matched-phase transform[J]. IEEE Geoscience and Remote Sensing Letters, 2009, 6(4) : 658-661.

[14] WANG Y, ZHAO B. Inverse synthetic aperture radar imaging of nonuniformly rotating target based on the parameters estimation of multicomponent quadratic frequency-modulated signals[J]. IEEE Sensors Journal, 2015, 15(7): 4053-4061.

[15] LI Y, SU T, ZHENG J, et al. ISAR imaging of targets with complex motions based on modified Lv's distribution for cubic phase signal[J]. IEEE Journal of Selected Topics in Applied Earth Observations and Remote Sensing, 2015, 8(10): 4775-4784.

[16] ZHANG Y N, LI B Z. $\phi-$Liner canonical analytic signals[J]. signal processing, 2018, 143: 181-190.